AF732988

Kontext und Praktiken der Circular Economy in Luxemburg

LUXEMBURG-STUDIEN
ÉTUDES LUXEMBURGEOISES
Herausgegeben von
Peter Gilles, Markus Hesse,
Michel Pauly und Christian Schulz

Band 18

Zu Qualitätssicherung und Peer Review der vorliegenden Publikation

Die Qualität der in dieser Reihe erscheinenden Arbeiten wird vor der Publikation durch einen Herausgeber der Reihe sowie durch einen externen, von der Herausgeberschaft benannten Gutachter im Blind-Verfahren geprüft. Dabei ist der Autor der Arbeit dem Gutachter während der Prüfung namentlich nicht bekannt.

Notes on the quality assurance and peer review of this publication

Prior to publication, the quality of the work published in this series is reviewed by one of the editors of the series and blind reviewed by an external referee appointed by the editorship. The referee is not aware of the author's name when performing the review.

Paula Hild

Kontext und Praktiken der Circular Economy in Luxemburg

PETER LANG
Berlin - Bruxelles - Chennai - Lausanne - New York - Oxford

Bibliografische Information der Deutschen Nationalbibliothek
Die Deutsche Nationalbibliothek verzeichnet diese Publikation in der Deutschen Nationalbibliografie; detaillierte bibliografische Daten sind im Internet über http://dnb.d-nb.de abrufbar.

Die Arbeit wurde vom Nationalen Forschungsfonds Luxemburg (FNR) unterstützt (Projektantrag 11268491).

Luxembourg National Research Fund

Umschlagabbildung:
© Chris Dudley

ISSN 2193-0104
ISBN 978-3-631-92281-1 (Print)
E-ISBN 978-3-631-92282-8 (E-PDF)
E-ISBN 978-3-631-92283-5 (EPUB)
DOI 10.3726/b22051

© 2024 Peter Lang Group AG, Lausanne, Schweiz
Verlegt durch: Peter Lang GmbH, Berlin, Deutschland

info@peterlang.com www.peterlang.com

Alle Rechte vorbehalten.

Das Werk einschließlich aller seiner Teile ist urheberrechtlich geschützt. Jede Verwertung außerhalb der engen Grenzen des Urheberrechtsgesetzes ist ohne Zustimmung des Verlages unzulässig und strafbar. Das gilt insbesondere für Vervielfältigungen, Übersetzungen, Mikroverfilmungen und die Einspeicherung und Verarbeitung in elektronischen Systemen.

DANKSAGUNG

Ich möchte allen Personen und Institutionen meinen herzlichen Dank aussprechen, die mich bei der Ausarbeitung und Fertigstellung dieses Buches unterstützt haben. Ein besonderer Dank gilt meinen Kolleginnen und Kollegen an der Universität Luxemburg für ihre beständige Unterstützung und ihre wertvollen Anregungen während des gesamten Prozesses.

Ebenso danke ich allen Experten, die sich die Zeit für Interviews und Gespräche genommen haben. Ihre Einsichten und Erfahrungen haben entscheidend zum Gelingen dieses Buches beigetragen.

INHALTSVERZEICHNIS

ABBILDUNGSVERZEICHNIS

TABELLENVERZEICHNIS

ABKÜRZUNGSVERZEICHNIS

BIM	Bauwerksdatenmodellierung (Building Information Modelling)
bspw.	beispielsweise
ca.	circa
CE	Circular Economy
EC	European Commission/Europäische Kommission
ERIN	Environmental Research and Innovation
EU	Europäische Union
ggf.	gegebenenfalls
i.A.	im Allgemeinen
i.d.R.	in der Regel
I(x)	Interview (n°)
LIST	Luxembourg Institute of Science and Technology
o. S.	ohne Seitenangabe
PDAT	Programme directeur de l'aménagement du territoire
Pkw	Personenkraftwagen
PPP	Public-Private-Partnership
u.	und
u.a.	unter anderem
Uni.lu	Universität Luxemburg
v.a.	vor allem
vgl.	vergleiche
z. B.	zum Beispiel

1. EINLEITUNG

Die Umweltpolitik in Europa verfolgt mittlerweile einen integrativen Ansatz. Es wird versucht, klima- und energiepolitische Zielsetzungen nicht isoliert, sondern in einem systemischen Ansatz mit sozialen und wirtschaftlichen Interessen, z. B. bei Fragen der Ressourcennutzung, zu betrachten. Der Aktionsplan der Europäischen Union (EU) für die Circular Economy (2015: 303) ist ein Beispiel für den politischen Willen, Lösungsansätze für „eine nachhaltige, CO_2-arme, ressourceneffiziente und wettbewerbsfähige Wirtschaft“ (EC, 2015: 1) auszuarbeiten.

Das grundlegende Ziel der Circular Economy besteht darin, den Verbrauch natürlicher Ressourcen (z. B. fossiler Brennstoffe, Boden, Wasser und Mineralien) innerhalb eines Systems (z. B. einer nationalen Wirtschaft) durch eine optimierte Verwaltung der Energie- und Materialflüsse zu verringern. „Die zentrale Idee ist es, Materialkreisläufe zu schließen, den Materialeinsatz zu reduzieren und Produkte und Abfälle wiederzuverwenden oder zu recyceln, um eine höhere Lebensqualität durch verbesserte Ressourceneffizienz zu erreichen“ (Peters et al., 2007: 5943). In einer Circular Economy bleibt der Wert von Produkten, Materialien und Ressourcen so lange wie möglich erhalten, und Abfall wird erheblich reduziert oder sogar ganz vermieden (im Idealfall). Per Definition erfordert der Übergang zu einer Circular Economy radikale und signifikante Veränderungen in den Bereichen Design, Produktion, Vertrieb, Verbrauch und Nutzung, damit eine Behandlung von Produkten als Abfall überflüssig wird.

Wie ein politisches Leitmotiv von Unternehmen aufgenommen wird, hängt von den einzelnen Akteuren des betroffenen Wirtschaftsgefüges ab. Das in diesem Buch vorgestellte Forschungsvorhaben beschäftigte sich mit Unternehmen der Bau- und Automobilzulieferindustrie in Luxemburg und ihrem Umgang mit dem Leitmotiv der Circular Economy auf regionaler Ebene. Die Leitfrage, die sich wie ein roter Faden durch die Arbeit zieht ist dabei: Welche Motivationen und Barrieren können in Luxemburg festgestellt werden, wenn es um zirkuläre Praktiken geht? Für die Beantwortung dieses Hauptanliegens wurden sowohl Ansätze aus der praxistheoretischen Forschung als auch Perspektiven zu Konzepten der zirkulären Wertschöpfung herangezogen.

1.1. EINFÜHRUNG IN DIE CIRCULAR ECONOMY UND PRAKTIKENTHEORIEN

Die vorliegende Arbeit setzt sich mit Praktiken der Circular Economy am Beispiel der Bau- und Automobilzulieferindustrien in Luxemburg auseinander. Der Untersuchungsgegenstand der Circular Economy wird in einer praxeologischen Forschungsperspektive analysiert. Beide Forschungsfelder – soziale Praktiken und Circular Economy – verlangen nach einer Begriffserklärung, Abgrenzung und Konkretisierung im Hinblick auf forschungsrelevante Fragestellungen. Die zwei Literaturfelder werden deshalb im Hinblick auf ihre Entstehung und Rezeption eingeordnet. Diese Einführung schlägt eine Brücke zu der im Anschluss erörterten Problemstellung und den forschungsleitenden Fragen in Kapitel 1.2.

1.1.1 Die Entstehung der Circular Economy als Untersuchungsgegenstand

Circular Economy-Forschung geht in ihrem theoretischen Ansatz auf verschiedene Denkschulen unterschiedlicher Disziplinen zurück, vor allem in den Natur- und Wirtschaftswissenschaften. Der Mathematiker und Wirtschaftswissenschaftler Georgescu-Roegen veröffentlichte in den 1970er Jahren ein Bestands-Fluss-Modell, das die biophysikalische Dimension von Wirtschaftsprozessen aufzeigt. Seiner Ansicht nach kann die Entwicklung des Wirtschaftssystems nicht von der Umwelt isoliert (betrachtet) werden (Georgescu-Roegen, 1971). Georgescu-Roegen führte die für die Circular Economy so entscheidende Unterscheidung von erneuerbaren und nicht-erneuerbaren Energie- und Materialflüssen ein. Land- und Wasserressourcen wurden damit zu einem kontinuierlichen Lieferanten von Energie (Wasser-, Wind- und Solarkraft, Biogas) und Biomasse (Nahrungsmittel, Tierfutter, Heizmaterial). Gleichzeitig schlug er vor, die menschliche Arbeit als einen erneuerbaren Energiestrom in Modellierungen von Wirtschaftsprozessen zu berücksichtigen.

Fast zeitgleich zur biophysikalischen Perspektive lieferten der Physiker Ayres und der Wirtschaftswissenschaftler Kneese ein ökonomisches Argument für die Untersuchung von Wechselwirkungen zwischen Wirtschaftsprozessen und der Umwelt (Ayres und Kneese, 1969). Wirtschaftliche Aktivitäten, vor allem in Industriestaaten, sind auf scheinbar frei verfügbare Ressourcen wie saubere Luft und Wasser angewiesen. Dieser Zustand führt zu einer unausgeglichenen Ressourcenallokation und erzeugt externe Effekte (Externalitäten).[1]

---

1 Externe Effekte (auch Externalitäten) bezeichnen in der Volkswirtschaftslehre Auswirkungen von Wirtschaftsentscheidungen auf unbeteiligte Marktteilnehmer, für die niemand bezahlt oder einen Ausgleich erhält (Andersen, 2007: 136).

Ayres und Kneese betrachten Externalitäten im Wesentlichen als ein bilanzielles Ungleichgewicht: Das Gesetz der Massenerhaltung (Massenerhaltungssatz)[2] sollte auch für Wirtschaftssysteme gelten. Ihr Ansatz knüpft damit an Überlegungen des Wirtschaftswissenschaftlers Boulding an, der 1966 für das Wirtschaftssystem die Raumschiffmetapher einführte (Boulding, 1980 [1966]) und als ein Vertreter der allgemeinen Systemtheorie gilt (z. B. von Bertalanffy, 1950; 1968). In einem geschlossenen System müsse man versuchen, mit möglichst wenig Durchfluss, also ohne Austausche mit der äußeren Umgebung, auszukommen. Dieser Grundgedanke wurde zu einem Eckpfeiler der Energie- und Stoffstromanalyse, die auch Anwendung in der industriellen Ökologie bzw. im industriellen Metabolismus findet (z. B. Ayres und Ayres, 1996) und einen Vorläufer von Lebenszyklusbetrachtungen darstellt. Die Umweltökonomen Pearce und Turner (1990) ordneten schließlich der natürlichen Umwelt explizit Funktionen zu, die ökonomische Relevanz für den Menschen haben. Vor allem Pearce setzte sich dafür ein, Umweltleistungen[3] wie Wirtschaftsgüter zu betrachten und mit einem Preis zu versehen. Mittlerweile werden Umweltfunktionen, die oft ein öffentliches Gut darstellen (wie Luft- und Wasserqualität), zwar verstärkt von Politik und Wissenschaft diskutiert, in der Regel gibt es für sie jedoch weder einen Preis noch einen Markt, selbst wenn sie einen eindeutigen Wert oder Nutzen für Einzelpersonen und die Gesellschaften haben.

Dieser volkswirtschaftliche Ansatz, der die Beziehungen zwischen Wirtschaft und natürlicher Umwelt des Menschen betrachtet wird als Umweltökonomie bezeichnet. Erforscht werden z. B. die Auswirkungen des industriellen Wirtschaftens auf die Umwelt, um daraus Empfehlungen für eine ökonomische Umweltpolitik oder für umweltverträgliche Produktionsverfahren geben zu können. Oft wird in diesem Zusammenhang vom Ausgleich zwischen Ökonomie und Ökologie gesprochen. Im Gegensatz dazu befasst sich die ökologische Ökonomie mit der Fragestellung, wie menschliches Handeln innerhalb der Grenzen und Bedingungen von ökologischen Systemen gestaltet werden kann.

---

2 Der Massenerhaltungssatz ist das 1. Grundgesetz der Chemie: In einem geschlossenen System ist die Summe der Masse von natürlichen Rohstoffen (Edukte) vor einer chemischen Reaktion gleich der Summe der Masse der Produkte nach der Reaktion.

3 Folgende Leistungen und Funktionen der Umwelt (Ökosystemleistungen) werden üblicherweise hervorgehoben: Sicherung der Ernährung, Gen-Reservoir, pharmakologisches Reservoir, Reservoir für nachwachsende Rohstoffe, Indikatorfunktion, Stabilisierungsfunktion für den Lebensraum Erde, Erholungsfunktion, ästhetische und emotionale Bedeutung für den Menschen (Grunewald und Bastian, 2023).

Dabei wird eine ganzheitliche Perspektive eingenommen, um Wechselwirkungen zwischen Wirtschaft, Gesellschaft und Natur zu verstehen und nachhaltige Lösungswege zu entwickeln (Beckenbach, 1998).

Das heutige Verständnis des Konzepts der Circular Economy ist noch immer geprägt durch die beiden Perspektiven biophysikalischer und umweltökonomischer Denkschulen. Immer häufiger werden aber auch ökologisch-ökonomische Ansätze verfolgt, in denen die Wirtschaft und die Umwelt nicht mehr isoliert von der Gesellschaft, sondern mit ihr verwoben betrachtet werden. In neueren Publikationen wird die Circular Economy deshalb als ein Wirtschaftsmodell charakterisiert, das den Wohlerhalt der Umwelt und der Gesellschaft verfolgt (Murray et al., 2017: 377). Das ökologische Modernisierungskonzept (Mol, 1995) baut auch auf dem Gedanken der Circular Economy auf, verfolgt dabei aber einen wirtschaftlichen Ansatz. Es wird davon ausgegangen, dass eine nachhaltigkeitsorientierte Transformation der Wirtschaft auch eine gewisse Geschäftslogik verfolgen kann, z. B. Kostensenkung durch Ressourceneinsparungen. Der Politikwissenschaftler Christoff (1996) unterscheidet zwischen einer schwachen und einer starken Artikulation von ökologischer Modernisierung, wobei sich die erste lediglich auf technologische Korrekturen und Umweltmanagementinstrumente konzentriert, während letztere grundlegendere institutionelle Veränderungen und demokratische Partizipation umfasst (z. B. die Einbindung von Verbrauchern und zivilgesellschaftlichen Akteuren).

Bis in die 2010er-Jahre tendierten die meisten politischen und wissenschaftlichen Rahmenprogramme für eine Circular Economy dazu, einen technologischen Ansatz zu verfolgen und soziokulturelle Transformationen zu vernachlässigen (Hobson, 2016: 88). Diese Kritik wird auch von Kommentatoren des viel diskutierten Green Economy Ansatzes geteilt, wie er im Umweltprogramm der Vereinten Nationen (UNEP) propagiert und von zahlreichen Regierungen und internationalen Organisationen, Großunternehmen und Wirtschaftsverbänden übernommen und umgesetzt wurde (Davies und Mullin, 2011; Bina, 2013; Bauhardt, 2014; Schulz und Bailey, 2014; Kenis und Lievens, 2015). Die meisten programmatischen Varianten des Green Economy-Ansatzes (grüne Wirtschaft/Green Economy, nachhaltige Wirtschaft/Sustainable Economy, intelligentes Wachstum/Smart Growth) folgen einem technologiebasierten Effizienzansatz, ohne die etablierten Geschäftsmodelle und die Wachstumsorientierung der Wirtschaft in Frage zu stellen. Gleichzeitig fordern von dieser Logik abweichende Autor:innen wie der Wirtschaftswissenschaftler und Philosoph Latouche (Décroissance/Degrowth, 2006) oder der Naturwissenschaftler Jackson (Wohlstand ohne Wachstum, 2009) eine weitaus umfassendere Neuausrichtung von Produktions- und Konsummustern. In diesem Zusammenhang bringt die sich ausbreitende Degrowth-Denkschule (D'Alisa et al., 2015) konzeptionell und empirisch eine große Bandbreite an Ideen und Beispielen alternativer Wirtschaftsansätze für zirkuläre Produktionssysteme mit, ohne notwendigerweise dieselben Termini zu verwenden (siehe z. B. Gemeinwohl-Ökonomie nach Felber, 2014).

1.1.2 Die Denkschulen der Praktikentheorien

Praxistheoretische Forschung[4] beschäftigt sich mit sozialen Praktiken in verschiedenen Lebenswelten. Im Fokus stehen Handlungen, die durch Körperlichkeit und Materialität zum Ausdruck kommen, seien sie nun intentional oder unbewusst durchgeführt worden. Praxistheoretische Ansätze sind bei Autor:innen verschiedener Disziplinen zu finden. Nach Faller (2016: 57) wird in wirtschaftsgeographischen Arbeiten vor allem auf drei Theoretiker verwiesen: die Sozialwissenschaftler Bourdieu und Giddens sowie den Sozialphilosophen Schatzki. Bourdieu gilt mit seinem *Entwurf einer Theorie der Praxis* aus dem Jahr 1972 als ein Begründer des praxeologischen Forschungsprogramms (Schäfer, 2013). Er beschäftigt sich mit Fragen der Entstehung von Praktiken und deren Reproduktion. Bourdieu beschreibt Praktiken als ein Wechselspiel zwischen verinnerlichten und veräußerlichten Aspekten, deren Vermittlung der Habitus leistet. Nur einige Jahre nach Bourdieu veröffentlichte Giddens (1976) seine *Interpretative Soziologie*, ein sozialtheoretischer Ansatz, der ebenfalls mit dem Begriff der Praxis arbeitet. Giddens Strukturationstheorie gilt heutzutage als Klassiker in der Soziologie. Das Innere und Äußere nennt Giddens agency und structure, deren Kluft es zu überwinden gilt, damit strukturierte sowie strukturbildende Praktiken entstehen können (bei Giddens: series of practical activities). In Abgrenzung zu Bourdieu und Giddens, definiert Schatzki (2005: 471) soziale Praktiken als ein Zusammenspiel von Handlungen und Logiken (bei Schatzki: doings and sayings), die durch breiten gesellschaftlichen Konsens, Regeln und die Ziele einer Person (bei Schatzki: understandings, rules, and teleoaffective structures) gelenkt werden.

In der Geographie wurde bisher nur von Werlen (1995; 1997) eine umfassende Theorie ausgearbeitet, die sich auf Praktikentheorien stützt. Der Sozialgeograph Werlen beschäftigt sich mit alltäglichen Regionalisierungen, die zum

---

4 Praxeologie oder Praxistheorie sind die deutschen Bezeichnungen für den englischen Begriff practice theory. Beide Begriffe werden synonym verwendet für: Theorie sozialer Praktiken (theory of social practices), siehe z. B. Reckwitz (2003) und Praktikenforschung, siehe z. B. Faller (2016).

Ziel haben, „die Konsequenzen von globalisierten Lebensformen (Globalisierung) und Handlungsweisen zu rekonstruieren und unter Umständen sinnvoll aufeinander abzustimmen oder beispielsweise nach ökologischen Gesichtspunkten zu beurteilen" (Werlen, 2001: o.S.). Werlen vervollständigt seinen Ansatz mit Ausführungen zu sozialen Praktiken gesellschaftlicher Raumverhältnisse in einer globalisierten Welt (Werlen, 2010a; 2010b). Konzeptionelle Arbeiten anderer Geographen, die auf Praxistheorien aufbauen, werden nicht als eigenständige Theorien bezeichnet (Faller, 2016: 57): Es handelt sich dabei um Konzepte oder Rahmenwerke (frameworks) für geographische Praktikenforschung. Jones und Murphy (2011) schlagen beispielsweise einen Ansatz zur Studie von Praktiken in zwei Schritten vor: (1) Identifizierung des Phänomens und der zu untersuchenden Praktik, (2) Beschreibung der Praktik nach deren empirischer Untersuchung. Dieses Rahmenwerk ist ein Versuch, wirtschaftsgeographische Praktikenforschung zu systematisieren, eine Anleitung zur Operationalisierung für empirische Studien stellt es nicht dar. Grundsätzlich ist ein praxistheoretischer Ansatz für die Wirtschaftsgeographie vielversprechend, weil er eine Brücke schlägt zwischen politischen Handlungsempfehlungen und umgesetzten Maßnahmen. Die Praxistheorie schafft einen Rahmen, die Wirksamkeit von politischen Strategien zu untersuchen, z. B. in den Bereichen Umwelt und Energie.[5] So wurde beispielsweise die Klimaschutzpolitik im Vereinigten Königreich mit Alltagshandlungen wie dem Autofahren oder dem Heizen von Wohnräumen in Zusammenhang gebracht (Shove, 2015). In diesen Arbeiten stehen Fragen im Mittelpunkt, ob und inwiefern politische Strategien einen Einfluss auf die Alltagspraktiken der Menschen haben: Verändert sich bspw. die Nutzung des Pkw oder das Heizverhalten, weil die Regierung die Luftqualität verbessern und den Verbrauch von fossilen Energieträgern reduzieren möchte. Oder führen Umweltbesteuerungen, Steuererleichterungen oder ähnliche Maßnahmen zu neuen nachhaltigen Praktiken?

1.2. PROBLEMSTELLUNG UND FORSCHUNGSLEITENDE FRAGEN

Das Konzept der Circular Economy erfreut sich einer neuen Beliebtheit und ist durch verschiedene politische Initiativen in den Blickpunkt der Öffentlichkeit gerückt. So hat zum Beispiel die Europäische Kommission in ihrer

---

5 Umwelt- und energiepolitische Strategien umfassen u.a. Ressourcenschonung, Umweltbildung, den Ausstieg aus der Atomenergie, erneuerbare Energien, nachhaltiger Konsum, etc.

Industrie- und Abfallpolitik der zirkulären Wertschöpfung eine zentrale Bedeutung zugesprochen und im Jahr 2015 den Aktionsplan der EU für die Kreislaufwirtschaft lanciert (EC, 2015), wodurch unter den EU-Mitgliedstaaten verschiedene Umsetzungsstrategien ausgelöst wurden (Bonciu, 2014).

Einige dieser Strategien proklamieren die Circular Economy (CE) als das neue maßgebende Prinzip der nationalen oder regionalen bzw. lokalen Innovationspolitik, wie z. B. das regierungsweite CE-Programm der Niederlande, das CE-Rahmenprogramm der Normungsorganisation British Standard (BS 8001: 2017), Luxemburgs Dritte industrielle Revolution und CE-Strategie (TIR, 2016b; Schosseler et al., 2021) oder das Programm Circular Glasgow (Schulz et al., 2019: 1). Andere EU-Mitgliedstaaten passen sich nur langsam den neuen Leitlinien an bzw. erweitern die aus dem Abfallmanagement bekannte Kaskadennutzung von Materialien nach und nach auf andere Bereiche, wie z. B. in Deutschland wo bereits Mitte der 1990er Jahre ein Kreislaufwirtschaftsgesetz verabschiedet wurde, um die Schonung der natürlichen Ressourcen zu fördern und den Schutz von Mensch und Umwelt bei der Erzeugung und Bewirtschaftung von Abfällen sicherzustellen (BMU, 2020).

Außerhalb der Europäischen Union (EU) werden vergleichbare Initiativen in Japan (Murray et al., 2017) und China (Geng et al., 2012; Jiao und Boons, 2017; Fan und Fang, 2020) verfolgt. Zwar unterscheiden sich die Zielsetzungen und Herangehensweisen der Circular Economy-Politik in diesen Ländern teilweise von den europäischen Strategien (vgl. hierzu Kapitel 2.1), sie haben aber erheblich zur Verbreitung des Konzepts im globalen Kontext beigetragen (McDowall et al., 2017; Rizos et al., 2017; Schulz et al., 2019; Hjaltadóttir und Hild, 2021).

Die Herausforderungen dieser Circular Economy-Politik(en) für Unternehmen und andere Stakeholder werden auf den folgenden Seiten herausgearbeitet und zu forschungsleitenden Fragestellungen und Zielen ausformuliert.

1.2.1 Problemstellung

Die Mitgliedstaaten der Europäischen Union versprechen sich von einem Übergang zur Circular Economy, Innovationen in den Bereichen Technik, Soziales und Strukturen (EC, 2014c) und haben die Thematik in diversen Finanzierungsprogrammen für Forschungsvorhaben aufgenommen, unter anderem im Horizont 2020 Programm der Europäischen Kommission, Interreg Europa und in Luxemburgs Forschungsfonds (FNR). Das durch den FNR geförderte dreijährige Projekt CIRCULAR der Universität Luxemburg, beschäftigte sich z. B. zwischen April 2017 und März 2020 ausgiebig (aber nicht ausschließlich) mit Praktiken in der Baubranche und der Automobilzulieferindustrie. Seit der Veröffentlichung der Rifkin-Studie, einer durch die Wirtschafts- und Nachhaltigkeitsministerien in Luxemburg finanzierten Luxemburg-Strategie, um die so genannte Dritte industrielle Revolution umzusetzen, hat sich das Land zum Ziel gesetzt, bis 2050 ein nationaler Circular Economy Hot Spot zu werden: ein Leuchtturmprojekt der Circular Economy in Europa (TIR, 2016a). In Luxemburg wird eine ganzheitliche Herangehensweise angestrebt, um dieses Ziel zu erreichen: Die luxemburgische Wirtschaft soll sich von einer linearen Funktionsweise, produzieren – konsumieren – wegwerfen, zu einer zirkulären Wertschöpfung entwickeln. Rohstoffe, Materialien und Produkte sollen so lange wie möglich ohne Qualitätsverluste im Wirtschaftskreislauf verbleiben. Konzepte und Lösungen, die deren Umnutzung, Weiternutzung, Wiedernutzung, oder Gemeinschaftsnutzung vorsehen, tragen zu diesem Übergang bei.

Auch im wissenschaftlichen Diskurs politiknaher Disziplinen der 2010er-Jahre spielt die Circular Economy eine wichtige Rolle. Ein Großteil dieser akademischen Literatur beschäftigt sich mit Innovationen, technischen Systemen, steuerlichen und wirtschaftlichen Anreizen und neuen Geschäftsfeldern als Treiber für die Circular Economy (Lewandowski, 2016; Lieder und Rashid, 2016; Sauvé et al., 2016). Deutlich weniger wurde bisher über die gesellschaftspolitischen Implikationen und Möglichkeiten der Circular Economy veröffentlicht (Hobson, 2016). Ein Vorschlag regt an, den oft vernachlässigten gesellschaftlichen Mehrwert der Circular Economy mit Praktiken aus der Sozial- und Solidarwirtschaft zu überwinden (Moreau et al., 2017). Die Sozial- und Solidarwirtschaft verfolgt keine gewinnorientierten Zielsetzungen wie die Privatwirtschaft, sondern möchte dem Gemeinwohl, der Gesellschaft dienen. Genossenschaften, Non-Profit-Organisationen und Stiftungen sind heutzutage in allen Wirtschaftsbereichen zu finden und haben Banken, Bildungseinrichtungen, Lebensmittelgeschäfte, Wohnprojekte und Weiterbildungszentren aufgebaut. Die menschliche Arbeitskraft und das Miteinander stehen dabei im Fokus wirtschaftlicher Aktivitäten, Effizienz und Profitoptimierung rücken in den Hintergrund. In der Circular Economy könnte dieser Perspektivwechsel beispielsweise bedeuten, dass Arbeitskraft als erneuerbare Ressource betrachtet wird, wie es bereits Georgescu-Roegen (1971) vorschlug, und einen vergleichbaren Stellenwert in Überlegungen von kreislauffördernden Lösungen bekommt wie andere erneuerbare Ressourcen (Moreau et al., 2017: 504).

Viele Experten aus Wissenschaft, Wirtschaft und Politik sind sich einig, dass der Übergang zu einer Circular Economy ohne ein Zusammenspiel technischer, sozialer und organisatorischer Innovationen nicht umsetzbar ist (EC,

2014a; Sauvé et al., 2016; TIR, 2016a). Gleichzeitig führen Innovationen nur dann zu einem Wandel, wenn sie sich in sozialen Praktiken verankern. Die Zusammenführung von praxistheoretischer Forschung mit der Thematik der Circular Economy hat bisher noch nicht stattgefunden. Die Anwendung eines von Praxistheorien inspirierten Forschungsansatzes ermöglicht einerseits das Potential der Circular Economy für Nachhaltigkeitsübergänge herauszuarbeiten und andererseits, spezifische (lokale) Praktiken aufzudecken und deren Wirken auf Wandelprozesse zu untersuchen. Die Vor- und Nachteile dieses Forschungsansatzes werden an verschiedenen Stellen in diesem Dokument ausführlich diskutiert (vgl. hierzu vor allem die Kapitel 2.3. und 7.2.).

Bisher gibt es noch keine umfassende (sozial)wissenschaftliche Auseinandersetzung mit Praktiken in Unternehmen, die fördernd, verhandelnd oder behindernd auf die Circular Economy wirken. Die vorliegende Arbeit versucht diese Lücke zu schließen und führt beide Konzepte, praxistheoretische und Circular Economy Forschungsansätze, systematisch zusammen. Aufbauend auf den Vorschlägen von Jones und Murphy (2011) sowie Schulz et al. (2019) wurde ein Untersuchungsrahmen entwickelt, der die Abgrenzung, Kategorisierung und Beschreibung von Circular Economy-Praktiken ermöglicht (vgl. Kapitel 2.3). Dieser Konzeptrahmen wurde für die Untersuchung der empirischen Daten und zur Konzeptualisierung von Circular Economy-Praktiken in Unternehmen genutzt (vgl. Kapitel 6). Außerdem wurden die aus der Empirie gewonnenen Erkenntnisse mit wissenschaftlichen Diskursen gekreuzt, um die Circular Economy(-Politik) in Luxemburg in eine internationale Perspektive zu rücken (vgl. Kapitel 5). Die Untersuchungen konzentrieren sich auf die Bau- und Automobilzulieferindustrien, da beide Sektoren für die Circular Economy von besonderer Bedeutung sind. Der Bausektor ist einerseits einer der großen Abfallproduzenten in Europa, vor allem durch Inertabfälle wie Bauschutt, die bei Abrissarbeiten entstehen. Andererseits hat der Energieverbrauch von Gebäuden durch deren lange Lebensdauer nachhaltige Auswirkungen auf den Ressourcenverbrauch eines Landes (z. B. fossiler Brennstoffe wie Erdöl und -gas; aber auch nachwachsender Brennstoffe wie Holz und Energiepflanzen). Die Automobilzulieferindustrie wiederum ist einerseits ein stark automatisierter Industriezweig mit komplexen Produktionsabläufen und einem Bedarf an verschiedensten Materialien (z. B. Stahl, Aluminium, Plastikverbundstoffe). Andererseits stehen der Treibstoffbedarf von Fahrzeugen und deren Emissionen (vor allem Kohlendioxid und Feinpartikel bei Dieselmotoren) im Mittelpunkt von nationalen und internationalen Klimaschutzprogrammen.[6]

Damit sich das Großherzogtum Luxemburg langfristig in eine nachhaltige Richtung entwickelt, steht der Regierung ein Nachhaltigkeitsrat zur Seite. Dieser kann auf Wunsch des Gouvernements oder aus eigener Initiative Studien in Auftrag geben oder selbständig erarbeiten, die sich mit der nachhaltigen Entwicklung des Landes beschäftigen. Im Rahmen dieser Mission lud der Nachhaltigkeitsrat im November 2019 zu einem ersten Arbeitstreffen ein, um ein gemeinsames Verständnis der Circular Economy und ihrer Umsetzung in Luxemburg zu entwickeln. Das Ziel dieses Kooperationsprozesses war es, der Regierung eine Definition der Circular Economy und entsprechende Grundsätze vorzulegen. Zu dem Workshop eingeladen wurden ausgewählte Vertreter der öffentlichen Hand, aus Forschung und Entwicklung sowie der Privatwirtschaft – insgesamt ca. 20 Personen. Zur Vorbereitung des Treffens wurde den Teilnehmern der Koalitionsvertrag sowie ein Dokument mit verschiedenen Begriffsbestimmungen einer Circular Economy zur Verfügung gestellt. Die Aufnahme eines Kooperationsprozesses zur Schärfung des Circular Economy-Konzepts, das bereits seit 2015 politisch genutzt wird, um den Ressourcenverbrauch in Luxemburg zu kontrollieren und einzudämmen, zeigt, wie wenig Konsens bisher besteht. Praktische Erfahrungen mit dem Konzept scheinen in vielen Wirtschaftsbereichen außerdem zu fehlen. Eine explorative Annäherung an das Thema der Circular Economy, die eingebundenen Akteure und ihre Sicht auf das Konzept und seine Umsetzung scheint deshalb in Luxemburg vielversprechend zu sein (vgl. Kapitel 3). So können bisher unbekannte Bereiche beleuchtet und bei Bedarf jederzeit Änderungen am Forschungsdesign vorgenommen werden. Im Einzelnen strebt die vorliegende Arbeit daher zwei Hauptziele an, die signifikant für die Gesellschaft, Politik, Wirtschaft und Wissenschaft sind:

- **Die Konzeptualisierung der Circular Economy**: Da die Circular Economy in Luxemburg als neues Leitprinzip für die Entwicklung wirtschaftlicher

6 Beispiele nationaler und internationaler Klimaschutzprogramme sind bspw.:
– der Klimaschutzplan 2050, die klimaschutzpolitischen Grundsätze und Ziele der Bundesregierung Deutschland;
– klima:aktiv heißt eine vergleichbare Initiative des österreichischen Lebensministeriums;
– die Agenda 2030 der Vereinten Nationen, auch bekannt als Ziele für eine nachhaltige Entwicklung.

Aktivitäten diskutiert wird, werden die Ergebnisse des Forschungsvorhabens für verschiedene Stakeholder relevant sein, u.a. für Behörden, Gemeinden, Unternehmensverbände und Innovationscluster. Angesichts des Fehlens umfassender Richtlinien oder unterstützender Instrumente, die an den nationalen Kontext angepasst sind, zielt das Projekt darauf ab, praxisorientierte Empfehlungen sowohl für die Politik und die Wirtschaft als auch die Wissenschaft abzuleiten.

- **Die Erhebung von relevanten Unternehmensdaten**: In Luxemburg findet eine hochrangige thematische Debatte über die Circular Economy statt, aber die Position der Unternehmen in Bezug auf dieses ehrgeizige politische Ziel scheint ambivalent zu sein. Es ist zum Beispiel immer noch nicht bekannt, was Unternehmen motiviert oder daran hindert, sich mit (Geschäfts)praktiken für eine Circular Economy auseinanderzusetzen. Die vorliegende Arbeit zielt deshalb darauf ab, die Beweggründe und Hemmnisse von Unternehmen zu erheben und zu verstehen, die auf Circular Economy-Praktiken wirken und damit die nachhaltige Entwicklung des Landes und der Großregion prägen.

1.2.2 Forschungsleitende Fragen

Die vorliegende Arbeit beschäftigt sich mit der Circular Economy in Luxemburg aus dem Blickwinkel verschiedener Akteure. Durch die praxeologische Untersuchung der Circular Economy werden zwei relevante Forschungsfelder verknüpft und ein wichtiger Beitrag für die Praktikenforschung in der Wirtschaftsgeographie geleistet. Die konzeptionelle Abgrenzung von Praktiken der Circular Economy (auch untereinander) und deren Beschreibung und Einordnung im Kontext nationaler und internationaler Nachhaltigkeitsdebatten ist bisher noch nicht wissenschaftlich diskutiert worden. Aus dieser Forschungslücke leiten sich sechs Forschungsfragen ab:

Forschungsfrage 1: Welche Beweggründe und Hemmnisse haben Unternehmen in der Umsetzung von Circular Economy-Praktiken?

Forschungsfrage 2: Welche Institutionen haben Einfluss auf Circular Economy-Praktiken, und welche neuen Institutionen (Normen, Routinen, Werthaltungen) resultieren aus sich verändernden Praktiken?

Forschungsfrage 3: Welche Praktiken prägen, behindern oder treiben die Circular Economy in verschiedenen Industriezweigen an?

Forschungsfrage 4: Wie beeinflussen politische Handlungsempfehlungen für eine Circular Economy alltägliche Unternehmenspraktiken?

Forschungsfrage 5: Wie verändert die Circular Economy-Politik die Interaktionen zwischen verschiedenen Interessenvertretern?

Forschungsfrage 6: Wie wirken veränderte Praktiken auf Wirtschaftsaktivitäten, entstehen z. B. neue Geschäftsfelder, Geschäftsmodelle, Partnerschaften und Akteurskonstellationen?

1.3. RAHMUNG UND AUFBAU DER ARBEIT

Die vorliegende Arbeit wurde im Rahmen einer Einzelförderung des Nationalen Forschungsfonds Luxemburg (Fonds National de la Recherche, FNR) für Promotionsvorhaben zwischen Oktober 2016 und Juni 2021 ausgearbeitet. Die Durchführung des Forschungsvorhabens erfolgte in Abstimmung und Anlehnung an das ebenfalls vom FNR finanzierte Projekt CIRCULAR. Der Bezugszeitraum konzentriert sich auf die Jahre der Datenerhebung 2017 bis 2019, berücksichtigt aber auch relevante Dokumente, die früher veröffentlicht wurden. Die Anfang des Jahres 2021 erschienene Circular Economy Strategie Luxemburg (Schosseler et al., 2021) wurde somit in der Datenauswertung nicht berücksichtigt. Erst am Ende der Arbeit wird punktuell auf sie verwiesen.

Die Autorin verwendet in dieser Arbeit konsequent den Begriff Circular Economy. Eine Ausnahme erfolgt nur, wenn Arbeiten anderer Autor:innen referenziert oder aus Interviews zitiert wird. Bei der Übertragung des englischen Begriffs Circular Economy ins Deutsche hat es in der Vergangenheit einige Diskussionen gegeben. Die wortgetreue Übersetzung Kreislaufwirtschaft ist in der deutschen Sprache, zumindest in Deutschland, stark mit der Kaskadennutzung von Materialien verknüpft, die das Abfallgesetz vorschreibt. Um die Begriffe Circular Economy und Abfall zu entkoppeln, wird in neueren Veröffentlichungen von zirkulärer Wertschöpfung gesprochen. Da dieser Begriff in dem mehrsprachigen Kontext Luxemburgs für Missverständnisse sorgen könnte, wurde ausschließlich mit dem Begriff Circular Economy gearbeitet – ohne ihn zu übersetzen.

Die Ausarbeitung des Kontextes und der Praktiken der Circular Economy in Luxemburg erfolgt in den nachstehenden Buchkapiteln zwei bis sieben.

Im zweiten Kapitel werden die theoretisch-konzeptionellen Zugänge dargestellt, die das Forschungsvorhaben beeinflussen. Diese werden zur besseren Lesbarkeit in die zwei Hauptthemen praxistheoretische und Circular Economy Forschung zusammengefasst. Im Rahmen der Praxistheorien werden vor allem die Autor:innen und Ansätze vorgestellt und diskutiert, die einen maßgeblichen Einfluss auf den Forschungsansatz dieser Arbeit haben. Hierzu gehören unter anderem die Arbeiten von Theodore Schatzki (u.a. 2002; 2010a) und Andreas Reckwitz (2002; 2003) zu einer *Theorie sozialer Praktiken*. Weiterhin von Bedeutung in diesem Zusammenhang sind die Arbeiten von Shove et al. (u.a. 2012a; 2012b) zum Konsumverhalten und wie dieses durch politische Programme gelenkt wird. In den Arbeiten von Glückler und Lenz (2016) wird die Rolle von Institutionen herausgearbeitet, denen in vielen Wirtschaftsgefügen (oder Kontexten) eine bedeutende Rolle zugesprochen wird. Im Rahmen der Circular Economy Forschung werden verschiedene Perspektiven vorgestellt, die gemeinsam betrachtet ein umfassendes Bild des Untersuchungsgegenstands ergeben. Dazu gehören systemische und technologische Ansätze wie die industrielle Ökologie, aber auch unternehmerische Herangehensweisen wie die funktionale Wirtschaft, sowie eine sozialwissenschaftliche Diskussion der Circular Economy. Abschließend wird der theoretisch-konzeptionelle Forschungsansatz synthetisiert, der den Überlegungen in diesem Buch zugrunde liegt.

Im dritten Kapitel wird das Forschungsdesign präsentiert. Es beinhaltet eine ausführliche Darlegung der Methodologie und der angewandten Methoden. Die explorative Auseinandersetzung mit dem Forschungsthema stützt sich in der empirischen Arbeit vor allem auf Interviews mit Experten, die beruflich mit der Circular Economy in Kontakt stehen, wie Staatsbeamte, Unternehmensberater, Forscher, Firmeninhaber, leitende Angestellte, Architekten und Ingenieure.

Kapitel vier widmet sich der Darstellung der Circular Economy in Luxemburg anhand der ausgewerteten Datensätze (u.a. Interviews, Dokumente, Teilnahme an Veranstaltungen). Es werden fünf Punkte herausgearbeitet: das begriffliche Verständnis der Circular Economy, die thematischen Schwerpunkte Materialien, Design und Kooperation, die zukünftigen Erwartungen an die Circular Economy und die Herausforderungen, denen sich Unternehmen in der Praxis stellen müssen.

Auf der Grundlage des Untersuchungsmaterials werden schließlich in Kapitel fünf die Perspektiven auf die Circular Economy herausgearbeitet, die aus dem empirischen Material abgeleitet wurden. Es werden drei Aspekte hervorgehoben, die von besonderer Bedeutung für den Kontext in Luxemburg sind. Die Circular Economy wird geprägt durch einen unternehmensorientierten Ansatz, der seit 2014 in das politische Programm eingeschrieben ist und mit früheren Zielsetzungen der Regierung harmoniert. Umsetzungsprojekte sind demzufolge Partnerinitiativen von öffentlichen und privaten Akteuren. Im Anschluss werden die Befunde der qualitativen Untersuchung in Kapitel sechs aus einer praktikentheoretischen Perspektive diskutiert und analysiert. Im Mittelpunkt stehen dabei Circular Economy-Praktiken als Untersuchungsgegenstand, deren Stabilisierung und Formung durch Politik, Institutionen und Materialität, sowie deren Bedeutung für soziale Mechanismen und kulturelle Muster, wie Zugang, Gleichberechtigung und Macht.

In Kapitel sieben werden die Forschungsergebnisse zusammengefasst und diskutiert. Hierzu werden erst Aspekte mit Relevanz für die internationale Forschungsdebatte und dann für die Circular Economy(-Politik) in Luxemburg herausgearbeitet. Abschließend erfolgen eine kritische Auseinandersetzung mit dem Forschungsdesign und der Reichweite der Empirie, sowie ein Ausblick auf weiterführende Forschungsfragen.

2. THEORETISCHE EINBETTUNG UND SENSIBILISIERENDE KONZEPTE

Der Untersuchungsgegenstand der Circular Economy wird in dem vorliegenden Buch aus einer praxeologischen Forschungsperspektive betrachtet. Su et al. (2013) strukturieren die unterschiedlichen Ansätze in der Circular Economy-Forschung nach ansteigender Komplexität in die drei Analyseebenen Mikroebene, Mesoebene und Makroebene (vgl. Tabelle 1). Die Mikroebene beschäftigt sich auf der Unternehmensebene mit der Optimierung eines Objektes (z. B. Produkt, Abfall). Auf der Mesoebene werden technologische Innovationen betrachtet, die Synergien zwischen verschiedenen Interessenvertretern nutzen (z. B. innerhalb eines Öko-Industrieparks). Und auf der Makroebene werden übergreifende Konzepte betrachtet, die einen Nutzwert für die Stadt, die Region oder das Land haben (z. B. regionale Netzwerke, Leihsysteme). Ansätze, die den institutionellen Rahmen (z. B. Verordnungen und Gesetze) oder die gesellschaftliche Dimension der Circular Economy umfassen (z. B. Aus- und Weiterbildung, Austausch mit zivilgesellschaftlichen Initiativen) werden außerhalb dieser drei Betrachtungsebenen angesiedelt.

Tabelle 1: Klassifizierung von Circular Economy-Ansätzen nach Su et al. (2013: 217; leicht angepasst)

	Mikroebene (Objektebene)	**Mesoebene (Zusammenschlüsse von Interessenvertretern)**	**Makroebene (Stadt, Region, Staat)**
Produktion und Dienstleistungen	umweltfreundliche Herstellung, Ökodesign	Öko-Industrieparks, ökologische Landwirtschaft	regionales Netzwerk von Öko-Industrieparks
Konsum	Erwerb und Verbrauch von Bio-Produkten	solidarische Landwirtschaft	regionale Verleihsysteme
Abfallmanagement	Rücknahmesysteme von Elektrogeräten	Materialbörsen	regionales Netzwerk von Materialparks
Andere Bereiche	Verordnungen und Gesetze; Informationsplattformen; Aus- und Weiterbildung; zivilgesellschaftliche Initiativen		

Die Einordnung von Circular Economy-Umsetzungen in die Analyseebenen mikro, meso und makro entspricht allerdings nicht den Bestrebungen in praxeologischen Arbeiten, in denen im Sinne einer flachen Ontologie die skalare Perspektive aufgebrochen wird. Aus diesem Grund werden in der folgenden Literaturbesprechung die beiden Forschungsfelder Praktikentheorien und Circular Economy zwar getrennt voneinander vorgestellt und diskutiert, aber in einer auf die Forschungsfragen ausgerichteten Perspektive. Im Anschluss werden beide Literaturstränge zu einem integrierten Forschungsansatz zusammengeführt.

In diesem Sinn stellt **Kapitel 2.1.** vier Perspektiven auf die Circular Economy vor, die für die Untersuchung von Praktiken relevant sind, da diese im allgemeinen als situiert und kontextabhängig beschrieben werden (Dietz, 2019):

- die systemisch-institutionelle Perspektive,
- die technologische Perspektive,
- die unternehmerische Perspektive,
- die sozialwissenschaftliche Perspektive.

In **Kapitel 2.2.** zur Praktikenforschung werden im Anschluss vor allem die Autor:innen diskutiert, die für eine Theoretisierung von nachhaltigen Praktiken und politischen Handlungsempfehlungen von Bedeutung sind:

- Die Arbeiten von Theodore Schatzki (2002) und Andreas Reckwitz (2002; 2003) zu einer allgemeinen Theorie sozialer Praktiken.
- Die Arbeiten von Shove et al. (2012a; 2012b) zum Konsumverhalten und wie dieses durch politische Handlungsempfehlungen geprägt wird.
- Die Arbeit von Glückler und Lenz (2016) über die Rolle von Institutionen für die Stabilisierung und Verhandlung von Politiken und sozialen Praktiken.

Abschließend wird in **Kapitel 2.3.** der theoretisch-konzeptionelle Forschungsrahmen vorgestellt, der anhand der beiden Forschungsstränge synthetisiert und für die Bearbeitung der Forschungsfragen und Forschungsziele (vgl. Kapitel 1.2.2) genutzt wurde.

2.1. CIRCULAR ECONOMY FORSCHUNG

Die Circular Economy wird als ein Dachkonzept für verschiedene wichtige Denkschulen bezeichnet, zu denen neben den bereits in der Einleitung genannten Autor:innen (vgl. Kapitel 1.1.1) auch die folgenden Arbeiten gezählt werden (EMF, 2015b): Performance-Gesellschaft (Giarini und Stahel 2000), Natur-Kapitalismus (Hawken et al. 1999), Industrieökologie (Lifset und Graede 2001),

Biomimetik (Benyus 2003), Cradle-to-Cradle-Design (Braungart und McDonough 2003), Blue Economy (Pauli 2010).

Das Konzept der Circular Economy wird in ganz unterschiedlichen wissenschaftlichen Fachrichtungen diskutiert, wenn das nachhaltige Management von Ressourcen im Mittelpunkt steht. Der Ressourcen-Begriff umspannt dabei sowohl materielle als auch immaterielle Güter und reicht von Rohstoffen, Materialien und Produkten über Energie, Geldmittel, Boden und Arbeitskraft. Die vielfältigen disziplinären An- und Verknüpfungen sind auf die natur- und wirtschaftswissenschaftlichen Ursprünge der Circular Economy zurückzuführen (vgl. Kapitel 1.1.1). Die soziale oder gesellschaftliche Komponente des Circular Economy-Ansatzes gilt im Allgemeinen als in der wissenschaftlichen Debatte ausgeklammert oder zumindest vernachlässigt und auf wenige Kriterien reduziert, wie z. B. die Schaffung neuer Arbeitsplätze. Ressourcen wie sie die Psychologie oder Soziologie definieren – respektiv Fähigkeiten, persönliche Eigenschaften oder die geistige Haltung, bzw. Bildung, Gesundheit, Prestige und soziale Vernetzung – werden selten als entscheidende Größen in der Umsetzung der Circular Economy betrachtet und diskutiert. Trotz dieser wiederkehrenden Kritik, wird die Circular Economy in vielen Publikationen als ein Treiber für eine nachhaltige Entwicklung unseres Gesellschafts- und Wirtschaftsgefüges angesehen (Anastasiades et al., 2020: 5). Dabei wird hervorgehoben, dass der Ansatz der Circular Economy es schafft, die Widersprüchlichkeit zwischen wirtschaftlichem Wohlstand im Einklang mit den Ressourcen und Grenzen der natürlichen Umwelt aufzuheben (Pomponi und Moncaster, 2017: 710).

Ein wiederkehrender Diskussionspunkt in Veröffentlichungen zu Themen der Circular Economy ist die Definition des Ansatzes. Die unterschiedlichen theoretischen Verständnisse, gepaart mit einer derzeitigen Vorliebe für die systematische Auswertung von Wissenschaftsliteratur z. B. nach den PRISMA Richtlinien (Moher et al., 2009), führten zu vermehrten Veröffentlichungen zur Begriffsbestimmung der Circular Economy (u.a. Ghisellini et al., 2016; Rizos et al., 2017; Merli et al., 2018; Chiappetta Jabbour et al., 2019; Munaro et al., 2020). Als einer der am häufigsten zitierten Review-Artikeln kann der Artikel von Forschern der Universität Utrecht genannt werden (Kirchherr et al., 2017). Auf der Grundlage von 114 Begriffsdefinitionen der Circular Economy, schlagen die Autor:innen folgende Abgrenzung des Konzepts vor:

> A circular economy describes an economic system that is based on business models which replace the end-of-life concept with reducing, alternatively reusing, recycling and recovering materials in production/distribution and consumption processes, thus operating at the micro level (products, companies, consumers), meso level

> (eco-industrial parks) and macro level (city, region, nation and beyond), with the aim to accomplish sustainable development, which implies creating environmental quality, economic prosperity and social equity, to the benefit of current and future generations. (Kirchherr et al., 2017: 224–225)

Die Circular Economy wird durch Kirchherr et al. (2017) in Einklang mit den Zielsetzungen einer nachhaltigen Entwicklung positioniert. Explizit wird das Zusammenspiel von Circular Economy und den Zielsetzungen der Vereinten Nationen von Schröder et al. (2019a) diskutiert, die vor allem ein direktes Wirken von CE-Praktiken auf die Ziele 6 (sauberes Wasser und Sanitäreinrichtungen), 7 (bezahlbare und saubere Energie), 8 (menschenwürdige Arbeit und Wirtschaftswachstum), 12 (nachhaltige/r Konsum und Produktion) und 15 (Leben an Land) feststellen. Autor:innen wie Anastasiades et al. (2020) diskutieren die Circular Economy (CE) in Abgrenzung zum Nachhaltigkeitsbegriff und argumentieren, dass die CE von vielen Autor:innen wegen ihres Technologie- und Produktansatzes als eine schwache Nachhaltigkeitsstrategie verkannt wird. Die schwache Nachhaltigkeitsperspektive geht auf die Arbeiten aus den 1970er und 80er Jahren der Wirtschaftswissenschaftler Solow (1974; 1986) und Hartwick (1977; 1978) zurück (Cabeza-Gutés, 1996). Sie kritisierten die anthropozentrische Sichtweise, dass zerstörtes Naturkapital durch Humankapital substituiert werden kann. Diese Sichtweise führt zu der Überzeugung, dass es keine Notwendigkeit für eine Veränderung des Konsumverhaltens gibt, um die Belastungen für die Umwelt zu reduzieren, da der technologische Fortschritt jedes Ressourcenproblem lösen wird (Anastasiades et al., 2020: 2). Dieser schwachen Nachhaltigkeit wird das Konzept der starken Nachhaltigkeit gegenübergestellt: Die Zukunft der Menschheit hängt vom Zustand des Naturkapitals ab. Human- und Naturkapital werden als komplementär betrachtet und können sich nicht gegenseitig ersetzen – ist ein für den Menschen überlebensnotwendiges Naturkapital verschwunden, kann es nur bedingt durch ein künstliches (Humankapital) ersetzt werden (Anastasiades et al., 2020: 2). Das Konzept der nachhaltigen Entwicklung ist in diesem Kontext widersprüchlich, da nur eine Veränderung des Konsumverhaltens zu mehr Nachhaltigkeit führen kann. Die starke Nachhaltigkeitsperspektive fordert eine Rückkehr zu einer kleinmaßstäbigen Wirtschaft (z. B. lokaler/regionaler Produkte), um die Umweltauswirkungen zu verringern. Anastasiades et al. (2020: 3) kommen zu dem Schluss, dass die Circular Economy als eine moderate Nachhaltigkeitsperspektive angesehen werden sollte, da sie sich konzeptuell sowohl auf den technologischen Fortschritt als Lösung für existierende Umweltprobleme stützt (schwache Nachhaltigkeit), zu ihrer erfolgreichen Umsetzung aber auch ein verändertes Verbraucherverhalten, einhergehend mit kulturellen Werteveränderungen notwendig ist.

Die Europäische Union schreibt, dass eine Circular Economy „einen vollständigen Systemwandel voraus[setzt] sowie Innovationen nicht nur in den Bereichen Technik und Technologien, sondern auch in Organisationen, der Gesellschaft, in der Finanzierung und der Politik." (EC, 2014b: 1) Kritische Stimmen weisen darauf hin, dass der Wandel zu einer Circular Economy bisher vor allem als eine technologische Herausforderung angesehen wurde (Hobson und Lynch, 2016; Schulz et al., 2019; Friant et al., 2020; Genovese und Pansera, 2020). Die gesellschaftlichen bzw. sozio-kulturellen Veränderungen, die für diesen Wandel notwendig sind, werden nur marginal betrachtet (Hobson, 2016; Millar et al., 2019; Velenturf und Purnell, 2021). In den folgenden Abschnitten werden die unterschiedlichen wissenschaftlichen Perspektiven auf die Circular Economy anhand der dominierenden Literaturstränge vorgestellt und im Hinblick auf die vorliegende Arbeit diskutiert. In Anlehnung an (Schröder et al., 2019a) betrifft das vor allem relevante Materialien aus den Bereichen Umweltwissenschaften, Industrieökologie, Betriebswirtschaftslehre und Transitionsforschung. Die Zusammenführung der unterschiedlichen Literaturstränge erfolgt entlang der von Merli et al. (2018) identifizierten Hauptanliegen, die in wissenschaftlichen Veröffentlichungen dominieren, wenn es um die Circular Economy geht.

- Eine erste Perspektive thematisiert den Wandel der sozialen und wirtschaftlichen Dynamiken auf Makro- und Verwaltungsebene, der für eine Circular Economy notwendig ist (siehe Kapitel 2.1.1).
- Eine zweite Perspektive diskutiert und entwickelt auf der Meso-Ebene Circular Economy-Ansätze für Industrien, die sich vor allem mit Öko-Industrieparks und der industriellen Symbiose beschäftigen (siehe Kapitel 2.1.2).
- Eine dritte Perspektive thematisiert die Umsetzung von Strategien und Prozessen für eine Circular Economy auf der Ebene von Unternehmen (Mikroebene), um neue Formen des Verbrauchs und des Produktdesigns zu fördern, z. B. durch neue Geschäftsmodelle (siehe Kapitel 2.1.3).

Zusätzlich werden in Kapitel 2.1.4 die Arbeiten zusammengetragen, die sich mit einem sozialwissenschaftlichen Ansatz der Circular Economy nähern. Diese vierte Perspektive ist für verschiedene Autor:innen unabdingbar für eine holistische Auseinandersetzung mit der Thematik (Hobson, 2016; Blomsma und Brennan, 2017).

Im Anschluss werden die Hauptkritiken an dem Circular Economy-Konzept aus Sicht der Wissenschaftler zusammengetragen (siehe Kapitel 2.1.5) und in einem abschließenden Abschnitt zu einem Forschungsrahmen zusammengeführt (siehe Kapitel 2.1.6).

2.1.1 Die systemisch-institutionelle Perspektive

Das im Kreislauf-Führen von Materialien und Produkten in einer zirkulären Wertschöpfung setzt nicht nur ein Um- oder Neudenken von industriellen Prozessen voraus. Es bedarf auch der Abkehr von einem System, das seinen Wohlstand vor allem durch die Produktion von neuen Gütern und den damit verbundenen Material- und Energieflüssen erwirtschaftet. Der Schweizer Architekt und Politikberater Walter Rudolf Stahel schlägt deshalb eine Wirtschaftsführung der optimalen Nutzung (oder Funktion) von Produkten und Dienstleistungen und den damit einhergehenden Reichtümern (Güter, Wissen, Natur) vor. Diese *funktionale Wirtschaft*, wie Stahel sie nennt, strebt einen höchstmöglichen Nutzungswert aus diesen Leistungen für die Wirtschaft (inkl. der Gesellschaft) an und versucht dabei gleichzeitig, so wenig materielle Ressourcen und Energien wie möglich zu verbrauchen (Stahel, 2005). Mit seinem Verständnis von einer funktionalen und somit nachhaltigen Wirtschaftsführung gilt Stahel als (einer) der Begründer der Circular Economy (Ness, 2019: xvii). Seine Arbeiten prägen das systemische Verständnis von nachhaltigen Raum-Mensch-Beziehungen des ersten Viertels des 21. Jahrhunderts disziplinenübergreifend.

Das Konzept der funktionalen Wirtschaft wurde in Buchform erstmals Mitte der 1980er Jahre veröffentlicht (Stahel, 1986) und beruht auf wissenschaftlichen Arbeiten Stahels zu Nachhaltigkeitsthemen, die er bis Ende der 2010er-Jahre weiterführt, wie z. B. Abfallvermeidung, Produktentwicklung, Arbeitskraft, Ressourcenoptimierung und Dematerialisierung (IPF, 2020). Die bestehende auf die produzierende Industrie ausgerichtete Wirtschaftsführung kann sich zu einer Circular Economy entwickeln, wenn die Nutzung der Bestände (Vermögenswerte kultureller, natürlicher und menschlicher Natur sowie hergestellte Güter) optimiert und Reichtum und Wohlstand vom Ressourcenverbrauch entkoppelt und dabei gleichzeitig mehr Arbeitsplätze geschaffen werden (Stahel, 2012).

Zu Stahels rezentesten Veröffentlichungen gehört ein Benutzerhandbuch für die Circular Economy (Stahel, 2019). Er nennt darin sechs Herausforderungen, denen sich die Gesellschaft heutzutage stellen muss, damit eine Circular Economy funktionieren kann. Er fordert einen systemischen Ansatz, der das bestehende disziplinäre Silodenken und Siloagieren aufbricht: Wissenschaft, Hochschulen und Politik müssen ihre Rollen in dem Gesamtsystem verstehen und annehmen, damit alle zusammenarbeiten können.[7]

1. **Gesellschaftliche Verantwortung**: Es muss einen Ansporn geben, seine Besitztümer zu pflegen und zu reparieren, damit sie so lange wie möglich genutzt werden können.
2. **Technische Innovation**: Es sollte in neue technische Verfahren und Technologien zur Rückgewinnung von Atomen und Molekülen mit hohem wirtschaftlichem Wert aus synthetischen Altabfällen (die z. B. in Deponien und Halden lagern) investiert werden.
3. **Politische Innovation**: Die Herstellerhaftung für gebrauchte Objekte ohne wirtschaftlichen Restwert sollte erweitert werden. Die Rückgabe an den Hersteller sollte grundsätzlich möglich sein.
4. **Gesellschaftliche Bildung**: Verbreitung des technischen und wirtschaftlichen Wissens um die gesellschaftlichen Vorteile einer industriellen Circular Economy in Klassenräumen, Sitzungssälen und Parlamenten.
5. **Wirtschaftliche Verantwortung**: Förderung wissenschaftlicher Innovationen in neuartige Materialien, Komponenten und Systemlösungen z. B. auf der Basis wiederverwendbarer Moleküle und Hüttenprodukte zur Stärkung der industriellen Circular Economy.
6. **Sharing Economy**: Eine Performance-Gesellschaft in der die Nutzung von Gütern als Dienstleistung verkauft wird, erfordert die Übernahme von Verantwortung sowohl von Herstellern und als auch von Nutzern – es gibt kein Teilen ohne Sorgfaltspflicht.

Stahel legte mit seinen frühen Arbeiten zu alternativen Arbeitsformen (Stahel, 1981) und verlängerten Produktnutzungen (Stahel, 1982) den Grundstein für eine angewandte und wirtschaftlich ausgerichtete Auseinandersetzung mit Nachhaltigkeitskonzepten in Unternehmen unter Nutzung des Konzepts einer Circular Economy (Stahel sprach von einer economy in loops). Seine Überlegungen werden nicht nur in wissenschaftlichen Arbeiten zur Circular Economy als Grundlagenforschung bezeichnet (Webster, 2013; de Jesus und Mendonça, 2018; Homrich et al., 2018), sondern auch in praxisorientierten Veröffentlichungen der Ellen MacArthur Stiftung (EMF, 2015a). Mitte der 1990er Jahre entwickelte der Chemiker M. Braungart zusammen mit dem

---

7 Mit diesen Forderungen ist Stahel nicht allein. Auch Tim Jackson fordert in *Wohlstand ohne Wachstum* (2009) Veränderungen auf systemischer Ebene.

Architekten W. McDonough das Cradle-to-Cradle-Konzept (McDonough und Braungart, 2003), um Industrieprodukte von der *Wiege bis zur Wiege* zu bewerten (von der Ressourcengewinnung und einschließlich des Lebensendes). Das Konzept bewertet die chemische Zusammensetzung von Produkten und deren Ökoeffektivität unter Nutzung des bereits in den 1970er Jahren von Stahel eingeführten Begriffs cradle-to-cradle (Geisendorf und Pietrulla, 2018: 773). Das Cradle-to-Cradle-Konzept wird von der Wissenschaft als ein Lösungsansatz zur Umsetzung der Prinzipien einer Circular Economy angesehen (de Jesus und Mendonça, 2018) und die Begriffe werden oft sogar synonym gebraucht (Esposito et al., 2017).

Damit sich die Circular Economy jedoch nachhaltig als funktionierendes Wirtschaftssystem etablieren kann, benötigt es eine gesellschaftliche und institutionelle Verankerung und eine klare Kostenstruktur (wer trägt welche Kosten) schreiben Vincent Moreau et al. (2017: 501). Die Autor:innen sind mit ihren Darlegungen im Einklang mit Lieder und Rashid (2016), die in dem Zusammenspiel verschiedener Akteure eine Notwendigkeit zur erfolgreichen Umsetzung der Circular Economy sehen. Die Circular Economy sei ein regeneratives System für die Umwelt und die Wirtschaft, wenn sie die Schnittstelle darstellt zwischen Top-Down-Interessen – den Interessen der Gesellschaft, Gesetzgebung und Institutionen – und Bottom-Up-Interessen – den Interessen der Industriebetriebe, Wettbewerbsfähigkeit und Profitabilität (siehe Abbildung 1). Die Profitabilität und Wettbewerbsfähigkeit wirtschaftlicher Aktivitäten hänge vor allem von der Gesetzgebung ab, da sie vorgibt, welche Kosten von den einzelnen Organisationen getragen werden müssen (Kapp, 1950; Bromley, 1989). Je mehr der Externalitäten wirtschaftlicher Aktivitäten auf die Gesellschaft zurückfallen (z. B. soziale Ungerechtigkeit, Umweltverschmutzung), je attraktiver ist ein Standort aus wirtschaftlichen Gesichtspunkten.

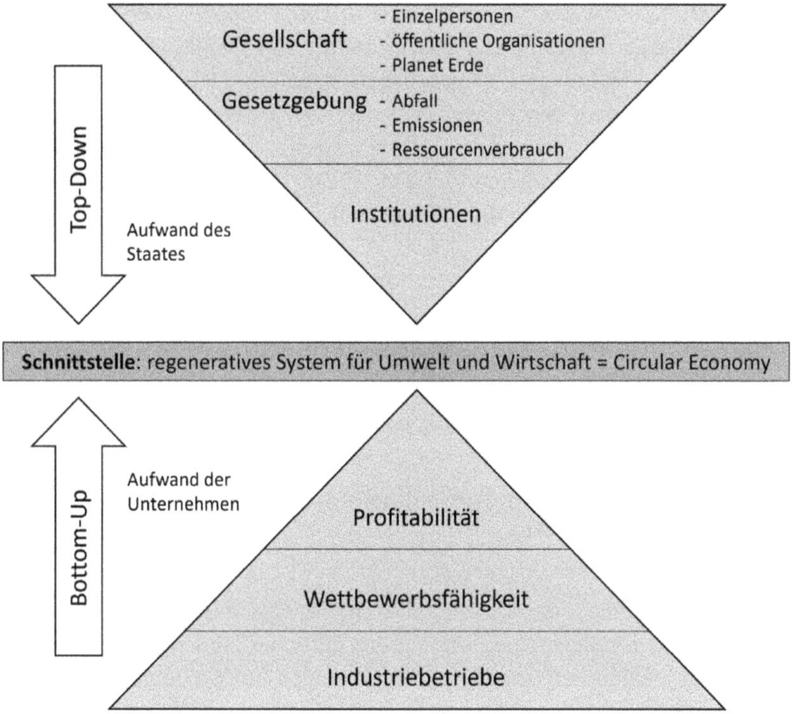

Abbildung 1: Strategie zur Umsetzung der Circular Economy von Lieder und Rashid (2016: 46)

Viele Autor:innen verweisen auf die institutionellen Rahmenbedingungen, die bestehen müssen, damit eine Circular Economy funktionieren kann (Ezzat, 2016; Homrich et al., 2018; Hjaltadóttir und Hild, 2021) – nicht selten unter Hervorhebung der Bedeutung von Rechtsnormen (Schulte, 2013: 46) – und die damit einhergehenden notwendigen politischen Reformen (Moreau et al., 2017), um Anreize für Unternehmen und andere Akteure zu schaffen, zirkuläre Wertschöpfung zu praktizieren. Eine vom Gesetzgeber auferlegte transparente Kostenverteilung, die Externalitäten in die Kostenberechnungen einer Organisation oder eines Produktes einfließen zu lassen, sei ein solcher Anreiz, schreiben Moreau et al. (2017). Bisher würde es jedoch noch keine Erfahrungen mit der Berücksichtigung von Externalitäten in der Praxis geben (Vatn, 2009).

Zu den politischen Maßnahmen, die derzeit entwickelt werden, um die Circular Economy zu stärken, schreiben Schulz et al. (2019), gehören die Reform des Steuersystems, wie z. B. die Besteuerung von Externalitäten (Andersen, 2007), ein besserer Zugang zu Finanzmitteln (Dörry und Schulz, 2018) und die strategische Nutzung des öffentlichen Beschaffungswesens (Witjes und Lozano, 2016). Andere Vorschläge, das Steuersystem anzupassen, umfassen die Besteuerung von Ökosystemleistungen (Caparrós, 2013: 354) und Rohstoffen wie Sand als Gemeinschaftsgut (Schulte, 2013). Vor allem der niedrige Preis von natürlichen Rohstoffen, die als nicht rar gelten, wird bereits seit langem kritisiert (Frosch, 1992; Stahel, 2013).

Eine Betrachtung der politischen Rahmung der Circular Economy in der Europäischen Union kommt schließlich zu dem Schluss, dass ein effizienter Politiken-Mix drei unterentwickelte Bereiche fördern sollte, um die derzeitige Zentriertheit auf abfallwirtschaftliche Aspekte zu überwinden (Milios, 2018):

- Auf der Produktebene, deren Wiederverwendung, Reparatur und Wiederaufarbeitung;
- Im Bereich des öffentlichen Beschaffungswesens (Ausschreibungen und Einkauf), Ressourceneffizienz;
- Stärkung des Marktes für Sekundärrohstoffe.

Die Auswirkung einer gesetzlichen Rahmung der Circular Economy auf Unternehmen wird im Allgemeinen als Treiber (falls vorhanden) oder Hindernis (wenn nicht vorhanden) angesehen. Regierungen können den Übergang zu einer Circular Economy aktiv unterstützen, indem sie direkte oder indirekte finanzielle Anreize schaffen sowie Angebote für Aus- und Weiterbildung bereitstellen (Rizos et al., 2015). In bestimmten Bereichen sind auch staatliche Beratungsangebote für technische Lösungen zu empfehlen (Tura et al., 2019), beispielsweise, wenn es im Rahmen der REACH-Verordnung zu Verboten oder eingeschränkten Nutzungen von bestimmten Substanzen und Stoffen kommt.

Die geforderten Veränderungen auf der systemisch-institutionellen Ebene umfassen viele verschiedene Bereiche des gesellschaftlichen und wirtschaftlichen Lebens, wenn es um die Darstellung einer funktionierenden Circular Economy geht. Die Autor:innen sprechen von erforderlichen Wandelprozessen in den Bereichen Gesellschaft, Wirtschaft, Ökologie und Politik – ohne dabei jedoch in der Regel die deskriptive Ebene zu verlassen und konkret zu werden, wie ein solcher Übergang praktisch angegangen und umgesetzt werden könnte. Die vorgeschlagenen politischen und regulatorischen Maßnahmen, die zu einer Circular Economy führen sollen, wurden bisher noch nicht in der Praxis erprobt (z. B. die Besteuerung von Externalitäten oder Ökosystemleistungen). Als Ausnahme kann China genannt werden, deren Umsetzungspolitik als beständig (Jiao und Boons, 2017) und weiter fortgeschritten bezeichnet wird, aber nur eingeschränkt mit Europa vergleichbar ist. Das konzeptuelle Verständnis der Circular Economy sei in China und der EU unterschiedlich, genauso wie die industriellen Strukturen und Governance-Systeme, in denen sie verankert ist, schreiben Forscher aus England, China und den Niederlanden in einem gemeinschaftlichen Artikel (McDowall et al., 2017: 657).

Ob vergleichbare Lösungsansätze für die Rahmung der Circular Economy in Luxemburg bereits umgesetzt wurden oder gefordert werden, wird respektiv in den Kapiteln 4.1 und 4.6 erörtert werden. Welche Herausforderungen außerdem für Unternehmen und andere Stakeholder durch die Circular Economy entstehen, wird in den folgenden technologischen, unternehmerischen und sozialwissenschaftlichen Sichtweisen auf die Circular Economy diskutiert.

2.1.2 Die technologische Perspektive

Das bestehende Wirtschaftssystem basiert auf einer linearen Funktionsweise, die durch die kontinuierliche Herstellung neuer Produkte leistungsfähig bleibt. Die Industrie setzt Ressourcen zur Herstellung von Gütern ein, die durch die Verbraucher genutzt und im Anschluss entsorgt werden. Dieses Produzieren-Konsumieren-Entsorgen wird durch das Konzept der Circular Economy in Frage gestellt: Ressourcen (vor allem Materialien und Energie) erfahren durch das Prinzip der zirkulären Wertschöpfung eine starke Aufwertung. In einer Circular Economy werden Ressourcen im Idealfall kontinuierlich – und ohne Verluste – im Kreis geführt. Um diese Kreislaufführung möglich zu machen, werden verschiedene Konzepte aktiviert, die den gesamten Lebenszyklus von Produkten umfassen:

- Nachhaltiges Design (bzw. Ökodesign): modularer Aufbau (erweiterbar), flexibler Aufbau (umgestaltbar), rückbaubar;
- Materialien (bzw. deren Einsatz): wenige Bestandteile/Materialien, keine gefährlichen Stoffe verwenden, Einsatz lokaler Rohstoffe, keine Komposit-Materialien verwenden, Einsatz von Sekundärrohstoffen, Rückführung von Verschnitt in den Produktionskreislauf;
- Herstellung: Einsatz erneuerbarer Energien, Energieeffizienz, reduzierter Verbrauch von Wasser;
- Vertrieb/Logistik: Produkt als Dienstleistung, kurze Transportwege, umweltfreundliche Transportmittel;
- Nutzung: leihen/mieten/teilen (sharing, pooling) statt kaufen;
- Nutzungsdauer: weiternutzen, reparieren, aufwerten, umnutzen;
- Lebensende: als Sekundärrohstoff verwenden, einem Stand der Technik-Recyclingprozess zuführen.

Die Industrieökologie stellt einen etablierten wissenschaftlichen Ansatz dar, der sich mit technischen Kreisläufen beschäftigt und versucht, diese unter Berücksichtigung von Nachhaltigkeitskriterien zu optimieren. Im Mittelpunkt vieler Studien stehen dabei Material- und Energieströme und deren Management in industriellen Prozessen. Diese technologische Perspektive findet sich auch in dem Circular Economy-Ansatz wieder. Die Industrieökologie umfasst viele der oben aufgeführten Konzepte und wendet sie auf Industrieprozesse an. Ein klassisches Themenfeld war dabei der Umgang mit Abfällen, z. B. mit Verschnitt und Produktionsabfällen, aber auch mit Abwärme, Prozesswassern und anderen Materialflüssen innerhalb eines Industrieunternehmens (Frosch, 1992). Der Abfallbegriff wird vor allem im Kontext von Industrieparks infrage gestellt, wenn der *Abfall* eines Betriebs zum *Sekundärrohstoff* eines anderen Betriebs wird. Diese Kaskadennutzung von Material- und Energieströmen zwischen Unternehmen wird als industrielle Symbiose bezeichnet und vor allem in Öko-Industrieparks umgesetzt, die heutzutage größtenteils von Autor:innen aus/in China, Taiwan und den USA wissenschaftlich besprochen werden (Li et al., 2020). Das Bildnis der Symbiose ist eine Ableitung aus der Ökosystemforschung: Organismen gehen unterschiedliche Verbindungen ein, um zu überleben oder widerstandsfähiger zu sein. Zu diesen Strategien gehören beispielsweise Allianz und Symbiose – Begriffe, die der Pflanzenforschung entliehen wurden. Eine Allianz bezeichnet dabei eine lockere Partnerschaft, wohingegen eine Symbiose ein dauerhaftes Zusammenleben mit gegenseitigem Nutzen darstellt. In diesem Kontext wird das Wirtschaftssystem mit einem lebenden Organismus verglichen, der durch einen steten Stoffwechsel (oder Metabolismus) am Leben gehalten wird. Übertragen auf industrielle Prozesse, bezeichnet der industrielle Metabolismus „die Gesamtheit aller physikalisch-chemischen Prozesse […], die Materialien, Energie und Arbeit zu Endprodukten und Abfallstoffen verwandeln" (Simonis, 1993: 5).

in der Industrieökologie werden beispielsweise Energie- und Stoffstromanalysen (industrieller Metabolismus), Arbeiten zu technologischem Wandel, Dematerialisierung[8] und Dekarbonisierung, Lebenszyklusplanung, Design für die Umwelt, erweiterte Herstellerverantwortung (Produktverantwortung), Öko-Industrieparks (industrielle Symbiose), produktorientierter Umweltschutz und Ökoeffizienz durchgeführt. Nicht alle der aufgezählten Themenbereiche

8 Dematerialisierung bezeichnet die Neugestaltung von Produkten und Dienstleistungen unter Berücksichtigung des Material- und Energieaufwands in verschiedenen Prozess-schritten des gesamten Lebenswegs.

sind für die vorliegende Arbeit von Bedeutung. Die Übersicht zeigt aber deutlich, dass der Fokus auf technischen Aspekten liegt, die mit dem Management von Ressourcen und deren Auswirkungen auf die Umwelt in Zusammenhang stehen: z. B. Produktionsprozesse oder das Umweltprofil von Produkten im Gebrauch. Bevorzugte Methoden der Datenerhebung sind quantitative Erfassungen von Mengen, Volumen, Kosten und Umweltauswirkungen: Lebenszyklusanalysen (Life Cycle Assessment, LCA), Materialflussanalysen (Material Flow Analysis, MFA), Dateneinhüllanalysen (Data Envelopment Analysis, DEA), multikriterielle Entscheidungsanalysen (Multi-Criteria Decision Analysis, MCDA) und Emergieanalysen[9] (Huang et al., 2019). Diese Techniken dienen im Allgemeinen zur Effizienz-Analyse bestehender Prozesse oder Produkte, können aber auch vergleichend ausgerichtet sein und ein bestehendes Szenario mit einer Alternative (oder mehreren Alternativen) ins Verhältnis setzen.

In einer Veröffentlichung aus dem Jahr 2019 wird die Visualisierung von Ergebnissen in der Industrieökologie diskutiert (Font Vivanco et al., 2019). Die Autor:innen verweisen auf die Vorzüge interaktiver Visualisierungen für die Kommunikation von Daten aus wissenschaftlichen Studien. Diese seien vor allem für das Verständnis von komplexen Zusammenhängen zielführend, zum Beispiel wenn es um die Darstellung von industriellen oder gesellschaftlichen Stoffwechseln geht. Die Visualisierung von komplexen Material- und Stoffflüssen ist in einem interaktiven Modell verständlicher als z. B. in einem statischen 2D-Sankey-Diagramm. Zusätzlich wird die Darstellung von Abhängigkeiten deutlich, zum Beispiel zwischen dem Aufbringen von Düngemitteln auf den Feldern, starken Regenereignissen und der Wasserqualität von offenen Gewässern.

Die Industrieökologie ist ein interdisziplinäres Untersuchungsfeld, das bereits in der Vergangenheit von den Natur-, Ingenieur- und Wirtschaftswissenschaften, wie auch den Informationstechnologien nutznießen konnte. In einem neueren Artikel wurde das Spannungsfeld zwischen Industrieökologie und Resilienz-Forschung untersucht (Meerow und Newell, 2015). Die Autor:innen sehen in der Industrieökologie einen systemischen Ansatz, der im Allgemeinen von Systemtheorien – der Theorie komplexer Systeme – und im Besonderen von der Resilienz-Forschung profitieren kann. Im Gegenzug

9 Die Energie bezeichnet die in einem Produkt oder einer Dienstleistung enthaltene Sonnenenergie. Das von H.T. Odum entwickelte Konzept fügt der klassischen Energiebilanzierung von Energieverbräuchen eine Komponente hinzu, die den Herstellungsaufwand der Sonne (als Proxy für die Natur) quantifiziert.

können die quantitativen Bemessungsverfahren aus der Industrieökologie Belege für die theoretischen Annahmen der Resilienz-Forschung liefern, z. B., dass Anpassungsfähigkeit, Diversität, Effizienz, Flexibilität, Lernfähigkeit, sozialer Zusammenhalt und Bürgerbeteiligung einen positiven Effekt auf die Resilienz[10] eines urbanen Metabolismus haben (Godschalk, 2003; Magoni, 2017).

Industrieökologische Arbeiten im Bausektor finden sich vor allem in den Bereichen Abfallmanagement, Materialmanagement, Lieferketten-Management, Produktdesign und Nachhaltigkeitsbewertungen (z. B. von Gebäuden oder Prozessen). Beispielsweise werden Methoden aus der Industrieökologie genutzt, um die Handhabung von Materialströmen nachhaltig zu gestalten. Eine Studie aus Brasilien zeigt, dass bei dem Bau von Kraftwerken die zu deponierenden Abfallströme durch industrielle Symbiose um 9 %–30 % reduziert werden können (Freitas und Magrini, 2017). Andere Studien untersuchen Abfallströme aus dem Baugewerbe, um deren Volumen und die mit ihrem Management verbundenen Umweltauswirkungen sowie das Potential verfügbarer Sekundärrohstoffe für neue Bauvorhaben abzuschätzen. Wu et al. (2014) haben die Berechnungsmethoden in sechsunddreißig Studien zu Bau- und Abbruchabfällen untersucht und Herangehensweisen unterschieden, die von empirischen Methoden (Beobachtungen und Ortsbesichtigungen), über Extrapolationen (z. B. anhand der Immobilienpreise und der Erneuerungsrate bestimmter Gebäudetypen), Massenbilanzierungen (bestehende Gebäude werden nach einer definierten Lebensdauer zu Abfällen) bis hin zu Modellierungen unter Berücksichtigung sozio-kultureller und wirtschaftlicher Variablen reichen. Andere Veröffentlichungen untersuchen die Materialströme, die in der Bauindustrie eingesetzt werden – entweder im Gesamten oder auf einzelne Materialien fokussiert. In einer Studie über Japan wurden beispielsweise alle Baumaterialien erfasst, die in Gebäuden und Infrastrukturen (vor allem in Straßen, Gleisanlagen und Talsperren) lagern (Tanikawa et al., 2015). In fokussierten Materialflussanalysen konzentrieren sich die Autor:innen vor allem auf mineralische Baumaterialien, Metalle oder Holz (Augiseau und Barles, 2017: 154). Ein besonderes Augenmerk wird aber auch auf die in den Materialflussanalysen (MFA) eingesetzten Bewertungsmethoden gelegt, wie beispielsweise in der Besprechung von 60 dynamischen MFA von Metallen durch Müller et al. (2014). Methoden aus der Industrieökologie, wie Materialfluss- und Materialbestandsanalysen, können zu einer nachhaltigen Entwicklung

10 Hiermit ist im Allgemeinen die Fähigkeit einer Stadt gemeint, sich von einem Schock (z. B. einer Naturkatastrophe, eines Attentats oder einer Epidemie) zu erholen (Asprone und Manfredi, 2015: 98).

beitragen, wenn sie als politische Steuerungsmaßnahmen zur Schließung von Materialkreisläufen, zur Reduzierung von Emissionen, zur Dematerialisierung von Produkten und wirtschaftlichen Aktivitäten sowie zur Dekarbonisierung von Energie eingesetzt werden (Augiseau und Barles, 2017: 163). Hierfür ist die Verknüpfung verschiedener Politikbereiche – Klima, Energie, nachhaltige Entwicklung, Raumplanung, Wirtschaft, Wohnungsbau und Mobilität – vonnöten.

In der Automobilzulieferindustrie ist die Wertschöpfungskette und ihre Verwaltung (Supply Chain Management) ein zentrales Thema, wenn es um Optimierungs- und Effizienzbestrebungen geht (Yadav et al., 2020). Nachhaltige Lösungsansätze aus der Industrieökologie umfassen kohlenstoffarme Herstellungsprozesse und nachhaltiges Produktdesign durch effizientes Energiemanagement (Giampieri et al., 2020) und Kohlenstoffmanagement (Kwon et al., 2015). Das Konzept der Circular Economy sei für den Automobilsektor vor allem von Interesse in Bezug auf die Materialwahl in Fahrzeugen, schreiben Buruzs und Torma (2017). Der Fußabdruck eines Fahrzeugs kann einerseits durch den Einsatz von Materialien verkleinert werden, die in der Gewinnung, Herstellung, Verarbeitung und am Lebensende wenig Energie verbrauchen (wodurch weniger Treibhausgase emittiert werden). Andererseits verbraucht ein Fahrzeug, das leichter ist weniger Treibstoff und verkleinert somit den Fußabdruck eines Fahrzeugs in der Nutzung. Der Erfolg der Maßnahmen kann mit Werkzeugen gemessen werden, die für verschiedene Anwendungsbereiche entwickelt und für die Automobilindustrie angepasst wurden. Weit verbreitet sind Entscheidungshilfen, die auf mehreren, sich widersprechenden Kriterien beruhen, wie z. B. die Methode der Multiplen-Kriterien-Entscheidungsfindung (MCDM), auch Multi-Kriterien-Entscheidungsanalyse (MCDA) genannt. Dieser Ansatz stammt aus dem Produktionsmanagement und vereinigt die Empfehlungen von Experten (z. B. von Führungskräften oder anderen Entscheidungsträgern) mit Nachhaltigkeitskriterien, u.a. für die:

- Materialauswahl (u.a. Umweltauswirkungen, Recyclingfähigkeit, Rohstoffethik) in der Automobilherstellung (Stoycheva et al., 2018),
- Entwicklung von Ökodesign-Strategien für nachhaltige Automobilprodukte (Held et al., 2018; Singh und Sarkar, 2020),
- Bewertung des Lebenszyklus von Fahrzeugen (Jasiński et al., 2016).

Vor allem die diversen quantitativen Ansätze aus der industriellen Ökologie, die in diesem Kapitel zur technologischen Perspektive auf die Circular Economy diskutiert wurden, komplementieren die systemisch-institutionelle Sichtweise (vgl. Kapitel 2.1.1). Die Methoden zur Massenbilanzierung oder Bewertung der Effizienz und Performanz eines Stoffes/Materials, Produkts oder Prozesses stellen praktische Werkzeuge für die Industrie dar, indem sie die geforderte Messbarkeit ermöglichen. Sie generieren Daten, die mit statistischen Verfahren bearbeitet und verglichen werden können. Solche Zahlenwerte drücken (wissenschaftliche) Solidität und Belastbarkeit aus, Schaffen Vertrauen und dienen als Grundlage für politische Entscheidungen. Sie messen verschiedene Auswirkungen auf die Umwelt, in der Regel aus einer anthropozentrischen Perspektive. In diesem Fokus auf den Menschen als Mittelpunkt des Universums liegt für einige Autor:innen, die sich mit umweltethischen Fragestellungen beschäftigen, der Treiber für Ökozid und Umweltkrise (Kopnina et al., 2018). In ihren Augen kann der Anthropozentrismus zu keiner nachhaltigen Zukunft führen, da die Menschheit langfristig gesehen, wie alle Lebewesen und Organismen, von dem funktionierenden Ökosystem Erde abhängen. Diese Stimmen sehen im Ökozentrismus eine gangbare Alternative: Der Mensch wird als ein Teil der Natur und seiner Kreisläufe angesehen; deshalb übernimmt er auch die Verantwortung für Schäden, die durch direktes und indirektes anthropogenes Verschulden entstanden sind (Washington et al., 2017). Deutlich pessimistischer sieht Hulme (2020) die Zukunft der Menschheit, da zwar von einer Erde gesprochen wird, die es zu erhalten und schützen gilt, aber von vielen möglichen Wegen, dieses Ziel zu erreichen. Deshalb sollten die angestrebten politischen Ziele weniger ehrgeizig sein als bspw. das Zwei-Grad-Ziel der internationalen Klimapolitik, das die Begrenzung der globalen Erwärmung bis zum Jahr 2100 auf weniger als zwei Grad Celsius gegenüber dem Referenzpunkt im Jahr 1950 vor Beginn der Industrialisierung vorsieht. Anstatt ein einzelnes globales Ziel zu verfolgen, sollten Regierungen vielmehr schrittweise umsetzbare zivilgesellschaftlich initiierte Bottom-up-Projekte in unterschiedlichen Bereichen vorantreiben (Hulme, 2020). Andere Autor:innen diskutieren quantitative Methoden, weil sie manchmal den kritischen Blick auf den Gegenstand trüben bzw. die Diskussion verlagern. So kann bspw. der ökobilanzielle Vergleich von PET-Flaschen im Vergleich zu Wasserflaschen dazu führen, dass eine offensichtlich nachhaltige Alternative unbeachtet bleibt: das Trinken von Leitungswasser. Wieder andere Autor:innen verweisen darauf, dass Maßnahmen, die zu mehr Zirkularität führen, nur dann ohne regulatorischen Druck konkurrenzfähig sind, wenn sie aus unternehmerischer Sicht einen Mehrwert generieren (Sánchez-Ortiz et al., 2020). Wie Unternehmen und Betriebe auf die Circular Economy blicken, wird deshalb im folgenden Kapitel diskutiert – vor allem im Hinblick auf die Komplementarität dieser Perspektive zu den systemisch-institutionellen und technologischen Blickwinkeln (vgl. hierzu respektiv die Kapitel 2.1.1 und 2.1.2). Die dadurch entstehende Multiperspektivität ist für die Interpretation des Verständnisses des Circular Economy-Konzepts in Luxemburg von besonderer Relevanz (vgl. Kapitel 4.2).

2.1.3 Die unternehmerische Perspektive

Die Hervorhebung der materiellen Ressourcen (z. B. Rohstoffe und Energie) ist in sehr vielen Konzepten zu finden, die mit der Circular Economy in Verbindung stehen (z. B. Industrieökologie, Cradle-to-cradle). Dies wird auch in Arbeiten deutlich, die sich allgemein mit den Strategien von Unternehmen zur Umsetzung des Circular Economy-Konzepts beschäftigen (Kalmykova et al., 2018). Besonders vielfältig ist die Literatur, wenn es um Circular Economy und neue Geschäftsmodelle sowie das Management von Wertschöpfungsketten geht (Homrich et al., 2018). Andere Themenbereiche umfassen das Management von Personen (Chiappetta Jabbour et al., 2019), Geschäftsprozessen, z. B. den Einkauf (Bag et al., 2020), großen Datensätzen (Jabłoński und Jabłoński, 2020) und digitalen Technologien (Pagoropoulos et al., 2017; Okorie et al., 2018) in einer Circular Economy.

Geissdoerfer et al. (2018b) schreiben, das Interesse von Wissenschaftlern und Praktikern an nachhaltigen Geschäftsmodellen sei seit 2013 stark gestiegen. Sie verweisen dabei auf Sonderausgaben von Fachzeitschriften zu diesem Thema und vermehrte Literaturüberblicke (Boons und Lüdeke-Freund, 2013; Bocken et al., 2014; Schaltegger et al., 2016; Evans et al., 2017). Ein nachhaltiges Geschäftsmodell verfolgt ein proaktives Multi-Stakeholder-Management, die Schaffung sowohl monetärer als auch nicht monetärer Erlöse für ein breites Feld von Nutznießern – und das auf lange Sicht gesehen (Geissdoerfer et al., 2018b: 409). Wells (2013a: 8) nennt insgesamt sechs Prinzipien, die ein nachhaltiges Geschäftsmodell kennzeichnen: gesellschaftliche Bedeutsamkeit, Standort-Vernetzung, Beständigkeit, sozial verantwortliche Beschaffung und Auftragsvergabe sowie Selbstverwirklichung. In der Regel sei in diesen Geschäften ein Unternehmensgründer eingebunden, der sich mit der Selbständigkeit nicht nur die Realisierung der eigenen Ziele, Sehnsüchte und Wünsche erfüllt, sondern dabei auch noch seine gesellschaftsorientierten Wertevorstellungen zum Ausdruck bringt. Zu solchen nachhaltigen Geschäftsmodellen gehören Sozialwirtschaftsunternehmen,[11] Bottom of the Pyramid-Angebote[12] und Produkt-Dienstleistungen[13] – aber auch ressourcenoptimierte Geschäftsmodelle (Geissdoerfer et al., 2018b: 408).

---

11 Sozialwirtschaftsunternehmen bauen auf einem Geschäftsmodell auf, das mit den Gewinnen eine soziale Wirkung erzielen möchte oder die Gewinne vollständig reinvestiert.

12 Bottom (oder Base) of the Pyramid-Geschäftsmodelle richten sich an Kunden am unteren Ende der Einkommenspyramide.

13 Produkt-Dienstleistungen sind hybride Leistungsbündel, die sowohl Sach- als auch Dienstleistungen in Kundenangebote integrieren (z. B. Mobiltelefon mit Vertrag).

Geschäftsmodelle für eine Circular Economy definieren sich durch das „Schließen, Verlangsamen, Intensivieren, Entmaterialisieren oder Verengen von Ressourcen-Kreisläufen“ schreiben Geissdoerfer et al. (2018b: 408). Die Einbindung der Ressourcen-Problematik in das dreigliedrig aufgebaute Konzept eines Geschäfts-modells – Produkt- bzw. Leistungsangebot, Wertschöpfung und Erlösmodell – unterscheidet das Geschäftsmodell für eine Circular Economy von anderen nachhaltigen Unternehmensmodellen, folgt man den Darstellungen der Autor:innen in Abbildung 2 (Geissdoerfer et al., 2018a).

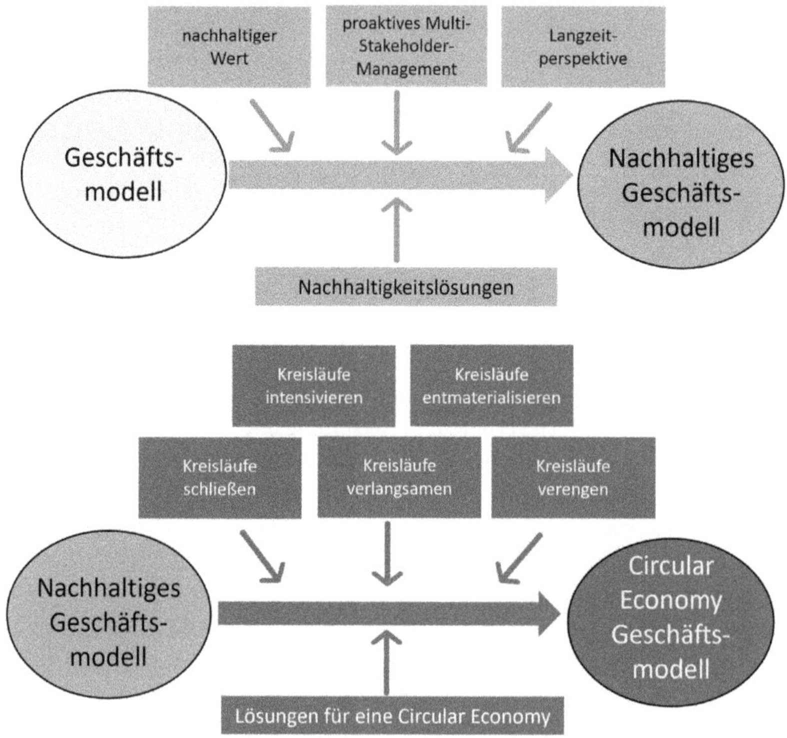

Abbildung 2: Geschäftsmodelle für Nachhaltigkeit und für eine Circular Economy (Geissdoerfer et al., 2018a: 714)

Wissenschaftliche Arbeiten der letzten Jahre beschäftigen sich verstärkt mit der Transformation von Geschäftsmodellen, also z. B. mit den Herausforderungen, die sich stellen, wenn ein (bestehendes) Geschäftsmodell nachhaltig oder zirkulär werden soll (Evans et al., 2017; Geissdoerfer et al., 2018b; Lahti et al., 2018; Pieroni et al., 2019) – vereinzelt auch aus einer transitionstheoretischen[14] Perspektive (Sarasini und Linder, 2018). Im Mittelpunkt steht dabei oft der Transformationsprozess im Unternehmen und der Einsatz von (technologischen) Instrumenten und Hilfsmitteln, z. B. dem Business Model Canvas (Lewandowski, 2016) bzw. innovative Ansätze der Zusammenarbeit (Geissdoerfer et al., 2016; Gorissen et al., 2016) sowie die Notwendigkeit von Bildung und Sensibilisierung (Pomponi und Moncaster, 2017; Whalen et al., 2018; Vermunt et al., 2019).

Im Jahr 2004 skizzierte Wells das Bild einer nachhaltigen Automobilindustrie folgendermaßen: „Eine Industrie, die über einen langen Zeitraum erfüllende Arbeitsplätze schafft, ohne Primärrohstoffe in der Produktion einzusetzen. Diese Industrie ist durchweg rentabel und kann kurzfristigen wirtschaftlichen Schwankungen standhalten. Es werden Produkte hergestellt, die zweckmäßig und langlebig sind und keine Belastung für die Umwelt darstellen – weder durch ihre Herstellung noch durch ihre Nutzung." (übersetzt nach: Wells, 2004: 20). Seine Prognose für die Zukunft lautete: „All diese Merkmale deuten darauf hin, dass die Herstellung von neuen Produkten im Laufe der Zeit einen immer kleineren Teil des Geschäftsmodells ausmachen wird, da Produkt-Dienstleistungen nachhaltiger sind." (übersetzt nach: Wells, 2004: 20) Mit dieser Aussage wird deutlich, dass der Automobilsektor als ein Beispiel für das Verlangsamen von Ressourcen-Kreisläufen angesehen wird (Bocken et al., 2016). Da Fahrzeuge in der Herstellung sehr kostenintensiv sind, werden sie langlebig, wartungsfreundlich und reparaturfähig konzipiert. Die Nachfrage nach Wartungs- und Reparaturarbeiten von Fahrzeugen hat ein ganzes Netzwerk an unterschiedlichen Unternehmen entstehen lassen (z. B. Werkstätten, Autoteilemärkte, Reifendienste), um die Nutzungsdauer zu verlängern und somit den Einsatz von Ressourcen zu reduzieren. Die Materialien und Produkte in Fahrzeugen bleiben durch Kundendienstleistungen länger im Wirtschaftskreislauf, ohne ersetzt zu werden. Trotzdem bleibt der Einsatz von wiederaufbereiteten Fahrzeugteilen beschränkt auf den Aftermarket[15] (Golinska-Dawson und Kawa, 2011), der in drei primäre Marktsektoren unterteilt ist: Erstausrüster,

---

14 Viele der vorher genannten Arbeiten beleuchten das Thema aus einer organisationstheoretischen Perspektive.

15 Der Aftermarket in der Automobilbranche umfasst u.a. die Wartung und Reparatur von Fahrzeugen.

einschließlich Fahrzeughersteller und deren direkte Zulieferer; Unternehmen, die vom Erstausrüster mit der Wiederaufbereitung beauftragt wurden; sowie unabhängige Wiederaufbereiter (Seitz und Peattie, 2004).

Im Baubereich wird die unternehmerische Perspektive der Circular Economy deutlich seltener in der wissenschaftlichen Literatur diskutiert als ingenieurwissenschaftliche Ansätze (z. B. Lebenswegbetrachtungen von Materialien, Gebäuden und Prozessen, vgl. Kapitel 2.1.2). Nußholz und Milios (2017) sprechen den drei Bereichen Herstellung von Baumaterialien, Design und Rückbau von Gebäuden gute Marktmöglichkeiten zu, wenn sie Circular Economy-Strategien berücksichtigen. Die Ellen MacArthur Stiftung (Carra und Magdani, 2017) hat diese Geschäftsmodelle in Zusammenarbeit mit Vertretern aus der Privatwirtschaft etwas ausführlicher beschrieben.

> Das **Geschäftsmodell Design**, z. B. der Entwurf von Gebäuden nach Kriterien der Circular Economy, stellt vor allem Architekten, Planer und Baufirmen, aber z. B. nicht die späteren Gebäudenutzer vor neue Herausforderungen. Der veränderte Designprozess erfordert den Einsatz von digitalen Technologien (z. B. Bauwerksdatenmodellierung, BIM[16]) und mittlere Investitionen.
> Das **Geschäftsmodell Nutzung**, z. B. Leasingmodelle für Baustahl bzw. Parkhäuser, stellt vor allem die Finanzierungsbranche vor große Herausforderungen: Es werden neue Finanzierungsmodelle erforderlich. Nutzungsorientierte Geschäftsmodelle bedingen häufig auch den Einsatz von digitalen Plattformen und erfordern ein Umdenken in der Gesellschaft.
> Das **Geschäftsmodell Wiederherstellung**, z. B. Gebäude als Materialbanken, erfordert den Aufbau neuer Infrastrukturen (z. B. Aufbau eines Marktes für Sekundärrohstoffe und der dazugehörigen Logistik wie Lagerstätten). Sowohl technische als auch soziale Innovationen werden notwendig.

Die konzeptuellen Arbeiten zu Geschäftsmodellen für eine Circular Economy werden durch empirische Fallstudien ergänzt. Die Bandbreite der Studien, die sich mit der Akzeptanz von nachhaltigen Geschäftsmodellen im Baubereich beschäftigen ist breit und reicht von Betrachtungen der Baustahlindustrie (Densley Tingley et al., 2017) bis zu Untersuchungen von Verpackungs-Rücknahmesystemen (Ajayi et al., 2017). Die in der Literatur genannten Barrieren sind überwiegend technischer und finanzieller Natur. Densley Tingley et al. (2017) listen nachstehende Hindernisse auf, warum der Bausektor verhalten auf Circular-Economy-Konzepte reagiert:

---

16 Die Abkürzung BIM leitet sich von dem englischen Begriff Building Information Modeling ab, der in der deutschen Übersetzung Bauwerksdatenmodellierung bedeutet.

- hohe bzw. unklare Kosten,
- unklare Kostenverteilung,
- fehlende Lieferkette(n),
- erwartete (aber undefinierte) Risiken,
- aufwendigere Anschlusstechniken vor allem im Neubau (z. B. stecken oder dübeln statt verkleben),
- das Ablehnen von (kostengünstiger) Verbundbauweise,[17]
- selektive Rückbauarbeiten sind mit hohem Zeitaufwand verbunden (Zeit- und Budgetplanung sind dadurch aufwändiger, wie auch die Verhandlungen mit den Geld- und Auftragsgebern).

Immer mehr Autor:innen fügen diesen Hindernissen weitere Aspekte hinzu, die marktwirtschaftlicher Natur sind: schwankendes Angebot, mangelnde Nachfrage, fehlende Infrastrukturen, aber auch erschwerte Qualitätskontrolle des Angebots (u.a. durch fehlende Rückverfolgbarkeit der Materialherkunft) und Mangel an technischem Wissen (Rizos et al., 2016; Adams et al., 2017). Ohne einen bestehenden Markt, also einer entsprechenden Nachfrage für rückgebaute Bauelemente und die dazugehörige Logistik (u.a. Lagerkapazitäten, Materialpässe auf Gebäudeebene, Inventardatenbanken auf regionaler/nationaler Ebene), ist der selektive Rückbau von Gebäuden und anderen Bauwerken wirtschaftlich nur schwer umsetzbar. Zur Erhöhung der Weiternutzungsrate von Baustahl schlagen Densley Tingley et al. (2017) vier Maßnahmen vor, die auch in Luxemburg diskutiert werden (vgl. Kapitel 4.3.4):

1. Aufbau einer Datenbank mit Informationen zu Baumaterialien und Bauelementen, aber auch ganzen Gebäuden, die rückgebaut werden.
2. Aufbau eines Kundenstamms potentieller Abnehmer dieser Sekundärmaterialien.
3. Bereitstellung von Hilfsmitteln zur Unterstützung des Bausektors, vor allem von technischer Beratung, aber auch von Weiterbildungen.
4. Übernahme einer Führungsrolle durch den Staat, u.a. durch Vorzeigeprojekte im Bereich des selektiven Rückbaus (inkl. Vorprüfungen) sowie durch die Anwendung von Circular Economy-Kriterien bei öffentlichen Ausschreibungen und im Einkauf.

17 Alternative Techniken zur Verbundbauweise umfassen das Dübeln oder Stecken von Materialien. Viele Baufirmen haben mit diesen Techniken wenige oder gar keine Erfahrungen, weswegen sie deren Anwendung scheuen.

Knapp zehn Jahre nach seinen Überlegungen zu nachhaltigen Geschäftsmodellen in der Automobilindustrie schreibt Wells (2013b: 238–239), dass die Zusammenhänge zwischen nachhaltiger Mobilität, Regierungspolitik und Gesetzgebung sowie innovativen Geschäftsmodellen – vor allem im Hinblick auf die Grenzen wirtschaftlichen Wachstums im Einklang mit Nachhaltigkeitszielsetzungen – wichtige Forschungsbereiche seien. Dieser disziplinen- und ressortübergreifende Ansatz in der (Nachhaltigkeits-)Politik wird auch in Luxemburg gefordert (Becker et al., 2019; Schulz, 2019) und in der folgenden sozialwissenschaftlichen Perspektive auf die Circular Economy weiter ausgebaut, u.a. indem die Interaktionen des Menschen mit seiner Umwelt (z. B. Natur, Technik, Organisationen) stärker in den Mittelpunkt rücken.

2.1.4 Die sozialwissenschaftliche Perspektive

Immer wieder weisen Autor:innen auf die Vernachlässigung der sozialen bzw. gesellschaftlichen Dimension in dem Circular Economy-Ansatz hin (Sauvé et al., 2016; Moreau et al., 2017; Murray et al., 2017). Gemeint ist damit in der Regel, dass die gesellschaftlichen Möglichkeiten und Vorteile, die durch eine Circular Economy entstehen, nicht gleichberechtigt mit den technischen und wirtschaftlichen Vorzügen behandelt und ausgearbeitet werden. Es ist beispielsweise unklar, wie die Circular Economy zu mehr Gleichberechtigung zwischen den Generationen, Geschlechtern, Religionen, der Abstammung und Herkunft beitragen kann (Murray et al., 2017: 376). Weitestgehend offen ist auch die Gestaltung des gesellschaftlichen Wandels, der vonnöten ist, um eine Circular Economy umzusetzen.

Moreau et al. (2017) empfehlen, das Circular Economy-Konzept mit Ansätzen aus der Institutionenökonomik sowie der Sozial- und Solidarwirtschaft zu vervollständigen. Die Autor:innen schlagen vor, den Schwerpunkt der Besteuerung von der Arbeit auf den Ressourcenverbrauch zu verschieben – wie es bereits andere Autor:innen vor ihnen vorschlugen (Frosch, 1992; Stahel, 2013). Des Weiteren fordern sie mehr Gerechtigkeit in der Kostenberechnung, damit es zu keinen Kostenverschiebungen in Raum und Zeit kommt. Die Autor:innen plädieren auch für kollaborative und demokratische Führungsmodelle in Unternehmen, um den sozialen Werten mehr Raum zu geben. Ein partizipativer Ansatz, der sich bspw. durch geringe Lohnunterschiede innerhalb des Unternehmens und gemeinschaftliche Entscheidungsprozesse (jeder Mitarbeiter hat gleichwertiges Stimmrecht) ausdrückt, weckt das Verantwortungsgefühl auch in anderen Bereichen des gesellschaftlichen Lebens. So könnte in einer gelebten Bürgerbeteiligung auch nach gewünschten Prioritäten im Materialrecycling gefragt werden. Auf diese Weise würde den Materialien ein Vorrang gegeben, die der Gesellschaft am wertigsten erscheinen – ggfs. auch bei höheren Kosten.

Sauvé et al. (2016) diskutieren das Circular Economy-Konzept gemeinsam mit dem Konzept der nachhaltigen Entwicklung und heben einen Punkt hervor, der aus gesellschaftlicher Sicht von Relevanz ist. Im Gegensatz zu der Agenda 2030 der Vereinten Nationen, die ein Top-Down-Ansatz auf der Makroebene darstellt, sei die Circular Economy ein Bottom-up-Ansatz, der als Konsum- und Produktionsmodell auf der Mikroebene ansetzt. Da es der Circular Economy an normativen Zielsetzungen vor allem im Bereich der Ethik fehlt (z. B. Gleichberechtigung, Chancengleichheit) wird sich irgendwann die Frage der Sozialverträglichkeit einer Kreislaufführung stellen (Andersen, 2007). Die Entscheidung wann die gesellschaftlichen und ökologischen Vorteile durch hohe wirtschaftliche Kosten nicht mehr aufgewogen werden, könne das Circular Economy-Konzept (noch) nicht beantworten (Sauvé et al., 2016: 54). Dieser Kritik stellen Alaerts et al. (2019) eine Arbeit zu den messbaren Zielen der Circular Economy unter Berücksichtigung der gesellschaftlichen Bedürfnisse, wie beispielsweise Wohnen, Mobilität und Ernährung gegenüber.

Für einige Autor:innen ist die Sharing Economy in ihrem Grundgedanken eine der gesellschaftlichen Ausdrucksweisen der Circular Economy. Das Hauptziel hinter der Sharing Economy – oder der Wirtschaft des Teilens, wie man im neuen *Aktionsplan für die Kreislaufwirtschaft* der Europäischen Kommission liest (EC, 2020a) – ist das Zugänglichmachen von Ressourcen, die nicht vollständig genutzt werden (Richardson, 2015). Dies wird heutzutage in der Regel durch Online-Plattformen ermöglicht, die das Zusammenkommen von Anbietern und Nutzern ermöglichen. Grundsätzlich ist es dabei ohne Bedeutung, ob es sich um ein gewinnbringendes (z. B. AirBnB) oder gemeinnütziges Angebot (z. B. Couchsurfing) handelt. In der Praxis kommt es auch vor, dass eine Plattform sowohl kostenlose als auch kostenpflichtige Dienstleistungen anbietet oder nach einer gewissen Zeit von einem kostenlosen zu einem zahlungspflichtigen Angebot wechselt. Diese Vielfältigkeit in den Geschäftsmodellen führt zu einer gewissen konzeptuellen Zwiespältigkeit des Sharing Economy-Konzepts, schreiben Guyader und Piscicelli (2019) in Anlehnung an Frenken (2017). Die Sharing Economy positioniere sich an der Schnittstelle von drei zeitgenössischen wirtschaftlichen Trends: Circular

Economy, Zugangswirtschaft und P2P-Ökonomie (Abbildung 3). Alle vier Wirtschaftsformen verbindet das Ziel, Objekte optimiert zu nutzen. Die Beweggründe hinter den Ansätzen sind jedoch unterschiedlich: die Schonung von Ressourcen (Circular Economy[18]), der Verzicht auf Eigentum (Zugangswirtschaft[19]) bzw. die Entstehung einer zusätzlichen Einnahmequelle (P2P-Ökonomie[20]). Für die Europäische Kommission tragen Geschäftsmodelle, die auf der Wirtschaft des Teilens und der kollaborativen Wirtschaft[21] basieren, dazu bei, „die Entmaterialisierung der Wirtschaft [zu] beschleunigen und die Abhängigkeit Europas von Primärrohstoffen [zu] verringern“ (EC, 2020a: 2). Wie wichtig die ideologische Ausrichtung einer Initiative des Teilens oder der Kollaboration ist, wird in einem rezenten Artikel von Schulz (2020a: 71) deutlich. Der Autor zeigt auf, dass das Teilen von Gegenständen allein, nicht zu mehr gesellschaftlicher Teilhabe, Mitbestimmung, geteilter Verantwortung und einem Suffizienz orientierten Lebensstil und somit zum Schutz der Umwelt beiträgt. Es seien sogenannte Prosumer-Modelle, die zu einer Übernahme von Verantwortung führen, indem die Nutzer eines Gutes oder einer Dienstleistung an dem Herstellungs- oder Erbringungsprozess beteiligt sind (Schulz, 2020a: 68).

---

18 Die gemeinschaftliche Nutzung von Produkten stellt einen Weg dar, Ressourcen zu schonen, da weniger Produkte angeschafft werden und die Wartung und Reparatur von hochwertigen Produkten deren Nutzungsdauer verlängert.

19 Der Ansatz der Zugangswirtschaft gründet auf dem Verzicht von privatem Eigentum: Hersteller und Unternehmen verkaufen nicht mehr ihre Produkte und Dienstleistungen, sondern berechnen deren Nutzung (vgl. Rifkin, 2000).

20 In einer P2P-Wirtschaft (P2P steht für peer-to-peer) findet der Leistungsaustausch zwischen Privatleuten statt. Produkte oder Dienstleistungen von Privatanbietern werden stellvertretend für Produkte oder Dienstleistungen von Unternehmen in Anspruch genommen. Ein bekanntes Beispiel hierfür ist AirBnB (Privatanbieter stellen Unterkünfte für andere Privatpersonen zur Verfügung).

21 Weitere Konzepte, die für die Europäische Union zur Dematerialisierung und Abkehr von fossilen Ressourcen beitragen sind: digitale Technologien wie das Internet der Dinge, Big Data, Blockchain und künstliche Intelligenz (EC, 2020a: 2).

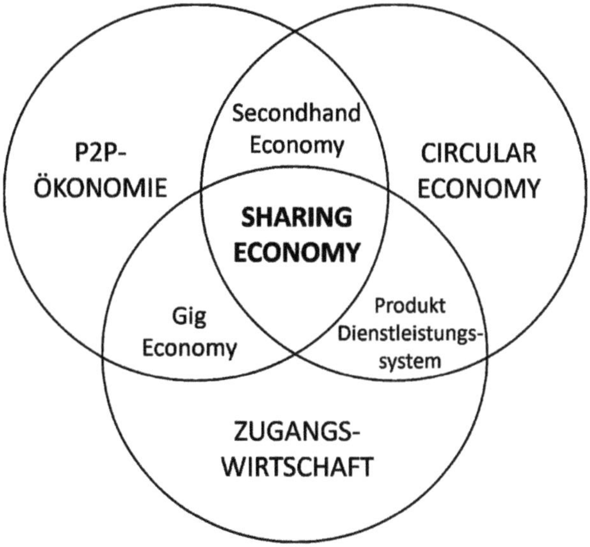

Abbildung 3: Die Sharing Economy und verwandte Konzepte aus Guyader und Piscicelli (2019: 1060) nach Frenken (2017)

In einem Beitrag aus dem Jahr 2016 bringen Hobson und Lynch die beiden Konzepte der Circular und der Sharing Economy ausführlich zusammen, indem sie den Ansatz der gemeinschaftlichen Nutzung diskutieren. Ihr Anliegen ist es, die Rolle des Menschen in der Circular Economy – im Besonderen in dem Wandelprozess von der derzeitigen linearen Wirtschaftsführung zu einer zirkulären Wertschöpfung – hervorzuheben. Sie schreiben, dass der Mensch als handelnde und treibende Person bzw. Kraft in vielen wissenschaftlichen Veröffentlichungen zur Circular Economy hinter dem teilnehmenden Verbraucher verblasst. In der Befürwortung der gemeinschaftlichen Nutzung sehen die Autor:innen die Schnittmenge zwischen der Sharing und der Circular Economy und räumen der Sharing Economy das Potential ein, den Wandelprozess von einer linearen zu einer zirkulären Wertschöpfung voranzutreiben (vgl. hierzu auch Korhonen et al. (2018a)). Die gemeinschaftliche Nutzung von Räumen und Gütern bricht mit Werten, die einer optimalen Ressourcennutzung im Wege stehen, wie z. B. Privateigentum und Privatnutzung, wodurch sich das gesellschaftliche Leben verändern kann. Kapitalorientierte Werte könnten überwunden werden, wenn P2P-Leistungen nicht monetär, sondern mit einem Zeitbudget (eine Stunde Nachhilfe bringt eine beliebig eintauschbare Stunde auf dem Zeitkonto ein) oder in einer lokalen Währung vergolten werden (Hobson und Lynch, 2016: 21).

In einem Beitrag aus dem Jahr 2017 erarbeiten Pomponi und Moncaster einen Forschungsrahmen für die bebaute Umwelt (der Schwerpunkt liegt bei Gebäuden) unter der Berücksichtigung des Circular Economy-Konzepts. Sie nennen sechs Dimensionen, die es bei einem Circular Economy-Bauvorhaben zu beachten gilt: Wirtschaft, Umwelt, Mensch, Gesellschaft, Technik und Politik (siehe Abbildung 4). Neben den bereits in dieser Arbeit diskutierten wirtschaftlichen, institutionellen, technischen und umweltbezogenen Aspekten, räumen sie auch den Dimensionen Mensch und Gesellschaft eine wichtige Bedeutung ein. Sie schreiben, das Verhalten der Akteure sei bisher nur selten in der Circular Economy-Literatur diskutiert worden, obwohl die Menschen der Schlüssel zur Akzeptanz von Maßnahmen der zirkulären Wertschöpfung sind. Dies wird zum Beispiel in Arbeiten deutlich, die sich mit der Verwendung von zirkulären Materialien[22] beschäftigen (Giesekam et al., 2016; Dieckmann et al., 2020). Die gesellschaftliche Dimension drückt sich nach Pomponi und Moncaster (2017) in vermehrten Partnerschaften und einem breiteren Engagement zwischen den Akteuren eines Bauvorhabens aus, aber auch in dem Aufbau von Netzwerken zur gemeinschaftlichen Nutzung von Maschinen und einem kollaborativen Ansatz im Gebäudedesign.[23] Zusätzlich zu den sechs Dimensionen des Forschungsrahmens, gebe es zwei maßgebliche Randbedingungen, die einen unterstützenden Einfluss auf die Entwicklung von Circular Economy haben: Top-Down-Ansätze (Programme auf europäischer oder nationaler Ebene) und Bottom-up-Initiativen aus der Zivilgesellschaft oder Unternehmen (Pomponi und Moncaster, 2017: 715).

---

22 Dies können ganz unterschiedliche umweltfreundliche Materialien sein, z. B. Materialien mit einem optimierten CO_2-Fußabdruck, aber auch Materialien aus Sekundärrohstoffen oder wieder- oder weiterverwendete Materialien.

23 Pomponi und Moncaster (2017) verweisen in ihrem Artikel fast ausschließlich auf unveröffentlichte Dokumente, wenn sie andere Autoren zu den Dimensionen Mensch und Gesellschaft zitieren. Pomponi schreibt dazu in einer E-Mail vom 23. März 2020: „The references I mention were presentations from Ecobuild in London and other events across the UK that I attended. Unfortunately – as far as I know – none of it is recorded and available online […].“

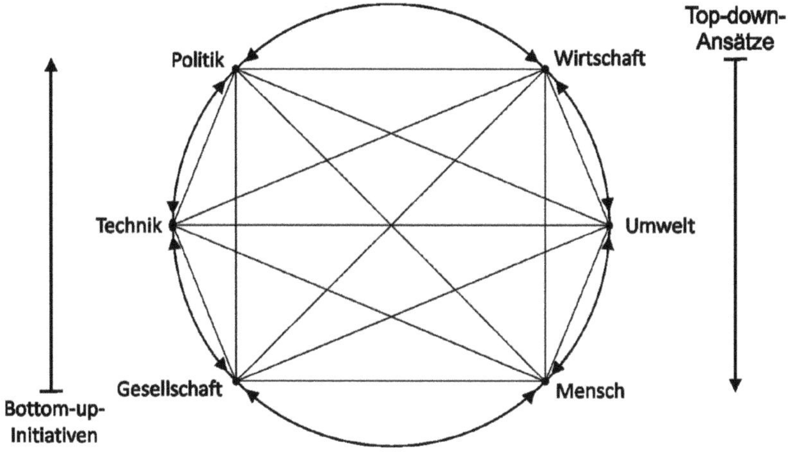

Abbildung 4: Die sechs Dimensionen der Circular Economy für die Gebäudeforschung nach Pomponi und Moncaster (2017: 715)

In einer rezenten Studie aus Japan weisen Wuyts et al. (2019) auf die gesellschaftliche Bedeutung von Gebäuden hin: Wohngebäude sind Schutzräume vor der natürlichen Umwelt und vermitteln gleichzeitig auch ein Gefühl von Gemeinschaft, kultureller und historischer Identität (Smyth und Croft, 2006). Ihre äußerst kapitalintensive Entstehung ist mit erheblichen physischen, wirtschaftlichen und gesellschaftlichen Investitionen verbunden (Thomsen et al., 2015), deren Wirken auf die Umwelt durch eine lange Nutzungsdauer amortisiert werden kann (bzw. muss oder sollte). Die Autor:innen untersuchen die Werte, Verhaltensweisen und Beweggründe von Hausbesitzern, die dazu führen, dass ein Einfamilienhaus in Japan im Durchschnitt nach 25 Jahren abgerissen wird. Sie beschreiben eine Situation, die unbeabsichtigt die Folgen rechtlicher Rahmenbedingungen widerspiegelt. Durch sozioökonomische Veränderungen, geographische und soziale Mobilität hat sich der Lebensstil in der japanischen Mittelschicht verändert und zu einem linearen Konsumverhalten geführt, das auch die gebaute Umwelt umfasst. Die Entscheidung, ein Gebäude abzureißen und durch einen Neubau zu ersetzen liegt oft in einer empfundenen technischen Veralterung, schreiben die Autor:innen, die es zu überwinden gilt, z. B. mit einem Bewertungssystem, dass die Umweltauswirkungen einer Sanierung gegenüber einem Neubau quantifiziert. Weitere Maßnahmen der Autor:innen zur Verlängerung der Lebensdauer von Wohngebäuden umfassen ein Steuersystem, das den verfrühten Abriss bestraft und ein staatliches

Programm zur Bezuschussung von Modernisierungen (inkl. energetischer Sanierungen), um einem Abriss oder einem Verfall (durch Leerstand) aus wirtschaftlichen Gründen vorzubeugen.

Die wissenschaftlichen Arbeiten, die sich mit den sozialen und gesellschaftlichen Aspekten der Circular Economy beschäftigen, stellen den Menschen und seine Rolle in Wandelprozessen (z. B. von einem linearen zu einem nachhaltigen Konsumverhalten) in den Mittelpunkt der Betrachtung. Durch diese sozialwissenschaftliche Perspektive auf die Circular Economy wird deutlich, dass der Wandel von einer linearen Wirtschaftsführung zu einer zirkulären Wertschöpfung nur dann erfolgreich sein kann, wenn er als eine komplexe Mensch-Umwelt-Interaktion wahrgenommen wird. Eine wissenschaftliche Auseinandersetzung mit der Circular Economy sollte demzufolge einen multidisziplinären Ansatz verfolgen, der im Einklang mit der vielfach beschriebenen wissenschaftlichen Multiperspektivität auf das Konzept steht (Sauvé et al., 2016; Merli et al., 2018). Diesen Anspruch versucht das vorliegende Promotionsvorhaben umzusetzen, indem die Praktiken und damit auch ihre Träger, also die Menschen, in den Forschungsmittelpunkt gerückt werden. Die Verknüpfung unterschiedlicher Perspektiven zu einem kohärenten Forschungsdesign verfolgt außerdem das Ziel, Kritiken an dem Konzept der Circular Economy zu überwinden, die im nachfolgenden Kapitel 2.1.5 diskutiert werden.

2.1.5 Eine kritische Auseinandersetzung mit Circular Economy Forschungsansätzen

Einige Autor:innen merken die oft unkritische Haltung von wissenschaftlichen Veröffentlichungen gegenüber dem Circular Economy-Konzept an (Gregson et al., 2015; Pomponi und Moncaster, 2017; Kębłowski et al., 2020). Es gibt aber auch verschiedene Autor:innen, die den Ansatz konzeptuell weitergedacht (Hobson und Lynch, 2016; Moreau et al., 2017) oder sich mit den Grenzen der Circular Economy beschäftigt haben (Murray et al., 2017; Korhonen et al., 2018a). Die häufigsten Kritikpunkte beschäftigen sich mit der fehlenden einheitlichen Definition der Circular Economy und der dazugehörigen Konzepte, inkl. semantischer Unklarheiten, den potentiellen Rebound-Effekten (unbeabsichtigte Folgen) und den nur oberflächlich ausgearbeiteten sozialen Dimensionen.

Der Begriff Circular Economy führt zu Missverständnissen, weil circular in verschiedenen wissenschaftlichen Bereichen bereits eine präzise Bedeutung hat (D'amato et al., 2017). Unklarheiten entstehen beispielsweise in Sprachen, in denen die Übersetzung des Begriffs mit einem bestimmten Konzept verknüpft ist, wie z. B. mit der Kaskadennutzung von Abfällen (vgl. hierzu bspw. die Bedeutungen von Kreislaufwirtschaft oder dem schwedischen cirkulär ekonomi).

Weitere Missverständnisse können durch die bildliche Darstellung der Circular Economy entstehen. Das Konzept der geschlossenen Kreisläufe simuliert Abläufe ohne Verschwendung, ohne Abfall, dafür aber mit Rückgewinnung oder Weiternutzung, die denen in der natürlichen Umwelt ähneln (Sauvé et al., 2016). Wettbewerb und Zusammenarbeit existieren auch in der Natur, sie stellen sicher, dass die Effizienz natürlicher Ökosysteme erhalten bleibt und Flexibilität und Anpassungsfähigkeit gewährleistet werden. Die Übertragung dieser Metapher auf Wirtschaftssysteme trägt in der Regel zu einem positiven Bild bei: Ein gesunder Wettbewerb führt zu maximaler Effizienz und optimaler Nutzung der verfügbaren Ressourcen (Geng und Doberstein, 2008). Eine weniger positive Interpretation der Metapher natürlicher Kreisläufe könnte hingegen so aussehen: Die Circular Economy ist einem zwangsläufigen Kreislauf unterworfen, der dem Wasserkreislauf ähnelt. Ein Umlenken von so einem natürlichen Kreislauf ist nur bedingt im Rahmen der Gesetze (der Natur/des Marktes) möglich.

Zu den Grenzen der Circular Economy als Utopie bzw. Wunschszenario für die Weltwirtschaft gibt es bereits einige Arbeiten (Korhonen et al., 2018a). Viele Autor:innen stellen dabei den Grundgedanken der Circular Economy in Frage – nämlich, ob das zirkuläre Wertschöpfen – das Schließen von Material- und Produktkreisläufen – tatsächlich ohne Verluste möglich ist (Cullen, 2017) und den Einsatz von Primärrohstoffen verhindert (Allwood, 2014). Zwar schreiben Fellner et al. (2017), dass eine theoretische Umsetzung einer Circular Economy (alle Abfälle werden in Sekundärrohstoffe umgewandelt) die Nachfrage nach Primärrohstoffen und die damit verbundenen Umweltauswirkungen (z. B. Treibhausgasemissionen) verringern kann. Zink und Geyer (2017) legen allerdings dar, dass die Gesamtproduktion in einer Circular Economy ansteigen würde, wodurch die Vorteile der zirkulären Wertschöpfung von Materialien verkleinert oder vollständig ausgeglichen werden würden.

Korhonen et al. (2018a) argumentieren, das Konzept der Circular Economy benötige eine solide wissenschaftliche Grundlage, damit es auch sein gesamtes Potential zur nachhaltigen Entwicklung beitragen kann. Das Konzept müsse von seinem bisherigen Patchwork-Ansatz, einer „Sammlung von vagen und zusammenhanglosen Ideen aus verschiedenen Bereichen und halbwissenschaftlichen Konzepten" (übersetzt nach: Korhonen et al., 2018a: 37) zu einer eigenständigen Theorie werden. Die Autor:innen benennen fünf Bereiche des Circular Economy-Ansatzes, die durch zukünftige Forschungen robuster gestaltet werden sollten: Die thermodynamischen,[24] konzeptuellen, physikalischen, institutionellen sowie die sozialen und gesellschaftlichen Grenzen des Konzepts (Korhonen et al., 2018a). Sie bezeichnen ihre Arbeit als eine erste wissenschaftlich fundierte und holistische Kritik an dem Circular Economy-Konzept. Einzelne Grenzen würden sich auch bei anderen Autor:innen finden, schreiben sie, bisher wurden diese aber noch nicht gemeinschaftlich und im Detail erläutert. Ihre übergeordnete Kritik richtet sich an die fehlende globale Perspektive des Circular Economy-Ansatzes und der Frage wie eine Circular Economy zur globalen Nachhaltigkeit beitragen kann.[25]

Millar et al. (2019) kommen zu dem Schluss, dass die Circular Economy in ihrer derzeitigen Konzeptualisierung möglicherweise umweltverträglicher ist als die lineare Wirtschaft, aber letztendlich ähnliche umweltzerstörende Folgen haben könnte, wenn auch über einen längeren Zeitraum betrachtet. Die Autoren schreiben weiter, dass es bisher noch keine Belege für die Vorzüge der Circular Economy unter Berücksichtigung eines Bewertungsschemas gebe, das wirtschaftliche, soziale und umweltrelevante Aspekte berücksichtigt. Es gebe außerdem keinen Konsens in der wissenschaftlichen Literatur, ob eine Circular Economy soziale Gerechtigkeit fördern oder andere gesellschaftliche Vorteile bieten würde. Die Autoren schließen sich deshalb der Aussage von Merli et al. (2018) an: Das Fehlen von wissenschaftlichen Beiträgen ob die Circular Economy zu mehr Gemeinwohl führt, legt nahe, dass dies zu einer Forschungspriorität werden sollte (Millar et al., 2019: 16–17).

Hobson und Lynch (2016) rütteln an der Aussage institutioneller Stimmen, die Circular Economy sei ein radikaler Ansatz, die Wirtschaftsführung von einer linearen Funktionsweise zu einer zirkulären Wertschöpfung zu steuern. Die Autor:innen schreiben, das transformative Potential der Circular Economy dürfe nicht überschätzt werden, da die Wurzeln und Ursprünge des Problems – der Ressourcenverbrauch durch Produktion und Konsum überschreitet die regenerative Kapazität der Erde – nicht angegangen werden. In ihren Augen sei die Circular Economy deshalb kein radikaler Ansatz, sondern ein ökologisches Modernisierungskonzept, das durch effiziente Institutionen

24 Ein zyklisches System verbraucht grundsätzlich Ressourcen und produziert Abfälle sowie Emissionen – geschlossene Kreisläufe sind eine Idealisierung, die aus Gründen der Thermodynamik nicht erreicht werden kann. Auch Cullen (2017) spricht von diesen, von Korhonen et al. (2018a) so genannten thermodynamischen Grenzen.

25 Es sei noch nicht belegt, dass die Circular Economy zu globaler Nachhaltigkeit führt (Erfüllung der menschlichen Bedürfnisse innerhalb der planetaren Grenzen), schreiben Schröder et al. (2019a).

(Steuerung und Management), umweltfreundliche Produktion (technische Innovation) und Digitalisierung (Internet der Dinge) die Zerstörung der Natur eindämmen möchte, ohne den grundsätzlichen Rahmen der Konsumgesellschaft in Frage zu stellen: Wirtschaftlicher Wachstum soll durch Konsum und Produktion in einem kapitalistischen System erreicht werden (Hobson und Lynch, 2016). Das Infragestellen der Wachstumsorientierung erfolgt durch das Circular Economy-Konzept nicht, obwohl eine nachhaltige Entwicklung von vielen Autor:innen nur dann als zielführend angesehen wird, wenn sie auch Suffizienz-Aspekte berücksichtigt (Bocken und Short, 2016; Schulz, 2019: 240; Spangenberg und Lorek, 2019).

Die ökologische Modernisierungstheorie gilt als eine der theoretischen Fundamente der Circular Economy Politik in China, neben den Konzepten der umweltfreundlichen Produktion (cleaner production) und der industriellen Ökologie (McDowall et al., 2017). In Artikeln aus und über Europa wird die ökologische Modernisierungstheorie allerdings nur selten explizit mit dem Konzept der Circular Economy in Zusammenhang gebracht. Eine Ausnahme stellt der bereits in Kapitel 2.1. angesprochene Artikel von Anastasiades et al. (2020) dar, der die Circular Economy im Rahmen von schwachen, moderaten und starken Nachhaltigkeitsperspektiven diskutiert. Jerneck und Olsson (2020) stellen der schwachen Nachhaltigkeit, die auf der ökologischen Modernisierungstheorie aufbaut (York und Rosa, 2003) und durch den Diskurs des umweltfreundlichen Wirtschaftens (green economy) verbreitet wird (Hajer, 1995), zwei Nachhaltigkeitsvision gegenüber: die transitionstheoretische und die Postwachstums-Perspektive.[26] Die transitionstheoretische Perspektive basiert auf der Annahme, dass strukturelle Veränderungen in Richtung Nachhaltigkeit umgesetzt werden, weil es in der Bevölkerung zu einem breiten Verständnis für die derzeitigen Probleme kommt (Lachman, 2013). Die Postwachstums-Perspektive lehnt Wirtschaftswachstum nicht grundsätzlich ab, fordert jedoch ein Umdenken der die Wirtschaft leitenden Prinzipien (Martínez-Alier et al., 2010: 1742). Sie plädiert für ein sozial nachhaltiges wirtschaftliches Wachstum, das die Lebensqualität, das Gemeinwohl und den Schutz der Umwelt höher bewertet als finanzielle Gewinne und Macht. Die Circular

26 Jerneck und Olsson (2020: 29, Tabelle 2.1) benennen die beiden der schwachen Nachhaltigkeit gegenübergestellten Visionen als kritisch (critical) und ungewiss (unclear). Der Autorin der vorliegenden Arbeit sind diese beiden Begrifflichkeiten zu normativ, deshalb werden sie im Folgenden als transitionstheoretische und Postwachstums-Perspektiven (de-growth) bezeichnet, da beide Ansätze in den Beschreibungen der Nachhaltigkeitsvisionen aufgeführt sind.

Economy wird in der Postwachstumsdebatte kritisch betrachtet, da sie der Forderung nach einem qualitativen Wachstum, das vom Ressourcenverbrauch und sozialer Ungerechtigkeit entkoppelt ist, in der politischen Realität nicht nachkommt (Schulz, 2019). Vielmehr wird das Konzept der zirkulären Wirtschaftsführung wie bereits zuvor das grüne Wachstum als politisches Schlagwort benutzt, um die Förderung der Branche der Umwelttechnik und Ressourceneffizienz[27] zu rechtfertigen, tatsächlich werden aber klassische Wachstumsstrategien verfolgt (Schulz und Affolderbach, 2015), wie z. B. Marktdurchdringung, Markterweiterung, Produktdifferenzierung und Diversifikation der Wirtschaft.

In einer kurzen Stellungnahme warnen Schröder et al. (2019b) allerdings davor, die beiden Konzepte Circular Economy und Degrowth gegeneinander auszuspielen. Es sei interessanter, sich die Gemeinsamkeiten zwischen den Ansätzen anzusehen, da sie die gleichen Werte und Ziele verfolgen (vgl. hierzu auch: Ghisellini et al., 2016): Das bestehende Wirtschaftssystem so zu verändern, damit die Gesellschaft in der Lage ist innerhalb der ökologischen Grenzen des Planeten Erde zu leben. Ein Degrowth-Ansatz in der Circular Economy sei die langfristig angestrebte kreative Zerstörung, z. B. des Mineralölsektors, der sich durch nachlassende Nachfrage nach und nach verkleinern und durch regenerative Industrien ersetzt werden wird. Die Autor:innen sprechen außerdem von einigen bisher unbeantworteten Fragen zur sozialen Dimension des Circular Economy-Konzepts, z. B. die Auswirkungen auf soziale Ungleichheit und die Machtverhältnisse in Wertschöpfungsketten von Unternehmen, die Rolle von Verbrauchern/Nutzern/Bürgern und ihre Rechte (inkl. wie man sie schützt), die Verteilung von Ressourcen (in einem oder mehreren geschlossenen Systemen) und die Ausbeutung von Arbeitskräften.[28] Sie

---

27 Die Querschnittsbranche der Umwelttechnik und Ressourceneffizienz umfasst die Bereiche saubere Technologien (CleanTech) und Umwelttechniken (GreenTech). Diese Branchen haben zum Ziel, Ressourcen zu schonen, den Schadstoffausstoß zu minimieren oder die Effizienz bei Senkung der Kosten zu verbessern – und das in den Bereichen Produkte, Prozesse oder Dienstleistungen.

28 Autoren argumentieren (Stahel, 2013; Ghisellini et al., 2016), dass die Circular Economy intensiv an Arbeitskräften ist, wenn z. B. das Aufbereiten von bereits genutzten Gütern zur Weiternutzung manuelle Arbeit erfordert. Damit es nicht zu hohen Arbeitskosten kommt, wird vorgeschlagen, Konzepte aus der Sozial- und Solidarwirtschaft zu übernehmen (Ghisellini et al., 2016). Dies bedeutet, dass nicht profitorientierte Unternehmen die manuelle Aufbereitung der Güter übernehmen. Somit sollte darauf geachtet werden, dass diese Organisationen nicht unverantwortlich mit Freiwilligenarbeit bzw. staatlich geförderten Arbeitnehmern umgehen.

schreiben weiter, dass die Circular Economy auch das Verhalten der Verbraucher vernachlässigt und bspw. den Konsumismus (bedenkenlosen Konsum) als Ideologie unterschätzt. Die Autor:innen rufen am Ende ihrer Stellungnahme dazu auf, pragmatisch zu sein. Es sei nicht realistisch zu erwarten, dass ein einzelnes theoretisches Nachhaltigkeitskonzept wie die Circular Economy oder Degrowth oder die Sharing Economy allumfassend ist, um alle Bereiche der menschlichen Welt nachhaltig zu gestalten. Die Aufgabe der akademischen Gemeinschaft sei es, die verschiedenen Ansätze – im Bewusstsein ihrer Einschränkungen, der nicht-abgedeckten Bereiche und denkbarer unbeabsichtigter Folgen – so zu kombinieren, dass durch Synergien ganzheitliche Lösungen entstehen. In diesem Sinne wurde für die Untersuchung der Circular Economy in Luxemburg eine holistische Forschungsperspektive ausgearbeitet, die einen disziplinenübergreifenden und ideologieunabhängigen Anspruch verfolgt. Dieser Ansatz wird im folgenden Kapitel 2.1.6 vorgestellt und in Kapitel 5 angewandt.

2.1.6 Die Circular Economy Forschungsperspektive dieser Arbeit

In Kapitel 1.2. wurde dargelegt, dass die Circular Economy auf der politischen Agenda in Luxemburg steht. Die Wirtschaftsführung soll im Sinne einer nachhaltigen Entwicklung von einer linearen zu einer zirkulären Funktionsweise transformieren und somit für qualitativen Wachstum und Wohlstand sorgen. Die Circular Economy wird deshalb in der vorliegenden Arbeit als ein multidimensionales Nachhaltigkeitskonzept betrachtet, das ressort-, sektor- und disziplinenübergreifend in den Bereichen Politik, Wirtschaft und Gesellschaft gleichermaßen verankert werden muss, damit es zu einem nachhaltigen Wandel beitragen kann (in Anlehnung an Abbildung 4 in Kapitel 2.1.4). Alle anthropogenen Aktivitäten und Einflüsse sind innerhalb der Grenzen des Planeten Erde, institutioneller Rahmenbedingungen und unter solidarwirtschaftlichen Prinzipien zu betrachten und zu bewerten, damit die Circular Economy als ein für die Umwelt und Wirtschaft regeneratives System besteht und langfristig zu Gesundheit, Gleichberechtigung und Inklusion beiträgt (vgl. Abbildung 5).

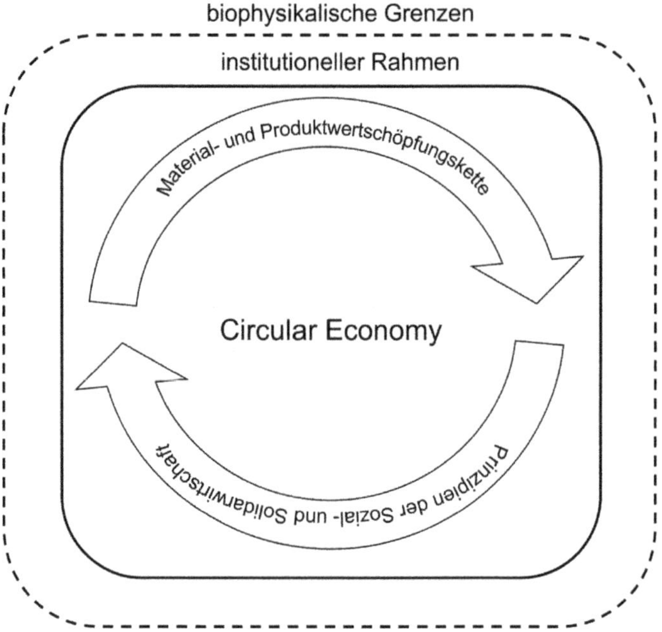

Abbildung 5: Das Zusammenspiel von institutionellen Bedingungen und solidarwirtschaftlichen Prinzipien in einer Circular Economy nach Moreau et al. (2017: 503)

Diese Perspektive macht einen ganzheitlichen Forschungsansatz notwendig, um das konzeptuelle Verständnis der Circular Economy zu erfassen und gleichzeitig einen Einblick in die Umsetzungen der Circular Economy zu erhalten. Hierfür wurden die Untersuchungsebenen der Circular Economy nach Korhonen et al. (2018b), Konzepte und Phänomene, um Praktiken erweitert (vgl. Abbildung 6).

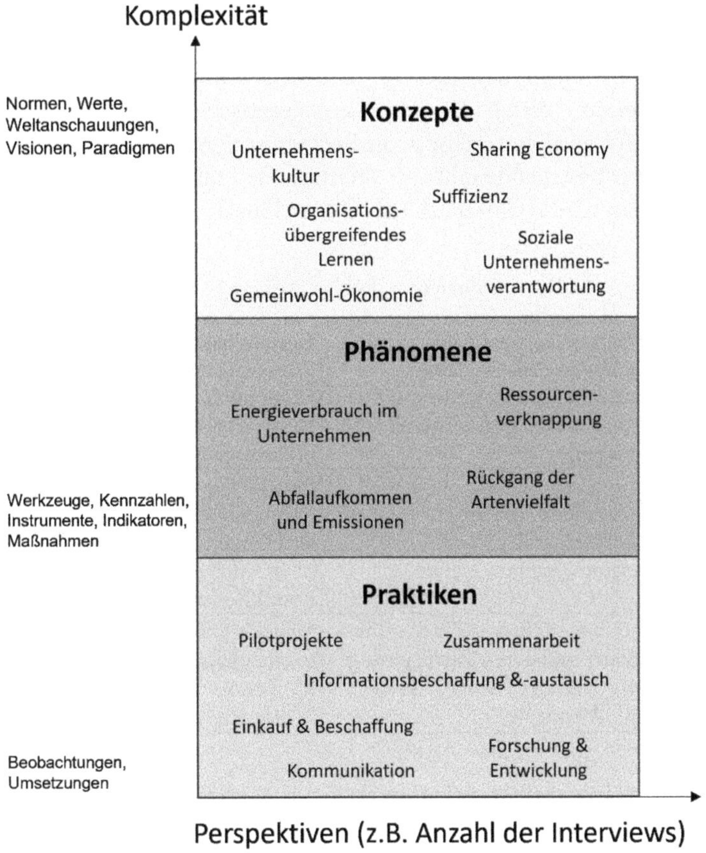

Abbildung 6: Untersuchungsebenen der Circular Economy nach Korhonen et al. (2018b: 549), erweitert von der Autorin

In dem vorliegenden Forschungsvorhaben wird die Circular Economy in Luxemburg aus den Perspektiven verschiedener Akteure beschrieben und untersucht – ihre Normen, Werte, Weltanschauungen und Visionen prägen maßgeblich das Ergebnis der Studie. Der eben skizzierte Untersuchungsrahmen wird in Kapitel 4 herangezogen, um die Circular Economy bzw. den Übergang von einer *Linear* Economy zu einer *Circular* Economy in Luxemburg anhand der erhobenen Primär- und Sekundärdaten zu charakterisieren. Die in Tabelle 2 erläuterten Dimensionen einer Circular Economy werden dabei als eine Orientierungshilfe genutzt, um die unterschiedlichen Perspektiven auf das Konzept zu strukturieren und an bestehende wissenschaftliche Diskurse anzuknüpfen.

Es wird sich zeigen, dass diese ganzheitliche Auseinandersetzung mit der Circular Economy durch die praktikentheoretische Forschungsperspektive weiter geschärft wird, indem bspw. die Bedeutung von Institutionen und Infrastrukturen für bestehende und sich verändernde Praktiken (Wandelprozesse) hervorgehoben wird (vgl. Kapitel 2.2. im Anschluss).

Tabelle 2: Die sechs Dimensionen der Circular Economy

Umwelt: Die Berücksichtigung der Umweltbelastungen in einer Circular Economy in einer Lebenszyklusperspektive (z. B. Ressourcen- und Energieeffizienz, Ökobilanzierungen)	**Gesellschaft**: Das gemeinschaftliche Engagement für eine Circular Economy (z. B. zivilgesellschaftliche Netzwerke, thematische Bildungsangebote)
Technik: Technische und technologische Innovationen für eine Circular Economy (z. B. Internet der Dinge, Gebäudesteuerungssysteme)	**Politik**: Die politischen Rahmenbedingungen für eine Circular Economy (z. B. Anreizsysteme, regulative Einschränkungen, Pilotprojekte)
Wirtschaft: Die Geschäftsmodelle für eine Circular Economy und deren Finanzierung (z. B. nutzungsorientierte Dienstleistungen,[29] Risikoteilungsinstrumente[30])	**Mensch**: Das Verhalten der Menschen in einer Circular Economy (z. B. Konsumverhalten, Werte, Praktiken, Weltanschauungen)

2.2. PRAXISTHEORETISCHE FORSCHUNG

Die Sozialwissenschaften setzen sich mit Phänomenen und Prozessen des gesellschaftlichen Zusammenlebens der Menschen auseinander. Zu den Sozialwissenschaften werden ganz unterschiedliche Disziplinen gezählt, wie z. B. Ethnologie, Humangeographie, Politikwissenschaften, Soziologie,

---

29 Nutzungsorientierte Dienstleistungen umfassen Vermietung, Leasing, Sharing und Pooling. Bei diesen Angeboten steht nicht der Verkauf eines Produktes im Mittelpunkt des Geschäftsmodells, sondern die Bereitstellung seiner Nutzung. Beim Sharing und Pooling steht außerdem die gemeinschaftliche Nutzung, z. B. eines Autos, im Vordergrund.

30 Risikoteilungsinstrumente umfassen z. B. Darlehen oder Garantien einer Regierungsorganisation (wie das Ministerium für Wirtschaft in Luxemburg) oder einer Europäischen Organisation (wie die Europäische Investitionsbank).

Wirtschaftsgeographie und Rechtswissenschaften. Obwohl die einzelnen Disziplinen von Unterschieden geprägt sind, diskutieren sie oft dieselben Dualismen. Die Soziologie beschäftigt sich beispielsweise mit der Struktur und Funktionsweise von Gesellschaften und dem Handeln von Individuen in bestimmten sozialen Kontexten. Die Humangeographie wiederum interessiert sich für die Wechselbeziehungen zwischen dem Menschen und dem geographischen Raum. In der Wirtschaftsgeographie beziehen sich die Untersuchungen auf Wirtschaftsräume aus z. B. (aber nicht ausschließlich) der Perspektive von Unternehmen, Gemeinden oder Volkswirtschaften. In allen drei Disziplinen spielen die Gegensätzlichkeiten von Handlung und Struktur, Mikro- und Makro, Individuum und Gesellschaft, Lebenswelt und System, Subjektivismus und Objektivismus vor allem in den theoretischen Ansätzen eine wichtige Rolle.

In vielen Veröffentlichungen sprechen Autor:innen von einem practice turn (Schatzki et al., 2001; Bongaerts, 2007; Schäfer und Everts, 2019), der in ihren Disziplinen zu einem veränderten Blickwinkel auf den Forschungsgegenstand geführt hat. Praktiken, die das Soziale konstituieren, stehen seitdem im Mittelpunkt des Forschungsinteresses. Um diese *Wende zu Praktiken* zeitlich einzuordnen, wird in der Regel entweder auf die 1996 von Schatzki veröffentlichte *Theorie der sozialen Praktiken* oder auf den einige Jahre später von Schatzki et al. (2001) herausgegebenen Sammelband verwiesen, der für Schäfer (2016: 9) die „programmatische() Konstitution einer praxeologischen Theoriebewegung" darstellt.

In der Geographie ist praxeologisch (oder praxistheoretisch oder praktikentheoretisch) inspiriertes Denken und Forschen vor allem in den Bereichen etabliert, die sich mit sozialen und gesellschaftlichen Entwicklungen beschäftigen (z. B. Kultur-, Sozial- und Humangeographie). In der Wirtschaftsgeographie sind praxistheoretische Ansätze unter anderem in der Clusterforschung zu finden, aber auch in Arbeiten die Beziehungen zwischen (Wirtschafts) Akteuren untersuchen (Wiemann et al., 2019: 300). Verschiedene wirtschaftsgeographische Veröffentlichungen veranschaulichen, dass die Entstehung und Veränderung von Routinen in Marktprozessen oder netzwerkbildenden Aktivitäten entscheidend von den Praktiken der Akteure abhängen (Jones und Murphy, 2011; Radwan und Kinder, 2013; Faller und Schulz, 2017). Trotzdem heißt es, dass in der Wirtschaftsgeographie bisher von einer gewissen heterogenen Rezeption von Praktikentheorien gesprochen werden muss (Jones, 2014; Wiemann et al., 2019). Die meisten disziplinären Veröffentlichungen diskutieren Praktikentheorien nicht als einen gemeinsamen Theoriestrang, sondern auf dem Verständnis einer einzelnen Autorin bzw. eines einzelnen Autors basierend.[31]

Um dieser Kritik vorzubeugen werden die nachfolgenden Kapitel nicht autorenbezogen strukturiert, sondern in Anlehnung an die für das Forschungsvorhaben relevanten Achsen aufgebaut. Dazu gehören:

- **Die Diskussion sozialer Praktiken als Untersuchungsgegenstand**: In Kapitel 2.2.1 werden verschiedene Theorien sozialer Praktiken vorgestellt und diskutiert. Sie dienen als Grundlage der in Kapitel 2.2.2 behandelten praxistheoretischen Forschungsrahmen, die u.a. in wirtschaftsgeographischen Forschungen eingesetzt werden (können).
- **Die Diskussion von Institutionen**: In Kapitel 2.2.3 wird die Rolle von Regeln, Normen und Spielregeln (Institutionen) diskutiert und wie sie soziale Praktiken stabilisieren, formen, verhandeln und verändern.
- **Die Diskussion der materiellen Dimension von Praktiken**: In Kapitel 2.2.4 wird Materialität als maßgebende Dimension für einzelne Praktiken und für die Verflechtung von Praktiken hervorgehoben.
- **Die Diskussion alternativer Praktiken in Unternehmen oder alternativer Unternehmenspraktiken**: In Kapitel 2.2.5 wird die Rolle von Personen diskutiert, die z. B. einen Wandelprozess in Unternehmen vorantreiben können.

Im Anschluss folgt eine kritische Auseinandersetzung mit Praktikentheorien und praxeologischen Forschungsansätzen bzw. Forschungsarbeiten (vgl. Kapitel 2.2.6). Das Kapitel endet mit einer Erläuterung zu der Einbindung von Praktikentheorien in dieser Arbeit (vgl. Kapitel 2.2.7).

2.2.1 Soziale Praktiken als Untersuchungsgegenstand: Konzeptualisierung einer Praktik

Bereits in der Einleitung zu dieser Arbeit wurde in Kapitel 1.1.1 darauf hingewiesen, dass es verschiedene Autor:innen gibt, die soziale Praktiken theoretisieren. Es sind Schatzki et al. (2001) und Reckwitz (2002), die Anfang der 2000er Jahre unabhängig voneinander versuchen, gemeinsame Merkmale aus den unterschiedlichen Praktikentheorien herauszuarbeiten. Warde (2005: 132) bezeichnet ihre Versuche als mehr oder weniger misslungen, da im Ergebnis nur wenige abstrakte Unterscheidungsmerkmale aufgezeigt wurden.

---

31 In der Wirtschaftsgeographie sind das meistens Pierre Bourdieu, Antony Giddens, Bruno Latour und Michel Callon (Faller, 2016; Wiemann et al, 2019).

Trotz der Kritik von Warde (2005) ist die Charakterisierung von Praktiken durch Reckwitz nicht so abstrakt, dass sie nicht weitergenutzt werden kann. In einem Artikel aus dem Jahr 2002 heißt es: Eine „Praktik ist eine routinierte Art von Verhalten, die aus mehreren miteinander in Beziehung stehenden Elementen besteht: körperliche Aktivitäten, geistige Aktivitäten, Dinge und deren Verwendung, Hintergrundwissen[32] aufbauend auf Verstehen, Erfahrungen, Know-how, Mitgefühl und innerer Motivation" (übersetzt nach: Reckwitz, 2002: 249). Zu den Charakterisierungsmerkmalen einer sozialen Praktik schreibt Reckwitz weiter, gehören die „Materialität des Sozialen/Kulturellen und die implizite, informelle Logik des sozialen Lebens" (Reckwitz, 2003: 290). Für Reckwitz ist die kleinste Untersuchungseinheit des Sozialen die Praktik selbst, und hier verweist er auf Schatzki, der eine Praktik als ein „Zusammenspiel von wissensabhängigen Verhaltensroutinen" (Reckwitz, 2003: 291) bezeichnet.

Für Schatzki ist eine soziale Praktik ein Zusammenspiel von Handlungen und Logiken, die durch breiten gesellschaftlichen Konsens, Regeln und teleoaffektive Strukturen gelenkt werden (vgl. hierzu auch Kapitel 1.1.1). Das Konzept der teleoaffektiven Strukturen bezeichnet dabei normativ aufgeladene und hierarchisch geordnete Ziele einer Person, die mit ebenfalls normativ aufgeladenen Emotionen und Stimmungen verbunden sind (aus Jonas (2014: 173) nach Schatzki (2002: 80)). Zusammenfassend bedeutet dies, dass Menschen grundsätzlich das tun, was für sie Sinn macht: Im englischen Original heißt es „what people do is what makes sense to them to do" (Schatzki, 2010b: xiii).

Die Materialität wiederum, schreibt Reckwitz, besteht aus den beiden Elementen: menschlicher Körper und Artefakt (Reckwitz, 2003: 290) – auch wenn der Untersuchungsgegenstand die Praktik selbst ist, besteht die Praktik nur durch den Menschen und Dinge oder Objekte (z. B. ein Werkzeug oder eine Zahnbürste). Reckwitz (2002: 250) bezeichnet den Menschen als den Träger der Praktik und präzisiert: „Eine Praktik besteht aus bestimmten routinisierten Bewegungen und Aktivitäten des Körpers" (Reckwitz, 2003: 290), wobei „die Artefakte [...] als Gegenstände, deren sinnhafter Gebrauch, deren praktische Verwendung Bestandteil einer sozialen Praktik oder die soziale Praktik selbst darstellt" (Reckwitz, 2003: 291).

32 In einem deutschsprachigen Artikel schreibt Reckwitz (2003: 290): „‚Nach innen' setzt die Fähigkeit der Akteure zum Vollzug einer Praktik als Sequenz von Körperbewegungen eine ‚Inkorporierung' (Bourdieu) von Wissen, eine Inkorporierung von Knowhow und eines praktischen Verstehens voraus".

Was die Praktikentheorien so besonders und bedeutend macht, schreibt Welch (2016: 238), ist der Fokus auf die Praktik als zentrale Analyseeinheit und nicht den Menschen, die gesellschaftskulturellen Werte und Normen oder den institutionellen Rahmen. Politische Entscheidungen würden aus einer praxeologischen Perspektive, schreibt Welch weiter, die Praktik selbst betreffen, also die zentrale Interventionseinheit darstellen und nicht den Verbraucher oder die sozialen Strukturen. Deshalb ist die allgemeine Struktur einer Praktik, die Identifizierung der Komponenten einer Praktik, wie auch die dynamischen Beziehungen von Praktiken zueinander (Welch, 2016: 238) für politikorientierte Forschungsbereiche von entscheidendem Untersuchungsinteresse.

Einige Autor:innen (Warde, 2005; Nicolini, 2009; Shove et al., 2012a; Jones und Murphy, 2011; Castelo et al., 2021) haben sich deshalb mit der Operationalisierung von Praktikentheorien beschäftigt und entsprechende Forschungsrahmen entwickelt. Im Folgenden werden insgesamt drei Ansätze zur Abgrenzung von Praktiken vorgestellt, die Arbeiten von Warde (2005), Shove et al. (2012a) sowie von Jones und Murphy (2011) aus der Wirtschaftsgeographie.

Warde (2005: 134) verarbeitet als erster Autor die Praktikentheorien von Schatzki und Reckwitz zu einem vereinfachenden Rahmen aus drei zusammenhängenden Komponenten: einem Nexus aus Verstehen, Verfahren und Verpflichten (understandings, procedures and engagements). Welch (2016: 239) beschreibt diese Komponenten als das Know-how zur praktischen Umsetzung (Verstehen), die Regeln und Grundsätze und Anweisungen (Verfahren) sowie die affektive und normative Ausrichtung von Zielen und Projekten (Verpflichten).

Auch Shove et al. (2012a) schlagen ein „stark vereinfachtes" Modell (Welch, 2016: 239) zur Charakterisierung einer Praktik vor, das aus drei Elemente besteht:

Materialien umfassen Dinge, Objekte, Technologien, Infrastrukturen, Werkzeuge, Greifbares und den menschlichen Körper selbst (Shove et al., 2007);
Kompetenzen umfassen Fertigkeiten, Know-how und Methodenwissen;
Bedeutung umfasst die symbolischen Zusammenhänge, Vorstellungen und Ansprüche.

Die Autor:innen verteidigen die Vereinfachung des Sozialen zu einem Modell aus drei Elementen damit, dass dadurch deutlich werden würde, worauf es eigentlich ankommt: die Verbindungen zwischen den Elementen einer Praktik (siehe Abbildung 7). Diese Verbindungen halten eine Praktik aufrecht, lassen neue Praktiken entstehen bzw. können zum Verschwinden einer Praktik führen, wenn sie wegfallen.

- Bevor es zu Verbindungen zwischen den drei Merkmalen Bedeutung, Kompetenzen und Materialien kommt, sprechen Shove et al. (2012a) von einer Proto-Praktik.
- Wenn sich die Verbindungen zwischen den Elementen auflösen, sprechen Shove et al. (2012a) von einer Ex-Praktik: Die Praktik besteht nicht mehr.

Onlinebanking als soziale Praktik kann bspw. nur dann bestehen, wenn es ein entsprechendes technologisches Netzwerk aus Infrastrukturen gibt, die Kunden wissen wie sie einen Computer, das Internet und die entsprechende Anwendung nutzen müssen und sie einen Vorteil sehen (z. B. durch eine Zeitersparnis gegenüber dem Besuch einer Bankfiliale oder einem Telefonat (Telefonbanking)). Die Autor:innen nutzen das Modell, um stabile bzw. sich verändernde Praktiken zu beschreiben, indem sie die Abläufe untersuchen, die zum Entstehen bzw. Aufbrechen von Verbindungen zwischen den Elementen einer Praktik führen.

Das Modell ermöglicht, die Praktik als Untersuchungselement zu verallgemeinern und somit die Kluft zwischen dem die Praktik beeinflussenden Inneren und Äußeren (Giddens, 1976) zu überwinden (Shove et al., 2012a: 23).

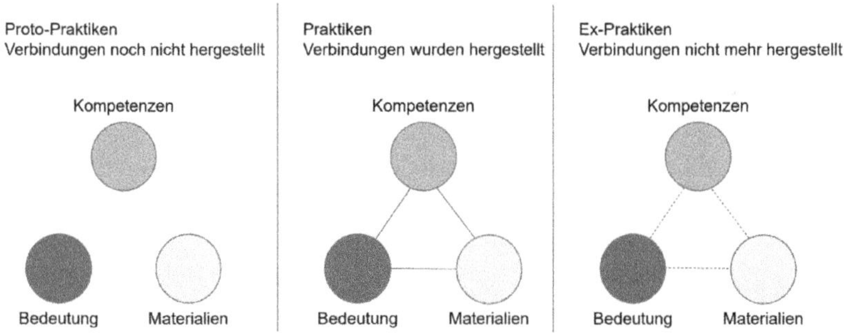

Abbildung 7: Praktikenmodell von Shove et al. (2012a: 25)

Die beiden vorgestellten Modelle zur Charakterisierung von sozialen Praktiken von Warde (2005) und Shove et al. (2012a) bestehen jeweils aus drei Merkmalen, die respektiv als Komponenten bzw. Elemente bezeichnet werden. Das Modell von Warde (2005) lehnt sich dabei an Schatzkis (2002) Verständnis an: Eine Praktik besteht sowohl aus einer praktischen Tätigkeit als auch aus ihrer analytischen Reflexion, den *doings und sayings* bzw. dem Verstehen und Verfahren (Warde, 2005: 134) – sowie einer rahmenden Zielorientierung. Das Modell von Shove et al. (2012a) orientiert sich stärker an der Konzeptualisierung von Reckwitz (2002; 2003) und betont die in einer Praktik zugrunde liegende Materialität.

Anfang der 2010er-Jahre veröffentlichten Jones und Murphy zwei Artikel, um die Rolle der Praktikentheorien in der Wirtschaftsgeographie zu reflektieren (Jones und Murphy, 2010) und einen Rahmen für die Beforschung von Praktiken anzubieten (Jones und Murphy, 2011). Die Autoren definieren Praktiken als „regularised or stabilised social actions through which economic agents organize or coordinate production, marketing, service provision, exchange and /or innovation activities" (Jones und Murphy, 2010: 303). Sie argumentieren, dass die Berücksichtigung von Praktiken das Beforschen von wirtschaftlichem Handeln vervollständigt, da die sozialen Beziehungen und Interaktionen zwischen den Wirtschaftsakteuren für die Gestaltung von Volkswirtschaften, Industrien und regionalen Entwicklungsprozessen von zentraler Bedeutung sind.

In ihrem Forschungsrahmen schlagen Jones und Murphy (2011) die Konzeptualisierung der zu untersuchenden Praktik (Merkmale und konstituierende Elemente) unter Berücksichtigung der vier Hauptmerkmale Wahrnehmung, Darstellung, Muster und Machtverhältnisse (perceptions, performances, patterns und power relations) vor, um die Absichten und Konsequenzen einer Praktik zu erfassen – sowie der beiden zusätzlichen Faktoren Zeitlichkeit und Räumlichkeit (temporality, spatiality), um die Kontextualität bzw. die sozioökonomische Einbettung der Praktik zu charakterisieren (vgl. Abbildung 8). Das Modell soll dem Forscher dabei helfen, die relevanten Fragen zu beantworten, die eine Praktik charakterisieren und somit von einer anderen Praktik abgrenzen (in Anlehnung an: Jones und Murphy, 2011: 385):

- Wie wird die Praktik wahrgenommen?
- Wie und wodurch stellt sich die Praktik dar?
- Welche Muster werden durch die Praktik dargestellt?
- Welche Machtverhältnisse werden durch die Praktik deutlich?
- Wann und unter welchen Umständen wird die Praktik ausgeführt?
- Wo und in welchem Rahmen wird die Praktik ausgeführt?

Die Hervorhebung der Aspekte Macht, Raum und Zeit macht einerseits die Nähe des Modells zu wirtschaftsgeographischen Ansätzen deutlich (z. B. relationale, institutionelle Wirtschaftsgeographie). Andererseits führt die umfassende Beschreibung der Praktik aber auch dazu, dass das wirtschaftsgeographische Modell von Jones und Murphy (2011) im Gesamten weniger prägnant und greifbar wirkt gegenüber den Modellen von Warde (2005) und Shove et al. (2012a). Dies könnte eine Erklärung sein warum der Forschungsrahmen von Jones und Murphy bisher in Fallstudien kaum angewandt wurde. Für die vorliegende Arbeit wird sich in Kapitel 6 allerdings zeigen, dass vor allem die Raum-Zeit-Verankerung einer Praktik von Bedeutung ist, wenn es um die Charakterisierung einer Circular Economy-Praktik geht bzw. ihrer Abgrenzung zu konventionellen Praktiken.

Wahrnehmung	**Muster**
• Absichtlichkeit, Erwartungen • Situationsbedingte Begriffsbestimmungen, Sinnzusammenhänge, relationale Logiken • Repräsentationen – Symbole, Identitäten, Diskurse und Bedeutungen • Das soziale Selbst (das sozial konstruierte Selbst), das Ich und Motivationen	• Ordnungspolitische und normative Faktoren • Regeln, Normen, Routinen, Konventionen und Materialien • Institutionalisierte und erwartete Maßnahmen • Regel konforme Verhaltensweisen
Darstellung	**Machtverhältnis**
• Soziale Interaktion, Kommunikation • Gegenseitige Anerkennung, Gegenseitigkeit – Intersubjektivität – das "Wir"-Verhältnis • situativ adäquate Maßnahmen, Körper, Sprache, Materialien und Emotionen	• Positionierung von Akteuren entsprechend Strukturmerkmalen (z.B. Klasse, Kultur, Geschlecht usw.) • Macht, die durch die Strategien und Taktiken von Akteuren verkörpert wird oder durch diese zum Ausdruck gebracht wird, um andere zu kontrollieren, zu lenken oder zu mobilisieren

Wahrnehmungen, Muster, Darstellungen und Machtverhältnisse werden von Agenten (z. B. Einzelpersonen, Firmen, Organisationen) in bestimmten Raum-Zeit-Assemblagen getragen oder ausgeführt.
• **Zeit / Zeitlichkeit**
  • Wann, warum dann?
  • Gleichzeitigkeit, Kontinuitäten, Unmittelbarkeiten, Generationsmerkmale, Geschichten
• **Raum / Räumlichkeit**
  • Wo, warum dort?
  • Orte, interaktive Räume, Ebenen, translokale Verbindungen	

Abbildung 8: Merkmale und konstituierende Elemente einer Praktik nach Jones und Murphy (2011: 385)

Seit den Arbeiten zu einer Theorie der sozialen Praktiken von Schatzki et al. (2001) und Reckwitz (2002) Anfang der 2000er Jahre wurden viele wissenschaftliche Arbeiten veröffentlicht, die sich mit sozialen Praktiken beschäftigen. Trotzdem sind die Entstehung einer Praktik (Ursprung) und die Abgrenzung einer Praktik zu einer anderen (Beginn und Ende) aus praxeologischer Sicht noch nicht umfassend konzeptualisiert worden. Der Vorschlag von Jones und Murphy (2011), Praktiken in Bezug auf ihre Absichten, Konsequenzen und sozio-räumlichen Dimensionen abzugrenzen (Jones und Murphy, 2011), könnte als ein Ausgangspunkt genutzt werden.

Weiterhin hilfreich für Forschungsvorhaben ist die analytische Unterscheidung von Praktiken als Performance und Entitäten, die auf eine Arbeit von Schatzki (1996) zurückzuführen ist und seitdem immer wieder aufgegriffen (Reckwitz, 2003; Shove et al., 2012a; Welch, 2016) und auch visuell aufbereitet wurde (siehe Abbildung 9). In dieser Dialektik werden Praktiken in einen beobachtbaren (Performance) und in einen nicht-sichtbaren Teil (Entität) unterschieden. Aus einer praxeologischen Perspektive ist das sichtbare menschliche Verhalten nur die Spitze des Eisberges, wie Daniel Welch (2016: 239) es bezeichnet – der weitaus größere Teil einer Praktik kann nicht beobachtet werden und liegt unter der Wasseroberfläche. Dieser nicht-sichtbare Teil ist ein Rucksack, der alle Elemente fasst, die eine Praktik konstituieren – dazu (können) gehören Erfahrungen, Wissen, Kultur, Erziehung, Gewohnheit, Lust, ein Zeitpunkt oder Zeitraum/Lebensabschnitt, ein bestimmter Ort. Praktiken haben eine Geschichte, eine Vergangenheit – sie stellen ein gesellschaftliches Phänomen dar, haben sich entwickelt und sind das Ergebnis eines bestimmten Entwicklungsweges (Welch und Warde, 2015: 85). Praktiken existieren letztendlich aber nur als Performance eines Trägers bzw. vieler Träger.

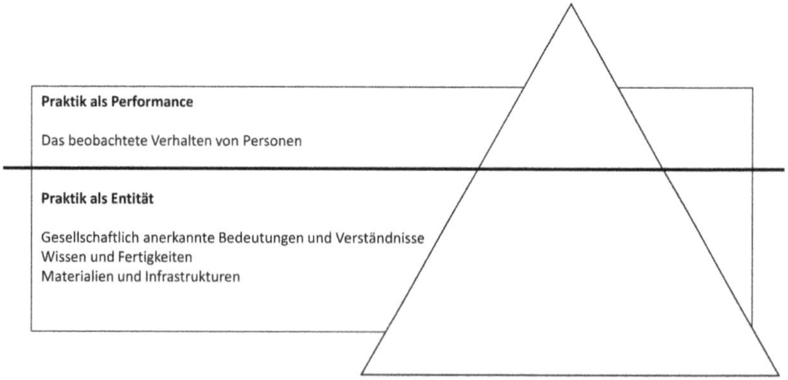

Abbildung 9: Beobachtbares Verhalten ist die Performance sozialer Praktiken nach Spurling et al. (2013: 48)

2.2.2 Praktikenforschung in der Wirtschaftsgeographie

Nachdem im vorherigen Kapitel verschiedene Modelle vorgestellt wurden, um Praktiken zu konzeptualisieren, erfolgt auf den nächsten Seiten ihre Einbettung in eine wirtschaftsgeographische Perspektive, um Praktiken im Hinblick auf sozio-ökonomische Dynamiken beschreiben zu können. Anknüpfungspunkte werden erst in der relationalen, dann in der institutionellen Perspektive der Wirtschaftsgeographie herausgearbeitet und schließlich in Bezug gesetzt zu Wandelprozessen.

a. Die relationale Perspektive

In der relationalen Wirtschaftsgeographie wird Mitte der 2000er Jahre der veränderte disziplinäre Blickwinkel deutlich. Sie setzt zwischenmenschliche Beziehungen in den Untersuchungsmittelpunkt – als eine Reaktion auf die vielfältig rezipierte Kritik an der klassischen Wirtschaftsgeographie, die „Regionen wie Akteure behandelt währenddessen die wirklichen Akteure, nämlich die Menschen, die in Firmen und anderen Organisationen agieren und interagieren, um wirtschaftlichen Nutzen zu produzieren, vernachlässigt werden" (übersetzt nach: Bathelt, 2006: 224). Bathelt schreibt weiter, dass sich die relationale Perspektive auf die Akteure in den wirtschaftlichen und sozialen Prozessen konzentriert und somit, wie Praktikenforschung auf der Mikroebene angesiedelt werden kann. Die relationale Perspektive berücksichtigt den Einfluss von Werten, Deutungsmustern und Praktiken der Entscheidungsfindung auf das menschliche Verhalten. Dieser Kontextualität (gesellschaftlicher) Institutionen, in die sich eine Firma einbettet, wird in einer relationalen Perspektive besondere Bedeutung beigemessen (Bathelt und Glückler, 2011: vii–viii). Zusammenfassend können folgende Merkmale aufgelistet werden, die eine relationale wirtschaftsgeographische Arbeit charakterisieren (Bathelt, 2006: 224–225; Jones, 2014: 610):

- Der Untersuchungsfokus liegt auf wirtschaftlichen Handlungsfähigkeiten, Handlungsmotiven, Kompetenzen und Verantwortlichkeiten und nicht auf räumlichen Repräsentationen.
- Es werden Aspekte auf der Mikroebene untersucht (z. B. in Unternehmen), die sich empirisch auf Interviews stützen.
- Bei der Untersuchung von Wirtschaftsbeziehungen liegt der Schwerpunkt auf den Institutionen.
- Untersucht werden die Auswirkungen der Globalisierung auf Wirtschaftsorganisationen und die daraus resultierenden Spannungen auf globaler und lokaler Ebene.
- Es handelt sich um eine Analyse der Akteursnetzwerke mit einer regionalpolitischen Perspektive.

Die relationale Wirtschaftsgeographie gehört zu den Bereichen in der Geographie, in denen Praktikenforschung betrieben wird (Jones und Murphy,

2011: 368).[33] In der relationalen Wirtschaftsgeographie, schreibt Jones (2014), werden vor allem vier Bereiche praxeologisch untersucht: firmeninterne und zwischenbetriebliche Praktiken, sozialräumliche Dynamiken in der Industrieökonomik, alternative Wirtschaftspraktiken und Performativität in Wirtschaftspraktiken. Ein Fokus liegt dabei auf den Communities of Practice (CoP)[34] und der Untersuchung von Praktiken des Lernens und der Weitergabe von Wissen (Wissenstransfer), auch im Hinblick auf Innovationen in Unternehmen. Diese Arbeiten zeigen, wie wichtig es ist, die Wissenstransfer in alltägliche Unternehmenspraktiken einzubetten. Nur wenn es zu regelmäßigen Austauschen zwischen den Mitarbeitern kommt und diese Routine von der Unternehmensleitung und dem Mitarbeiterkollektiv geteilt, gefördert und geschätzt wird, wird das Kapital Einzelner zu einem gemeinsamen Wissen (Jones und Murphy, 2011: 375).

Jones (2014) listet in seinem Artikel unter anderem (relationale) wirtschaftsgeographische Arbeiten auf, die sich mit Geschäftsführungspraktiken (Jarzabkowski und Wilson, 2002; Palmer und O'Kane, 2007), Wissensmanagement (Wood und Reynolds, 2012), Wissensproduktion und Lernen in *Communities of Practice* (Ibert, 2007; Hall, 2009; Vallance, 2011) und alternativen Finanzierungspraktiken (Buttle, 2008; Pollard und Samers, 2013) beschäftigen. Bei genauerer Betrachtung wird deutlich, dass der Praktikenbegriff in diesen Veröffentlichungen weit entfernt ist von den Verständnissen sozialer Praktiken wie ihn Schatzki und Reckwitz beschreiben. Jones schreibt von Wirtschaftspraktiken[35] im Sinne von „reguliertem oder gefestigtem sozialen Handeln, durch das Wirtschaftsakteure Produktions-, Marketing-, Dienstleistungs-, Handels- und/oder Innovationsaktivitäten organisiert oder koordiniert werden" (übersetzt nach: Jones und Murphy, 2010: 303).

---

33 Die anderen drei Forschungsfelder in der Geographie, die Jones und Murphy (2011) auflisten, sind die institutionelle Wirtschaftsgeographie, Gouvernementalität und alltägliche Wirtschaftspraktiken.

34 *Communities of Practice* im Sinne von Étienne Wenger: Organisiertes Lernen und Wissenstransfer finden vor allem durch soziale Beziehungen gemeinschaftlich statt (auch speziell im professionellen Umfeld). [Wenger É. (1998) *Communities of Practice. Learning, Meaning, and Identity*: Cambridge University Press.]

35 Der Praktikenbegriff wird in den verschiedenen Artikeln unterschiedlich konnotiert. So heißt es mal sozioökonomische Praktiken („socioeconomic practices" in Jones und Murphy, 2011) und mal Wirtschaftspraktiken („economic practices" in Jones und Murphy 2010 sowie Jones, 2014).

Die relationale Perspektive in der Wirtschaftsgeographie bezeichnet sich als inklusiv und sozialwissenschaftlich informiert mit einer dynamisch-evolutionären Betrachtungsebene. „Räumliche Strukturen [werden] als soziale Konstrukte betrachtet, die aus vielfältigen Interaktionen von Personen, Unternehmen und politischen Entscheidungsträgern hervorgehen, wobei diese lokalisierten Strukturen zugleich infolge reflexiver Wissensaneignung das Handeln der Akteure beeinflussen." (Bathelt und Glückler, 2018: 37) Es ist der Fokus auf die Interaktionen zwischen unterschiedlichen Untersuchungsobjekten – Personen, Organisationen, Politikern, Institutionen – und deren Entwicklung, wodurch die relationale Perspektive für die Betrachtung von Praktiken an Bedeutung gewinnt. Es wird sich zeigen, wie relevant Kommunikation und Informationsaustausch für Planung und Design in einer Circular Economy sind (vgl. Kapitel 4.4) und, dass sich zirkuläre Projekte vor allem an den Orten entwickeln an denen ein Netzwerk aus Akteuren besteht (vgl. Kapitel 5.3).

b. Die institutionelle Perspektive

Die institutionelle Wirtschaftsgeographie beschäftigt sich aus verschiedenen thematischen Blickwinkeln mit Praktikentheorien. Die für diese Arbeit am relevantesten erscheinenden Arbeiten behandeln die Institutionalisierung wirtschaftlicher Aktivitäten in Unternehmen (Storper et al., 2015) oder den Beitrag alltäglicher Praktiken von Wirtschaftsakteuren (z. B. Geschäftsleute, Unternehmen, Arbeitnehmer) an der Entwicklung und Reproduktion sozialer Strukturen größerer Ordnung (Higgins und Larner, 2017). Jones und Murphy (2011: 376) kommen zu dem Schluss, dass alle wirtschaftsgeographischen Arbeiten, die Praktikentheorien benutzen, eine gemeinsame Überzeugung eint: „Um die wirtschaftlichen und sozialen Auswirkungen von Innovationen, Ungleichheit oder Ausbeutung zu verstehen, müssen zunächst die sozialen Mikroprozesse (z. B. Praktiken) beobachtet und verstanden werden, die von Menschen tagtäglich ausgeführt werden". Die Praktik des Einzelnen wird somit zum erkenntnistheoretischen Objekt zur Erfassung sozialer, kultureller, politischer und materieller Einflüsse zeitgenössischer Wirtschaftsgeographien – auch wenn die angegebenen Zielsetzungen in den Studien variieren.

In einer rezenten Buchveröffentlichung wird der Mehrwert einer praxeologischen Perspektive auf alte und neue Forschungsobjekte der Wirtschaftsgeographie im Detail herausgearbeitet (Wiemann et al., 2019). Die Autor:innen heben unter anderem hervor, dass Praktikentheorien interessante Denkanstöße bieten, weil sie dem skalaren Vorgehen in der Wirtschaftsgeographie eine flache Ontologie entgegenstellen und somit eine Abkehr von fest verankerten

Wegen des Denkens und Interpretierens anbieten. Diese Abkehr von Skalierungen in lokal, regional, national oder mikro, meso, makro erschwert, aber auch gleichzeitig die Anknüpfung praxeologischer Forschungsdesigns mit traditionellen Ansätzen in der Wirtschaftsgeographie. Wird eine flache Ontologie konsequent umgesetzt, so wie es Schatzki (2016) propagiert, müssen einige traditionelle Forschungsschwerpunkte in der Wirtschaftsgeographie neu gedacht werden, z. B. wenn es um Strukturen im Allgemeinen oder um Machtstrukturen im Speziellen geht. Die Autor:innen fordern in ihrem Beitrag die Rezeption von Praktikentheorien in der Wirtschaftsgeographie als Denkschule – und nicht als praxistheoretische Ansätze verschiedener Autor:innen und Disziplinen. Sie versprechen sich davon eine nachhaltige Verankerung der flachen Ontologie als theoretische und methodische Forschungspraxis in den Wirtschaftsgeographien.

Auch Jones und Murphy strebten einen kohärenten Umgang in der Untersuchung von Praktiken an als sie 2011 einen Forschungsrahmen – für die Wirtschaftsgeographie – veröffentlichten. Der Forschungsrahmen knüpft an den im vorherigen Kapitel vorgestellten Merkmalen und konstituierenden Elementen einer Praktik an (vgl. Kapitel 2.2.1).

> In einem **ersten Schritt** erfolgt die Abgrenzung der Praktik, die es zu untersuchen gilt: Innerhalb eines gesellschaftlichen Phänomens von Relevanz – z. B. die Circular Economy, nachhaltiges Bauen oder Designstrategien in der Automobilbranche – wird eine Praktik abgegrenzt, die das Phänomen prägt (siehe Abbildung 10). Dies könnten für die Circular Economy bspw. Car-Sharing-Praktiken oder der Einsatz von Lebenszyklusberechnungen bei der Materialauswahl sein.
> In einem **zweiten Schritt** wird ein empirisches Forschungsdesign zur Untersuchung der in Schritt 1 abgegrenzten Praktik entwickelt (vgl. Abbildung 10): Der Wissenschaftler untersucht empirisch kontextspezifische Faktoren, die auf das soziale Handeln (Beziehungen und Interaktionen zwischen Akteuren) und die sozioökonomischen Ergebnisse der Praktik wirken (z. B. Materialität, Machtstrukturen, Institutionen).

Bisherige Anwendungen des Forschungsrahmens konnten in der wissenschaftlichen Literatur nicht ausfindig gemacht werden, obwohl beide Artikel von Jones und Murphy, die sich mit Praktikenforschung in der Wirtschaftsgeographie beschäftigen (2010; 2011), vielfach zitiert wurden. Trotzdem heißt es bei Warde (2014), dass der Forschungsrahmen von Jones und Murphy (2011) sowie die Modelle von Warde (2005) und Shove et al. (2012a) zu einem Practice Turn in der Wirtschaftsgeographie führten. Dies bedeutet, dass es zwar viele rezente wirtschaftsgeographische Arbeiten mit einem praxeologischen Forschungsansatz gibt, diese aber mit ganz unterschiedlichen Praktikenmodellen arbeiten.

In den nachfolgenden Kapiteln werden deshalb weitere praxeologische Veröffentlichungen diskutiert und auf ihre Anknüpfungsfähigkeit überprüft. Der Forschungsansatz für das vorliegende Forschungsvorhaben wird schließlich in Kapitel 2.3. erörtert. Er erfasst über die beschreibenden Komponenten zur Abgrenzung einer Praktik hinaus, verstärkt die dynamischen Prozesse und Interaktionen, die in einer Circular Economy aktiviert werden – wie z. B. Übergangs- und Wandelprozesse, die erst aus einer transitionstheoretischen Perspektive direkt im Anschluss in Kapitel 2.2.2c und dann aus einer praxeologischen Perspektive in Kapitel 2.2.3a diskutiert werden.

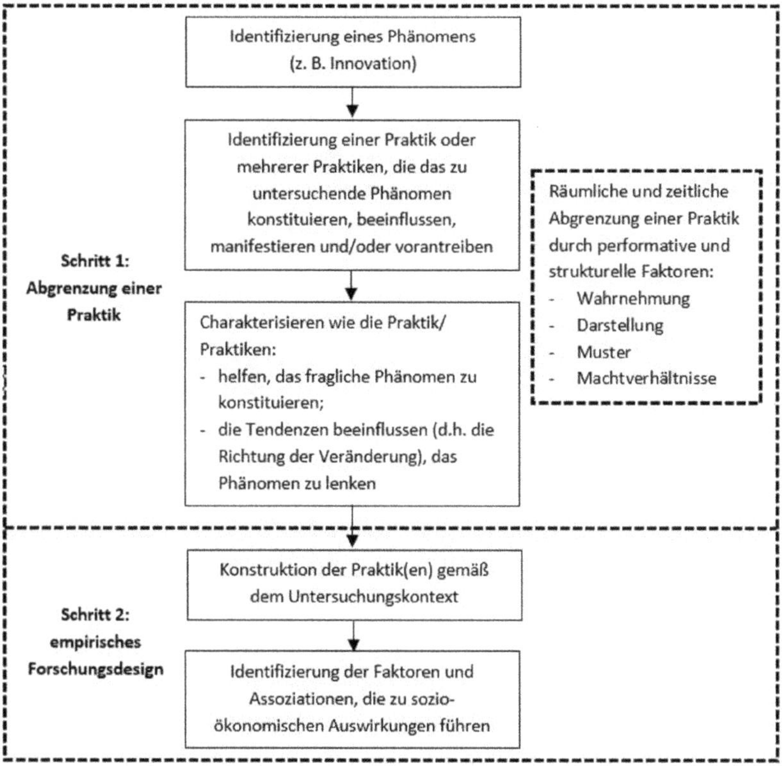

Abbildung 10: Der reproduktive Forschungsrahmen zur Untersuchung von Praktiken in Anlehnung an Jones und Murphy (2011)

c. Transitionen und Wandelprozesse

Mit dem in Kapitel 2.2.1 vorgestellten Praktikenmodell von Shove et al. (2012a), siehe Abbildung 7, intendieren die Autor:innen, die Stabilität bzw. die Veränderung von sozialen Praktiken zu untersuchen. Die Komplexität des Sozialen/Kulturellen wird durch eine praktikentheoretische Perspektive deutlich – das Sichtbare und Beobachtbare ist nur ein kleiner Teil einer Praktik, der größere Teil der Praktik liegt im Verborgenen.

In ganz unterschiedlichen wissenschaftlichen Bereichen fragt man sich, wodurch es zu einer Veränderung der sozialen Praktiken kommen kann. Aus der Sicht des Praktikenmodells nach Shove et al. (2012a) geben die drei Komponenten einer Praktik – Materialien, Kompetenzen und Bedeutungen – mehr als nur einen Ansatzpunkt für Veränderungsprozesse. Praktikentheoretische Ansätze in der Wirtschaftsgeographie heben vor allem die räumliche Dimension einer Praktik hervor (Faller, 2015) – auch, um der (skalaren) geographischen Perspektive gerecht zu werden. Eine skalare Perspektive ordnet den Raum in Ebenen, um die unterschiedlichen Sichtweisen auf und in diesen Ebenen zu verdeutlichen – in der Regel sind dabei Größen und Maßstäbe bestimmend, z. B. in der klassischen Unterscheidung in Mikro-, Meso- und Makroebenen. Auch Veränderungsprozesse können diesen Ebenen zugeordnet werden:

- **Makroebene – eine systemtheoretische Perspektive**: Wandelprozesse auf der Systemebene betreffen, z. B. ein politisches System, ein Wirtschaftssystem oder ein sozioökonomisches System.
- **Mesoebene – eine Mehrebenen-Perspektive**: Es handelt sich um Wandelprozesse, die z. B. durch eine Innovation hervorgerufen werden und Auswirkungen auf das sozioökonomische System haben.
- **Mikroebene – eine Verhaltens-Perspektive**: Hier geht es um Wandelprozesse auf der Ebene der sozialen Praktiken oder des Trägers einer Praktik (Mensch, Akteur).

Diesen drei Ebenen können zur Erklärung gesellschaftlicher Phänomene Theorien zugeordnet werden, die in der empirischen Sozialforschung u.a. nach einem Vorschlag von König (1973) entsprechend ihrem Abstraktionsgrad unterschieden werden. Theorien höherer Komplexität werden der Makroebene zugeordnet. Es handelt sich dabei um Theorien allgemeiner Aussage, die für empirische Forschungsarbeiten nur bedingt anwendbar sind, da sie aufgrund ihres Abstraktionsniveaus kaum überprüft werden können. Zu dieser Kategorie gehören nach Egner (2010) bspw. die Theorie sozialer Systeme von Luhmann (1987) oder Bourdieus (1982) Theorie der Differenz und Distinktion. Theorien mittlerer Reichweite beziehen sich auf Teilbereiche des sozialen Lebens und beanspruchen keine allgemeine Gültigkeit. Beispiele in der (Wirtschafts)Geographie sind die Akteursnetzwerktheorie, die Mehrebenen-Theorie oder die Handlungstheorien. Diese Theorien können Phänomenen der Mikro- und der Mesoebene zugeordnet werden und finden in den Sozialwissenschaften am häufigsten eine Anwendung (vgl. Abbildung 11).

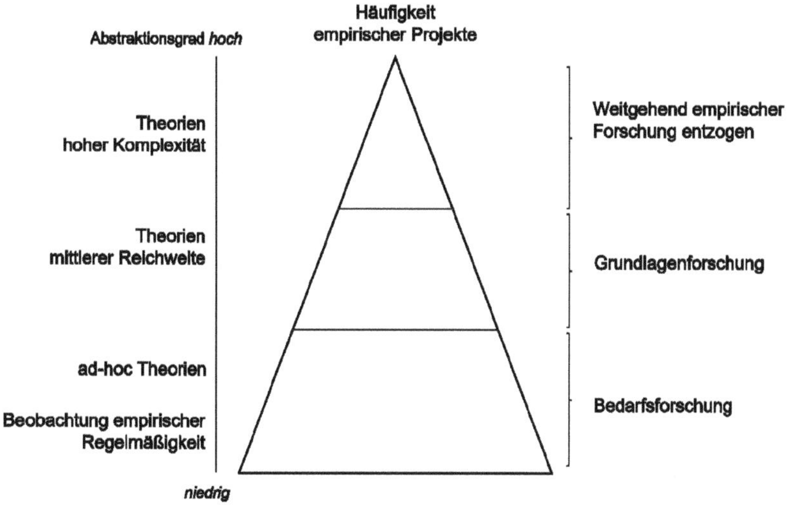

Abbildung 11: Abstraktionsgrad von Theorien und Häufigkeit ihrer empirischen Überprüfung nach Atteslander (2006: 30)

Theorien mittlerer Reichweite, die sich mit der Gesellschaft und ihrem Wandel beschäftigen sind vielfältig (Feldmann, 2006).[36] Zu diesen gehört bspw. die Transitionsforschung, vor allem die Mehrebenen-Perspektive (oder Multilevel-Perspektive, abgekürzt MLP) wurde in der Vergangenheit bereits mit Praktikenforschung in Verbindung gebracht (Shove und Walker, 2007; Faller, 2016). Die MLP wurde durch die Ausarbeitungen des niederländischen

36 Die Praktikentheorien nach Schatzki et al. (2001) und Reckwitz (2003) sind mittlerer Reichweite und empirische Praktikenforschung beschäftigt sich mit Wandelprozessen auf der Mikro- und der Mesoebene. Die in dieser Arbeit vorgestellten Operationalisierungen ordnen sich ebenfalls diesen Ebenen zu, z. B. Shove et al. (2012a) der Mikroebene und Jones und Murphy (2011) der Mesoebene.

Forschers Geels (2002) bekannt, der u.a. die sozialen Veränderungen aufgrund technologischer Innovationen am Beispiel des Übergangs von der Segel- zur Dampfschifffahrt beschrieb. Der mehrstufige Ansatz der MLP bezieht sich auf Herangehensweisen verschiedener Disziplinen – u.a. Wissenschafts- und Institutionenforschung, Evolutionsökonomik, Soziologie – und wurde bereits bei der empirischen Untersuchung von Wandelprozessen in Luxemburg herangezogen (Faller, 2015; Preller, 2018b). In einer kombinierten Herangehensweise aus MLP und Praktikentheorien kommen Hargreaves et al. (2013) zu dem Schluss, dass Innovationen in Regimen durch Praktiken und Innovationen in Praktiken durch Systeme und Regime beeinflusst werden können. Für die Autor:innen sollten diese Schnittpunkte zwischen Regimen und Praktiken zukünftig die zentralen Forschungsschwerpunkte in den Nachhaltigkeitsinnovationen darstellen. Kritisiert wird die MLP vor allem für die mangelnde räumliche Dimension von Transitionen und den starken Fokus auf technische Entwicklungen unter Vernachlässigung von Veränderungen in Organisationen, Verfahren und Politik (Schulz und Bailey, 2014: 287).

Bereits im Jahr 2007 setzten sich Shove und Walker (2007) mit der Lenkbarkeit von sozialem Wandel auseinander. Sie schrieben, dass die Fürsprecher des Transition-Managements zu der Schlussfolgerung kommen, dass nur ein multi- und transdisziplinärer Ansatz zum Erfolg führen kann, der sowohl Governance-Prozesse und die Einbeziehung verschiedener Akteure umfasst als auch explizit die Grenzen wissenschaftsbasierter Expertise anerkennt. Kritiker hingegen sehen im Transition-Management ein Machtspiel wer was und zu welchem Zeitpunkt zu entscheiden hat und dabei wie eingreifen kann. Von diesem Literaturstrang unbeantwortet bleiben Fragen, wie ein Wandelprozess, der nicht in die gewünschte Richtung führt (z. B. nicht zu einem nachhaltigen Konsumverhalten), beendet werden kann. Grundsätzlich stehen auch nicht die Dynamiken eines Veränderungsprozesses, also z. B. die Periodizität des Wandels oder die Mechanismen des Prozesses, im Untersuchungsfokus. Deswegen bieten sich die Modelle aus dem Transition-Management, wie z. B. das Mehrebenen-Modell, nicht für die Untersuchung von alltäglichen Praktiken an, sie sind konzeptionell nicht für die Bereiche des Alltags ausgelegt (Shove und Walker, 2007).

Im folgenden Kapitel wird deshalb verstärkt auf die Perspektive der Praktikenforschung eingegangen und die Untersuchung der Veränderungsprozesse alltäglicher Praktiken diskutiert. Im Anschluss wird die Rolle von Institutionen auf die Stabilisierung, Verhandlung und Veränderung von Praktiken herausgearbeitet – bzw. das Zusammenspiel von Institutionen, Praktiken und anderen Mechanismen diskutiert.

2.2.3 Praktiken stabilisieren, verhandeln und verändern

Bereits in den Modellen zur Konzeptualisierung von einzelnen Praktiken spielt die Entstehung, Verankerung, aber auch das Enden einer Praktik eine entscheidende Rolle. Vor allem in der Visualisierung des Praktikenmodells von Shove et al. (2012a) wird dies durch die Unterscheidung einer Proto-Praktik von einer Praktik von einer Ex-Praktik deutlich (siehe hierzu Abbildung 7 in Kapitel 2.2.1). Was dies für Alltagspraktiken bedeutet wird in dem nachfolgenden Kapitel 2.2.3a diskutiert, bevor in dem Kapitel 2.2.3b im Anschluss das Wechselspiel zwischen Institutionen und Praktiken in den Mittelpunkt rückt.

a. Kontinuität, Wiederholung und Gleichförmigkeit

Für die Untersuchung sich ändernder Praktiken, die einen alltäglichen Charakter haben, ist neben einer historischen Perspektive und der Entwicklung der Praktik im Zeitverlauf (Geschichte) auch die Berücksichtigung der Beziehungen zu sich parallel entfaltenden Praktiken notwendig, die oft dynamisch und unkontrollierbar verlaufen (Shove und Walker, 2010: 473). Dieses Beziehungs-Modell entspricht einer flachen Ontologie, einem horizontalen Verständnis von sich beeinflussenden Elementen (oder Mechanismen), die zu einer Veränderung der Praktiken führen – und steht somit im Gegensatz zu den hierarchischen Ebenen der MLP (vgl. Kapitel 2.2.2c). Das Modell von Shove et al. (2012a) ist aber auch ein retrospektiver Ansatz, um zurückliegende Entwicklungen zu verstehen, die sich in Raum und Zeit verankern lassen. Shove und Walker (2010) vertreten die Meinung, dass ein praktikentheoretischer Ansatz gut geeignet ist, um Governance-Prozesse[37] zu untersuchen. Er ermöglicht, die zentrale Rolle der Träger einer Praktik herauszuarbeiten, die in vielen Studien methodenbedingt durch das Gewicht anderer Elemente (z. B. den Fokus auf eine technische Innovation) verschleiert wird, wenn es um die Entstehung, die Aufrechterhaltung und den Abschluss eines Wandelprozesses geht. Zusammenfassend sind nachstehende Aspekte maßgebend für die Untersuchung der Dynamiken von sozialen Praktiken (Shove und Walker, 2010; Shove et al., 2012a) – bisher als Wandelprozesse oder sich verändernde Praktiken bezeichnet:

---

37 Governance wird in diesem Zusammenhang als Interventionsprozess(e) verstanden, die zum Ziel haben, die Gesellschaft in eine gewünschte Richtung zu lenken. Im Sinne einer reflexiven Governance bedeutet dies die Einbindung aller/der betroffenen Akteure sowie eine Serie von Interventionen bzw. Maßnahmen (Shove und Walker, 2010: 475).

- Die Beziehungen, die zwischen gleichzeitig ausgeführten Handlungen bzw. Praktiken bestehen sind wichtig, um zu verstehen, wie Praktiken entstehen und sich ändern.
- Nur die Berücksichtigung aller Praktiken-Elemente ermöglicht die Stabilisierung einer Praktik zu erklären. Denn eine Praktik ist kein automatisches per se Ergebnis einer bestimmten Konstellation von Elementen. Praktiken werden hingegen vorläufig stabilisiert, wenn durch Wiederholungen ein dauerhaft zusammenhängendes Gefüge der Praktiken-Elemente entsteht.

Für Everts (2019: 167) ist der Fokus auf Kontinuität, Wiederholung und Gleichförmigkeit der Praktikenforschung – die von Shove et al. ebenfalls hervorgehoben wird, wenn es um die Dynamiken von Praktiken geht – einer der Gründe warum (gesellschaftliche) Wandelprozesse nur bedingt dargestellt werden (können). Als Geograph vermisst er einen für ihn zentralen Kernaspekt des gesellschaftlichen Wandels: die räumliche Mobilität von Menschen, den Trägern von Praktiken. Er unterscheidet dabei eine Reise-Mobilität, die von begrenzter Dauer ist (z. B. geschäftliche oder touristische Reisen) von einer Migrations-Mobilität, die einen langen Zeitraum überdauert (Everts, 2019: 171). Sein Vorschlag einer praktikentheoretischen Annäherung an systemische Wandelprozesse verankert er stärker in Raum und Zeit als es Shove et al. (2012a) tun. Seine Hauptthese ist, dass der Raum- und Zeitverbrauch von Praktiken in einer historischen Perspektive zugenommen hat: Praktiken entgrenzen und wachsen mit der Zeit (Everts, 2019: 177). Er meint damit, dass eine Praktik heutzutage mehr Zeit und Raum benötigt als in früheren Zeiten. Als praktikentheoretisches Argument führt Everts (2019: 175) die Zerlegbarkeit einer Praktik in kleinere Einheiten an, die dann von unterschiedlichen Trägern, an unterschiedlichen Orten und zu unterschiedlichen Zeiten ausgeführt werden können (ggfs. auch von nur einer Person). Die Zerlegbarkeit einer Praktik in kleine Einheiten (ähnlich der Idee von Arbeitsschritten) bezeichnet Everts (2019: 178) als Basisinnovation der Menschheit. Er schreibt, dass seit der Industrialisierung ein Trend der Verlängerung von Praktikenketten besteht, es grundsätzlich aber auch durch die Veränderung von Praktiken-Elementen zu einer Verkürzung kommen kann. Es kommt zu einer Umverteilung der einer Praktik innewohnenden Raum und Zeit: Wurde die Praktik ehemals von einem einzelnen Träger ausgeführt, an einem Ort und wahrscheinlich auch zu einer bestimmten Zeit – müssen die einzelnen kleinen Praktikeneinheiten heutzutage von der Gesellschaft *getragen* werden. In einer globalisierten Welt und Marktwirtschaft wird beispielsweise das Überbringen von Grüßen mittels einer Sofortnachricht am Mobiltelefon als eine Aktivierung von Materialität und Akteuren verstanden,[38] die weit über die mündliche Überbringung zwischen zwei Personen hinausgeht (Everts, 2019: 176).

b. Institutionen als Moderatoren

In den Arbeiten von Glückler, Lenz und Bathelt wird die Rolle von Institutionen – u.a. für soziale Praktiken – herausgearbeitet, denen in vielen Wirtschaftsgefügen (oder Kontexten) eine bedeutende Rolle zugesprochen wird (Bathelt und Glückler, 2014; Glückler und Lenz, 2016). Die Autor:innen verstehen Institutionen als „stabile Muster sozialer Praktiken, die auf gegenseitigen Erwartungen basieren" (übersetzt nach: Bathelt und Glückler, 2011; 2014: 340) – diese Interaktionsmuster sind gesellschaftlich etabliert und werden durch Sanktionen aufrechterhalten.

Grundsätzlich kann beobachtet werden, dass die Handlungen Einzelner oder kollektiver Akteure unabhängig von den möglichen Konsequenzen (z. B. Sanktionen) den bestehenden Vorschriften folgen oder eben nicht. Ebenso gelten Praktiken als institutionalisiert, wenn sie von Akteuren in bestimmten Situationen akzeptiert und umgesetzt werden. Formale Regeln und Vorschriften können die Institutionalisierung von Praktiken zwar beeinflussen, sie lassen jedoch immer auch einen bestimmten Handlungsspielraum und können für alltägliche Praktiken sogar bedeutungslos sein. Bathelt und Glückler sprechen deshalb in diesem Fall von der Untersuchung von „noch nicht Institutionen" (Übersetzung: Bathelt und Glückler, 2014: 356).

Institutionen können bei der Untersuchung der Entstehung und Veränderung von Praktiken helfen. In einem wirtschaftlichen Kontext bedeuten diese Abhängigkeiten zwischen Institutionen, Bestimmungen und Praktiken folgendes:

- Praktiken können wie auch Institutionen nicht einfach imitiert und somit auch nicht weitergegeben oder übertragen werden.
- Der Kontext hat einen entscheidenden Einfluss auf Praktiken. Soziale Praktiken können damit z. B. zwischen Ländern, Organisationen, Praktiken-Gemeinschaften (im Sinne von *Communities of Practice*) und Familien variieren.

---

38 Everts (2019: 176) führt in seiner graphischen Darstellung u.a. auf: den Erfinder der (mobilen) Telefonie, den Bau der Infrastrukturen für die Telekommunikation (Strommaste, Satelliten, etc.), den Schreiber der Nachricht, den Leser/Empfänger der Nachricht.

Glückler und Lenz (2016) fordern die systematische Berücksichtigung von Institutionen bei der Untersuchung der Wirksamkeit von politischen Maßnahmen. Insbesondere wenn es sich um eine vergleichende Studie handelt, können soziale Institutionen die regionalen Unterschiede in der Wirksamkeit der Maßnahmen erklären. In ihrem Beitrag sprechen die Autor:innen von einer „institutionellen Theorie der Institutionen", die institutionelle Effekte durch institutionelle Mechanismen erklärt (Glückler und Lenz, 2016: 272). Dies bedeutet, dass Institutionen als Moderator zwischen der Ebene der sozialen Interaktion – also den sozialen Praktiken – und der übergeordneten Ebene der normativen Ordnung und Vorschriften fungieren. Beide Ebenen wirken sich auf die Entstehung und den Wandel von Institutionen aus und werden gleichzeitig durch sie geprägt. Institutionen verändern sich kontinuierlich in parallellaufenden Aufwärts- und Abwärtsbewegungen (Bathelt und Glückler, 2014), wie in Abbildung 12 dargestellt. Es handelt sich um einen dynamischen Prozess, in dem Organisationen kollektive – nach den Regeln spielende – Akteure sind, deren Handlungen ebenfalls von Institutionen geprägt sind (North, 1990; Glückler und Lenz, 2016).

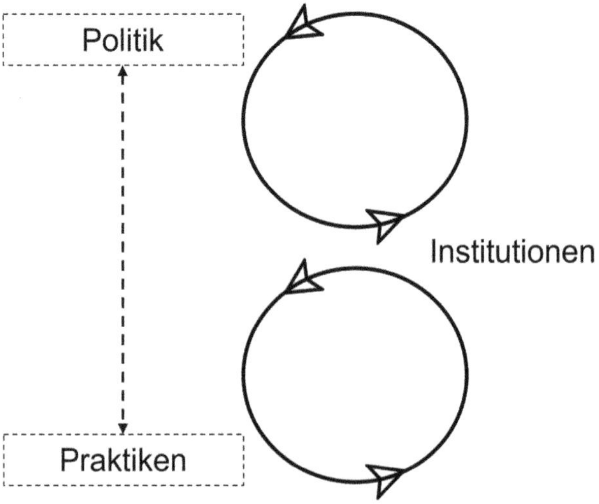

Abbildung 12: Institutionen als Moderatoren bei der Gestaltung von Politik und sozialen Praktiken nach Schulz et al. (2019: 4) bzw. einer Grafik von Glückler und Lenz (2016: 263)

Nach diesen Ausführungen können für die Untersuchung von Institutionen zwei Schlussfolgerungen gezogen werden. Einerseits kann man sie beobachten, wenn sie zu Handlungen oder Praktiken werden (Jones und Murphy, 2011). Handlungen sind dabei die zu beobachtenden durch Körper, Sprache und Artefakte ausgeführten Tätigkeiten einer Person. Eine Handlung wiederum wird zu einer Praktik, wenn sie auf soziale Ordnungen verweist und in sozialen Ordnungen gründet sowie in Raum und Zeit konkretisiert ist (Budde, 2015: 20). Andererseits können Institutionen in dem expliziten Weglassen einer Praktik beobachtet werden (Glückler und Lenz, 2016: 262).

Glückler und Lenz (2016) fordern, dass ein wissenschaftlicher Fokus auf den Mechanismen und Prozessen institutionellen Wandels liegen sollte. Ein Verständnis dieser Mechanismen würde aufzeigen, wie Institutionen die sozialen Praktiken beeinflussen und wie sie durch politische Maßnahmen verändert werden können. Andere Autor:innen (u.a. Schatzki, 2010a; Shove et al., 2012a; Erden et al., 2014) weisen hingegen verstärkt auf die Wechselwirkungen zwischen Praktiken und Materialien hin. In diesen Arbeiten werden die Einflüsse von Infrastrukturen auf soziale Praktiken bzw. der Einfluss von sozialen Praktiken auf die gebaute Umwelt diskutiert (vgl. Kapitel 2.2.4). In Luxemburg wird die Bedeutung von Materialität für Circular Economy-Praktiken besonders deutlich, wenn es um Kommunikation und Design in einem digitalen Zeitalter geht (vgl. Kapitel 6.2.3).

2.2.4 Praktiken und Materialität

Das Besondere der Praktikentheorien ist die Betonung der Materialität für soziale Praktiken. Mit dieser Hervorhebung des Materiellen stellen sich Denker wie Schatzki (2010a) gegen den Strom in den Sozialwissenschaften. Denn in der Regel wird das Materielle genutzt, um das Soziale zu charakterisieren und abzugrenzen – dort wo das Materielle beginnt, endet in der Regel das Soziale. Schatzki (2010a) hingegen legt dar, wie soziale Phänomene aus einer Verflechtung von Praktiken und materiellen Anordnungen (oder Arrangements) bestehen. Praktiken, Technik und Materialität (z. B. Infrastrukturen) beeinflussen sich gegenseitig und bilden dadurch Konstellationen, die als soziale Phänomene bezeichnet werden (Schatzki, 2010a). Sein Ausgangspunkt ist dabei, dass es keine Trennung zwischen den einzelnen Bestandteilen des Sozialen gibt, die Gesellschaft und die materiellen Arrangements bilden durch ihre Verwobenheit eine Einheit, die man als das Soziale bezeichnen kann. Gleichzeitig bedeutet dies auch, dass die bloße Bereitstellung von Materialität nicht zu einer Verflechtung per se zwischen Gesellschaft und *Ding* führt und damit auch nicht automatisch zu einer (neuen) sozialen Praktik wird.

In der Materialität einer Praktik werden grundsätzlich die beiden Aspekte Körperlichkeit – die Materialität des menschlichen Körpers – und Artefakte, also durch den Menschen erschaffene Objekte (z. B. Werkzeuge, Brücken) bzw. durch den Menschen genutzte *Dinge* (z. B. Steine oder Sand), unterschieden. Der Mensch ist Träger einer Praktik, die u.a. durch den Einsatz des (menschlichen) Körpers beobachtbar wird (cf. Praktik als Performance in Kapitel 2.2.1), also stattfindet. In einer Auseinandersetzung mit der Konzeptualisierung des menschlichen Körpers innerhalb der Praktikentheorien kommt Ginev (2019) zu dem Schluss, dass die Fähigkeiten und Dispositionen des menschlichen Körpers unvermeidlich durch soziale Praktiken beeinflusst werden, da er in ein „Milieu miteinander verbundener sozialer Praktiken geworfen wird" (übersetzt nach: Ginev, 2019: 137). Ginevs (2019) Ausführungen stehen somit im Einklang mit Schatzkis (2010a) Verständnis der Verwobenheit des Materiellen und der Praktik. Gleichzeitig fügt Ginev (2019) dem Verständnis von Körper und Praktik eine dynamische Perspektive hinzu indem er sie – den menschlichen Körper und die Praktik – in Interaktion und kontinuierlichen Austausch zueinander setzt, ähnlich dem dynamischen Zusammenspiel von Verordnungen und Institutionen (Glückler und Lenz, 2016).

Neben den Komponenten Bedeutung und Kompetenzen spielt die Materialität auch in dem Praktikenmodell von Shove et al. (2012a) eine entscheidende Rolle. Soziale Praktiken werden durch Körperlichkeit (Mensch) und Artefakte (Gegenstände) maßgeblich beeinflusst, wie verschiedene Arbeiten der Autor:innen verdeutlichen. Sie schreiben, dass „soziale Praktiken teilweise aus materiellen Arrangements bestehen und immer in diese eingebettet sind" (übersetzt nach: Shove et al., 2015: 274). In einem Artikel aus dem Jahr 2015 beschäftigen sich Shove et al. (2012a) mit dem Wirkungsspiel zwischen Infrastrukturen und Praktiken – dem Wirken von Infrastrukturen auf soziale Praktiken bzw. von Planungspraktiken auf Infrastrukturen. Städtische Infrastrukturen stehen seit vielen Jahrzenten im Mittelpunkt wissenschaftlicher Arbeiten, um das Wirken von politischen Planungsentscheidungen – materialisiert durch Bauwerke – auf gesellschaftliche Entwicklungen – z. B. soziale Praktiken, Denkweisen oder das Sicherheitsgefühl in Städten – zu verdeutlichen (McFarlane und Rutherford, 2008; Haarstad, 2016). Dabei stehen vor allem Verkehrsinfrastrukturen in der Kritik, die Zersiedelung des Raums zu begünstigen und damit auch soziale Ausgrenzung zu fördern (Winner, 1980; Kunstler, 1994; Lennon, 2015). Shove et al. (2012a) verdeutlichen, dass Materialität in ihrem Praktikenmodell mehr repräsentiert als ein *Ding*: Vielmehr wird Materialität als der Praktik inhärent angesehen, also als Teil der Praktik (vgl. hierzu Kapitel 2.2.1 und Abbildung 7). Wenn es um die Wechselwirkungen von Praktiken und Infrastrukturen geht, geht es jedoch nicht um die der Praktik innewohnende Materialität, sondern um die nebeneinander bestehenden Materialitäten von denen die Funktionsweise des Objekts abhängt. Deswegen verweisen die Autor:innen auf Schatzkis (2010a) Material-Anordnungen (oder Material-Arrangements), um komplexe Infrastruktursysteme, wie z. B. das Straßennetz, zu konzeptualisieren. Praktiken und Material-Arrangements werden zu unterscheidbaren Untersuchungsgegenständen – auch wenn das Material-Arrangement bei Schatzki (2010a) nicht näher charakterisiert wird, sondern einer Blackbox ähnelt, die als Gesamtes oder Block auf die Praktik wirkt.

Shove et al. (2015) charakterisieren Infrastrukturen durch fünf Merkmale, die auch erklären warum soziale Praktiken, die mit Infrastrukturen verwoben sind, schwerfälliger zu verändern sind.

- Infrastrukturen verbinden in der Regel (z. B. ein Brückenbauwerk).
- Infrastrukturen wirken auf verschiedene soziale Praktiken (eine Straße wird z. B. von Auto- und Fahrradfahrern, aber auch Fußgängern benutzt).
- Infrastrukturen wirken auf das Kollektiv (eine Brücke wird von vielen Menschen tagtäglich benutzt).
- Infrastrukturen sind starr/unbeweglich (das Verlegen einer Brücke ist aufwändig).
- Infrastrukturen wirken im Hintergrund (das Fehlen einer Brücke erzeugt meist mehr Diskussion als ihr Vorhandensein).

Shove et al. (2015: 282) sehen Infrastrukturen trotz ihrer Unbeweglichkeit nicht als statisch an, sondern als Wegbereiter und Auslöser dynamischer Prozesse. Laak (2018: 24) definiert eine Infrastruktur als „alles Stabile, das notwendig ist, um Mobilität und einen Austausch von Menschen, Gütern und Ideen zu ermöglichen." Als klassische Infrastrukturen gelten Verkehrsnetze und Entsorgungseinrichtungen – ebenfalls dazu gezählt werden aber auch das Kommunikationsnetz, das Bildungs- und Gesundheitswesen sowie die Rechts- und Sozialordnung. Alle diese Einrichtungen sind aus ökonomischer Sicht investitionsintensiv, sie haben eine lange Kapitalbindung und eine lange Lebensdauer. Die Veränderung einer solchen infrastrukturellen Materialität ist deshalb häufig von vielen Faktoren abhängig (z. B. wie groß ist der durch solch eine Veränderung geschaffene gesellschaftliche Nutzen – oder Beeinträchtigung) und kann externe Effekte haben (z. B. Veränderung der Grundstücks- und Immobilienpreise durch steigende oder sinkende Attraktivität im Falle des Baus bzw. der Umlegung einer Straße).

Shove et al. (2015) betrachten Methoden der Planung von z. B. Infrastrukturprojekten, genauso wie politische Entscheidungsprozesse, als eigenständige Praktiken. In der Literatur werden diese *nicht-alltäglichen* Praktiken in der Regel getrennt von den Alltagspraktiken diskutiert – sicherlich auch, weil sich praxeologische Arbeiten zu Arbeitspraktiken (in Abgrenzung zu Alltagspraktiken[39]) perspektivisch unterscheiden und sich vor allem mit Wissen, Materialität, Ethik und Politik beschäftigen (Erden et al., 2014). Trotzdem sind es nicht die Machtträger, z. B. Planer und politische Entscheidungsträger, denen die alleinige Gestaltungsgewalt von *nicht-alltäglichen* Praktiken zugeschrieben wird (Shove et al., 2015). Denn das bloße Vorhandensein einer Infrastruktur bedeutet noch nicht ihre automatische Verwobenheit mit sozialen Praktiken (Schatzki, 2010a), worauf viele empirische Arbeiten hinweisen, u.a. im Bereich der sanften Mobilität (z. B. öffentlicher Transport, Fahrradwege). Auf die Circular Economy-Praktiken wirkende Materialität wird in Kapitel 6.2.3 näher eingegangen, um deren Abgrenzung zu konventionellen Praktiken in Unternehmen zu verdeutlichen. In vielen Studien wird außerdem verdeutlicht, dass es für den potentiellen Transfer von (nachhaltigen) Praktiken auf die Träger einer Praktik ankommt. Ihre Persönlichkeit und ihr Engagement sind maßgebend für Wandelprozesse, wie das folgende Kapitel zeigen wird.

2.2.5 Alternative Praktiken in Unternehmen

Wenn es um die Untersuchung von Praktiken in Unternehmen geht, sind für das vorliegende Forschungsvorhaben vor allem die Arbeiten von Bedeutung, die sich mit dem Thema Nachhaltigkeit beschäftigen, z. B. mit umweltfreundlichen und sozialverträglichen Unternehmenspraktiken, der Finanzierung von alternativen Geschäftsmodellen und Arbeitszusammenschlüssen (z. B. in Clustern oder zum Wissenstransfer). Diese Themenbereiche werden in der Literaturübersicht von Jones (2014) zu Praktikenforschung in der Wirtschaftsgeographie nicht umspannt, werden aber in der disziplinären Nachhaltigkeitsforschung viel diskutiert (z. B. unter dem Schlagwort alternatives Wirtschaften/alternative economies).

---

39 Zu den alltäglichen Praktiken zählen alle Praktiken, die unabhängig von der Arbeit sind, wie Zähneputzen, Abwaschen, Autofahren, Einkaufen. Dass diese Abgrenzung unscharf ist, wird deutlich, wenn das Fahren mit dem Auto zur Arbeitstätigkeit gehört und/oder ein Geschäftswagen zur Verfügung gestellt wird. In diesen Fällen kommt es zu einer Überlappung alltäglicher und beruflicher Praktiken.

Jarzabkowski und Wilson (2002) schreiben, dass sich die Praktiken in Unternehmen, also das, was Menschen tatsächlich tun, erheblich von den Unternehmensregeln und -vorschriften sowie den formalen Tätigkeitsprofilen unterscheiden können. In einem Artikel, der im Rahmen des CIRCULAR-Projektes erschienen ist, wurde dieses Thema ebenfalls angerissen (Schulz et al., 2019). Im Besonderen wurde dabei der einzelne Mitarbeiter als Agent bzw. Unternehmensakteur diskutiert, der durch sein eigenes Normen- und Wertesystem – oft unbeabsichtigt – Praktiken mit in die Organisation bringt, die zu neuen Institutionen führen und somit Kollegen beeinflussen können. Am Arbeitsplatz lernen sich unterschiedliche Menschen kennen, es kommt zu beruflichen und privaten Interaktionen zwischen ihnen, wodurch sich ihre Standpunkte, Denkweisen, Interessen und Handlungen gegenseitig beeinflussen können. Besonders in kleinen und mittelständischen Familienunternehmen kann man dies nach North (2015: 448) besonders häufig beobachten, da die Beziehungen zwischen den Eigentümern und den Mitarbeitern oft auch persönlicher Natur sind. North und Nurse (2014: 33) sprechen sogar von Katalysatoren, die sozio-technische Wandelprozesse stark beschleunigen können: Sie meinen damit einzelne Unternehmenseigentümer, die auf die eine oder andere Art bisher Unbekanntes (z. B. neue Informationen oder Technologien) für einen ganzen Sektor testen und validieren. Wenn ein Unternehmen beispielsweise seine Fahrzeugflotte umrüstet und nur noch elektrisch- und hybrid-motorisierte Wagen zur Verfügung stellt und er damit positive Erfahrungen macht, könnte das auch andere Unternehmen zur Umrüstung bewegen. Sogenannte grüne Unternehmer oder Ecopreneure, die Umweltbewusstsein mit unternehmerischem Handeln verbinden, können auf diese Weise eine Vorreiterrolle übernehmen und den Übergang zu einer kohlenstoffarmen Wirtschaft vorantreiben (O'Neill und Gibbs, 2014; 2016; Affolderbach und Krueger, 2017).

Nur einige wenige wissenschaftliche Publikationen untersuchen nachhaltige Praktiken in Unternehmen mit einem praktikentheoretischen Ansatz. In der Organisationsforschung sind Praktikentheorien zwar weit verbreitet (Geilinger et al., 2016), konzentrieren sich aber oft auf Bereiche, die (zumindest in den untersuchten Organisationen) keinen Bezug zur Circular Economy haben: das Koordinieren und Strukturieren von Arbeiten, Technologien im Arbeitsumfeld, Strategiebildung, die Transformation von Arbeitspraktiken (Erden et al., 2014). Diese Arbeiten heben unter anderem die Bedeutsamkeit der Materialität für Arbeitspraktiken hervor, sowohl von Trägern einer Praktik (auch *Praktiker* genannt) als auch von *Dingen* (wie z. B. Technologien), deren ganzes Potential noch nicht wissenschaftlich erfasst worden ist (Vaara und Whittington, 2012). Außerhalb der Organisationsforschung konzentrieren sich viele empirische

Untersuchungen auf alltägliche Praktiken, wie das Autofahren, Zähneputzen oder Wäschewaschen. An diesen Beispielen zeigen sich kulturelle Unterschiede, auch aufgrund heterogen verfügbarer Materialität, die auch in einem beruflichen Kontext relevant sein können. Vor allem werden in diesen Studien aber energiepolitische Maßnahmen zur Reduzierung der Luftverschmutzung untersucht, wie z. B. in Shove und Walker (2010). Lediglich in einer Veröffentlichung aus dem Jahr 2011 diskutiert Hargreaves umweltbewusstes Verhalten in einem englischen Bauunternehmen unter praxeologischen Gesichtspunkten. In dieser Studie begleiten die Forscher den gesamten Prozess der Arbeitsgruppe innerhalb des Unternehmens, von der Ideenentwicklung bis zur Umsetzung ressourceneinsparender Maßnahmen. Hargreaves hebt am Ende des Artikels drei Punkte hervor:

- Praktiken sind so stark miteinander verwoben, dass der Untersuchungsrahmen einzelner Praktiken am Arbeitsplatz losgelöst von Praktiken aus anderen Lebensbereichen möglicherweise zu eng gefasst ist.
- Es sind die Machtverhältnisse und die *Communities of Practice,* die Praktiken am Arbeitsplatz immer wieder neu verhandeln, sie somit auch stabilisieren und verändern.
- Die Persönlichkeit und die Erfahrungen einer Person beeinflussen maßgeblich seine Praktiken, auch, ob er zum Träger neuer Praktiken wird oder nicht.

Wie richtungsweisend einzelne Personen für die Circular Economy in Luxemburg sind wird in Kapitel 5.1.2 herausgearbeitet und in Kapitel 6.4. aus einer praxeologischen Perspektive diskutiert. Hierfür werden die in den vorangegangenen Kapiteln aufgezeigten Elemente, Faktoren und Mechanismen, die einen maßgeblichen Einfluss auf Praktiken haben (können) – Institutionen, Materialität, Menschen – herangezogen. Zuvor werden allerdings erst einmal einige Kritiken an Praktikentheorien und praxeologischer Forschung angesprochen. Aufbauend auf dieser umfassenden Literaturübersicht wird schließlich die Einbindung der praxeologischen Perspektive in das vorliegende Forschungsvorhaben erörtert.

2.2.6 Eine kritische Auseinandersetzung mit praxistheoretischer Forschung

Kritische Ausführungen zu den Praktikentheorien beginnen in der Regel mit epistemologischen Aspekten. Als erstes werden die unscharfen Abgrenzungsmerkmale des Praktikenbegriffs zu anderen Konzepten aufgeführt, wie z. B. zu Institutionen, Konventionen und sozialen Beziehungen (Jones und Murphy,

2011), die in der Wirtschaftsgeographie bereits fest verankert sind (z. B. in der relationalen oder der institutionellen Wirtschaftsgeographie). Eine weitere epistemologische Schwäche für die Wirtschaftsgeographie ist, dass die Praktikenforschung auf der Mikroebene angesiedelt ist, obwohl die disziplinären Ansätze multi-paradigmatisch sind (Ahamer, 2013: 231) und auch Phänomene höherer Ordnung auf der Makroebene von Forschungsrelevanz sind. Zudem besteht die Gefahr, dass die bei der Strukturierung wirtschaftlicher Aktivitäten so maßgebenden Machtverhältnisse in der Betrachtung von Praktiken nicht sichtbar werden. Dies ist für viele Wirtschaftsgeographen wenig überzeugend, vor allem vor dem Hintergrund einer flachen Ontologie, die eine Überwindung der skalaren Perspektive anstrebt. Nach wie vor ist skalares Denken und Interpretieren fest verankert in der Wirtschaftsgeographie – regionale Unterschiede werden gerne durch Größenunterschiede oder durch politische und finanzielle Zuwendungen, die mit der Untersuchungsebene zusammenhängen (z. B. lokal, national, global), erklärt. Hinzu kommt auch der alltagssprachliche Gebrauch der Begriffe Praxis und Praktik(en), wodurch die Unterscheidung zwischen einem alltäglichen bzw. konzeptuellen Gebrauch der Begriffe erschwert wird (Jones und Murphy, 2011; Schulz et al., 2019).

Einige Kritikpunkte aus der Institutionen-Forschung (Glückler und Lenz, 2016) sind ebenfalls relevant für die Praktikenforschung. Beiden Begriffen, *Institutionen* und *Praktiken*, steht eine Bedeutungsvielfalt gegenüber, die dazu führen kann, dass es zu unterschiedlichen Verständnissen im Forschungsdesign kommt. Ein transparenter Umgang mit den Begriffen und ihrer Bedeutung ist demzufolge notwendig. Bisher führte die heterogene Verwendung des Konzepts dazu, dass es keinen einheitlichen praktikentheoretischen Forschungsrahmen gibt – sondern von Praktikentheorien in der Mehrzahl gesprochen wird – vor allem in der Wirtschaftsgeographie (Wiemann et al., 2019). Jones (2014: 612) schreibt von drei besonders relevanten Herausforderungen, mit denen sich die Praktiken orientierte relationale Wirtschaftsgeographie auseinanderzusetzen hat – und denen sie besondere Aufmerksamkeit in ihrem Forschungsrahmen einräumen, der in Kapitel 2.2.2 vorgestellt wurde (vgl. Abbildung 10):

- Praktiken müssen untereinander abgrenzbar sein und für sozioökonomische Phänomene größerer Ordnung verantwortlich sein bzw. diese vorantreiben.
- Praktiken, die maßgebliche Auswirkungen auf sozioökonomische Entwicklungen haben, müssen abgrenzbar sein.
- Eine wirtschaftsgeographische Rezeption der Praktikentheorien sollte Verallgemeinerungen wirtschaftlicher Entwicklungen im Raum ermöglichen.

Da der Großteil der theoretischen Arbeiten zu Praktiken außerhalb der Geographie entstanden, ist es nicht verwunderlich, dass die geographische Dimension in der Praktikenforschung bisher vernachlässigt wurde. Die Konzeptualisierungen des Raums in praxisorientierten theoretischen Ansätzen können als eher konventionell bezeichnet werden und werden den nuancierten Debatten innerhalb der Humangeographie zu Ort und Raum, Zeit und Raum sowie Mehrebenenbetrachtungen (oder Multiskalarität) nicht gerecht (Schulz et al., 2019). Eine der offenen Fragen ist z. B. die räumliche Komponente von Praktiken: Sind Praktiken räumlich gebunden bzw. eingebettet und welche Konsequenzen entstehen daraus? Schulz et al. (2019) beschäftigen sich in ihrem Artikel mit der räumlichen Dimension von Praktiken und schlagen einen Untersuchungsrahmen vor, der sowohl theoretische wie auch methodologische Elemente aus der Institutionen- und der Praktikenforschung verbindet. Dieser Forschungsrahmen ist darauf ausgelegt, regional spezifische Institutionen sowie interregionale Unterschiede in Praktiken herauszuarbeiten.

Bei der Anwendung von Praktikentheorien zur Untersuchung von wirtschaftlichen Aktivitäten stellen sich methodische und erkenntnistheoretische Herausforderungen (Schulz et al., 2019). Eine empirische Untersuchung komplexer gesellschaftlicher Phänomene kann schnell zu einem aufwändigen Forschungsdesign führen. Wenn der Anspruch verfolgt wird, Praktiken als Performance und als Entität zu untersuchen, müssen verschiedene Methoden der Datenerfassung wiederholt über einen längeren Zeitraum eingesetzt werden, bspw. Beobachtungen gekoppelt mit Befragungen (Interviews, Fragebögen) und Dokumentenauswertungen. Der Aufwand in der Erfassung, Aufbereitung und Auswertung der Daten kann schnell einen Umfang erreichen, der den Finanz- und Zeitrahmen einer Forschungsarbeit überschreitet. Vorgehensweisen, die den konventionellen Rahmen bei der Datenverarbeitung verlassen, können dabei pragmatische Lösungen darstellen. Jackson und Mazzei (2012) bieten in ihrem Buch Thinking with Theory solch einen von der etablierten Vorgehensweise abweichenden Ansatz an. Sie veranschaulichen wie ein Lesen von Interviews mit einem theoretischen Rahmen im Hinterkopf das Kodieren ersetzt und dadurch ein Fragmentieren und *aus dem Kontext Nehmen* von Aussagen vermeidet (Jackson und Mazzei, 2012). Aus erkenntnistheoretischer Sicht, schreiben Schulz et al. (2019), kann das uneinheitliche Verständnis des Praktikenbegriffs zu Missverständnissen führen. In der wissenschaftlichen Literatur reichen die Ansätze von wörtlichen Auslegungen der einschlägigen Theoretiker (z. B. Schatzki und Reckwitz) über die vereinfachten Praktikenmodelle

(z. B. Shove, 2012a und Warde, 2005) bis hin zu Verwendungen, die synonym für Handlungen oder Verhalten stehen. Die Autor:innen sehen in den unterschiedlichen Auslegungen des Praktikenbegriffs die Gefahr einer Verwässerung des Konzepts miteinhergehendem Verlust seiner Aussagekraft (z. B. Reduzierung einer Praktik als Performance).

In einer der rezentesten Buchveröffentlichungen zu Praktikenforschung in der Geographie – dem *Handbuch Praktiken und Raum. Humangeographie nach dem Practice Turn* – schreiben die Wissenschaftler von Grenzen praktikentheoretischer Forschungsdesigns, u.a. in der Darstellung von gesellschaftlichem Wandel (Everts, 2019: 167) oder von Machtverhältnissen (Dünckmann et al., 2019; Geiselhart et al., 2019). Diese Kritik sollte jedoch nicht als grundsätzliche Grenze des theoretischen Ansatzes verstanden werden, sondern eher als eine Einladung, praxistheoretische Ansätze diesbezüglich zu schärfen.

Für das vorliegende Forschungsvorhaben leiten sich aus den vorweg beschriebenen Kritiken einige Herausforderungen ab. Die offensichtlichste ist dabei sicherlich, das heterogene Verständnis von Praktiken in den beiden in dieser Arbeit zusammengeführten Literatursträngen. Da bisher keine Veröffentlichungen zu Themen der Circular Economy mit einer praxeologischen Perspektive außerhalb des CIRCULAR-Projektes vorliegen (Schulz et al., 2019; Hjaltadóttir und Hild, 2021), ist davon auszugehen, dass in Artikeln über Circular Economy-Praktiken kein praktikentheoretisches Verständnis einer Praktik zugrunde liegt. Ein ähnlich heterogenes Verständnis von Praktiken wird sich sicherlich auch in den durchgeführten Interviews darstellen. Diese Heterogenität ist kein grundsätzliches Problem, sofern sie bei der Darstellung und Interpretation der Daten berücksichtigt wird. Aufbauend auf dem vorherigen Punkt, stellt sich in der Abgrenzung einzelner Praktiken, die das Phänomen der Circular Economy maßgeblich prägen, beeinflussen oder vorantreiben, eine wissenschaftliche Herausforderung. Unter Umständen ist die Circular Economy in Luxemburg noch kein beobachtbares (gesellschaftliches und/oder wirtschaftliches) Phänomen, da es sich vor allem um ein politisches Programm handelt (vgl. Kapitel 4.1.1). Die Abgrenzung von Praktiken, die maßgebliche Auswirkungen auf die sozioökonomischen Entwicklungen bzw. Wandelprozesse von einer *Linear* Economy zu einer *Circular* Economy haben, ist vielleicht nicht ohne das Heranziehen anderer Konzepte möglich. Auch für die Darstellung der für Luxemburg spezifischen Circular Economy-Dimensionen wird die praktikentheoretische Perspektive mit einer institutionell-wirtschaftsgeographischen Perspektive gekreuzt – wie es im folgenden Kapitel 2.2.7 erörtert wird.

2.2.7 Die Einbindung von Praxistheorien in dieser Arbeit

Aufbauend auf der in den vorherigen Kapiteln vorgestellten wissenschaftlichen Literaturübersicht, verknüpft das vorliegende Forschungsvorhaben konventionelle theoretische Ansätze der Wirtschaftsgeographie mit einer praxeologischen Perspektive. Für die Forschungsfragen besonders relevant sind dabei Schwerpunkte aus der relationalen und institutionellen Wirtschaftsgeographie, die sich respektiv vor allem mit den Beziehungen zwischen den Wirtschaftsakteuren und den Einflüssen formeller und informeller Institutionen auf Wirtschaftsaktivitäten und -beziehungen und deren räumliche Wirkung beschäftigen. So wird der besondere Untersuchungsgegenstand der Praktik in dieser Arbeit als Manifestierung von Handlungsfähigkeit (*agency*) genutzt, um die Wirkung von Institutionen und anderen traditionellen Schwerpunkten in der Wirtschaftsgeographie (wie z. B. Strukturen und Netzwerke) in einer räumlichen Perspektive zu beleuchten.

Aufgrund der bestehenden Vielfalt praktikentheoretischer Ansätze in der Wirtschaftsgeographie orientiert sich das Verständnis einer Praktik (bzw. eines praktikenorientierten Forschungsrahmens) in dieser Arbeit nicht an einem bestimmten Literaturstrang. Vielmehr wird eine Herangehensweise verfolgt, die sich vor allem an den konzeptuellen Arbeiten von Reckwitz (2002, 2003), Schatzki (2002, 2010a) und Shove (Shove et al., 2012a; Shove, 2014) ausrichtet. Das begriffliche Verständnis der Kernbegriffe – Praktik, Institutionen, Materialität, Praktiken-Bündel, Material-Arrangements – wurde bereits in einem wissenschaftlichen Artikel veröffentlicht, der aus dem CIRCULAR-Projekt hervorging, und dem sich auch diese Arbeit anschließt (Schulz et al., 2019: 3):

- Unter einer **Praktik** ist mehr zu verstehen als die individuelle Handlung eines Einzelnen. Eine Praktik charakterisiert sich vor allem durch *doings and sayings* einer größeren Gruppe von Akteuren – einem Handeln nach gemeinschaftlichen Regeln und Werten, denen ein geteiltes Verständnis zugrunde liegt. Beobachtbar ist, dass es ein Zusammenspiel gibt zwischen den ausgeführten Handlungen und der Art und Weise wie man über sie spricht.
- Durch diese Praktiken bilden sich soziale **Institutionen** (Werte, Normen, Gewohnheiten, Konventionen, Spielregeln), die eine transformative Kraft besitzen und z. B. zu einer Änderung von Routinen führen können.
- Ein wesentlicher Bestandteil von Praktiken, und somit auch von transformativen Prozessen, liegt in den zur Verfügung stehenden Materialien (Infrastrukturen, Werkzeuge, Artefakte, Arbeitskräfte). Diese **Materialität** (oder materielle Dimension) des Sozialen ermöglicht die Verflechtung einzelner Praktiken zu Bündeln.

- **Praktiken-Bündel** (Zusammenspiel verschiedener Praktiken) und **Material-Arrangements** (Zusammenspiel verschiedener Materialitäten, wie Infrastrukturen, Werkzeuge, Artefakte, Arbeitskräfte) können sich überlappen und miteinanderverweben, sodass einzelne Träger einer Praktik konstituierende Elemente verschiedener Bündel sind.

Alle genannten Elemente verinnerlichen eine räumliche Dimension. Praktiken, Praktiken-Bündel, Institutionen, Materialität und Material-Arrangements sind kontextspezifisch – da sie von einem Kontext zum anderen variieren können. Praktiken der Begrüßung zum Beispiel sind unterschiedlich je nachdem ob man sich in einer geschäftlichen oder einer privaten Situation und auch je nachdem in welchem Land oder Kulturkreis man sich befindet – zudem spielen auch noch andere Faktoren eine Rolle wie z. B. Geschlecht, Alter, Tageszeit, soziale Stellung und Institutionen. Praktiken, Institutionen und Materialität stehen dabei sogar in einem räumlichen Verhältnis zueinander und stabilisieren und formen sich gegenseitig – bis hin zum Verschwinden einer Praktik. Infrastrukturen beeinflussen beispielsweise die Mobilitätsmuster der Anwohner oder Mitarbeiter – entweder durch ihr Vorhandensein oder ihre Abwesenheit. Gibt es in einem neuen Geschäftsquartier z. B. nur eine sehr geringe Anzahl an Parkplätzen, werden die Mitarbeiter der dort ansässigen Unternehmen entweder Fahrgemeinschaften bilden, wenn es keine öffentlichen Angebote gibt oder mit dem Fahrrad, Bus, Zug oder der Tram zur Arbeit kommen. Diese Verhaltensmuster und -routinen wiederum führen zu Materialflüssen und Umweltauswirkungen, die im Gegenzug andere Praktiken beeinflussen. Kommt es am Morgen beispielsweise zu einem hohen Verkehrsaufkommen durch Privatfahrzeuge, werden einige Arbeitnehmer ihre Arbeitszeiten verändern oder das Verkehrsmittel wechseln, einen Mundschutz tragen, wenn sie an den stehenden Autos vorbeigehen oder von zu Hause arbeiten, wenn das die formalen Institutionen, wie z. B. Unternehmens- und/oder Steuerpolitik, zulassen.

2.3. SYNTHETISIERUNG DES FORSCHUNGSANSATZES

Das vorliegende Forschungsvorhaben beschäftigt sich mit der Circular Economy in Luxemburg aus dem Blickwinkel der Praktiken verschiedener Akteure. Nachdem bereits im Einzelnen auf die Forschungsperspektiven der Circular Economy und der Praktikentheorien eingegangen wurde, erfolgt in diesem Kapitel ihre Zusammenführung zu einem kohärenten Forschungsansatz. Im Mittelpunkt steht dabei die Konzeptualisierung von Circular

Economy-Praktiken und ihrem Verhalten in Raum und Zeit, also ihre räumliche Stabilisierung, Verhandlung und Veränderung.

In beiden Forschungsbereichen, Circular Economy wie auch Praktikenforschung, besteht ein heterogenes Verständnis der Konzepte Circular Economy und Praktiken. Beide Konzepte leiden sowohl darunter, dass es zu eingeschränkte, aber auch zu weitgefasste Begriffsverständnisse gibt – in der Alltagssprache, wie auch in der wissenschaftlichen Literatur. Deshalb wird das konzeptuelle Verständnis von Circular Economy-Praktiken für diese Arbeit explizit skizziert.

- Die **Circular Economy** wird als ein Wirtschaftssystem verstanden, das zu einer nachhaltigen Entwicklung beiträgt und dementsprechend multidimensional verankert ist, z. B. in Praktiken, der Gesellschaft, in technischen Lösungen, im Schutz der Umwelt, in Institutionen, in der Politik.
- **Circular Economy-Praktiken** tragen zu einer nachhaltigen Entwicklung bei und stehen im Einklang mit den Prinzipien einer Circular Economy, die je nach Kontext variieren können – vor allem in den Schwerpunkten –, sich aber in der Regel auf das Reduzieren, Wiederverwenden, Recyceln und Zurückgewinnen von Materialien in Produktions-, Vertriebs- und Verbrauchsprozessen konzentrieren.

Im Mittelpunkt der Untersuchungen in dieser Arbeit stehen die Praktiken der Bau- und Automobilzulieferindustrien. Praktiken sind Manifestierungen des Sozialen, die einen beobachtbaren und einen inhärenten Teil haben. Beobachtbar ist das Verhalten der Menschen, das wiederum durch verschiedene Faktoren beeinflusst wird, u.a. Institutionen, Materialität, Strukturen, Kompetenzen, Wissen, Bildung und die Ziele einer Person – und die den inhärenten bzw. den nicht-sichtbaren Bereich einer Praktik ausmachen. Durch ein qualitatives Forschungsdesign, das hauptsächlich mit Daten aus Dokumenten und Befragungen arbeitet (siehe hierzu im Detail Kapitel 3), werden vor allem die Unternehmenspraktiken untersucht werden, die zu einer Circular Economy und einer nachhaltigen Entwicklung beitragen. Von besonderem Interesse sind dabei die Faktoren, die einen Einfluss auf die Unternehmenspraktiken haben, wie z. B. Institutionen, Politik, Materialität, Mitarbeiter (Träger von Praktiken).

Formale und informelle Institutionen gelten in der Wirtschaftsgeographie als maßgebend, um Wirtschaftsaktivitäten, Standorte und Beziehungen zwischen Akteuren zu untersuchen, zu vergleichen oder in Bezug auf ihre Resilienz oder Nachhaltigkeit zu bewerten. Regionale Unterschiede und Wandelprozesse unterschiedlicher Art können durch eine institutionelle Perspektive dargestellt werden, z. B. der Übergang einer Wirtschaft von einer linearen zu einer zirkulären Funktionsweise. North (1990) bezeichnet Institutionen als die Spielregeln des Sozialen bzw. des gesellschaftlichen Lebens, wobei der formale Teil die Gesetze, Regeln und formalisierten Bestimmungen und der informelle Teil die impliziten Regeln einer Gruppe oder Gemeinschaft umfasst.

In der vorliegenden Arbeit werden Institutionen als Moderatoren zwischen Praktiken und der normativen Ordnung angesehen, die sich gegenseitig stabilisieren, formen, verändern – aber auch beenden können (Glückler und Lenz, 2016; Schulz et al., 2019). Für den Untersuchungsgegenstand der Circular Economy bedeutet dies, dass die bestehenden (informellen) Institutionen sowohl die Politik als auch die Praktiken für eine Circular Economy entscheidend beeinflussen (vgl. Abbildung 13).

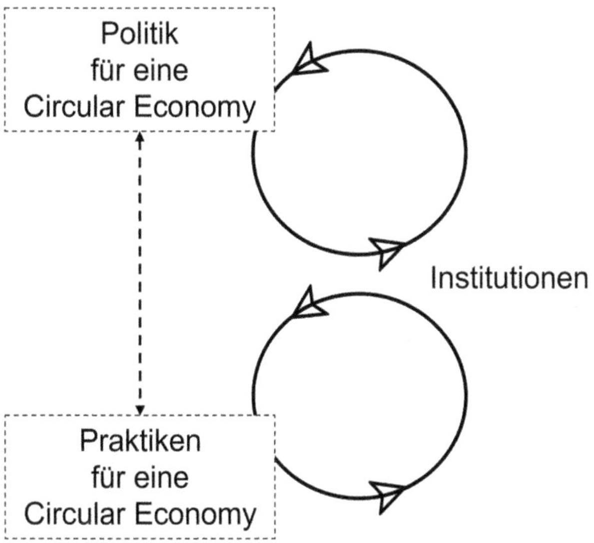

Abbildung 13: Untersuchungsrahmen für eine Circular Economy: Praktiken, Institutionen und Politik – frei nach Schulz et al. (2019: 4) & Glückler und Lenz (2016: 263)

Der Untersuchungsrahmen für eine Circular Economy in Abbildung 13 wird herangezogen, um Unternehmenspraktiken der Bau- und Automobilindustrien in Luxemburg zu betrachten, die durch Institutionen und die Politik beeinflusst werden. Dabei werden Praktiken in Anlehnung an Schulz et al. (2019) als ein Zusammenspiel von sayings, doings und materiality bzw.

Logiken, Handlungen und Materialität konzeptualisiert. Für die Untersuchung und Charakterisierung von Circular Economy-Praktiken in Luxemburg stellen sich damit folgende Fragen, die respektiv die Logiken (sayings), Handlungen (doings) und Materialität (materiality) abdecken:

- Wie wird die Circular Economy in Luxemburg mündlich und schriftlich dargestellt?
- Wie wird die Circular Economy in Luxemburg durch standardisierte Prozesse, Verfahren und Routinen gefördert?
- Wie wirken Infrastrukturen, politische Maßnahmen, Werkzeuge, Vorschriften, Richtlinien und Ressourcenverfügbarkeit (z. B. von Arbeitskräften oder Rohstoffen) auf die Circular Economy in Luxemburg?

Dieser Untersuchungsrahmen wurde bereits im Rahmen des CIRCULAR-Projekts für die Charakterisierung von zirkulären Praktiken im Bauwesen genutzt und im Hinblick auf die Untersuchungsräume Luxemburg und die Provinz Västra Götalands in Schweden diskutiert (Hjaltadóttir und Hild, 2021). Das Heranzoomen an die einzelnen Dimensionen einer Praktik und das Herauszoomen auf ihre Beziehungen in Raum und Zeit (Nicolini, 2012: 213) macht soziale (und damit auch wirtschaftliche) Phänomene nicht nur als Konstellationen unterschiedlicher Praktiken-Bündel begreifbar, sondern auch als Prozesse, die soziale und wirtschaftliche Praktiken in Raum und Zeit produzieren (Wiemann et al., 2019: 306). Was dies für die Theoretisierung von Circular Economy-Praktiken in Luxemburg bedeutet, wird ausführlich in Kapitel 6.1.2 diskutiert.

Neben konzeptionellen Herausforderungen stellen sich durch den praktikentheoretischen Forschungsansatz auch methodologische und methodische Fragen, die ausführlich im folgenden Kapitel 3. erörtert werden, respektiv in den Kapiteln 3.1. und 3.2. Kapitel 3.3. diskutiert im Anschluss potentiell lenkende Wirkungen auf das Forschungsvorhaben und Kapitel 3.4. schließt mit einer zusammenfassenden Übersicht des Forschungsdesigns unter Berücksichtigung des Untersuchungsfokus, des Untersuchungsmaterials und des empirischen Vorgehens (vgl. Tabelle 11).

3. DAS FORSCHUNGSDESIGN

Der theoretische Rahmen und die sensibilisierenden Konzepte, die dem vorliegenden Forschungsvorhaben zugrunde liegen wurden in Kapitel 1.3. vorgestellt und diskutiert. In dem nun folgenden dritten Kapitel wird das Forschungsdesign präsentiert. Es beinhaltet eine ausführliche Darlegung der Methodologie und der angewandten Methoden, die genutzt wurden, um die Circular Economy in Luxemburg aus dem Blickwinkel (der Praktiken) verschiedener Akteure zu erfassen. Wie diese Multiperspektivität im Detail berücksichtigt wurde, zeigen die methodologischen Überlegungen in Kapitel 3.1. Im Anschluss werden die methodischen Umsetzungen zur Datenerfassung, Datenerhebung und Datenanalyse in Kapitel 3.2. erläutert. Abschließend werden in Kapitel 3.3. verschiedene Aspekte kritisch diskutiert, die lenkend auf das Forschungsvorhaben wirken können und in Kapitel 3.4. das Forschungsdesign in einer Synthese zusammengefasst.

3.1. METHODOLOGISCHE GRUNDLAGEN

In diesem Kapitel werden die Überlegungen zusammengefasst, die zum Forschungsdesign der vorliegenden Arbeit führten. Dieses Nachdenken über den Weg wie aus einer Problemstellung ein Konzept zur Produktion von wissenschaftlichen Ergebnissen entstehen kann, war ein iterativer Prozess. Dabei wurden die Forschungsfragen durch die Linse verschiedener Theorien und Disziplinen (Perspektiven) betrachtet und mit potentiellen Forschungsmethoden kombiniert (Abbildung 14). Am Ende entstand ein Forschungsdesign, das Daten nutzt und produziert, die eine Bearbeitung der Forschungsfragen und Forschungsziele ermöglichen.

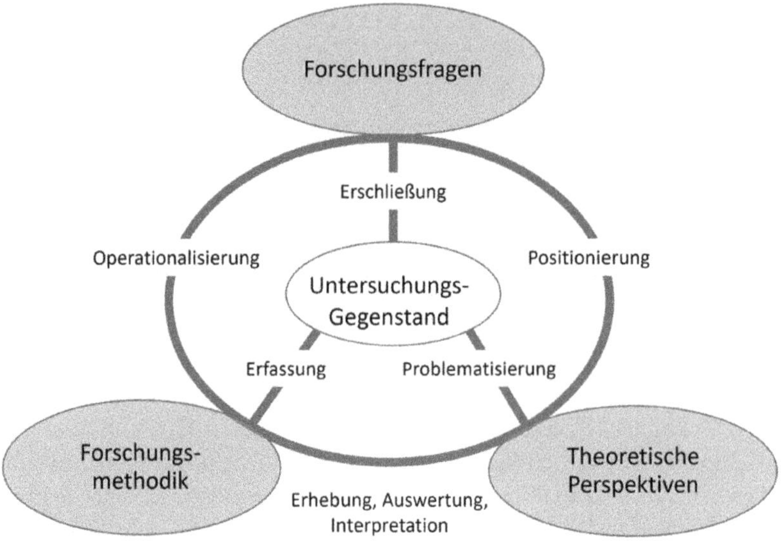

Abbildung 14: Abstrahierte Grundstruktur eines Forschungsdesigns, angepasste Darstellung nach Hoffmann (2018: 143)

In dieser Arbeit liegt der Ausgangspunkt der Auseinandersetzung mit der Circular Economy als Forschungsgegenstand in der politischen Relevanz der Thematik in der Welt, Europa und Luxemburg (siehe auch Kapitel 1.2.1). Das Bestreben der luxemburgischen Regierung, die Wirtschaft von einer linearen zu einer zirkulären Funktionsweise zu entwickeln ist aus verschiedenen Blickwinkeln von Interesse. Die Auseinandersetzung mit der wissenschaftlichen Literatur zur Circular Economy in Kapitel 2.1. macht deutlich, dass eine Circular Economy nur dann (potentiell) zu einer Nachhaltigkeitstransition beitragen kann, wenn sie multidimensional verankert ist sowie innerhalb der biophysikalischen Grenzen der Erde funktioniert (vgl. für die Details Kapitel 2.1.6). Besonders auffällig ist, dass die sozialen bzw. gesellschaftlichen Vorteile einer Circular Economy im Gegensatz zu wirtschaftlichen und technischen Vorzügen deutlich seltener wissenschaftlich untersucht werden. Die Verankerung der Circular Economy im Sozialen gilt als nahezu unerforscht. Um diese Lücke zu schließen, bieten die Theorien sozialer Praktiken vielversprechende Ansätze.

Die Praktik als zentrale konzeptionelle Untersuchungseinheit, wie sie in Kapitel 2.2.1 diskutiert wird, wirft ganz unterschiedliche wissenschaftliche Fragen auf. Die Wahl der Methoden hängt davon ab, welche dieser Forschungsfragen aufgegriffen und verfolgt werden (vgl. Kapitel 2.2.2 bis 2.2.5). Die Anwendung der Praktikentheorien ist daher nicht direkt an bestimmte Methoden gebunden, die Wahl der Methode hängt vielmehr von der spezifischen Forschungsfrage ab.

Viele Autor:innen sehen in ethnographischen Forschungsmethoden, vor allem in der Beobachtung von Teilnehmern, die naheliegendste Möglichkeit, soziale Praktiken zu erforschen – unter ihnen sind auch Geographen (Maus, 2015b; Doerr, 2019; Schmid, 2020). Schmidt und Volbers (2011: 420) erklären diese Vorliebe für das Beobachtbare mit dem öffentlichen Charakter sozialer Praktiken, der durch ihre Sichtbarkeit entsteht – von Schatzki als *Praktik als Performance* bezeichnet (vgl. Kapitel 2.2.1). Maus (2015b) nutzte beispielsweise in seiner Doktorarbeit einen breitgefächerten ethnographischen Ansatz aus narrativen Interviews, Teilnehmerbeobachtungen, Ethnographien von Internetforen, Fokusgruppendiskussionen und Dokumentenanalysen, um Erinnerungspraktiken an den zweiten Weltkrieg zu rekonstruieren (Maus, 2015a). Doerr (2019: 199) baut die Rekonstruktion der Energiewende des luxemburgischen Dorfes Beckerich hauptsächlich auf Interviews auf: Beobachtungen dienen ihm als eine ergänzende Methode. Beobachtungen nutzt er in Anlehnung an Gray (2009), um ein besseres Gefühl für die Kultur der Entscheidungsfindung und der Beziehungen zwischen den Teilnehmern der Initiativen zu entwickeln, die für ihn den Motor der Transition im ländlichen Raum darstellen. Beobachtungen ermöglichen dem Forscher, schreibt Schmid (2020: 14), das „Stille" der menschlichen Tätigkeit zu erfassen, wie er es nennt, den unbewussten, für selbstverständlich gehaltenen, routinierten Teil.

Shove schreibt 2017 in einem Blogeintrag, dass sich viele Autor:innen bei der Begründung der Datenerhebung durch Beobachtungen auf die Vorstellung einer flachen Ontologie berufen, die praxistheoretischer Forschung zugrunde liegt. Das Soziale findet demzufolge auf einer einzigen – oder auf gar keiner – Ebene statt. Auch für Schatzki (2016: 31) liegen die Elemente und Mechanismen, die zu einer Veränderung der Praktiken führen, nicht in einer höheren Ebene wie den sozialen Strukturen, Institutionen oder Machtverhältnissen begründet, die dann auf eine niedrigere Ebene wirken, z. B. die Handlungen und Interaktionen von Individuen. Durch die Abwesenheit von Kausalität zwischen den Ebenen, schreibt Schatzki weiter, bestehen „soziale Phänomene ausschließlich aus 1.) Handlungen und den mentalen Zuständen von Individuen und vielleicht noch 2.) aus Beziehungen zwischen Individuen" (Schatzki, 2016: 32). Praktiken werden nicht als ein Ergebnis sinnvoller Absichten angesehen, sondern als die komplexe Anordnung von Dingen, Körpern und physischen Aktivitäten (Schatzki, 2002). Röhl (2015) hält fest, dass vor allem die

Materialität des Sozialen, z. B. die Interaktion zwischen Mensch und Artefakt, nur durch Beobachtungen erfasst werden kann. Viele seiner Arbeiten zur Materialität beziehen sich auf den Schulunterricht und auf andere Lernkontexte, wie z. B. am Arbeitsplatz. In diesen Situationen werden aber nicht nur Praktiken, sondern auch Menschen beobachtet. Wenn jedoch das Studieren von Menschen nicht das eigentliche Untersuchungsobjekt ist, sondern die Praktiken, deren Träger sie sind, dann sollten auch Methoden, die Menschen als Informanten nutzen, um etwas über die Praktiken zu erfahren, angemessen sein.

Wie bereits angesprochen, liegt der Anstoß zu dem vorliegenden Promotionsvorhaben in der expliziten politischen Willensbekundung der luxemburgischen Regierung für eine Circular Economy (vgl. Kapitel 4.1.1). Die Praxistheorien bieten vielversprechende Ansätze für die Untersuchung der Wirksamkeit von Politiken, politischen Handlungsempfehlungen und Entscheidungen (Schulz et al., 2019). Gesetze und Richtlinien sind Elemente der sozialen Praxis und stellen aus der Sicht der Untersuchungseinheit einer Praktik die Materialisierung von Handlungen (doings) dar (Hjaltadóttir und Hild, 2021). Andere Autor:innen sprechen von Formen institutionalisierten Wissens (Gram-Hanssen, 2010), Regeln (Schatzki, 1996) oder Prozeduren (Warde, 2005), wenn es um die Formalisierung von Praktiken geht. In der Regel ist es die Rolle der öffentlichen Hand, deren Wirken auf das Konsumverhalten von Ressourcen, meist von fossilen Energieträgern, in einem breiteren Verständnis untersucht wird. Anhand dieser Beispiele wird verdeutlicht, wie staatliche Akteure den Zugang und die Verbreitung von Materialien, Kompetenzen und Bedeutungen beeinflussen (Shove, 2014). Gesetze und Richtlinien dienen dabei als Mittel und Träger für formalisierte Praktiken, die über Zusammenschlüsse – vor allem in technischen Bereichen, wie bspw. die International Standard Organisation (ISO) – verbreitet werden (Shove et al., 2014). Regierungen haben und nehmen somit nicht nur direkten Einfluss auf Wirtschaftspraktiken, sondern wirken indirekt auch auf das gesellschaftliche Zusammenleben. Durch das Knüpfen und Lösen von Verbindungen zwischen den konstituierenden Elementen einer Praktik, kann die Politik das soziale Gleichgewicht fördern oder stören (Shove, 2014), wenn sie bspw. Umweltschutz, Mülltrennung oder gesunde Ernährung in die Lehrpläne öffentlicher Schulen aufnimmt. Mit Praxistheorien kann die Effizienz politischer Praktiken an unterschiedlichen Orten und in unterschiedlichen Bereichen empirisch verglichen werden. Die Untersuchung sozialer Praktiken mittels bspw. Beobachtungen, quantitativen Erfassungen und Befragungen kann zu Erkenntnissen führen, die erklären, warum formale Vorgaben (Richtlinien, Gesetze) bestimmte Wirkungen auf soziale Praktiken haben (oder nicht) – vor allem dann, wenn diese Wirkungen unbeabsichtigt sind (Royston, 2016).

Aus den vorab aufgeführten Erläuterungen stellen sich für die vorliegende Arbeit methodisch im Besonderen zwei Herausforderungen: Wie können die (oft unsichtbaren) Auswirkungen verschiedener politischer Maßnahmen auf die Praktiken (und ihren Wandel) in Unternehmen nachgezeichnet werden? Und wie können die Perspektiven der unterschiedlichen Akteure gleichberechtigt erfasst werden? Um diesen Herausforderungen gerecht zu werden, wurde eine Methodik erarbeitet, die anerkennt, dass Praktiken von einer Vielzahl rahmender Bestimmungen abhängen, die kontext- und standortspezifisch sind, gleichzeitig aber auch durch den Träger (oder Performer oder Praktiker) einer Praktik beeinflusst werden. Es handelt sich bei der Circular Economy zwar um ein theoretisches Konzept mit einer langen (Vor)Geschichte (vgl. Kapitel 1.1.1), die politische Willensbekundung der luxemburgischen Regierung, das Konzept umzusetzen wurde allerdings erst im Jahr 2014 getätigt (vgl. Kapitel 4.1.1). Seither hängt die Implementierung von Praktiken, die zu einer Circular Economy beitragen, von den Akteuren ab. Diese Akteure sind Politiker, Beamte, Inhaber von Firmen, Vertreter von Berufskammern und Interessensgemeinschaften, selbständige Architekten, Ingenieure, Unternehmensberater und viele andere. Es gibt bisher nur vereinzelte Arbeiten und Initiativen, die sich (wissenschaftlich) mit der Circular Economy in Luxemburg beschäftigen (vgl. Kapitel 4.1.2).

Für diese Arbeit wurde deshalb ein methodisches Vorgehen entwickelt, das die unterschiedlichen Aspekte der Forschungsthematik berücksichtigt: Die Rezeption einer rezenten politischen Willensbekundung, die auf einem nicht klar umrissenen theoretischen Konzept beruht, soll am Beispiel von stark regulierten Industriesektoren untersucht werden, die von einer Vielzahl verschiedener Akteure geprägt sind. Das Vorgehen ist grundsätzlich explorativ und kombiniert die Erhebung von unterschiedlichen qualitativen Daten, um der vielschichtigen Perspektiven auf die Circular Economy gerecht zu werden. Explorative Interviews mit öffentlichen Akteuren, die in die Schärfung der politischen Willensbekundung eingebunden sind, und anderen Vertretern mit einem übergeordneten Blick auf nationale und branchenbegleitende Entwicklungen bilden einen Datensatz (vgl. Kapitel 3.2.2). Semi-strukturierte Interviews mit Vertretern aus Unternehmen der Bau- und Automobilzulieferindustrien und Beratungsfirmen sowie von dem Circular Hotspot Wiltz betroffene Stakeholder bilden einen zweiten Datensatz, der einen Einblick in die Rezeption der politischen Circular Economy-Vision durch die Wirtschaft und andere Sektoren erlaubt (vgl. Kapitel 3.2.3). Die beiden Datensätze aus Befragungen wurden mit einer dokumentarischen Analyse und Teilnahmen an verschiedenen relevanten Veranstaltungen vervollständigt (vgl. Kapitel 3.2.1).

Der gewählte methodische Ansatz bietet unterschiedliche Perspektiven auf die in Kapitel 1.2.2 vorgestellten forschungsrelevanten Kernfragen. Aus diesen Forschungsfragen haben sich nach der Auswertung der wissenschaftlichen Literatur zu Forschungsperspektiven der Circular Economy und Theorien sozialer Praktiken nachstehende sechs Forschungsziele ergeben:

- Die beiden Forschungsbereiche Soziale Praktiken Theorien und Circular Economy sollen konzeptionell zusammengeführt werden (Forschungsziel 1).
- Das Konzept der Circular Economy soll unter Berücksichtigung des luxemburgischen Kontextes beschrieben werden (Forschungsziel 2).
- Es sollen Praktiken der zirkulären Wertschöpfung herausgearbeitet werden (Forschungsziel 3).
- Spezifische Dynamiken, deren Wirkungen für diese Praktiken von Bedeutung sind sollen herausgearbeitet und diskutiert werden, wie z. B. das Zusammenspiel von Politik, Praktiken und Institutionen – oder die Verflechtung von Praktiken und Materialien/Materialität (Forschungsziel 4).
- Das Wirken von Praktiken auf die zirkuläre Wertschöpfung in den Bau- und Automobilzulieferindustrien soll herausgearbeitet werden (Forschungsziel 5).
- Der Wandel zu einer Circular Economy soll für Luxemburg konzeptualisiert werden (Forschungsziel 6).

Welche Methoden empirisch eingesetzt wurden, um die Forschungsziele zu erreichen und die Forschungsfragen zu beantworten, kann im Einzelnen dem nachfolgenden Kapitel entnommen werden.

3.2. METHODISCHE OPERATIONALISIERUNG

Das vorliegende Promotionsvorhaben verbindet konzeptionell die beiden Forschungsbereiche Soziale Praktiken Theorien (SPT) und Circular Economy (EC) (vgl. Kapitel 2.3.). Im Folgenden wird das forschungspraktische Vorgehen beschrieben und diskutiert, das die Zusammenführung dieser beiden theoretischen Ansätze und die Bearbeitung der Forschungsziele und Forschungsfragen ermöglicht. Im Gesamten wurden im Rahmen der Arbeit zwei Datensätze erhoben (Primärdaten) und eine umfassende Dokumentendatenbank zusammengestellt (Sekundärdaten[40]). Die beiden Primärdatensätze bestehen aus insgesamt 75 Interviews (für eine gesamthafte Übersicht, vgl. Anhang 4):

---

40 Diese Sekundärdaten bestehen einerseits aus politischen Dokumenten und Presseartikeln (siehe Anhänge 1 und 2) und andererseits aus wissenschaftlichen Veröffentlichungen, die mit Mendeley verwaltet wurden.

- 16 explorative Interviews und
- 59 semi-strukturierte Interviews.

Alle relevanten Informationen zur Erhebung und Erstellung der Datensätze wurden auf den folgenden Seiten zusammengetragen: Korpusbildung, Prozess der Datenerhebung, Beschreibung und Dokumentation, Auswertung sowie Datenmanagement.

3.2.1 Thematische Materialsammlung

Den untersuchten Dokumenten wird an dieser Stelle ganz bewusst ein eigenständiges Kapitel zugewiesen, um deren Bedeutung für das vorliegende Forschungsvorhaben zu unterstreichen – im Besonderen zur Einbettung der Arbeit in bestehende wissenschaftliche Diskurse und zur Kontextualisierung der Circular Economy in Luxemburg.

Hoffmann (2018) legt in ihrem Buch ausführlich dar, warum der Auswertung von Sekundärdaten in wissenschaftlichen Veröffentlichungen in der Regel weniger Beachtung geschenkt wird als anderen Methoden. Zu den von ihr aufgeführten Gründen gehört die allgemein verbreitete Wahrnehmung, dass ein Forschungsvorhaben in den Sozialwissenschaften neue Daten erheben sollte. Auch sind sich viele Lehrbuch-Autor:innen nicht einig, ob es sich bei der Dokumentenanalyse um eine eigenständige Methode handelt. Diese Skepsis liegt vielleicht darin begründet, dass die heutige (Arbeits-)Welt so viele Dokumente erzeugt, dass den Wissenschaftlern gar nicht bewusst wird, dass sie eine eigenständige Datenquelle darstellen.

Für die vorliegende Arbeit wurden verschiedene Arten von Dokumenten genutzt, die im Folgenden gesamthaft als Sekundärdaten betrachtet und nicht weiter untergliedert werden. Dieses Vorgehen beruht auf der Überlegung, dass sich der Prozess der Datenanalyse ähnelt (Korpusbildung, Auswertung, Datenmanagement), unabhängig davon, welcher Natur die Dokumente sind (z. B. wissenschaftliche Publikationen, Gesetzestexte, politische Programme) und für welchen Zweck sie ausgewertet werden, für eine Literaturübersicht oder die Aufarbeitung eines geschichtlichen Kontexts.

Für die Untersuchung der Circular Economy im Großherzogtum Luxemburg und deren Umsetzung in Unternehmen wurden offizielle Dokumente herangezogen, in denen der Circular Economy-Gedanke verankert ist. Insgesamt handelt es sich um vierundzwanzig Dokumente (siehe Anhang 1), die explizit oder implizit einen Bezug zu Themen der Circular Economy aufweisen (z. B. Regierungsprogramm, Abfallwirtschaftsplan, Nachhaltigkeitsplan, Energie- und Umweltgesetzgebung) und berücksichtigt wurden. Dieser

Korpus von grauer Sekundärliteratur stellt einen schriftlichen Datensatz dar, der vor allem zur Erarbeitung des Kontextes der Circular Economy in Luxemburg genutzt wurde (vgl. Kapitel 4.1.). Als graue Literatur werden im allgemeinen Sprachgebrauch Veröffentlichungen bezeichnet, die sich im Graubereich zwischen wissenschaftlichen und nicht wissenschaftlichen Texten befinden. Es sind Veröffentlichungen, die nicht über Bibliotheken oder den Buchhandel zu beziehen sind, da sie keine Internationale Standardbuchnummer (ISBN) tragen (Hasemann, 1986: 56; Haines, 2009). Alle Dokumente, die in dieser Arbeit genutzt wurden, stehen kostenfrei online zur Verfügung.[41] Zusätzlich zu den aufgelisteten Dokumenten wurde während des Promotionsvorhabens auch die Berichterstattung in der Presse, Druck- und Online-Medien, verfolgt. Eine exemplarische Übersicht der berücksichtigten Berichterstattung ist in Anhang 2 aufgeführt.

Der zweite große Datensatz von Dokumenten, der für die Erstellung der vorliegenden Arbeit genutzt wurde, umfasst wissenschaftliche Literatur – überwiegend Zeitschriftenartikel, aber auch Doktorarbeiten und Buchveröffentlichungen. Diese Quellen wurden vor allem zur Erstellung der Literaturübersicht in Kapitel 1.3. über praxistheoretische und Circular Economy-Forschung genutzt und zur Anbindung der Forschungsergebnisse an wissenschaftliche Diskurse in den Kapiteln 5. und 6. Aber auch alle anderen Kapitel bauen auf wissenschaftlicher Literatur auf, die im Gesamten einen Datensatz von über 900 Einträgen umfasst, von denen 500 Einträge in der Bibliographie referenziert sind. Der Zugang zu diesen Dokumenten erfolgte fast ausschließlich über das Bibliotheks-Konsortium Luxemburg unter Nutzung des Suchmotors a-z.lu, des Fernleihe-Services der Nationalbibliothek Luxemburg (BNL) und der Buchbestände des Learning Centers, der BNL und des Departments für Geographie und Raumplanung der Universität Luxemburg.

3.2.2 Unstrukturierte Interviews

Patton (2002: 55) schreibt in seinem Buch, dass qualitative Forschung grundsätzlich – aber nicht ausschließlich (Patton, 2002: 194) – explorativ sei und sich somit besonders gut eignet, um neue Bereiche für die Wissenschaft zugänglich zu machen. Dies umfasst Themen, über die noch nicht viele Informationen

---

41 Lediglich der *Leitfaden Bauprodukte* (Beloussova et al., 2015) ist eine unveröffentlichte Studie, an der die Autorin während ihrer Tätigkeit am Luxembourg Institute of Science and Technology (LIST) mitwirkte und die ihr deshalb zur Verfügung gestellt wurde.

und Dokumente zur Verfügung stehen, entweder weil sie neu, aktuell oder wenig erforscht sind. Explorative Interviews sind deswegen ein angemessener Einstieg in ein neues Forschungsvorhaben – besonders, um zu eruieren, wie neue Untersuchungsfelder im politischen Bereich entwickelt werden (Patton, 2002: 193). Explorative Forschungsarbeit bedeutet, für das Untersuchungsfeld offen zu sein und es ohne bestimmte Erwartungen zu betreten. Durch explorative Interviews mit informellem Charakter (Patton, 2002: 195) entsteht nach und nach ein Bild mit sich schärfenden Konturen von dem Forschungsfeld.

Im Rahmen der vorliegenden Arbeit wurden explorative Interviews mit Vertretern der öffentlichen Hand und nationaler Clusterinitiativen sowie mit Wissenschaftlern zur Thematik der Circular Economy in Luxemburg geführt. Diese Gespräche vervollständigen die Eindrücke, die durch die vorangestellte Dokumentensichtung bereits erworben werden konnten. Im Folgenden wird das Vorgehen im Rahmen der explorativen Interviews dargelegt.

a. Korpusbildung und Datensuffizienz

Für die vorliegende Arbeit wurden insgesamt 16 unstrukturierte explorative Interviews mit Vertretern der öffentlichen Hand (z. B. Mitarbeiter von Ministerien) und nationaler Clusterinitiativen (z. B. der durch Luxinnovation betreuten EcoInnovation und AutoMobility-Cluster) sowie mit Wissenschaftlern von der Universität Luxemburg und dem Luxembourg Institute of Science and Technology (LIST) zur Thematik der Circular Economy in Luxemburg geführt (vgl. Tabelle 3). Sieben der 16 Interviews wurden von dem dreiköpfigen CIRCULAR-Projektteam gemeinsam durchgeführt, bei einem Interview waren zwei Projektbeteiligte anwesend (Interview: EI-LU-14) und acht Interviews wurden von der Autorin (Doktorandin) allein geführt. Die Interviews fanden in einem Zeitraum von knapp einem Jahr von März 2017 bis Februar 2018 statt und wurden als offene Gespräche mit Experten geführt. Zwei der Interviewpartner wurden jeweils im Sommer/Herbst 2017 und zu Beginn des Jahres 2018 getroffen, da sich ihre Projekte in diesem Zeitraum entscheidend weiterentwickelten. Offene Interviews erinnern an eine natürliche Gesprächssituation, da die Forscher zwar mit vorbereiteten Themen, aber frei formulierten Fragen arbeiten, also keinen Leitfaden benutzen (Jochen und Laudel, 2009: 42).

Es wurde ein zielgerichtetes Sampling durchgeführt, bis die Autorin das Phänomen der Circular Economy in Luxemburg in den politischen und wissenschaftlichen Diskurs auf nationaler und internationaler Ebene einordnen konnte. Grundsätzlich dominieren in der Literatur zwei Ausdrücke, um diesen Punkt von *genug Daten* zu bestimmen: Datensättigung (Saturation) und

Datensuffizienz. Im Jahr 1967 führten Glaser und Strauss (1967) das Konzept der Datensättigung in der qualitativen Forschung ein. Der Zustand der Sättigung ist erreicht, wenn durch ein weiteres Interview kein zusätzlicher relevanter Erkenntnisgewinn erfolgt (Francis et al., 2010: 1230; Patton, 2015; Malterud et al., 2016: 1758). Vor allem Nachwuchswissenschaftlern fällt es oft nicht leicht, den Punkt der Datensättigung selbständig festzulegen. Denn jeder weitere Gesprächspartner könnte etwas Neues berichten. Aus diesem Grund wurde das Konzept der Datensuffizienz entwickelt. Datensuffizienz ist erreicht, wenn die erhobenen oder vorliegenden Daten für die Erreichung der Studienziele ausreichen (Suri, 2011: 73). Miller schreibt dazu: Es ist der Punkt, an dem der Forscher auf so viele Wiederholungen gestoßen ist, dass er sich zutraut analytische Verallgemeinerungen vorzunehmen (Baker und Edwards, 2012: 31).

Die 16 Gesprächspartner für die explorativen Interviews, die im Rahmen der vorliegenden Arbeit durchgeführt wurden, wurden angesprochen, weil ihre subjektive Perspektive auf die Circular Economy in dieser frühen Projektphase von besonderem Interesse war (Jäger und Reinecke, 2009: 33). In der Regel beschäftigten sich die befragten Personen bereits seit Jahren mit der Circular Economy auf nationaler und europäischer Ebene bzw. mit deren Förderung, Kommunikation und Umsetzung im Rahmen von Bauvorhaben beispielsweise. Mit einigen der Gesprächspartner stehen die Forscher des CIRCULAR-Projektteams bereits seit langem in einem regelmäßigen Austausch, da es sich um öffentliche Interessenvertreter mit beruflichem Bezug zu Themen der wirtschaftlichen und nachhaltigen Entwicklung, Landesplanung, Bauwirtschaft, Automobilindustrie und Forschungsaktivitäten handelt.

Tabelle 3: Übersicht der explorativen Interviews

#	Kürzel	Datum	Anwesende Forscher*	Interviewpartner	
				Arbeitsbereich	Position
1	EI-LU-1	03-2017	Prof, Postdoc, PhD	Regionalentwicklung (öffentlich)	Manager*in
2	EI-LU-2	07-2017	Prof, Postdoc, PhD	Innovationsagentur (öffentlich)	Manager*in
3	EI-LU-3	07-2017 & 02-2018	PhD	Beratung	Berater*in
4	EI-LU-4	09-2017	PhD	Forschung	Professor*in
5	EI-LU-5	09-2017	PhD	Forschung	Professor*in
6	EI-LU-6	09-2017 & 02-2018	PhD	Forschung	Professor*in

Tabelle 3: Fortsetzung

#	Kürzel	Datum	Anwesende Forscher*	Interviewpartner	
				Arbeitsbereich	Position
7	EI-LU-7	10-2017	PhD	Forschung	Wissenschaftler*in
8	EI-LU-8	10-2017	PhD	Forschung	Manager*in
9	EI-LU-9	10-2017	Prof, Postdoc, PhD	Innovationsagentur (öffentlich)	Manager*in
10	EI-LU-10	11-2017	Prof, Postdoc, PhD	Innovationsagentur (öffentlich)	Manager*in
11	EI-LU-11	11-2017	Prof, Postdoc, PhD	Behörde/öffentliche Verwaltung	Beamter/Beamtin
12	EI-LU-12	11-2017	Prof, Postdoc, PhD	Behörde/öffentliche Verwaltung	Beamter/Beamtin
13	EI-LU-13	11-2017	Prof, Postdoc, PhD	Behörde/öffentliche Verwaltung	Beamter/Beamtin
14	EI-LU-14	12-2017	Postdoc, PhD	Forschung	Wissenschaftler*in
15	EI-LU-15	12-2017	PhD	Regionalentwicklung (nicht-öffentlich)	Manager*in
16	EI-LU-16	01-2018	PhD	Forschung	Wissenschaftler*in

*Prof = Professor; Postdoc = Postdoktorandin; PhD = Doktorandin

Die Interviewtermine wurden von dem projektleitenden Professor vereinbart, wenn er selbst teilnahm. Dieses Vorgehen wurde mit allen Projektbeteiligten im Vorfeld der Kontaktaufnahme besprochen und stellte sich als zielführend heraus, denn alle Kontaktierten stimmten einem Austausch zu. Überhaupt war die Bereitschaft der angefragten Interviewpartner in dieser Projektphase äußerst groß. Die Rücklaufquote betrug 100 % – alle per E-Mail Angeschriebenen meldeten sich zurück und es konnte ein Termin vereinbart werden. Diese positive Resonanz ist sicherlich auf die gute Vernetzung des Forschungsteams mit den Akteuren in Luxemburg zurückzuführen. In einem kleinen Land wie Luxemburg sind die verschiedenen Organisationen an einem regelmäßigen Austausch untereinander interessiert, um über laufende und angestrebte Aktivitäten informiert zu sein.

b. Erhebung und Dokumentation

Die explorativen Interviews fanden in einem Rahmen statt, der es den teilnehmenden Experten so angenehm wie möglich machen sollte. Neun der Interviews wurden am Arbeitsplatz der Befragten durchgeführt (vgl. Tabelle 4), auch, um ihren Zeitaufwand für die Teilnahme gering zu halten – vor allem aber auch, um ihnen ein Umfeld zu bieten, in dem sie sich auskennen, sicher und wohl fühlen. Vier der Interviews fanden in einem Besprechungsraum der Universität, in dem Gebäude und der Etage des Forschungsteams statt. In diesen Fällen schlugen die Interviewpartner vor, an die Universität zu kommen – sicherlich, weil sie der Meinung waren, der Mobilitäts-Aufwand für sie sei geringer als für die Forscher. In zwei Fällen fanden die Gespräche in Cafés statt, in beiden Fällen kannten sich die Gesprächspartner bereits seit mehreren Jahren und die Befragten schlugen einen informellen Treffpunkt vor. In einem Fall wurde das Gespräch nicht persönlich, sondern am Telefon geführt. Die Gespräche wurden in Englisch geführt, wenn die Postdoktorandin des CIRCULAR-Projekts anwesend war, bzw. in Deutsch oder Französisch, je nach Vorliebe der Interviewpartner. Insgesamt wurden acht der explorativen Interviews in Englisch geführt, fünf in Deutsch und drei in Französisch (vgl. Tabelle 4). In den meisten Fällen wurde eine einzelne Person befragt, nur bei zwei der 16 Gespräche waren mehrere Experten anwesend. Bei sieben Gesprächen waren Frauen unter den Interviewpartnern.

Tabelle 4: Metadaten zu den explorativen Interviews

Interview			Interviewpartner		
#	**Kürzel**	**Ort/Modus**	**Sprache***	**Anzahl**	**Geschlecht**
1	EI-LU-1	Arbeitsplatz	Englisch	1	weiblich
2	EI-LU-2	Arbeitsplatz	Englisch	1	männlich
3	EI-LU-3	Café	Deutsch	1	männlich
4	EI-LU-4	Arbeitsplatz	Deutsch	1	männlich
5	EI-LU-5	Universität	Englisch	1	männlich
6	EI-LU-6	Arbeitsplatz	Deutsch	1	weiblich
7	EI-LU-7	Arbeitsplatz	Deutsch	1	männlich
8	EI-LU-8	Telefonat	Deutsch	1	weiblich
9	EI-LU-9	Universität	Englisch	1	männlich
10	EI-LU-10	Universität	Englisch	1	männlich
11	EI-LU-11	Arbeitsplatz	Englisch	1	männlich
12	EI-LU-12	Arbeitsplatz	Englisch	5	gemischt
13	EI-LU-13	Arbeitsplatz	Englisch	2	gemischt
14	EI-LU-14	Universität	Englisch	1	weiblich
15	EI-LU-15	Café	Französisch	1	männlich
16	EI-LU-16	Arbeitsplatz	Französisch	3	gemischt

Im Vorfeld der Gespräche wurde eine Liste mit Themen ausgearbeitet, die besprochen werden sollten. Dazu gehörten z. B. derzeitige und zukünftige Aktivitäten im Bereich der Circular Economy, Informationen zu engagierten Firmen, Projekte und Initiativen der öffentlichen Hand und die Rezeption des Strategieberichts zur dritten industriellen Revolution für Luxemburg (TIR, 2016a). In der Regel hatten die Befragten keine Mühe, frei über das Thema der Circular Economy zu sprechen, so dass es nur selten zu leitenden Nachfragen durch die anwesenden Forscher kam. Viele der Interviewten sind es gewohnt, über ihre Arbeit, aktuelle politische Entwicklungen und ihre eigene Rolle in diesem Zusammenspiel zu sprechen.

Während der explorativen Interviews haben die anwesenden Forscher Notizen gemacht und diese so zeitnah wie möglich nach dem Gespräch zu einem gemeinsamen Protokoll in Word zusammengefasst. Wurden die Gespräche von der Doktorandin geführt, gab es kein Abgleichen der Gesprächsprotokolle mit Projektmitgliedern. Diese Protokolle folgen einer generischen Struktur und umfassen administrative Informationen,[42] Notizen zu den Inhalten des Gesprächs, von dem Interviewpartner empfohlene weitere Gesprächspartner und persönliche Anmerkungen des Interviewers[43] zu dem Gespräch. Die handschriftlichen Mitschriften der Gespräche wurden in der Regel zusätzlich eingescannt und der Gesprächsdokumentation hinzugefügt. Die Metadaten zu dem Interview konnten bei der Datenauswertung auf verschiedene Art und Weise genutzt werden. Sie halfen beispielsweise dabei, die Gesprächssituation, aber auch Störungen oder andere Einflussfaktoren während des Gesprächs ins Gedächtnis zurückzurufen.

Die Datensätze zu den Gesprächen befinden sich in einer nicht-anonymisierten Version auf dem zugangseingeschränkten Server der Universität Luxemburg. Die Gesprächsprotokolle, die im Rahmen des Forschungsvorhabens genutzt wurden, befinden sich in einem Server-Bereich, der ausschließlich von der Autorin genutzt werden kann. Die Gesprächsprotokolle, die auch von anderen CIRCULAR-Projektbeteiligten erstellt wurden, befinden sich zusätzlich in dem Server-Bereich des Projekts. Die Anonymisierung der Interviews erfolgte erst während der Datenaufbereitung für die vorliegende Forschungsarbeit.

42 Datum, Name und Position des Interviewpartners sowie Name und Adresse seines Arbeitgebers, Liste aller anwesenden Personen während des Gesprächs.

43 Diese subjektiven Einschätzungen zu dem Gespräch und seinem Verlauf umfassen bspw. eine Beschreibung der Gesprächsatmosphäre, des Gesprächsortes und wie gut sich Interviewter und Interviewer kennen bzw. ob es Schwierigkeiten mit der Interviewsprache gab.

Für die Auswertung der Interviews wurde die Software MAXQDA Version 12.3.6 genutzt. Die Software ist auf dem Laptop der Autorin als Desktop-Applikation installiert und die Gesprächsprotokolle wurden als Word- und PDF-Dokumente in die Software importiert und entsprechend folgender Logik benannt: Datentyp (EI für exploratives Interview), Land (LU für Luxemburg), Gesprächsnummer (fortlaufend). Das erste in Luxemburg durchgeführte explorative Interview trägt somit das Kürzel EI-LU-1.

c. *Auswertung*

Explorative Forschung kann dabei helfen, eine Wissenslücke zu schließen oder ein Thema aus einer anderen Perspektive zu betrachten, um neue Erkenntnisse zu gewinnen (Leavy, 2017: 5). Die explorativen Interviews mit Vertretern öffentlicher Organisationen in Luxemburg haben einen ersten Einblick in den Umgang mit der Circular Economy gegeben: Wie wird über die Thematik gesprochen, welche Schlüsselwörter werden benutzt und welche Initiativen werden in diesem Zusammenhang erwähnt. Gleichzeitig konnten die subjektiven Positionen der Befragten zur Relevanz des Forschungsthemas und der zu untersuchenden Aspekte aus der Sicht der Experten erfasst werden (Jäger und Reinecke, 2009: 38).

Die explorativen Interviews bestätigten die Relevanz der Circular Economy für Luxemburg und bezeugten ein großes Interesse für eine wissenschaftliche Auseinandersetzung mit dem Thema. Den Interviewpartnern erschien ein qualitativer Ansatz auf der Grundlage sozialwissenschaftlicher Theorien mit einem praxeologischen Fokus als zielführend, um mehr über das Verständnis von zirkulären Praktiken in den Bau- und Automobilzulieferindustrien zu erfahren. Vor jedem Gespräch wurden das Forschungsvorhaben und sein theoretischer Zugang durch ein anwesendes Mitglied der Forschungsgruppe vorgestellt.

Nachdem sechzehn explorative Interviews geführt wurden, war es der Autorin möglich, eine Kontextualisierung der Circular Economy in Luxemburg zu verschriftlichen (vgl. Kapitel 4.1.) – es lag demzufolge eine gewisse Datensuffizienz vor (vgl. Kapitel 3.2.2a). Ein weiteres Ergebnis dieser Gespräche war eine Namensliste für (Unternehmens)Interviews zum Thema der Circular Economy, die auf den Empfehlungen der explorativen Gespräche basierte. Diese Liste wird an dieser Stelle nicht aufgeführt, da sie nicht nur Einträge von Interviewpartnern enthält, sondern auch Kontakte auflistet, die nicht angeschrieben wurden oder die nicht auf die Interviewanfrage reagiert haben.

3.2.3 Semi-strukturierte Interviews

Zur Erfassung unterschiedlicher unternehmerischer Perspektiven auf die Circular Economy wurden semi-strukturierte Interviews durchgeführt – in der Regel mit Mitgliedern der Unternehmensleitung. Oft heißt es, ein Interview sei grundsätzlich ein gelenktes Gespräch (Charmaz, 2006: 25). Wie stark diese Lenkung ist, kann hingegen variieren. Charmaz (2006: 26) schreibt von einer möglichen lockeren, halbstrukturierten oder fokussierten Gesprächsführung im Rahmen eines Interviews. Zwar sei ein Interview ein Gespräch, schreibt sie weiter, wenn es sich aber um ein intensives Interview über die Erfahrungen des Interviewten handele, folgt es einer gewissen Etikette. Die Fragen werden in diesem Fall offen und ohne wertende Zusätze formuliert, fokussieren aber ein bestimmtes Thema. Der Interviewte wird auf diese Weise zu einer ausführlichen Antwort eingeladen, ohne eine bestimmte Richtung vorgegeben zu bekommen – damit es auch zu unerwarteten oder anekdotischen Aussagen kommen kann.[44]

Für das vorliegende Promotionsvorhaben wurde ein Interviewleitfaden mit allen Themenbereichen ausgearbeitet, die während des Gesprächs abgedeckt werden sollten. Dieser Leitfaden wurde von allen an dem Projekt beteiligten Forschern gemeinsam erarbeitet und diskutiert. Während der Interviews diente er der interviewenden Forscherin als Erinnerungs- und Orientierungsstütze – die Fragen wurden jedoch frei formuliert und nicht abgelesen. Über die Benennung eines solchen Interviews besteht Uneinigkeit in den Lehrbüchern. Gläser und Laudel (2010: 41) unterscheiden Interviews nach dem Grad der Standardisierung und sprechen von nichtstandardisierten Interviews, wenn der Wortlaut und die Reihenfolge der Fragen nicht vorgegeben sind.[45] Misoch (2019: 13) bezeichnet diese Form der Interviewführung als halboffen bzw. halb- oder semistrukturiert. Dieser Referenz folgt auch die vorliegende Arbeit – in einem mehrsprachigen Umfeld sind Bezeichnungen, die in mehreren Sprachen verstanden werden von Vorteil. Um eine Vergleichbarkeit der Daten sicherzustellen, schreibt Misoch, können die Interviewten zwar frei antworten, das Interview muss sich aber thematisch am Leitfaden orientieren und alle relevanten Themen müssen im Interview auch angesprochen werden (Misoch, 2019: 13). Der für diese Arbeit

---

44 Charmaz (2006) bezieht diese Etikette zwar auf Studien, die mit einer Grounded Theory-Perspektive ausgearbeitet werden, für das Vorgehen im Rahmen des vorliegenden Promotionsvorhabens waren diese Grundsätze jedoch auch maßgebend.

45 Ein halbstandardisiertes Interview besteht für diese Autoren aus vorgegebenen Fragen (im Wortlaut) und einer festen Reihenfolge der Fragen. Es gibt jedoch keine Antwortmöglichkeiten (wie bei nichtstandardisierten Interviews).

entwickelte Interviewleitfaden kann in Anhang 3 eingesehen werden: Er wurde in englischer Sprache verfasst und nicht übersetzt, da er lediglich als Gedächtnisstütze dienen sollte und nicht an den Interviewten ausgehändigt wurde (vgl. hierzu auch Kapitel 3.3.3). Wenn das Interview in einer anderen Sprache stattfand, wurden die Fragen ad hoc vor Ort übersetzt.

Die Interviewten wurden aufgrund ihrer Expertise zu Themen der Circular Economy befragt. Die Interviews haben in der Regel einen expliziten Bezug zu dem Unternehmen, in dem der Befragte beschäftigt ist, sowie zu seinen beruflichen Tätigkeiten. Diese Interviews werden in der wissenschaftlichen Literatur im deutschsprachigen Raum im Allgemeinen als Experteninterviews bezeichnet (Jäger und Reinecke, 2009; Gläser und Laudel, 2010; Misoch, 2019). Im englischsprachigen Raum wird hingegen fast ausschließlich von Eliteninterviews gesprochen (Blakeley, 2012; Mikecz, 2012), die sich methodisch nicht wesentlich von Experteninterviews unterscheiden (Littig, 2009) – vor allem nicht, wenn es sich um hochrangige Experten handelt. Littig (2009: 117) schreibt, dass vor allem professionelle Eliten (Funktionseliten mit einer Machtposition) und professionelle Experten im Mittelpunkt des wissenschaftlichen Interesses stehen. Da beide Gruppen aufgrund ihres beruflichen Deutungs- und Handlungswissens befragt werden, plädiert Littig dafür, in beiden Fällen von Experteninterviews zu sprechen. Die vorliegende Arbeit folgt dieser Auffassung und grenzt Expertentum außerdem in Anlehnung an Collins und Evans (2007: 17) von omnipräsenter Expertise (ubiquitous expertise) ab, die innerhalb einer sozialen Gruppe alle dazugehörigen Individuen aufweisen (z. B. in Bezug auf Sprache oder Umgangsformen).

Experteninterviews werden in Lehrbüchern oft von Interviews mit anderen Personengruppen (z. B. Studenten, Patienten, Kunden eines Supermarktes) unterschieden, weil ihre Durchführung aufgrund von Zugangsproblemen und Besonderheiten in der Interviewführung erschwert werden kann (Littig, 2009). Bereits die Abgrenzung einer gewissen Expertise kann einen Forscher vor Schwierigkeiten stellen (Welche Expertise benötige ich?) oder den Experten-Pool derart verkleinern (Wer hat diese Expertise?), dass die Befragung eines repräsentativen Panels kaum möglich ist. Bei der Identifizierung und Rekrutierung von Experten bieten sich Empfehlungen von bereits Befragten an (z. B. wie in der vorliegenden Arbeit in vorangeschalteten explorativen Interviews), dieses Vorgehen wird Schneeballverfahren genannt (Gabler, 1992).

Besonders viel Aufmerksamkeit erhält in wissenschaftlichen Veröffentlichungen die Vor- und Nachbereitung von Interviews mit Experten. Die Autor:innen empfehlen Forschern in der Regel eine intensive Vorbereitung auf das Interview, damit ein Gespräch *auf gleicher Augenhöhe* stattfinden kann (Pfadenhauer, 2007). Der Forscher soll zu einem Quasi-Experten werden mit

Fachkenntnissen und einem entsprechenden Fachvokabular, bevor er das Interview bestreitet, damit es zu einem Expertengespräch wird. Diese Empfehlungen werden vor allem in der internationalen Literatur wiederholt, wenn es sich um Studien in einem vertikal strukturierten Umfeld handelt (Mikecz, 2012: 487; Liu, 2018: 2). Die Auseinandersetzung mit der Biographie des Interviewten vor dem Gespräch wird in diesen Fällen als ein Beleg der Höflichkeit und des Respekts seitens des Forschers angesehen. In der deutschsprachigen Literatur werden diese Fragen etwas offener diskutiert, da sich der Expertenstatus mit dem Voranschreiten des Forschungsvorhabens verändert und der Forscher fast automatisch nach und nach zum Experten avanciert. Zusätzlich wird hervorgehoben, dass die Wahrnehmung des Status des Forschers durch den Interviewten als Co-Experte oder Experte aus einer anderen Wissenskultur, Laie, Autorität, Komplize oder potentiellen Kritiker zu Unterschieden in der Gesprächsführung führen, die für das Forschungsvorhaben von Vor- oder Nachteil sein können (Littig, 2009: 126). Zur Gesprächsführung mit Experten ist sich die Literatur hingegen überwiegend einig und empfiehlt eine offene Gestaltung, die sich den Bedingungen anpasst, in Abhängigkeit der gesamthaften Situation (z. B. Sprache, Ort, Zeitrahmen). Führungspersonen sind es in der Regel gewohnt über sich und ihre Arbeit frei zu sprechen und werden nur ungern in ein vorgegebenes Korsett gedrängt, lieber geben sie selbst das Protokoll vor (Rice, 2010: 73). Wiederkehrende Themen in der wissenschaftlichen Literatur, die Einflussfaktoren auf Interviews behandeln, sind Machtverhältnisse zwischen dem Forscher und dem Interviewten (Smith, 2006; Rice, 2010), Vertrauen (Mikecz, 2012; Liu, 2018) und die Positionalität[46] des Forschers (Herod, 1999; Merriam et al., 2001). Einige dieser angesprochenen Punkte werden ausführlich in Kapitel 3.3. in Bezug auf die vorliegende Arbeit diskutiert.

a. Korpusbildung

Aus den explorativen Interviews, die in Kapitel 3.2.2 vorgestellt wurden, entstand eine Liste mit ungefähr zwanzig Namen für (Unternehmens)Interviews zum Thema der Circular Economy, die als Grundlage für die Rekrutierung von Interviewpartnern genutzt wurde. Die in Frage kommenden Personen wurden über das Internet ausfindig gemacht und per E-Mail angeschrieben. Die Angeschriebenen erhielten in der E-Mail Informationen über das Projekt

46 Die Positionalität bezeichnet den sozialen und politischen Rahmen, der die Identität einer Person darstellt und durch u.a. Herkunft, Geschlecht, Religion, Bildung, Gesundheit und Moralvorstellungen geprägt wird.

(inklusive eines Projektflyers) und wurden um einen Gesprächstermin gebeten. Ein exemplarisches E-Mail-Anschreiben kann in Anhang 5 eingesehen werden, eine Ansicht des CIRCULAR-Projektflyers befindet sich in Anhang 6. Die Rücklaufquote auf die E-Mails war gut, sofern die persönliche und keine generische E-Mailadresse (wie z. B. info@) benutzt wurde. Insgesamt wurden ungefähr vierzig Anfragen nicht beantwortet, gegenüber fünfzig durchgeführten Unternehmensinterviews[47] entspricht dies einer Zusage-Quote von ungefähr 56 %. Die Gesprächstermine wurden nach und nach vereinbart und fanden zwischen Februar und September 2018 statt. Nach jedem Interview kamen weitere Empfehlungen für Gespräche zu der ursprünglichen Liste dazu. Es wurde grundsätzlich darauf geachtet, dass die Interviewpartner alle relevanten Aktivitätsbereiche der untersuchten Bau- und Automobilzulieferindustrien abdecken und somit ein breitgefächertes Verständnis der Unternehmenspraktiken im Sinne einer Circular Economy entstehen kann. Für die Automobilzulieferindustrie bedeutet das, es wurden Zulieferunternehmen interviewt, die verschiedene Ausrüstungen für Fahrzeuge herstellen und i.d.R. an mehr als einen Kunden verkaufen. Für den Bausektor bedeutet das, es wurden sowohl materialherstellende Unternehmen interviewt als auch Architektur- und Ingenieurbüros, Generalunternehmer und öffentliche Akteure, die als Bauträger wirken (vgl. hierzu Tabelle 6). Letztendlich wurden die geführten Unternehmensinterviews in drei Gruppen unterteilt (vgl. Tabelle 5): Unternehmen aus der Automobilzulieferindustrie (9 Interviews), dem Bausektor (30 Interviews) und Circular Economy-Berater (11 Interviews). Dieser Liste von insgesamt 50 Interviews wurden weitere neun Interviews mit Experten des Circular Hotspots in Wiltz hinzugefügt.

Tabelle 5: Übersicht der semi-strukturierten Experteninterviews

Expertengruppe	**Anzahl**
Automobilzulieferindustrie	9
Bausektor	30
Circular Economy-Berater	11
Wiltz	9
Gesamt	**59**

47 Die semi-strukturierten Interviews setzen sich aus fünfzig Unternehmensinterviews und 9 Interviews mit Experten des Circular Economy Hotspot Wiltz zusammen, die nicht als Unternehmensvertreter befragt wurden (sondern als ortsansässige Akteure, die den Hotspot erleben).

In Wiltz wurden zwischen September und Dezember 2019 Vertreter der Gemeinde, des Bauvorhabens Wunne mat der Wooltz, der Industriezone Saalzbach und der Transitionsbewegung interviewt. Sie stellen die vier Akteursgruppen dar, die aus beruflichen Gründen mit der Circular Economy in Wiltz konfrontiert sind und diese aktiv voranzutreiben versuchen. Lediglich bei einigen der Befragten fehlt die berufliche Verbindung mit dem Thema, da die Transitionsbewegung hauptsächlich mit Freiwilligen arbeitet. Da diese Gruppen aber dank der Dachorganisation CELL (Citizens for Ecological Learning and Living) recht professionell strukturiert sind und es bei zivilgesellschaftlichen Bewegungen zu Themen der Circular Economy häufig zu einer Überschneidung privater und beruflicher Interessen und Tätigkeitsfelder kommt, wurde diese Gruppe wie die anderen Gruppen als Experten behandelt.

Alle 59 Interviews wurden von der Autorin (Doktorandin) unter Nutzung des bereits erwähnten Interviewleitfadens durchgeführt (siehe Anhang 3). Dieser Leitfaden wurde lediglich sprachlich an die unterschiedlichen Gruppen angepasst, damit die Fragestellung zu dem Interviewten passt (z. B. einem Unternehmensvertreter, Beamten oder Architekten). In der folgenden Tabelle 6 sind alle semi-strukturierten Experteninterviews tabellarisch aufgelistet. Die Interviews wurden entsprechend folgender Logik benannt: Datentyp (SI für semi-strukturiertes Interview), Land (LU für Luxemburg), Expertengruppe, Gesprächsnummer (fortlaufend). Die Liste beginnt mit den Interviews der Expertengruppe aus der Automobilzulieferindustrie (FA), geht über in den Bausektor (FB) und dann zu sektorübergreifenden Bereichen (AE), um schließlich mit den Experten aus Wiltz (WE) zu enden. Das erste in Luxemburg durchgeführte semi-strukturierte Interview trägt somit das Kürzel SI-LU-FA-1. Insgesamt wurden dreizehn Personen interviewt, die zum mittleren Management gehören (mit Personalverantwortung), 34 Personen gehören zum oberen Management (z. B. Geschäftsführer, Partner, Standortleiter) und bei zwölf interviewten trifft weder das eine noch das andere zu (vgl. Tabelle 6).

Tabelle 6: Auflistung der semi-strukturierten Interviews

#	Kürzel	Datum	Anwesende Forscher	Interviewpartner	
				Arbeitsbereich	**Position (O/M)****
1	SI-LU-FA-1	02-2018	PhD	Zulieferunternehmen	Manager*in (M)
2	SI-LU-FA-2	03-2018	PhD	Zulieferunternehmen	Manager*in (O)
3	SI-LU-FA-3	03-2018	PhD	Zulieferunternehmen	Manager*in (O)

(fortgeführt)

Tabelle 6: Fortsetzung

#	Kürzel	Datum	Anwesende Forscher	Interviewpartner	
				Arbeitsbereich	Position (O/M)**
4	SI-LU-FA-4	03-2018	PhD	Zulieferunternehmen	Manager*in (O)
5	SI-LU-FA-5	04-2018	PhD	Zulieferunternehmen	Manager*in (O)
6	SI-LU-FA-6	05-2018	PhD	Zulieferunternehmen	Manager*in (O)
7	SI-LU-FA-7	05-2018	PhD	Zulieferunternehmen	Manager*in (O)
8	SI-LU-FA-8	06-2018	PhD	Zulieferunternehmen	Technologe/ Technologin (M)
9	SI-LU-FA-9	07-2018	PhD	Industrieunter-nehmen	Manager*in (O)
10	SI-LU-FB-10	02-2018	PhD	Hochbau	Qualitätsmanager*in
11	SI-LU-FB-11	02-2018	PhD	Materialhersteller	Berater*in (M)
12	SI-LU-FB-12	02-2018	PhD	Architekturbüro	Architekt*in (O)
13	SI-LU-FB-13	03-2018	PhD	Materialhersteller	Manager*in (O)
14	SI-LU-FB-14	03-2018	PhD	Behörde/öffentliche Verwaltung	Manager*in (O)
15	SI-LU-FB-15	03-2018	PhD	Architekturbüro	Architekt*in (O)
16	SI-LU-FB-16	03-2018	PhD	Materialhersteller	Manager*in (O)
17	SI-LU-FB-17	03-2018	PhD	Ingenieurbüro	Manager*in (O)
18	SI-LU-FB-18	03-2018	PhD	Architekturbüro	Architekt*in (O)
19	SI-LU-FB-19	04-2018	PhD	Hochbau	Berater*in (M)
20	SI-LU-FB-20	04-2018	PhD	Materialhersteller	Manager*in (O)
21	SI-LU-FB-21	05-2018	PhD	Unterauftragnehmer	Manager*in (O)
22	SI-LU-FB-22	05-2018	PhD	Architekturbüro	Architekt*in (O)
23	SI-LU-FB-23	05-2018	PhD	Weiterbildungs-unternehmen	Manager*in (O)
24	SI-LU-FB-24	05-2018	PhD	Bauberatung	Architekt*in
25	SI-LU-FB-25	05-2018	PhD	Ingenieurbüro	Manager*in (O)
26	SI-LU-FB-26	05-2018	PhD	Unterauftragnehmer	Manager*in (O)
27	SI-LU-FB-27	06-2018	PhD	Architekturbüro	Architekt*in (O)
28	SI-LU-FB-28	06-2018	PhD	Architekturbüro	Architekt*in (O)
29	SI-LU-FB-29	06-2018	PhD	Hochbau	Manager*in (M)
30	SI-LU-FB-30	06-2018	PhD	Hochbau	Manager*in (O)
31	SI-LU-FB-31	06-2018	PhD	Projektmanagement	Manager*in (O)
32	SI-LU-FB-32	07-2018	PhD	Materialhersteller	Manager*in (O)
33	SI-LU-FB-33	07-2018	PhD	Hochbau	Manager*in (M)
34	SI-LU-FB-34	07-2018	PhD	Projektmanagement	Architekt*in
35	SI-LU-FB-35	07-2018	PhD	Hochbau	Manager*in (M)
36	SI-LU-FB-36	07-2018	PhD	Hochbau	Manager*in (O)

Tabelle 6: Fortsetzung

#	Kürzel	Datum	Anwesende Forscher	Interviewpartner	
				Arbeitsbereich	Position (O/M)**
37	SI-LU-FB-37	07-2018	PhD	Unterauftragnehmer	Manager*in (O)
38	SI-LU-FB-38	07-2018	PhD	Projektmanagement	Manager*in (O)
39	SI-LU-FB-39	09-2018	PhD	Projektmanagement	Manager*in (M)
40	SI-LU-AE-40	04-2018	PhD	Unternehmens-beratung	Manager*in (O)
41	SI-LU-AE-41	05-2018	PhD	Transportunter-nehmen	Manager*in (O)
42	SI-LU-AE-42	05-2018	PhD	Unternehmens-beratung	Manager*in (M)
43	SI-LU-AE-43	05-2018	PhD	Unternehmens-beratung	Manager*in (O)
44	SI-LU-AE-44	06-2018	PhD	Unternehmens-beratung	Manager*in (O)
45	SI-LU-AE-45	06-2018	PhD	Unternehmens-beratung	Berater*in
46	SI-LU-AE-46	06-2018	PhD	Kammer	Berater*in
47	SI-LU-AE-47	06-2018	PhD	Kammer	Berater*in
48	SI-LU-AE-48	06-2018	PhD	Verband	Manager*in (M)
49	SI-LU-AE-49	07-2018	PhD	Abfallmanagement	Manager*in (M)
50	SI-LU-AE-50	07-2018	PhD	Industrieunter-nehmen	Manager*in (M)
51	SI-LU-WE-51	09-2019	PhD	Behörde/öffentliche Verwaltung	Beamter*in
52	SI-LU-WE-52	10-2019	PhD	Behörde/öffentliche Verwaltung	Vertreter*in
53	SI-LU-WE-53	10-2019	PhD	Innovationsagentur (öffentlich)	Manager*in
54	SI-LU-WE-54	11-2019	PhD	Industrieunter-nehmen	Industrieunterneh-mensvertreter*in (M)
55	SI-LU-WE-55	11-2019	PhD	Behörde/öffentliche Verwaltung	Beamter*in
56	SI-LU-WE-56	11-2019	PhD	Transitionsbewegung	Mitglied
57	SI-LU-WE-57	12-2019	PhD	Transitionsbewegung	Mitglied
58	SI-LU-WE-58	12-2019	PhD	Behörde/öffentliche Verwaltung	Beamter*in (O)
59	SI-LU-WE-59	12-2019	PhD	Behörde/öffentliche Verwaltung	Manager*in (O)

** Managementebene: Oberes Management (O), Mittleres Management (M)

b. Erhebung und Dokumentation

Die semi-strukturierten Interviews fanden zum größten Teil am Arbeitsplatz der Befragten statt (47 der 59 Interviews), neun in Cafés, zwei an der Universität und eins am Telefon (vgl. Tabelle 7). Vor allem für die Gespräche mit den Circular Economy-Experten außerhalb der Unternehmen musste die Örtlichkeit aus Zeitgründen flexibel festgelegt werden: Oft lagen die Cafés für die Interviewten auf dem Weg zwischen zwei (Geschäfts-)Terminen. Die Gespräche wurden größtenteils in Deutsch geführt (45 der 59 Interviews), zwölf in Französisch und zwei in Englisch. In den meisten Fällen wurde eine einzelne Person befragt, nur bei acht der 59 Gespräche waren mehrere Experten anwesend. Bei vierzehn Gesprächen waren Frauen unter den Interviewpartnern.

Tabelle 7: Metadaten zu den semi-strukturierten Interviews

Interview				Interviewpartner	
Kürzel	**Ort/Modus**	**Sprache***	**Audiodatei**	**Anzahl**	**Geschlecht**
SI-LU-FA-1	Arbeitsplatz	Deutsch	Ja	1	männlich
SI-LU-FA-2	Arbeitsplatz	Englisch	Ja	1	männlich
SI-LU-FA-3	Arbeitsplatz	Französisch	Ja	1	männlich
SI-LU-FA-4	Arbeitsplatz	Deutsch	Ja	1	männlich
SI-LU-FA-5	Arbeitsplatz	Deutsch	Nein	1	männlich
SI-LU-FA-6	Arbeitsplatz	Französisch	Ja	1	männlich
SI-LU-FA-7	Arbeitsplatz	Deutsch	Ja	1	männlich
SI-LU-FA-8	Arbeitsplatz	Deutsch	Ja	1	männlich
SI-LU-FA-9	Arbeitsplatz	Deutsch	Ja	1	männlich
SI-LU-FB-10	Arbeitsplatz	Deutsch	Ja	1	männlich
SI-LU-FB-11	Arbeitsplatz	Deutsch	Ja	1	männlich
SI-LU-FB-12	Arbeitsplatz	Deutsch	Ja	1	männlich
SI-LU-FB-13	Arbeitsplatz	Deutsch	Ja	1	männlich
SI-LU-FB-14	Arbeitsplatz	Deutsch	Ja	1	männlich
SI-LU-FB-15	Arbeitsplatz	Deutsch	Ja	1	männlich
SI-LU-FB-16	Arbeitsplatz	Deutsch	Ja	1	männlich
SI-LU-FB-17	Arbeitsplatz	Deutsch	Ja	1	männlich
SI-LU-FB-18	Arbeitsplatz	Deutsch	Ja	1	männlich
SI-LU-FB-19	Café	Deutsch	Ja	1	männlich
SI-LU-FB-20	Arbeitsplatz	Deutsch	Ja	1	männlich
SI-LU-FB-21	Arbeitsplatz	Deutsch	Ja	1	männlich
SI-LU-FB-22	Arbeitsplatz	Deutsch	Ja	1	männlich

Tabelle 7: Fortsetzung

Interview				Interviewpartner	
SI-LU-FB-23	Arbeitsplatz	Französisch	Ja	1	männlich
SI-LU-FB-24	Arbeitsplatz	Deutsch	Ja	1	weiblich
SI-LU-FB-25	Arbeitsplatz	Französisch	Ja	1	männlich
SI-LU-FB-26	Arbeitsplatz	Deutsch	Ja	1	männlich
SI-LU-FB-27	Arbeitsplatz	Deutsch	Ja	1	weiblich
SI-LU-FB-28	Universität	Deutsch	Ja	1	männlich
SI-LU-FB-29	Arbeitsplatz	Deutsch	Ja	1	männlich
SI-LU-FB-30	Arbeitsplatz	Deutsch	Ja	2	gemischt
SI-LU-FB-31	Arbeitsplatz	Deutsch	Ja	1	männlich
SI-LU-FB-32	Arbeitsplatz	Französisch	Nein	1	weiblich
SI-LU-FB-33	Arbeitsplatz	Deutsch	Ja	1	männlich
SI-LU-FB-34	Café	Deutsch	Nein	1	weiblich
SI-LU-FB-35	Arbeitsplatz	Deutsch	Ja	1	männlich
SI-LU-FB-36	Arbeitsplatz	Französisch	Ja	2	weiblich
SI-LU-FB-37	Arbeitsplatz	Französisch	Ja	1	männlich
SI-LU-FB-38	Arbeitsplatz	Deutsch	Ja	1	männlich
SI-LU-FB-39	Arbeitsplatz	Deutsch	Ja	1	männlich
SI-LU-AE-40	Café	Französisch	Ja	1	männlich
SI-LU-AE-41	Arbeitsplatz	Deutsch	Ja	2	weiblich
SI-LU-AE-42	Arbeitsplatz	Englisch	Ja	3	gemischt
SI-LU-AE-43	Arbeitsplatz	Französisch	Ja	1	männlich
SI-LU-AE-44	Café	Deutsch	Ja	1	männlich
SI-LU-AE-45	Café	Deutsch	Ja	1	weiblich
SI-LU-AE-46	Arbeitsplatz	Deutsch	Ja	1	weiblich
SI-LU-AE-47	Arbeitsplatz	Deutsch	Ja	1	männlich
SI-LU-AE-48	Arbeitsplatz	Französisch	Ja	1	männlich
SI-LU-AE-49	Café	Deutsch	Ja	2	männlich
SI-LU-AE-50	Arbeitsplatz	Deutsch	Ja	2	männlich
SI-LU-WE-51	Arbeitsplatz	Deutsch	Nein	1	männlich
SI-LU-WE-52	Arbeitsplatz	Deutsch	Nein	2	männlich
SI-LU-WE-53	Café	Deutsch	Nein	1	männlich
SI-LU-WE-54	Café	Französisch	Nein	1	weiblich
SI-LU-WE-55	Telefonat	Deutsch	Nein	1	männlich
SI-LU-WE-56	Café	Deutsch	Nein	1	weiblich
SI-LU-WE-57	Universität	Deutsch	Nein	1	weiblich
SI-LU-WE-58	Arbeitsplatz	Deutsch	Nein	1	weiblich
SI-LU-WE-59	Arbeitsplatz	Französisch	Nein	2	männlich

Der Ablauf aller 59 semi-strukturierten Interviews war ähnlich. Nach der Begrüßung und der Vorstellung des Forschungsvorhabens wurden die Interviews mit einer offen gehaltenen Frage zum Verständnis der Circular Economy begonnen. Im Anschluss an die erste Frage wurde das Interview entsprechend dem Leitfaden weitergeführt (vgl. Anhang 3). Die Interviews wurden zum größten Teil (47 Stück) mit einem Diktiergerät aufgenommen, bei zwölf der 59 Interviews liegt keine Audiodatei vor. Bei diesen Interviews wurde auf eine Aufnahme verzichtet, weil dies in einem Fall nicht erwünscht war und bei zwei Fällen aus technischen Gründen nicht aufgezeichnet wurde. Die neun Expertengespräche in Wiltz (SI-LU-WE-50 bis SI-LU-WE-59) wurden nicht aufgenommen. Die handschriftlichen Mitschriften zu diesen Interviews sind sehr detailliert und wurden nach dem Interview nicht nur gescannt, sondern auch zeitnah in ein Gesprächsprotokoll in Word übertragen, um die fehlenden Transkriptionen aufzufangen. Wie bereits bei den explorativen Interviews folgen diese Protokolle einer generischen Struktur.

Alle Interviewpartner wurden darüber informiert, dass sie an einem Forschungsvorhaben teilnehmen, das Gespräch aufgezeichnet wird und die Inhalte für wissenschaftliche Zwecke genutzt werden. Ihre Einverständniserklärungen liegen schriftlich vor. Das dafür genutzte Formular wurde für das CIRCULAR-Projekt angefertigt und vom Ethikausschuss der Universität Luxemburg genehmigt. Ein Exemplar dieser Vereinbarung zwischen dem Interviewten und dem Forscher kann in Anhang 7 eingesehen werden.

Die anonymisierten Audiodateien der Interviews befinden sich mit nicht-anonymisierten Gesprächsprotokollen auf dem zugangseingeschränkten Server der Universität Luxemburg. Die Transkriptionen des fast 50 Stunden umfassenden Audiomaterials wurden hauptsächlich von Unterauftragnehmern übernommen: Elf Interviews mit einem Audiomaterial von knapp 10 Stunden hat die Autorin selbst transkribiert. Im Durchschnitt dauerte ein Interview 62 Minuten – wobei das kürzeste Interview 34 Minuten und das längste 102 Minuten umfasst. Für die Auswertung der Transkriptionen und Gesprächsprotokolle wurde die Software MAXQDA genutzt (vgl. für ausführliche Details Kapitel 3.2.2.b).

c. *Auswertung: Kodierschema und Expertenworkshop*

Alle relevanten Datensätze – Dokumente, Interview-Transkriptionen und Gesprächsprotokolle – wurden in MAXQDA importiert und qualitativ analysiert. Die thematische Inhaltsanalyse ist eine Methode zur systematischen Identifizierung, Strukturierung und Dokumentierung von Bedeutungsmustern

(Themen) in einem Datensatz (Braun und Clarke, 2006: 79). Die Daten inhaltlich nach Themen zu untersuchen ist ein flexibler Ansatz, der sich mit ganz unterschiedlichen theoretischen Ansätzen kombinieren lässt (Braun und Clarke, 2006: 78) – er eignet sich auch für praxeologische Arbeiten.

Während der Datenerhebung hat die Autorin in Anlehnung an Braun und Clarke (2006) Notizen zu den Interviews und den in den Gesprächen wiederkehrenden Themen gemacht – nach jedem Interview wurden diese persönlichen Einschätzungen zum Gesprächsverlauf, der Atmosphäre und eventuellen Störungen den Gesprächsprotokollen hinzugefügt. Wie auch das Schreiben von Memos (Charmaz, 2006: 81) führte dieses Rückbesinnen auf den Gesprächsverlauf zu einer stärkeren Verankerung der Inhalte in der Erinnerung, weil sie mit Emotionen und Bildern verknüpft wurden. Diese frühen thematischen Codes wurden während der empirischen Phase erweitert, kommentiert und auch überprüft, um wiederkehrende Motive festzuhalten. Am Ende bildeten sich zwölf Themen heraus, die als erste Kodier-Ebene festgehalten wurden und in Anhang 8 näher erläutert werden:

1. Definition der Circular Economy,
2. Material und Abfall,
3. Energie,
4. Motivationen und Barrieren zirkuläre Praktiken umzusetzen,
5. Design,
6. Einkauf,
7. Transport und Logistik,
8. Wissen und Kooperation,
9. Geschäftsmodelle,
10. soziale Unternehmensverantwortung,
11. Staat und Regierung,
12. Zukunft der Circular Economy.

In einem zweiten Kodier-Schritt wurden die einzelnen Themen in drei bis sieben Unterkategorien unterschieden, um entweder die Positionierung des Unternehmens im Vergleich zu anderen Akteuren besser darstellen zu können oder aber spezifische Motive hervorzuheben (vgl. Anhang 9). So wurde beispielsweise im Code *Definition der Circular Economy* das Verständnis des Unternehmens in Bezug auf die Thematik in unbekannt, eng und breit unterschieden. Im Code *Staat und Regierung* hingegen wurden die Themen Gesetze, Beschaffung, Vernetzung, Wissen, Finanzierung und Sonstiges identifiziert. Diese zweite Kodier-Ebene wurde ausschließlich aus den empirischen Daten gebildet, nachdem die Gespräche ausführlich innerhalb des CIRCULAR-Projektteams besprochen wurden – in bilateralen Gesprächen, aber auch mit dem gesamten dreiköpfigen Projektteam.

Zusätzlich zu den Teambesprechungen wurde im April 2019, nachdem ein Großteil der semi-strukturierten Interviews geführt waren, ein Workshop mit ausgewählten Teilnehmern durchgeführt. Insgesamt zwölf bereits interviewte Experten wurden eingeladen, um über Zwischenerkenntnisse, die von den Forschern in den Interviews gewonnen wurden, informiert zu werden und diese gemeinsam zu diskutieren. Dieser so genannte Stakeholder-Workshop wurde im Rahmen des CIRCULAR-Projekts durchgeführt und fand in englischer Sprache statt. Von den insgesamt sechs Teilnehmern wurden vier im Rahmen des vorliegenden Forschungsvorhabens und zwei im Rahmen der Betrachtung von zivilgesellschaftlichen Initiativen für das CIRCULAR-Projekt interviewt (vgl. Tabelle 8).

Tabelle 8: Teilnehmer des Expertenworkshops

Anzahl	Interview-Kennung im Rahmen dieser Arbeit		Interviewter		
	#	Kürzel	Arbeitsbereich	Position*	Geschlecht
1	9	EI-LU-9	Innovationsagentur (öffentlich)	Manager*in	männlich
2	43	SI-LU-FB-27	Architekturbüro	Architekt*in (O)	weiblich
3	60	SI-LU-AE-44	Unternehmens-beratung	Manager*in (O)	männlich
4	70	SI-LU-WE-54	Industrieunter-nehmen	Industrieunterneh-mensvertreter*in (M)	weiblich
5	keine		Verein ohne Gewinnzweck (ASBL)	Mitglied	weiblich
6	keine		Verein ohne Gewinnzweck (ASBL)	Mitglied (im Vorstand)	männlich

* Managementebene: Oberes Management (O), Mittleres Management (M)

Die Teilnehmer wurden für den dreistündigen Workshop in die Universität Luxemburg nach Belval eingeladen. Es wurde mit einem leichten Mittagessen begonnen. Nachdem sich alle Teilnehmer vorgestellt hatten, wurden durch das dreiköpfige CIRCULAR-Projektteam erste Erkenntnisse aus den Interviews in Luxemburg und Schweden als vorläufige Ergebnisse vorgetragen. Diese kurz und prägnant aufgelisteten Punkte sollten den anwesenden Teilnehmern Anknüpfungspunkte (Stimuli) für eine persönliche Stellungnahme liefern, die sich zu einer Gruppendiskussion entwickeln sollte. Impulsgeber in Form von Aussagen, Behauptungen oder Bildern werden in verschiedenen wissenschaftlichen Formaten eingesetzt – z. B. in fokussierten Interviews oder Fokusgruppen (Misoch, 2019). Die Diskussion zwischen den sechs eingeladenen Experten wurde von den Forschern beobachtet und verfolgt. Eine aktive Teilnahme an der Diskussion durch die Forscher erfolgte nicht. Nichtsdestotrotz standen sie für Nachfragen zur Verfügung und lenkten die Diskussion, wenn dafür Bedarf bestand. Nach der Diskussion wurden die Hauptpunkte und Eindrücke durch den CIRCULAR-Projektleiter zusammengefasst, um den Teilnehmern erneut die Möglichkeit zu geben, auf das Gesagte zu reagieren. Im Anschluss wurde der Workshop geschlossen und die Veranstaltung mit einem Kaffee beendet. Die Teilnehmer erhielten bei der Verabschiedung ein kleines Dankeschön und am nächsten Tag eine E-Mail, in der ihnen für ihr Interesse gedankt und einige Fotoaufnahmen geteilt wurden.

Während des Workshops machten alle drei Forscher Notizen, die dann im Anschluss zeitnah zu einem gemeinsamen Dokument zusammengefügt wurden. Die Erkenntnisse aus dem Expertenworkshop wurden in der Darstellung und Interpretation der Erkenntnisse in den Kapiteln 4. und 5. berücksichtigt. Bevor die Daten jedoch im Einzelnen dargestellt werden, werden in Kapitel 3.3. einige Aspekte kritisch diskutiert, die auf das Forschungsdesign dieser Arbeit zurückzuführen und in der methodischen Operationalisierung deutlich geworden sind.

3.3. KRITISCHE AUSEINANDERSETZUNG MIT DEM FORSCHUNGSDESIGN

In den voranstehenden Ausführungen zu den methodologischen Grundlagen wurde darauf geachtet, die einzelnen Schritte in der methodischen Operationalisierung des Forschungsvorhabens und die damit einhergehenden Überlegungen offen darzulegen. Dem Leser sollen alle Informationen zur Verfügung gestellt werden, um zu verstehen wie das Forschungsvorhaben umgesetzt wurde – das ist im Allgemeinen die Grundvoraussetzung der Qualitätssicherung in qualitativen Forschungsdesigns (Barbour, 2018).

Auf den folgenden Seiten werden einige technische Aspekte diskutiert, die einen verzerrenden Einfluss auf das Forschungsvorhaben hatten bzw. haben können, sofern es sich um eher indirekte Faktoren handelt, deren Kausalität (die Beziehung zwischen Ursache und Wirkung) nur bedingt feststellbar ist. Im Einzelnen geht es vor allem um die Positionalität der Forscherin (eine selbstreflexive Beobachtung im Forschungsprozess), die Zusammensetzung des

Datenkorpus bzw. dessen Unausgewogenheit sowie um die Sprachenvielfalt, der sich Forschungsvorhaben in Luxemburg zu stellen haben.

3.3.1 Positionalität

Die Positionalität des Forschers und deren Einfluss auf ein Forschungsvorhaben werden besonders häufig in internationalen Settings diskutiert, wenn die sozio-kulturellen Kapazitäten (wie z. B. Geschlecht, Religion, Herkunft, Bildung) der Interviewer und/oder der Interviewten eine entscheidende Rolle spielen (Herod, 1999; Merriam et al., 2001). In der Regel wird in diesen Kontexten hervorgehoben, dass es von Vorteil ist, wenn Interviewer und Interviewte eine Gemeinsamkeit teilen, wie z. B. Sprache, Status oder Studienabschluss. Wenn sich der Forscher allerdings bei der Auswahl potentieller Gesprächspartner ausschließlich innerhalb seines eigenen Milieus bewegt (z. B. Freunde und Bekannte, Arbeitskollegen), wird dies nicht nur als verzerrend, sondern auch als unethisch angesehen. Bestehende Machtverhältnisse zwischen dem Forscher und dem Interviewten können dazu führen, dass sich eine Person zur Teilnahme an einer Studie gedrängt fühlt oder seine Antworten an die antizipierten Erwartungen des Gegenübers (in diesem Fall des Forschers) anpasst. Besonders bedeutungsvoll kann dies in Projekten sein, wenn es um sensible Themen geht oder wenn der Befragte Nachteile durch seine Teilnahme oder Antworten erfahren könnte. Jäger und Reinecke (2009: 38) empfehlen deshalb, dass „die Suche von Experten interessengeleitet“ sein sollte, sich also „in erster Linie aus dem Forschungsgegenstand begründen lassen, und lediglich in zweiter Linie aus Gründen der Forschungspraxis“, z. B. durch einen leichterer Zugang.

Für das vorliegende Forschungsvorhaben ist eine Reflexion über meine Positionalität insofern relevant, weil sie auch die folgenden Kapitel Datenkorpus und Sprache beeinflusst. Neben den personenbezogenen Faktoren wie Alter, Geschlecht, Position und Nationalität, muss an dieser Stelle auf eine Verzerrung hingewiesen werden, die durch mein Studium und meine frühere Tätigkeit am Luxembourg Institute of Science and Technology (LIST) hervorgerufen wird. Als diplomierte Bauingenieurin und nach einer fast zehnjährigen Tätigkeit am LIST, wo ich im Rahmen verschiedener Projekte mit dem Bausektor in Luxemburg und verschiedenen öffentlichen Stellen zu tun hatte, war für mich der Zugang zur Baubranche und den Stakeholdern in Wiltz deutlich einfacher als zu Akteuren der Automobilzulieferindustrie. Das dadurch entstandene Ungleichgewicht im Datenkorpus der semi-strukturierten Interviews wird im folgenden Kapitel diskutiert.

Ein Teil der befragten Experten war mir bereits im Vorfeld der Kontaktaufnahme bekannt (vgl. Tabelle 9). Dieser Anteil ist bei den explorativen Interviews mit 57 % am höchsten, da ich beim LIST vor allem mit öffentlichen Organisationen (Ministerien, Verwaltungen, Gemeinden) zusammengearbeitet habe, bzw. ehemalige Kollegen mittlerweile auch für den luxemburgischen Staat arbeiten. Bei Akteuren aus der Automobilindustrie ist der Anteil am geringsten, ich hatte mit keinem von ihnen vor den Interviews Kontakt. Von den 91 Personen, die ich im Rahmen des Promotionsvorhabens interviewt habe, kannte ich 32 bereits persönlich aus meinen Berufsjahren in Luxemburg (35 %).

Tabelle 9: Anzahl der persönlich bekannten Experten

Expertengruppe	**Anzahl der Interviews**	**Interviewte Personen**	
		Anzahl	**Davon vor dem Interview persönlich bekannt**
Unstrukturierte Interviews	16	23	13 (57 %)
Automobilzulieferindustrie	9	9	0
Bausektor	30	32	11 (34 %)
Circular Economy-Berater	11	16	4 (25 %)
Wiltz	9	11	4 (36 %)
Gesamt	**75**	**91**	**32 (35 %)**

In meinen bisherigen Ausführungen wird die Untrennbarkeit von Theorie und Praxis deutlich, die von Geiselhart et al. (2019: 385) „als ein zu reflektierendes Begründungsdilemma" bezeichnet wird. Sie fragen: „Wie kann Forschung relevant sein, wenn man sich als Forscher*in niemals einem Forschungsgegenstand wirklich annähern kann, ohne diesen dabei gleichzeitig selbst auch zu konstituieren und/oder zu beeinflussen?" (Geiselhart et al., 2019: 385). Es ist die persönliche Perspektive, aber auch die professionelle Perspektive eines Forschers, die ein Forschungsvorhaben lenken, beeinflussen und verzerren – nicht nur im negativen, sondern auch im positiven Sinn (Fjellström und Guttormsen, 2016). Um Zugang zu einer bestimmten Akteursgruppe zu erhalten, bedarf es manchmal eines Forschers aus dem gleichen Milieu oder mit dem gleichen (multi) kulturellen Hintergrund (Zhang und Guttormsen, 2016).

Die Einflüsse, die von mir als Forscherin auf mein Promotionsvorhaben wirken, kann und will ich nicht isolieren und beseitigen – ich kann aber bewusst mit ihnen arbeiten und bei Bedarf um eine zweite Meinung bitten. Deshalb habe ich auch den Interviewleitfaden und die Kodier-Ebenen aus dem CIRCULAR-Projekt übernommen, um zu vermeiden, die Datenerhebung und -analyse zu stark zu lenken. Ich denke, dass sämtliche Entscheidungen während eines Forschungsvorhabens immer auch eine sehr subjektive Komponente haben und, dass z. B. die Wahl der Methode zur Datenerhebung davon ebenfalls betroffen ist und deshalb auch in qualitativen Forschungsvorhaben grundsätzlich von Datengenerierung gesprochen werden sollte (Geiselhart et al., 2019: 386). Daten werden von den am Prozess beteiligten Forschern generiert, also erzeugt, indem sie den Leitfaden und/oder Fragebogen erstellen, die Befragung bzw. das Gespräch führen und Datenmanagement (z. B. Audioaufnahme, Transkription) übernehmen. In diesem Prozess übernehmen die Forscher eine aktive Rolle, wodurch sie notgedrungen auch lenkend auf den Prozess wirken.

3.3.2 Datenkorpus

Qualitative Forschung sieht sich häufig drei grundsätzlichen Kritiken ausgesetzt, die mit der Frage zusammenhängen, ob das Soziale überhaupt darstellbar ist (Repräsentation), sich aus Einzelfällen Generalisierungen ableiten lassen (Legitimation) und ob qualitative Forschung objektiv genug ist (Forschungspraxis), um Gültigkeit und Zuverlässigkeit zu gewähren (Onwuegbuzie und Leech, 2007; Denzin und Lincoln, 2011: 1–19). Als Antwort auf diese Kritiken haben sich in der Forschungsgemeinschaft drei unterschiedliche Standpunkte entwickelt: Qualitative Forschung sollte mit quantitativen Qualitätskriterien beurteilt werden, es sollten explizit qualitative Kriterien bei der Beurteilung angewandt werden bzw. sollten die Kriterien dem Forschungsvorhaben angepasst und nicht im Vorfeld festgelegt werden (Cameron, 2011). Für eine Interview-Studie sind demzufolge alle Aspekte von Relevanz, die mit dem Datenkorpus, also den Interviews, in Verbindung stehen: die Auswahl der Interviewpartner, die Generierung der Daten (die Durchführung der Interviews) und das Analyseverfahren. Die visuelle Darstellung der interviewten Expertengruppen in Abbildung 15 veranschaulicht die Dominanz des Bausektors im Datenkorpus, die einerseits darauf zurückzuführen ist, dass die Autorin als Bauingenieurin mit einer zehnjährigen Berufserfahrung in Luxemburg den luxemburgischen Bausektor erforscht. Andererseits ist der Bausektor für die Circular Economy durch den hohen Ressourcenverbrauch ein besonders relevanter Ansatzpunkt mit hohem Potenzial. Die Akteure sind sich dieser Relevanz bewusst und an der Thematik interessiert. Der Zugang zu dieser Akteursgruppe war (vielleicht deshalb) besonders schwellenarm.

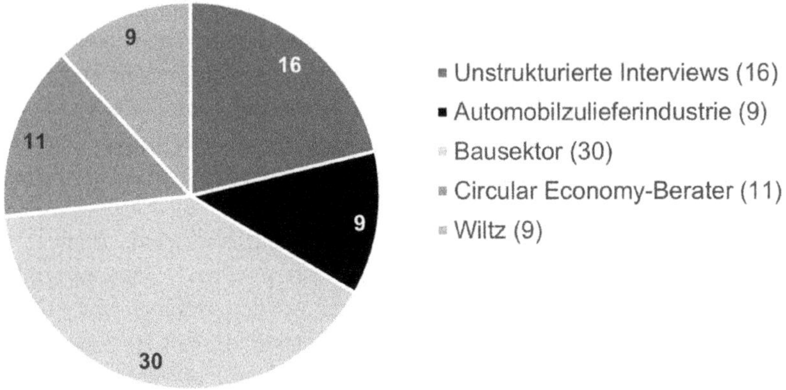

Abbildung 15: Verteilung der Interviews nach Expertengruppen

Die inhaltliche Nähe der Forscherin zu dem Forschungsthema und dem Forschungsfeld wird in der wissenschaftlichen Literatur nicht nur als Milieublindheit bezeichnet, sondern auch als Effekt des Interviewers anerkannt, wenn die Befragten beispielsweise kooperativ bei der Beantwortung bestimmter Fragen sind und dies darauf zurückgeführt werden kann, dass sie dem Interviewer einen gewissen Anspruch auf die Daten zusprechen (Clark, 1998: 80; Yeung, 2003: 448).

Der transparente Umgang mit dem unausgewogenen Datenkorpus wird in der thematischen Darstellung der Daten in Kapitel 4. und ihrer Interpretation in Kapitel 5. konsequent weitergeführt, um der Multiperspektivität der Forschungsperspektiven gerecht zu werden.

3.3.3 Sprache

In der wissenschaftlichen Literatur zu Mehrsprachigkeit im Forschungsalltag wird um einen sensiblen Umgang mit der Sprachenthematik geworben (Martin-Jones et al., 2017), da sie oft für selbstverständlich gehalten wird und keine Berücksichtigung im Forschungsprozess erfährt – insbesondere bei Projekten außerhalb der Soziolinguistik und Ethnographie. In Interview-Studien wird der Einfluss der Interviewsprache vor allem dann diskutiert, wenn es um das Verbalisieren von Gefühlen (Polkinghorne, 2005: 139) oder die ethischen Implikationen der Sprachwahl geht (Holmes et al., 2013), durch die es zu einer Diskriminierung des Interviewten oder des Interviewers kommen kann – auch, weil Englisch oft dominiert als Sprache der Repräsentation in internationalen

Milieus und der Verbreitung von wissenschaftlichen Erkenntnissen. In mehrsprachigen Forschungsteams werden Sprachen diskutiert, wenn Übersetzungen erforderlich sind (Blackledge und Creese, 2010), z. B. von Interviewtranskriptionen, um eine kollaborative Datenanalyse zu ermöglichen. Dabei werden die positiven wie auch die negativen Auswirkungen von Übersetzungen – wie auch von Dolmetschern und Moderatoren – auf die Generierung von Daten diskutiert (Kalocsanyiova, 2020).

Luxemburg ist von Rechts wegen mehrsprachig (Kirsch et al., 2020: 1), die Bewohner können sich in einer der drei Amtssprachen – Luxemburgisch, Deutsch und Französisch – an eine Verwaltung wenden und auch eine Antwort in dieser Sprache erwarten. Das Land ist mehrsprachig, fast 50 % der Bevölkerung sind nicht luxemburgisch und neben den bereits erwähnten Sprachen sind Englisch und Portugiesisch im Alltag allgegenwärtig. Die Mehrsprachigkeit der Arbeitswelt spiegelt sich auch in den Interviews wider, die für das vorliegende Promotionsvorhaben durchgeführt wurden (vgl. Tabelle 10).

Tabelle 10: Sprachen, in denen die Interviews geführt wurden

#	Kürzel	S*	#	Kürzel	S*	#	Kürzel	S*
1	EI-LU-1	E	26	SI-LU-FB-10	D	51	SI-LU-FB-35	D
2	EI-LU-2	E	27	SI-LU-FB-11	D	52	SI-LU-FB-36	F
3	EI-LU-3	D	28	SI-LU-FB-12	D	53	SI-LU-FB-37	F
4	EI-LU-4	D	29	SI-LU-FB-13	D	54	SI-LU-FB-38	D
5	EI-LU-5	E	30	SI-LU-FB-14	D	55	SI-LU-FB-39	D
6	EI-LU-6	D	31	SI-LU-FB-15	D	56	SI-LU-AE-40	F
7	EI-LU-7	D	32	SI-LU-FB-16	D	57	SI-LU-AE-41	D
8	EI-LU-8	D	33	SI-LU-FB-17	D	58	SI-LU-AE-42	E
9	EI-LU-9	E	34	SI-LU-FB-18	D	59	SI-LU-AE-43	F
10	EI-LU-10	E	35	SI-LU-FB-19	D	60	SI-LU-AE-44	D
11	EI-LU-11	E	36	SI-LU-FB-20	D	61	SI-LU-AE-45	D
12	EI-LU-12	E	37	SI-LU-FB-21	D	62	SI-LU-AE-46	D
13	EI-LU-13	E	38	SI-LU-FB-22	D	63	SI-LU-AE-47	D
14	EI-LU-14	E	39	SI-LU-FB-23	F	64	SI-LU-AE-48	F
15	EI-LU-15	F	40	SI-LU-FB-24	D	65	SI-LU-AE-49	D
16	EI-LU-16	F	41	SI-LU-FB-25	F	66	SI-LU-AE-50	D
17	SI-LU-FA-1	D	42	SI-LU-FB-26	D	67	SI-LU-WE-51	D
18	SI-LU-FA-2	E	43	SI-LU-FB-27	D	68	SI-LU-WE-52	D
19	SI-LU-FA-3	F	44	SI-LU-FB-28	D	69	SI-LU-WE-53	D
20	SI-LU-FA-4	D	45	SI-LU-FB-29	D	70	SI-LU-WE-54	F

Tabelle 10: Fortsetzung

#	Kürzel	S*	#	Kürzel	S*	#	Kürzel	S*
21	SI-LU-FA-5	D	46	SI-LU-FB-30	D	71	SI-LU-WE-55	D
22	SI-LU-FA-6	F	47	SI-LU-FB-31	D	72	SI-LU-WE-56	D
23	SI-LU-FA-7	D	48	SI-LU-FB-32	F	73	SI-LU-WE-57	D
24	SI-LU-FA-8	D	49	SI-LU-FB-33	D	74	SI-LU-WE-58	D
25	SI-LU-FA-9	D	50	SI-LU-FB-34	D	75	SI-LU-WE-59	F

*S = Sprache

Insgesamt wurden elf der 75 Interviews in Englisch, vierzehn in Französisch und fünfzig in Deutsch geführt. Dabei waren nur die wenigsten der Interviewten Muttersprachler: nämlich einer der elf in Englisch Interviewten, zwölf der vierzehn in Französisch Interviewten und neun der fünfzig in Deutsch Interviewten (vgl. Abbildung 16). Der Großteil der in Deutsch geführten Interviews hätten auch in Luxemburgisch stattfinden können, wären die Sprachkenntnisse der Interviewerin ausreichend gut gewesen. Im Gesamten wurden also:

- 22 der Interviews in der Muttersprache des Interviewten geführt, das sind knapp 30 %, bzw.
- 50 der Interviews in der Muttersprache der Interviewerin geführt, das sind knapp 67 %.

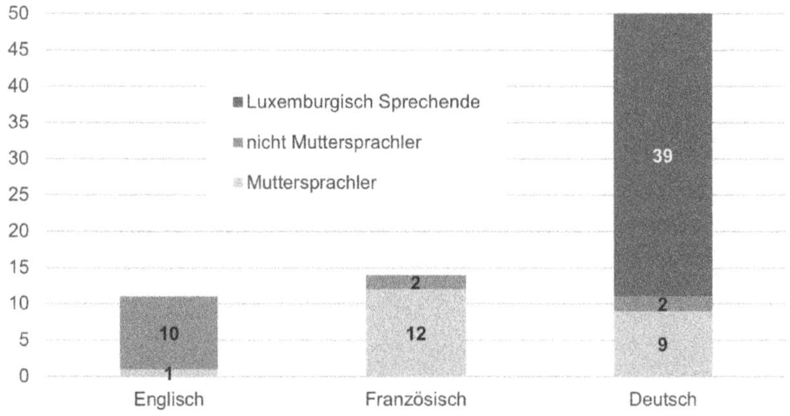

Abbildung 16: Interviews, die in der Muttersprache des Interviewten geführt wurden

Welches Macht- oder Sprachenverhältnis zwischen dem Interviewer und Interviewten bestehen sollte, um bestmögliche Ergebnisse zu erzielen, darüber besteht in der Literatur keine Einigkeit. Grundsätzlich wird ein Gespräch auf gleicher Augenhöhe angestrebt (vgl. Kapitel 3.2.3), das auch von sprachlich gleichberechtigten Personen geführt werden sollte. Andere Autor:innen sehen aber durchaus auch Vorteile darin, wenn ein nicht Muttersprachler Interviews mit Muttersprachlern führt, weil die Nachfrage und Bitte um Erläuterungen auf weniger Wiederstand trifft (Winchatz, 2006; Chen, 2011).

Für die vorliegende Arbeit sieht die Autorin vor allem eine Relevanz in der Auseinandersetzung mit der Interviewsprache, wenn es um den Gebrauch und das Verständnis gewisser Termini geht. Ein Beispiel hierfür ist die Übersetzung des englischen Begriffs Circular Economy im Deutschen mit Kreislaufwirtschaft oder zirkulärer Wertschöpfung – alle drei Bezeichnungen könnten bei den Interviewten zu unterschiedlichen Assoziationen führen. Auf solche sprachlichen Aspekte wird in der thematischen Darstellung der Ergebnisse beispielhaft in Kapitel 4.2. eingegangen. Verwendete Interviewzitate in den folgenden Kapiteln wurden von der Autorin übersetzt und entsprechend gekennzeichnet, aber nicht zusätzlich in der Originalfassung angegeben.

3.4. SYNTHETISIERUNG DES FORSCHUNGSDESIGNS

Auf den vorangestellten Seiten wurde das Forschungsdesign der vorliegenden Arbeit im Detail vorgestellt. Es wurde in die praxeologische Forschungspraxis eingeführt (vgl. Kapitel 3.1.) und ein methodischer Rahmen entworfen (vgl. Kapitel 3.2.). Im Anschluss wurden Faktoren, die einen lenkenden Einfluss auf das Forschungsvorhaben haben, kritisch hinterfragt und diskutiert (vgl. Kapitel 3.3.). Die Operationalisierung der Forschungsziele baut auf einem Mix aus unterschiedlichen Materialien und Methoden auf, um die Multiperspektivität der Circular Economy in Luxemburg darstellen zu können (vgl. Tabelle 11). Diese Kombination aus Zugängen ermöglichte es, das Phänomen der Circular Economy aus unterschiedlichen Blickwinkeln zu betrachten und so die vielfältigen Perspektiven auf das Konzept aufzudecken (Flick, 2011; Kuckartz, 2014).

Tabelle 11: Übersicht des Forschungsdesigns

Analyseebene	**Empirischer Fokus (Forschungsziel)**	**Empirisches Material (Korpus)**	**Empirisches Vorgehen (Auswertung)**
Exploration des Forschungs-feldes	Literaturübersicht der Forschungsperspektiven zu Praktikentheorien und Circular Economy	über 900 wissenschaftliche Dokumente (Artikel, Dissertationen, Bücher)	Qualitative Auswertung der Sekundärliteratur
	Politische Handlungsempfehlungen für eine Circular Economy	24 politische Dokumente	Qualitative Auswertung der Sekundärliteratur
	Kontextualisierung der Circular Economy in Luxemburg	16 unstrukturierte Interviews mit der öffentlichen Hand, nationalen Clusterinitiativen, Wissenschaftlern	Qualitative Inhaltsanalyse
		19 Presseartikel	Qualitative Auswertung der Sekundärliteratur
Untersuchung der Circular Economy in Luxemburg	Konzeptualisierung der Circular Economy in Luxemburg	59 semi-strukturierte Interviews mit Experten der Bau- und Automobilindustrien, der Circular Economy und des Circular Hotspots Wiltz	Qualitative Inhaltsanalyse
	Darstellung von Circular Economy-Praktiken in Luxemburg		
	Dynamiken, die auf die Circular Economy (-Praktiken) wirken		

Das durchweg qualitative Vorgehen in der empirischen Auseinandersetzung mit dem Gegenstand der Circular Economy ermöglichte einen integrativen Ansatz in der Datenanalyse. Die unterschiedlichen Datensätze aus Sekundärliteratur und erhobenen Primärdaten (vgl. Tabelle 11) wurden demzufolge gemeinsam untersucht und ausgewertet. In dem folgenden Kapitel 4. werden die Ergebnisse dieser Untersuchung im Detail vorgestellt.

4. DIE THEMATISCHE DARSTELLUNG DER CIRCULAR ECONOMY IN LUXEMBURG

Das folgende Kapitel widmet sich der Darstellung der Circular Economy (CE) in Luxemburg anhand der für das Forschungsvorhaben durchgeführten thematischen Materialsammlung und Interviews (vgl. Kapitel 3.2.). Es handelt sich um eine Aggregation der empirischen Daten, die sich überwiegend an der Struktur der Interviews orientiert, deren Inhalte durch den Interviewleitfaden vorgegeben wurden (vgl. Kapitel 3.2.3 und den Interviewleitfaden in Anhang 3). Die Autorin hat den Anspruch, das Gesagte so objektiv wie möglich darzustellen und Wertungen sowie Interpretationen zu vermeiden. Zitate aus den Interviews werden genutzt, um die Nähe zu den Primärdaten zu wahren, vgl. hierzu auch Flick (2014: 510). An einigen Stellen wurden Zusatzinformationen aus den ausgewerteten Dokumenten hinzugefügt bzw. um Eindrücke komplementiert, die in verschiedenen relevanten Veranstaltungen gesammelt werden konnten.

Das Kapitel beginnt mit einer Darstellung der Rahmenbedingungen der Circular Economy (Kapitel 4.1.) und geht dann über in die fünf Haupt-Themenfelder, die in den Interviews zur Sprache gebracht wurden:

- das begriffliche Verständnis des Circular Economy-Konzepts (Kapitel 4.2.),
- der Umgang mit Materialien bzw. Abfällen als Ressourcen in einer Circular Economy (Kapitel 4.3.),
- Kooperation und Designkonzepte für eine Circular Economy (Kapitel 4.4.),
- die zukünftigen Erwartungen an das Konzept der Circular Economy (Kapitel 4.5.) und
- die Beweggründe und Barrieren, die in der Praxis auf die Umsetzung des Circular Economy-Konzepts wirken (Kapitel 4.6.).

Das Kapitel schließt mit einer Zusammenfassung der Ergebnisse und stellt diese zum besseren Verständnis graphisch dar (Kapitel 4.7.). Aus Gründen der Lesbarkeit wird bei Zitaten der Verweis auf das Interview mit Ix abgekürzt, wobei das x einer durchlaufenden Nummerierung aller Gespräche von 1 bis 75 entspricht (vgl. hierzu Anhang 4).

4.1. DER RAHMEN DER CIRCULAR ECONOMY IN LUXEMBURG

Seit 2014 wird auf der politischen Ebene in Luxemburg von der Circular Economy gesprochen. Das Konzept wurde erstmals in der so genannten

Bettel-Schneider-Regierung im Regierungsprogramm für die Legislaturperiode 2014–2018 verankert (GDL, 2014: 37). Im Koalitionsvertrag der Folgeregierung von 2018–2023 heißt es, dass die Circular Economy in bestimmten Bereichen gefördert werden soll, z. B. in der Energie-, Agrar-, Immobilien- und Bauwirtschaft. Im Rahmen einer Circular Economy-*Politik* sollen die Material-, Wasser- und Energieflüsse aller wirtschaftlichen Aktivitäten des Landes untersucht und CE-Kriterien genutzt werden, um u.a. Baumaterialien zu prüfen und Gewerbegebiete zu gestalten (GDL, 2018b: u.a. 115, 116, 143, 153).

Luxemburg gehört mit einer Gesamtfläche von 2.586 km² und knapp 626.100 Einwohnern im Jahr 2020 zu den sieben kleinsten Ländern in der Europäischen Union (Statec, 2020). Insgesamt 356 Grenzkilometer mit Belgien (148 km), Deutschland (135 km) und Frankreich (73 km) situieren das Großherzogtum Luxemburg in das Zentrum der Großregion, einer grenzüberschreitenden Kooperation, die auf eine gemischte deutsch-französische Regierungskommission aus dem Jahr 1969 zurückgeht, um sich angesichts der Montankrise mit den deutsch-französisch-luxemburgischen Anliegen der Region zu befassen. Noch zu Beginn des zwanzigsten Jahrhunderts gehörte Luxemburg zu den zehn größten Eisen- und Stahlproduzenten der Welt als 1911 aus einer Fusion die Aciéries Réunies de Burbach-Eich-Dudelange, kurz Arbed, entstand – ein europäischer Großkonzern, der mittlerweile in dem Unternehmen ArcelorMittal aufgegangen ist. Spätestens seit den 1970er Jahren befindet sich Luxemburg in einem Strukturwandel (vgl. Tabelle 12), der das Land von einer dominierenden Montanindustrie zu einer dominierenden Dienstleistungsindustrie in den Bereichen Handel, Finanzen und Immobilienwesen führte.

Tabelle 12: Anteile der Wirtschaftssektoren am Bruttoinlandsprodukt in Luxemburg von 1970 bis 2020 (in %)[48]

	1970	1985	2001	2015	2020
Landwirtschaft	3,8	2,0	0,6	0,2	0,2
Industrie*	53,2	28,1	17,9	11,1	10,7
davon: Eisen- und Stahl	27,9	9,8	1,9	-	-
Bau	6,2	4,3	5,9	-	-
Sonstige	19,1	14,0	10,1	-	-
Dienstleistungen	43,0	69,9	81,5	79,2	80,1
davon: Finanzen	4,6	21,6	24,9	-	-

48 Die Zahlen für die Jahre 1970, 1985 und 2001 stammen aus einer Veröffentlichung von Statec Luxembourg (2003: 15). Die Tabelle wurde vervollständigt mit Zahlen für die Jahre 2015 und 2020 von Statista (2021).

Tabelle 12: Fortsetzung

	1970	1985	2001	2015	2020
Handel und Reparatur	10,7	12,2	9,5	-	-
Verkehr und Nachrichtenübermittlung	4,9	6,0	10,8	-	-
Sonstige	22,8	30,1	36,3	-	-
Keine Angaben	-	-	-	9,5	9,0

Quelle: STATEC und Weltbank * Industrie, einschließlich Energie und Bau

Bereits mit dem Beginn des zwanzigsten Jahrhunderts nimmt die Zahl der Erwerbstätigen im Dienstleistungssektor immer mehr zu (vgl. Abbildung 17). Zwischen den Jahren 1907 und 1970 geht dieser Zuwachs vor allem zu Lasten der Landwirtschaft, ab 1970 verliert die Industrie, vor allem die kriselnde Stahlindustrie, immer mehr an Arbeitskräften. Bis im März 2021 noch ca. 18,7 % der Erwerbstätigen in Luxemburg in der Industrie arbeiten, 0,3 % in der Landwirtschaft und 81 % im Dienstleistungsbereich (GDL, 2021a).

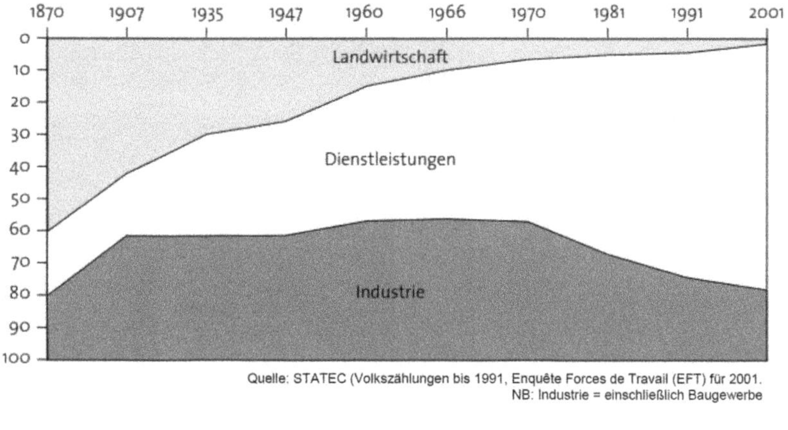

Abbildung 17: Erwerbsbevölkerung nach Wirtschaftssektoren in Luxemburg von 1870 bis 2001 (in %) (GDL, 2021a)

Dem Süden des Landes sieht man den durch die Stahlkrise hervorgerufenen Strukturwandel besonders deutlich an. Der ehemalige Abbau von Eisenerz hat Spuren hinterlassen, die man auch heute noch bei Spaziergängen z. B. durch die Naturschutzgebiete Ellergronn in Esch-sur-Alzette oder Prënzebierg in Petingen entdecken kann. Noch deutlicher haben sich die ehemaligen Produktionsstätten der Arbed bzw. von ArcelorMittal verändert. In Belval/Belvaux ist zwischen ehemaligen Hochöfen eine Stadt der Wissenschaft, Forschung und Innovation entstanden, deren Bibliothek oder Luxembourg Learning Center in einem ehemaligen Lagerhaus für Stahlerzeugnisse untergebracht ist (siehe Abbildung 18). Auch in Differdingen entstand in ehemaligen Werkstätten ArcelorMittals das Creative Hub 1535, ein Coworking Space für Unternehmen aus der Kreativindustrie, das von der Gemeinde initiiert wurde und verwaltet wird. Weitere Entwicklungsprojekte auf ehemaligen Industrieflächen sind in den Südgemeinden Düdelingen (das Projekt Néi Schmelz) und Schifflingen (das Projekt Esch-Schifflange) sowie der Nordgemeinde Wiltz (das Projekt Wunne mat der Wooltz) als geographischem Ausreißer angesiedelt (siehe Abbildung 19). Bereits in dem im Jahr 2003 veröffentlichten Programme directeur de l'aménagement du territoire (PDAT), dem nationalen Planungsdokument für die Raumplanung in Luxemburg, wird das Potential dieser Industriebrachen für einen nachhaltigen Umgang mit der Ressource Boden in Luxemburg hervorgehoben. Die Vorzüge dieser Flächen liegen in ihrer im allgemeinen verkehrsgünstigen Lagen zu bestehendem Wohnraum (wie bspw. in Wiltz und Differdingen) oder zu bestehenden Straßen- und/oder Schienennetzen, wie bspw. in Esch-Belval/Belvaux (PDAT, 2003: 49–50). Diesen Herausforderungen für die Raumplanung widmet sich seit Januar 2021 auch der neue Lehrstuhl für Stadterneuerung an der Universität Luxemburg in Zusammenarbeit mit der Stadt Esch-sur-Alzette.

Abbildung 18: Ansichten von Belval in Esch-sur-Alzette – links das weiße Gebäude des Learning Centers und rechts einer der restaurierten Hochöfen (Quelle: eigene Aufnahme)

Der schrumpfenden Stahlindustrie und den dadurch entstehenden strukturellen Veränderungen stellte die Politik eine Diversifizierungsstrategie entgegen, die sich auf den Finanzsektor und die Förderung wissensbasierter, innovativer und ausfuhrorientierter Wirtschaftszweige konzentriert (z. B. Logistik, Telekommunikation und Biotechnologien). Zur Umsetzung dieser Strategie gründete das Wirtschaftsministerium die Innovationsagentur Luxinnovation, die Clusterinitiativen in den Bereichen animiert, die aus politischer Sicht gefördert werden sollten. Zu diesen Initiativen gehört seit 2014 der CleanTech-Cluster, in dem sich viele Akteure der Bauindustrie engagieren und der AutoMobility-Cluster. Luxemburg strebt eine Weiterentwicklung der Automobilindustrie an, weil die Schwerpunkte der Branche Forschung und Entwicklung gut zur nationalen Diversifizierungsstrategie passen. Der Standort Luxemburg gilt aufgrund seiner zentralen Lage innerhalb der Europäischen Union außerdem als besonders geeignet für Zulieferer von Automobilkomponenten.

Abbildung 19: Die zwölf Kantone Luxemburgs (Statec, 2020: 4)

Die Automobilindustrie stellt in der Großregion mit rund 150.000 Beschäftigten und mehr als 600 Unternehmen einen Großteil der industriellen Arbeitsplätze und gilt somit als wichtiger Pfeiler des wirtschaftlichen Strukturwandels (Hahn, 2011; Schulz et al., 2007). In Luxemburg wird sie in den meisten statistischen Veröffentlichungen nicht als gesonderter Industriezweig aufgeführt (Hahn, 2011). Die multisektorielle Unternehmensvereinigung FEDIL (2021) listet allerdings 17 teils hoch spezialisierte Zulieferer und Dienstleister in der Autoindustrie als Mitglieder auf, die insgesamt 7.300 Arbeitnehmer beschäftigen. Diesen 1,5 % aller Beschäftigten steht das Baugewerbe mit 10 % und 47.700 Arbeitnehmern im Jahr 2019 (Statec, 2020: 16) bzw. der Baubereich mit 13,5 % und 62.932 Beschäftigten gegenüber. Zwischen 2010 und 2018 hat die Beschäftigung im Baubereich deutlich zugenommen: im Baugewerbe (+25,1 %), in den Bereichen Architektur und Bauingenieurwesen (+24 %), in Produktionstätigkeiten (+1 %) und in Tätigkeiten im Immobiliensektor (+22,3 %) (BMWi, 2020).

Das Großherzogtum Luxemburg ist außerhalb der Ländergrenzen vor allem für seine Steuerpolitik, den Europäischen Gerichtshof und seine Sprachenvielfalt bekannt. Die Einwohner Luxemburgs können in drei Amtssprachen mit den Behörden kommunizieren – in Luxemburgisch, Deutsch und Französisch – und 74 % geben an, am Arbeitsplatz mindestens zwei Sprachen zu sprechen (Reiff und Neumayr, 2019).

Das Land ist eines der sechs Gründungsmitglieder der Europäischen Union und beherbergt neben dem Gerichtshof auch den EU-Rechnungshof und die Europäische Investitionsbank (siehe Abbildung 20). In der Region gilt Luxemburg als attraktiver Arbeitgeber und im Jahr 2018 pendelten insgesamt 192.070 Arbeitnehmer aus den angrenzenden Ländern in das Land. Die Zahl der Pendler stieg zwischen 2005 und 2018 um 3,7 % an (Michaux, 2019), während die Einwohnerzahl von 461.230 im Jahr 2005 um 33,1 % auf 613.900 im Jahr 2019 anstieg (Statec, 2019a). Szenarien basierte Schätzungen gehen von 243.000 bis zu 324.000 zusätzlichen Wohnungen aus, die bis 2060 benötigt werden (Peltier, 2019). Und auch die Nachfrage nach erschwinglichem Wohnraum steigt stetig an. Bereits 2018 lag die Armutsquote bei 18,3 % bzw. 21,9 %, je nachdem ob die staatlichen Sozialtransfers mitberücksichtigt werden oder nicht (Statec, 2019b).

Luxemburg gilt mittlerweile als eines der teuersten EU-Länder mit hohen Lebenshaltungskosten aufgrund hoher Mieten und überdurchschnittlicher Preise für Konsumgüter und Dienstleistungen (Eurostat, 2018). In der Eurobarometer-Umfrage kam das Thema Wohnen mit 58 % auf Platz eins in Luxemburg (EC, 2018), es ist ein Thema, das die öffentliche Meinung interessiert. Die Immobilienpreise stehen unter kontinuierlicher Beobachtung und sind im

2. Trimester 2019 um 11,4 % angestiegen: Eine Mietwohnung kostet im Land im Mittel 1.000–1.600 Euro – in Abhängigkeit von der Entfernung zur Hauptstadt und der Wohnfläche – für ein Haus zur Miete müssen im Durchschnitt 1.450–2.800 Euro bezahlt werden (Ferring und Licheron, 2019).

Abbildung 20: Blick auf die EU-Gebäude im Europaviertel, Kirchberg-Plateau, Luxemburg (Quelle: eigene Aufnahme)

Mobilität, Wohnen und soziale Kohäsion gelten als zentrale Herausforderungen für die Landesplanung in Luxemburg. Die Mobilitäts- und Wohnungskrise sei das Ergebnis einer politischen Laisser-faire-Haltung, schreiben Forscher der Universität Luxemburg (Becker et al., 2019), auf das wirtschaftliche und demographische Wachstum des Landes habe man nicht rechtzeitig reagiert. Die Regierungsagenda für *intelligentes, nachhaltiges und integratives Wachstum* (GDL, 2018e) führe nicht zu einem qualitativen Wachstum, das vom Ressourcenverbrauch und sozialer Ungerechtigkeit entkoppelt ist, heißt es im Sozialalmanach 2019 der Caritas, der sich in diesem Jahr mit dem Thema des qualitativen Wachstums beschäftigt – nachdem in vorangegangen Jahren, soziale Kohäsion (2018), das 1,1 Millionen Einwohner-Modell (2017) und nachhaltiges Wohnen (2012) diskutiert wurden.

Die steigenden Zahlen der Einwohner und Pendler führen zu einem stetig ansteigenden Bedarf an Büro- und Wohnflächen sowie neuen Infrastrukturen (z. B. Transport, Datenmanagement, Trink- und Abwassermanagement). Dies resultiert in Bautätigkeiten, die Bau- und Abbruchabfälle sowie Bodenaushub produzieren und in Luxemburg den größten Abfallstrom darstellen (GDL, 2018a: 5). Da der Boden in Luxemburg begrenzt ist und die Deponierung von Abfällen viel Land verbraucht, gewinnt der selektive Rückbau von Gebäuden immer mehr an Bedeutung (Hjaltadóttir und Hild, 2021).

Luxemburgs Wirtschaft befindet sich in einem fortgeschrittenen Stadium des Strukturwandels, in dem traditionelle Industriezweige weitgehend durch Dienstleistungsaktivitäten ersetzt wurden (Thewes, 2017). Noch zu Beginn der 1970er Jahre lag die Wirtschaftsleistung der Eisen- und Stahlindustrie bei knapp 30 % und es wurden 1974 insgesamt 6,45 Millionen Tonnen Rohstahl produziert (Zahlen, 2015: 113). Knapp fünfzig Jahre später liegt der volkswirtschaftliche Anteil des Sektors 2018 bei knapp 1 %, die Bilanzen werden durch den Handel, das Finanz- und Immobilienwesen dominiert (Statec, 2019a). Das Finanzzentrum Luxemburg ist das Ergebnis einer politischen Diversifizierungsstrategie, die bereits in den 1950er Jahren begann (Zahlen, 2015: 113) und heute eines der höchsten Pro-Kopf-Bruttoinlandsprodukte (BIP) der Welt erwirtschaftet (Competitiveness, 2018). Innerhalb der Europäischen Union ist der materielle Wohlstand in Luxemburg am größten und führt zum höchsten Pro-Kopf-Verbrauch[49] von Konsumgütern (Gasic, 2019), aber auch von Landflächen. Luxemburg hat mit 12,9 globalen Hektaren einen der höchsten ökologischen Fußabdrücke der Welt (GFN, 2019), der vor allem auf die Kohlendioxidemissionen zurückzuführen ist, die im Zusammenhang mit dem Verbrauch und dem Verkauf fossiler Brennstoffe entstehen (Hild, 2013).

49 Der tatsächliche Individualverbrauch (TIV) ist ein Maß für den materiellen Wohlstand von Haushalten und wird in Kaufkraftstandards (KKS) ausgedrückt. Vorläufige Schätzungen für 2018 beziffern für Luxemburg einen TIV von 132 KKS bzw. einen BIP von 254 KKS (Gasic, 2019). Beide Werte liegen deutlich über dem europäischen Mittelwert von 100 KKS und führen die Ranglisten innerhalb der EU an (Gasic, 2019).

4.1.1 Der politische Rahmen für eine Circular Economy

In Luxemburg wurde das Konzept der Circular Economy erstmals im Regierungsprogramm für die fünfjährige Legislaturperiode 2014–2018 verankert (GDL, 2014). Es heißt dort: „Die Regierung wird ein besonderes Augenmerk auf die Themen nachhaltiges Bauen, nachhaltige Mobilität und Circular Economy legen." (GDL, 2014: 37) Diese Bestrebungen wurden durch weitere Nachhaltigkeitsinitiativen der Regierung zur Förderung von Öko-Technologien (EIO, 2015), Energieeffizienz (GDL, 2017d) und nachhaltigem Wachstum (GDL, 2018 f) ergänzt. Zu diesen Initiativen gehört auch die vom luxemburgischen Wirtschaftsministerium finanzierte Agentur für Innovation und Forschung Luxinnovation, die branchen- und themenspezifische Cluster betreut und Unternehmen so eine Plattform zum gemeinschaftlichen Austausch anbietet. Das im Jahr 2009 gegründete EcoDev[50]-Cluster (OECD, 2010: 115) wurde um das Jahr 2014 in EcoInnovation-Cluster und 2019 in CleanTech-Cluster umbenannt, dessen Schwerpunkte in den Bereichen Circular Economy, nachhaltige Stadtentwicklung, intelligente Technologien und Mobilität liegen (Klesen, 2014: 16).

Zusätzlich zur EcoInnovation-Clusterinitiative hat die luxemburgische Regierung zwischen 2014 und 2016 drei Studien in Auftrag gegeben, um die systematische Optimierung von Ressourcen- und Materialnutzung für eine Circular Economy zu untersuchen und voranzutreiben (vgl. Tabelle 13). Eine erste Studie finanzierte die Regierung 2014, um die Potenziale für Luxemburg beim Übergang von einer linearen zu einer zirkulären Wirtschaftsführung zu ermitteln (Hansen et al., 2014). Als Zweites gab das Ministerium für nachhaltige Entwicklung und Infrastruktur 2015 einen Leitfaden für die zirkuläre Wertschöpfung von Bauprodukten in Auftrag (Beloussova et al., 2015). Eine dritte Studie veröffentlichte das Wirtschaftsministerium im Dezember 2016 unter dem Titel *Dritte industrielle Revolution*, die unter der Schirmherrschaft des amerikanischen Wirtschaftswissenschaftlers Jeremy Rifkin durchgeführt wurde und auf Grundsätzen der Circular Economy basiert (TIR, 2016a).

---

50 EcoDev steht für ecotechnologies and development – Ökotechnologien und nachhaltige Entwicklung.

Tabelle 13: Richtungweisende Studien zur Circular Economy in Luxemburg bis 2016

Kurztitel (Autorenschaft)	**Jahr***	**Abriss**
Potenzialstudie (EPEA**)	2014	Untersuchung der Potenziale, die für die Wirtschaft in Luxemburg durch eine zirkuläre Wertschöpfung entstünden. Erhebung der Wirtschaftszweige mit hohem Ressourceneinsparpotenzial: u.a. Bau-, Automobil-, Glas-, Metall- und Lebensmittelindustrie.
Leitfaden Bauprodukte (LIST***)	2015	Untersuchung des Istzustands der zirkulären Wertschöpfung von Bauprodukten. Empfehlungen an die Politik: u.a. Einführung von Ressourcenmanagementplänen für Bodenaushub (ähnlich dem Inventar für Baumaterialien beim Gebäuderückbau).
Dritte industrielle Revolution (TIR****)	2016	Erarbeitung einer Strategie für Luxemburg für das digitale Zeitalter. Die Rifkin-Studie wurde unter Mitwirkung von über 300 Repräsentanten aus Politik, Privat- und Solidarwirtschaft erarbeitet. Sie deckt u.a. die Bereiche Mobilität, Bau und Finanzen ab.

*Veröffentlichung des Abschlussberichts; **EPEA: Environmental Protection Encouragement Agency; ***LIST: Luxembourg Institute of Science and Technology; ****TIR: Third Industrial Revolution

In dem Koalitionsvertrag für die amtierende Legislaturperiode 2018–2023 wird der Begriff Circular Economy (bzw. Kreislaufwirtschaft oder in Französisch économie circulaire) insgesamt 39 Mal in Zusammenhang mit den Themen Wohnen, öffentliche Finanzen, Tiefbauarbeiten und nachhaltige Entwicklung erwähnt. Unter der Anleitung des nationalen Beirats für Nachhaltige Entwicklung (CSDD, französisch für: Conseil supérieur pour un développement durable) wurden außerdem im November/Dezember 2019 zwei Seminare veranstaltet, um eine Beschreibung des Verständnisses einer Circular Economy für Luxemburg auszuarbeiten.

Nationale Aktionspläne seitens der luxemburgischen Regierung beschäftigen sich bereits mit wesentlichen Themenbereichen einer Circular Economy, wie z. B. Energieverbrauch, Abfallwirtschaft und Materialeffizienz (zusammenfassend: Ressourceneffizienz), aber nicht ausdrücklich mit der Circular Economy. Ein anschauliches Beispiel hierfür ist der Bausektor in Luxemburg, der für das Land von großer wirtschaftlicher Bedeutung ist und 2018 mit über 45.000 Beschäftigten (10,2 % der gesamten Erwerbsbevölkerung) den viertgrößten Beschäftigungssektor des Landes darstellte (Statec, 2019a: 14). Seit 2007 konzentriert sich die nationale Gesetzgebung, wie von der EU gefordert, stark auf die Energieeffizienz von Gebäuden. Seit Dezember 2016 werden im nationalen Beihilfesystem für Wohngebäude neben den Anforderungen an die Gesamtenergieeffizienz auch soziale, wirtschaftliche und ökologische Leistungsindikatoren berücksichtigt (GDL, 2016a; 2016b; Lichtmess, 2016). Die Abfallströme des Sektors, hauptsächlich Bau- und Abbruchabfälle mit inertem Charakter, sind seit 2008 in drei Hauptdokumenten geregelt. Das Abfallrahmengesetz vom 21. März 2012 definiert die Grundzüge der Abfallwirtschaft, betont die Abfallvermeidung, fördert das Recycling und legt eine Mindestrecyclingquote von 70 % für Bau- und Abbruchabfälle (ohne Erdaushub) fest, die bis 2020 erreicht werden muss (GDL, 2012). Ergänzend dazu enthält der nationale Abfall- und Ressourcenmanagementplan (in Französisch: Plan national de gestion des déchets et des ressources) Maßnahmen zur Erreichung der Ziele des Abfallrahmengesetzes (GDL, 2018g). Darüber hinaus sollen im Rahmen des Masterplans für Inertabfalldeponien die Bedingungen für die langfristige Verfügbarkeit von Deponiekapazitäten für Inertabfälle im Rahmen eines regionalen Ansatzes festgelegt werden (GDL, 2003; 2006b). Es fehlen jedoch spezifische Gesetze und Richtlinien zur Circular Economy. Die Ressourceneffizienzpolitik in Luxemburg ist, wie auch auf europäischer Ebene, breit gefächert und deckt verschiedene Themen ab (z. B. Energie, Wasser, Klimaschutz), ohne jedoch spezifisch auf Materialeffizienz einzugehen (vgl. Tabelle 14).

Alle diese Ansätze der luxemburgischen Behörden sind im Einklang mit den Entwicklungen auf europäischer Ebene. Im Jahr 2015 hat die Europäische Umweltagentur (EUA, in Englisch: European Environment Agency, EEA) das Konzept der Circular Economy beschrieben und seine Bedeutung für Europa dargelegt (EEA, 2015). Darüber hinaus hat die Europäische Kommission ein Paket zur Circular Economy, inklusive eines Aktionsplans (EC, 2015) und einer Untersuchung möglicher Finanzierungsstrategien durch die Europäische Investitionsbank (EIB, 2015), auf den Weg gebracht.

Tabelle 14: Ausgewählte Gesetze und Richtlinien aus Luxemburg zu Themen der Circular Economy

Thema	Jahr	Dokument(e)
Materialeffizienz		Keine expliziten Dokumente verfügbar
Energie: Energiestrategie, Energieeffizienz, erneuerbare Energien	1993	Gesetz vom 5. August 1993 über den effizienten Umgang mit Energie (GDL, 1993a)

(fortgeführt)

Tabelle 14: Fortsetzung

Thema	Jahr	Dokument(e)
	1996	Großherzogliche Verordnung vom 11. August 1996 über ein Aktionsprogramm zur Förderung von Initiativen und Maßnahmen von Gemeindeverwaltungen zur effizienten Nutzung von Energie sowie neuen und erneuerbaren Energien (GDL, 1996)
	2009	Weißbuch über die Erarbeitung einer Energiestrategie für Luxemburg (Ziesing et al., 2009)
	2010	Nationaler Aktionsplan für erneuerbare Energie (GDL, 2010a)
	2017	Weiterentwicklung der Gebäuderenovierungsstrategie. Weiterreichende Strategieansätze und Maßnahmen (GDL, 2017e)
	2017	Vierter Nationaler Energieeffizienzaktionsplan Luxemburg (GDL, 2017d)
Öko-Innovationen	Keine expliziten Dokumente verfügbar	
Nachhaltige Entwicklung	2010	PNDD Luxemburg. Ein nachhaltiges Luxemburg für mehr Lebensqualität (GDL, 2010b)
Nachhaltiges Wachstum	2017	Nationaler Plan für intelligentes, nachhaltiges und integratives Wachstum. Luxemburg 2020 (GDL, 2018 f)
Klima	1993	Koordinierter Text vom 6. September 1993 des geänderten Gesetzes vom 21. Juni 1976 zur Bekämpfung der Luftverschmutzung (GDL, 1993b)
	2008	Überarbeitung des nationalen Programms zur Reduzierung der SO_2-, NOx-, VOC- und NH_3-Emissionen (GDL, 2008b)
	2019	Entwurf eines integrierten nationalen Energie- und Klimaplans für Luxemburg (GDL, 2019)
Nachhaltiger Einkauf	Keine expliziten Dokumente verfügbar	
Abfall	2012	Nationale Abfallrahmenrichtlinie (GDL, 2012)
	2018	Nationaler Abfall- und Ressourcenmanagementplan (GDL, 2018g)
Wasser (GDL, 2023)	2017	Nationale Wasserrahmenrichtlinie (GDL, 2017a)

4.1.2 Luxemburgs Circular Economy in Praxis und Forschung

Zu den Themen Circular Economy, Sharing Economy sowie Ressourcen- und Materialeffizienz wird in Luxemburg sowohl akademisch (Universität Luxemburg) als auch angewandt (Luxembourg Institute of Science and Technology,

LIST und Luxembourg Institute of Socio-Economic Research, LISER) geforscht. An diesen Forschungs- und Entwicklungsprojekten, die teilweise mit nationalen, aber auch europäischen Fördermitteln finanziert werden, sind auch verschiedene Unternehmen beteiligt (siehe Tabelle 15).

Öffentlich-private Partnerschaften (ÖPP, oder englisch Public-private-Partnership, PPP) erlebten im Juni 2017 einen Höhepunkt, als der Luxembourg Circular Economy Hotspot stattfand: Eine dreitägige Veranstaltung, die vom Luxemburger Wirtschaftsministerium und dem Ministerium für nachhaltige Entwicklung und Infrastruktur organisiert wurde. Es wurden sieben Fallstudien[51] aus der Praxis vorgestellt, die den Fortschritt des Landes in Richtung einer zirkulären Wertschöpfung dokumentieren. Einige dieser Unternehmen nahmen auch am Fit4Circularity-Programm teil, das von der Agentur für Innovation und Forschung Luxinnovation angeboten wird und das den Übergang eines Unternehmens zur Circular Economy erleichtern und beschleunigen soll (Luxinnovation, 2018). Das Programm verfolgt einen zweistufigen Ansatz: Die erste Phase besteht aus einer Analyse des zu erwartenden Wertschöpfungspotenzials für das Unternehmen durch die Verringerung seines Ressourcenverbrauchs. Die sich daran anschließende zweite Phase besteht aus einer Umsetzungsphase von Maßnahmen zur Entwicklung zirkulärer Produkte und Dienstleistungen bzw. Geschäftsmodelle. Fachberater begleiten die teilnehmenden Unternehmen in diesem Prozess.[52]

Tabelle 15: Circular Economy Forschungsvorhaben in Luxemburg mit einem Projektbeginn zwischen 2012 und 2017

Projektlaufzeit	**Projektname**	**Finanzierung**	**Projektträger in Luxemburg**
2012–2016	LORRY – Entwicklung eines innovativen LKW-Reifenkonzepts mit geringem Rollwiderstand	FP7 Transport	Goodyear SA, Luxemburg

(fortgeführt)

51 Sieben Organisationen präsentierten sich: SuperDrecksKëscht, Kiowatt S.A., Tarkett, IFSB, Neobuild, Solarwind und die Stadt Wiltz.

52 Zum Zeitpunkt der Durchführung der Experteninterviews im Rahmen dieser Arbeit im Jahr 2018 wurden die Unternehmen ausschließlich von Experten der in Luxemburg niedergelassenen Unternehmensberatung +Impakt unterstützt.

Tabelle 15: Fortsetzung

Projekt-laufzeit	Projektname	Finanzierung	Projektträger in Luxemburg
2014–2018	LIFE DI-CNG – Demonstration und Validierung der Direkteinspritzung von komprimiertem Erdgas (CNG) in Fahrzeugmotoren und ihrer Umweltvorteile	Life	Delphi Automotive Systems Luxembourg S.A. & LIST/ERIN*
2015–2019	Eine Rekonstruktion der nachhaltigen Entwicklung in Beckerich und ihre Auswirkungen auf die luxemburgische ländliche Entwicklung	Nationaler Forschungsfonds Luxemburg (AFR PhD)	Universität Luxemburg, Institut für Geographie und Raumplanung
2015–2019	Alternative Wirtschaftspraktiken: Logiken und Praktiken im Wandel	Universität Luxemburg (PhD)	Universität Luxemburg, Institut für Geographie und Raumplanung
2016–2018	Crossroad Projekt (rückbaubare Betonblöcke)	Beihilfe durch das Wirtschafts-ministerium	Chaux de Contern – Groupe Eurobeton & LIST/ERIN* & +impakt
2016–2019	BAMB – Gebäude als Materialbank	Horizont 2020	PROgroup
2016–2019	Reduce – Wiederverwendung und Demontierbarkeit von Stahlkonstruktionen und die Circular Economy	Horizont 2020	Universität Luxemburg, Institut für Bauingenieur-wesen und Umwelt (INCEEN) & Lindab s.a.
2016–2020	SpotView – Nachhaltige Prozesse und optimierte Technologien für eine effiziente Industriewassernutzung	Horizont 2020	LIST/ERIN* & ArcelorMittal
2016–2020	CIRCULUX – Circular Economy in Luxemburg – Motivationen und Hindernisse von Unternehmen	Nationaler Forschungsfonds Luxemburg (AFR PhD)	Universität Luxemburg, Institut für Geographie und Raumplanung

Tabelle 15: Fortsetzung

Projekt-laufzeit	**Projektname**	**Finanzierung**	**Projektträger in Luxemburg**
2016–2020	Entwicklung eines neuen Leichtbetons aus Elefantengras	Universität Luxemburg (PhD)	Universität Luxemburg, Institut für Bauingenieur-wesen und Umwelt (INCEEN)
2016–2020	CO2REDCEM – Recycling von Kieswaschschlamm zur Herstellung von CO_2-reduziertem Zement	Universität Luxemburg (PhD)	Universität Luxemburg, Institut für Bauingenieur-wesen und Umwelt (INCEEN)
2017–2019	Recycling von PVC-Bodenbelägen: Nachhaltigkeitsbe-wertung verschiedener Geschäftsmodelle	Nationaler Forschungsfonds Luxemburg (AFR PPP Postdoc)	Tarkett & LIST/ERIN*
2017–2020	CIRCULAR – Herausforderungen bei der Umsetzung von Circular Economy Strategien: Praktiken, Institutionen und andere Nahtstellen	Nationaler Forschungsfonds Luxemburg (FNR CORE)	Universität Luxemburg, Institut für Geographie und Raumplanung
2017–2020	SeRaMCo – Sekundärrohstoffe für Betonfertigteile	Interreg North-West Europe & Universität Luxemburg	Universität Luxemburg, Institut für Bauingenieur-wesen und Umwelt (INCEEN)
2017–2021	ECON4SD – ökologisches Bauen für eine nachhaltige Entwicklung	Feder & Universität Luxemburg	Universität Luxemburg, Institut für Bauingenieur-wesen und Umwelt (INCEEN)

* LIST/ERIN: Luxembourg Institute of Science and Technology/Environmental Research and Innovation (ERIN), Environmental Sustainability Assessment and Circularity research unit

Neben den exemplarischen Initiativen aus der Industrie wird Circular Economy in Luxemburg vor allem mit der Gemeinde Wiltz in Verbindung gebracht. Im Norden des Landes soll in den Ardennen an der belgischen Grenze und ca. 50

km von der Hauptstadt entfernt seit 2015 ein Vorzeigeprojekt der Circular Economy für Luxemburg und die gesamte Großregion entstehen, indem Prinzipien einer zirkulären Wertschöpfung in die Raumentwicklung mit einbezogen werden. Zu den Pilotprojekten, die in Wiltz umgesetzt werden, gehört u.a. die Ausarbeitung eines Masterplans unter Berücksichtigung von Circular Economy Planungskriterien. Der Wohnungsbaufonds (Fonds du Logement), eine öffentliche Agentur zur Entwicklung von neuem Wohnraum, hat diesen Masterplan 2016 mit einem Planungsteam von über 35 Experten erstellt (Strotz, 2017: 31). Der Masterplan *Wunne mat der Wooltz* umfasst insgesamt eine Fläche von über 25 Hektar und bis 2035 sollen ungefähr 1.000 neue Wohneinheiten entstehen.

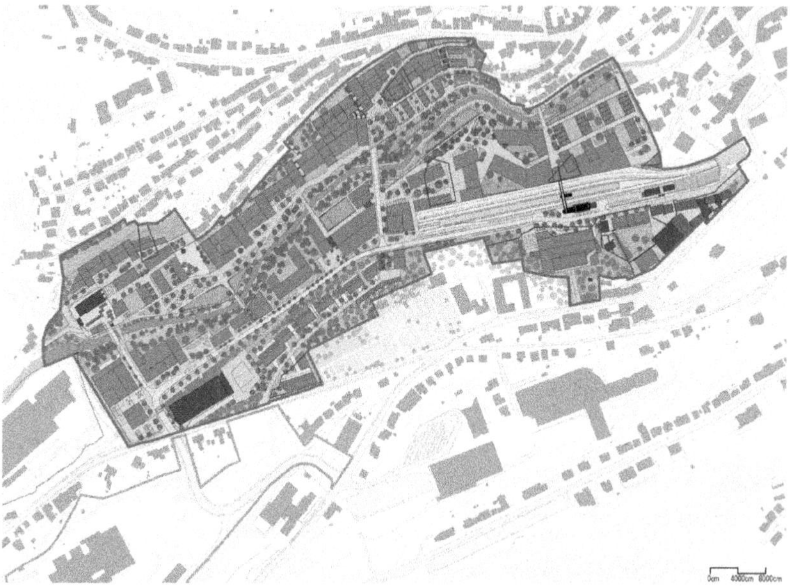

Abbildung 21: Die Konversionsfläche im Stadtzentrum von Wiltz (Fonds du Logement, 2020)

Das Entwicklungsprojekt *Wunne mat der Wooltz* liegt mitten im Zentrum der ländlichen Kleinstadt Wiltz auf einer ehemaligen Industriefläche und wird von dem Fluss Wiltz durchzogen (vgl. Abbildung 21). Das Gelände wurde über Jahrzehnte von verschiedenen produzierenden Industrieunternehmen (u.a. Lederprodukte, PVC-Bodenbeläge) und der Bahn genutzt. Die Fläche wird im PDAT, dem luxemburgischen Raumplanungsrahmenprogramm, mit den Industriebrachen aufgelistet, die seit der Montankrise beginnend am Ende der

1960er Jahren sukzessive für alternative Nutzungen freiwurden (vgl. Kapitel 4.1.). Die Stadt Wiltz gilt mit ihren knapp 5.500 Einwohnern (Wiltz, 2021) seit dem PDAT aus dem Jahr 2003 als Regionalzentrum für die Bereitstellung von Bildungs-, Gesundheits- und Behördendienstleistungen. Die Entwicklung des ländlichen Raums soll einerseits die Hauptentwicklungszentren Luxemburg Stadt, Südregion und Nordstad stärken, gleichzeitig aber auch den landschaftlichen Charakter des Landes bewahren und gegebenenfalls den Bedarf für neuen Wohnraum decken. Die Reaktivierung der Projektfläche *Wunne mat der Wooltz* entspricht den im *Integrativen Verkehrs- und Landesentwicklungskonzept für Luxemburg* (IVL) vorgesehenen Innenentwicklungen bzw. Schlüsselprojekten, die „innovative Konzepte beinhalten, um beispielhafte Entwicklungen der Raum-, Verkehrs- und Landschaftsplanung aufzuzeigen und damit Folgeprojekte anzustoßen" (GDL, 204: 21). Die Circular Economy als innovatives Raumentwicklungskonzept wird dem Wunne mat der Wooltz-Projekt kurz vor Beginn der Erstellung des Masterplans Ende 2015 durch die öffentliche Hand auferlegt (Berater*in, I35). Es ist eine Entscheidung, die sich an eine Pressekonferenz des Wirtschaftsministeriums im Oktober 2015 anschließt, in der die Stadt Wiltz als nationaler Circular Hotspot ausgerufen wird und sich zu einem Vorzeigeprojekt für umgesetzte Zirkularität in Luxemburg entwickeln soll.

Der Circular Hotspot Wiltz stellt somit ein Untersuchungsobjekt dar, das sehr früh mit der politischen Willensbekundung den Übergang von Luxemburgs Wirtschaft zu einer zirkulären Wertschöpfung voranzutreiben, formalisiert wurde. Seit 2015 wird der Hotspot maßgeblich durch den Bürgermeister und einen Schöffen der Gemeinde Wiltz sowie durch das Wirtschaftsministerium getragen und vorangetrieben. Das Projekt spiegelt auf eine gewisse Art und Weise den Fortschritt der Circular Economy-Umsetzung in Luxemburg wider. In Kapitel 5.3.2 wird das Pilotprojekt in Wiltz und dessen Bedeutung für die Landespolitik deshalb ausführlich diskutiert und in Kapitel 5.3.1 mit verschiedenen anderen Circular Economy-Initiativen und -Projekte ins Verhältnis gesetzt.

4.2. DAS VERSTÄNDNIS DES CIRCULAR ECONOMY-KONZEPTS

Das begriffliche Verständnis der Circular Economy wird in der wissenschaftlichen Literatur rege diskutiert (vgl. Kapitel 2.1.) und gilt trotz seiner politischen Popularität innerhalb der breiten Bevölkerung noch immer als wenig bekannt (Korhonen et al., 2018b; Repo et al., 2018; Friant et al., 2020; Henry et al., 2021). Auch in Luxemburg wurde und wird das Konzept in verschiedenen Arenen mehr oder weniger öffentlich diskutiert (vgl. Kapitel 4.1.1), weswegen alle Interviews mit einer Frage zum Verständnis des Circular Economy-Konzepts eröffnet wurden. Im Rückblick kann diese Frage als Eisbrecher bezeichnet werden, da alle Gesprächsteilnehmer sie als Einladung verstanden, offen über das Thema der Circular Economy in ihrem beruflichen Kontext zu sprechen. Die Beschreibung der aufbereiteten empirischen Daten orientiert sich an den in Kapitel 2.1. unterschiedenen Forschungsperspektiven auf die Circular Economy.

4.2.1 Das Konzept ist weitgehend bekannt

Die uneinheitliche Rezeption des Begriffs der *Circular Economy* in der Literatur und den Medien wurde auch in einigen Interviews angesprochen. „Es gibt sicherlich so viele unterschiedliche Definitionen des Konzepts wie Befragte", heißt es in unterschiedlichen Formulierungen in den Interviews (u.a. Manager*innen, I8 u. I54). Oft würde der Begriff Circular Economy synonym für Recycling gebraucht werden (Berater*in, I61), in Anlehnung an den deutschen Begriff Kreislaufwirtschaft:

> ‚[…] eigentlich heißt économie circulaire übersetzt zirkuläre Wertschöpfung, weil es kein richtiges Wort in Deutsch dafür gibt. Sobald man in Deutschland von économie circulaire redet, ist es immer Abfall. […] Hier in Luxemburg hat es etwas mit Rifkin zu tun, aber keiner weiß so richtig, was damit gemeint ist. (Architekt*in, I38)

Trotzdem sagte nur ein Gesprächspartner in insgesamt 75 Interviews, dass er das Circular Economy-Konzept nicht so richtig definieren könne: „To be honest, I do not really know what circular economy is." (Manager*in, I18). Allen anderen Gesprächspartnern war der Begriff geläufig.

Zwei Interviewpartner weisen darauf hin, dass sowohl die Akteure der Automobilwirtschaft, im Besonderen die Autohändler, wie auch die Handwerksbetriebe in Luxemburg nicht notwendigerweise von Circular Economy sprechen, wenn sie über Maßnahmen der zirkulären Wertschöpfung berichten (Manager*in, I58; Berater*in, I62). Nach den Aussagen der Interviewpartner werden Optimierungsmaßnahmen in Unternehmen viel mehr mit den Schlagwörtern „Nachhaltigkeit, Energieeffizienz, Kostenreduzierung, Zuverlässigkeit" (Manager*in, I18) in Verbindung gesetzt.

> Die Betriebe gehen schon in die Richtung, wissen aber halt nicht, dass das jetzt [Circular Economy] heißt. [Für sie machen die Maßnahmen] einfach Sinn: Energie sparen macht Sinn, Ressourcen einsparen macht Sinn, Müll trennen und die einzelnen Fraktionen verkaufen macht halt auch Sinn. Sie machen das alles halt aus einer wirtschaftlichen Perspektive heraus, […] egal wie wir das jetzt nennen. (Berater*in, I62)

Unternehmen verfolgen das Ziel, Ressourcen durch technische Maßnahmen einzusparen und sind auch bereit, gewisse Investitionen zu tätigen, sofern diese kurzfristig wirtschaftlich sind.

4.2.2 Das Konzept wird technisch ausgelegt

Eine Vielzahl der Interviewpartner geben zu Beginn des Gesprächs eine Definition des Circular Economy-Konzepts, die das nachhaltige Management von materiellen Ressourcen hervorhebt, vor allem von Rohstoffen, Produkten und Energie (u.a. Manager*innen, I20; I22; I30; I36; I39). In der Regel wird dabei auch auf die Wirtschaftlichkeit des nachhaltigen Ressourcenmanagements eingegangen, wie es in dem folgenden Zitat deutlich wird.

> Mein Verständnis der Circular Economy ist eng mit der Nachhaltigkeit von Maßnahmen verknüpft. Es werden Aspekte berücksichtigt, die sich auf die Umwelt auswirken, d.h. alles, was den Materialfluss betrifft, alles, was mit Energie zu tun hat, alles, was die Nutzung von Ressourcen betrifft. Das heißt, wenn es uns gelingt, einen Mehrwert aus Recyceltem zu gewinnen, aus Müll, erhöht das aus energetischer Sicht und aus Sicht der Materialflüsse die Zirkularität, d.h. die Nachhaltigkeit des Unternehmens. (Übersetzung: Manager*in, I22)

Auf die Frage, wie das Circular Economy-Konzept im Rahmen des Unternehmens verstanden wird, zeigen sich Unterschiede zwischen den Aktivitätssektoren der Interviewpartner. Die thematischen Schwerpunkte in der Automobilwirtschaft gruppieren sich um das Ökodesign (z. B. Produktoptimierungen, die zur Verbesserung der Abgaswerte von Fahrzeugen führen), das Fahrzeugrecycling, den Modal Split und die vernetzte Mobilität. Ein Gesprächspartner sagt diesbezüglich:

> Wenn man jetzt die Automobilzulieferindustrie etwas genauer anschaut in Luxemburg, dann sieht man an sich zwei Ansätze für Kreislaufwirtschaft. Der erste ist, wie bringe ich Kreislaufwirtschaft in meine Produkte. Und der zweite ist, wie bringe ich Kreislaufwirtschaft in meine Gebäude. (Manager*in, I17)

Die Automobilbranche legt einen besonderen Wert auf das Produktdesign und spricht von Optimierungs-Konzepten, die nicht das Circular Economy-Label tragen, wie z. B. Design for Recyclability (recyclinggerechte Konstruktion) und Design for Disassembly (demontierbare/rückbaugerechte Konstruktion),[53]

53 Die beiden Konzepte Design for Recyclability und Design for Disassembly beschäftigen sich mit dem Aufbau und der Zusammensetzung von Produkten. Die recyclinggerechte Konstruktion (Design for Recyclability) berücksichtigt bei der Auswahl von Materialien vor allem deren Recyclingraten. Ein Schwerpunkt liegt auch in der Verwendung recycelter Materialien für neue Produkte. Vor allem der Einsatz von weniger unterschiedlichen Materialien verbessert die Möglichkeiten der Verlängerung der Materiallebensdauer von Produkten, da diese einfacher demontiert und rezykliert werden können (Tecchio et al., 2017).

Design for Environment sowie Design for Manufacture (herstellungsfreundliches Design) und Design for Use (nutzerfreundliches Design). Alle diese Konzepte verfolgen das Ziel, die Komplexität von Produkten und Herstellungsprozessen zu verkleinern (z. B. durch eine Verringerung der Anzahl von Inhaltsstoffen oder Produktvarianten), wodurch Einsparungen entstehen, die zu mehr Wirtschaftlichkeit und weniger Umweltbelastungen führen. Vor allem die Konzepte Design for Disassembly und Design for Environment, ein Synonym für Ökodesign, gelten als Grundprinzipien des nachhaltigen Umgangs mit Ressourcen in der Industrie und Umsetzungsmaßnahmen der Circular Economy (vgl. Kapitel 2.1.2).

Es zeigt sich, dass der Circular Economy-Gedanke in Luxemburg stark mit dem Bausektor im Allgemeinen und Gebäuden im Besonderen assoziiert wird. Besonders deutlich wird das bei nationalen Pilotprojekten der Circular Economy (vgl. Kapitel 5.3.), bei denen es sich vor allem um Neubauvorhaben handelt, wie bspw. dem Projekt Wunne mat der Wooltz (Circular Hotspot Wiltz), dem Automotive Campus, der Néi Schmelz in Düdelingen und städtebaulichen Projekten wie das Kirchberg-Plateau (GDL, 2020b). Der Luxembourg Automotive Campus in Bissen soll nach den Prinzipien der Circular Economy funktionieren, wie es immer wieder in der Presse nachzulesen ist (Chaton, 2018; Gerhardstein, 2019). Diese Prinzipien sollen nicht nur in die Planung der Gebäude einfließen, sondern auch andere Bereiche umfassen:

> Mein Verständnis zurzeit ist, dass das Wirtschaftsministerium die Infrastrukturarbeiten des gesamten Campus in Auftrag gegeben hat, die laufen auch. Das Wirtschaftsministerium wird auch eine Art Gemeinschaftsbüro schaffen, wo sich Start-ups niederlassen können. Und zumindest mal die Arbeiten, die der Staat in Auftrag gegeben hat oder geben wird, sollen komplett nach Kreislaufwirtschaftskriterien umgesetzt werden. (Manager*in, I17)

Als die Interviews für das vorliegende Forschungsvorhaben durchgeführt wurden (November 2017–März 2018), galt der Automotive Campus noch nicht unbedingt als „Living Lab der Circular Economy" (Beamter/Beamtin, I11), sondern eher als Vorzeige-Projekt für modulares Bauen und die Ausschreibung sowie die Finanzierung von öffentlichen Bauvorhaben nach Circular Economy-Kriterien. Im April 2020 allerdings wird der Automotive Campus von der Regierung als eines der Großprojekte aufgelistet, die das Land zum „testing ground and competence centre for the Circular Economy" (GDL, 2020b: o.S.) machen.

Die thematischen Schwerpunkte in der Bauwirtschaft werden in den Interviews in dem Management von Materialien und Bauelementen (z. B. Zertifizierung, Kennzeichnung, Abfallvermeidung) und der Planung von Gebäuden und Bauwerken gesehen (z. B. Planungsprozess, Bauwerksdatenmodellierung, nachhaltige Materialien und Baukonzepte). Einige Gesprächspartner machen dabei deutlich, dass ihnen der Aspekt des Kreislaufführens von Materialien im Sinne biologischer Abläufe, wie z. B. von nachwachsenden Rohstoffen wie Holz, besonders wichtig ist (u.a. Architekt*innen, I28; I31; I44). Baukonzepte, die neben dem Holzbau wiederkehrend mit der Circular Economy in Verbindung gebracht werden, sind vor allem modulares und demontables Bauen, wie es in dem folgenden Zitat deutlich wird.

> Es wird bei Bauprojekten ganz konkret davon geredet, dass wir versuchen sollten demontabel zu bauen, damit das Material wiederverwertet werden kann. Es wird viel über den Materialpass und das Gebäude als Materialbank gesprochen. [...] Und es wird sehr viel über die Qualität der Materialien und deren Verbau gesprochen: Verbundstoffe sollen vermieden werden, Baustoffe sollen so gefügt werden damit man sie auch wieder auseinanderbekommt. Die Recyclingthematik ist eigentlich schon immer ein Thema gewesen. Wie kriege ich das wieder getrennt? Nur, dass es eben jetzt noch weitergeht: Wie demontiere ich und wie erhalte ich die Qualität [des Materials], um es nicht downzucyceln? (Architekt*in, I43)

Modularität und Rückbaufähigkeit sind beides Konstruktionskonzepte, die den Anforderungen der Circular Economy entsprechen, wie es ein Gesprächspartner prägnant zusammenfasst: „Sehen Sie, für mich bedeutet Zirkularität in der Konstruktion: umnutzen, neue Funktionen geben, weiternutzen." (Übersetzung: Manager*in, I39) In dieser Aussage wird bereits eine Multidimensionalität auf die Circular Economy deutlich, die von anderen Interviewpartnern noch stärker in den Vordergrund gestellt wird.

4.2.3 Das Konzept wird multidimensional verstanden

Verschiedene Akteure sehen in dem Konzept der Circular Economy einen Ansatz, der über die Aktivitäten ihres eigenen Unternehmens hinausgeht und deshalb auch eine politische Dimension hat (Manager*in, I32). Die Finanzierung alternativer Geschäftsmodelle beispielsweise erfordert das Eingreifen staatlicher Organisationen und Instrumente, da private Akteure oft nur wenig risikobereit sind. Auch das Zusammenspiel von Akteuren unterschiedlicher Sektoren, teilweise über die Ländergrenzen hinaus, benötigt die Unterstützung von Unternehmenszusammenschlüssen, Interessengemeinschaften und Berufskammern, die moderieren, informieren, sensibilisieren und organisieren.

Die überzeugten Vertreter der Circular Economy unterstreichen die wirtschaftlichen Vorteile für ein Unternehmen: „Ökologie und Ökonomie sind nie gegensätzlich, für mich nie. Es macht immer Sinn, das eine in das andere einzuflechten." (Manager*in, I32) Im Gegensatz zu kurzfristigen Kosteneinsparungen – bspw. dank eines optimierten Abfallmanagements – wird in dieser Aussage deutlich, dass die Maßnahmen integriert betrachtet werden müssen, damit sie gleichermaßen wirtschaftlich wie umweltfreundlich sind. Um dem Circular Economy-Konzept gerecht zu werden, bedarf es z. B. eines reflektierten Umgangs mit Ressourcen: Das Vermeiden von Verschnitt durch deren Rückführung in den Produktionsprozess spart Kosten im Einkauf von Rohmaterialien ein und ist gut für die Umwelt, da im Gesamten weniger Materialien verbraucht werden (Manager*in, I21). Es sei die Grundidee der kontinuierlichen Verbesserung bei gleichzeitiger Wertschaffung, die das Circular Economy-Konzept mit anderen Managementsystemen[54] teilt, sagen einige Interviewpartner und verweisen dabei z. B. auf Six Sigma[55] und Lean Management[56] (Manager*innen, I19; I46, I56; I57). Andere Interviewpartner sehen in der Circular Economy weniger ein PDCA[57]-Konzept, sondern vielmehr ein Rückbesinnen auf den guten Menschenverstand (Manager*in, I39) bzw. auf altes Wissen und traditionelle (Bau)Techniken, die uns verlorengegangen sind (Architekt*innen, I43 u. I44).

Neben der Wirtschaftlichkeit umweltfreundlicher Maßnahmen wurde in den Interviews immer wieder auch die ethische Dimension der Circular Economy hervorgehoben (Manager*innen, I22; I23; I29). Unternehmen sehen sich in der Verantwortung gegenüber zukünftigen Generationen, wie es auch in dem Konzept der nachhaltigen Entwicklung hervorgehoben wird, z. B. im Bericht der Brundtland-Kommission (1987). Im Rahmen der Unternehmensaktivitäten drückt sich die ethische Dimension vor allem durch interne Richtlinien aus, die

---

54 Gemeint sind hier vor allem Qualitätsmanagementsysteme (z. B. Six Sigma, ISO 9001), aber auch andere systemische Ansätze, die eine kontinuierliche Verbesserung fördern, wie Umwelt- (z. B. EMAS, ISO 14001) und Energiemanagementsysteme (z. B. ISO 50001).

55 Six Sigma ist ein Managementsystem zur Prozessverbesserung in Unternehmen, das vor über 35 Jahren 1987 von Motorola entwickelt wurde. Geschäftsvorgänge werden mit Hilfe statistischer Mittel beschrieben, gemessen, analysiert, verbessert und überwacht. Es ist eine Methode des Qualitätsmanagements und wird auch mit den Methoden des Lean Managements kombiniert.

56 Das Lean Management – oder schlankes Management in Deutsch – umfasst Konzepte, Methoden und Verfahrensweisen, die zu einer effizienten Wertschöpfungskette industrieller Güter beitragen.

57 PDCA steht für den iterativen vierphasigen Lern- und Verbesserungs-Prozess Plan-Do-Check-Act bzw. Planen-Umsetzen-Überprüfen-Handeln, auf dem Managementsysteme aufgebaut sind.

das Beschaffungswesen betreffen (z. B. Rohstoffeinkauf aus zertifizierter Herkunft, keine Kinderarbeit). Im Rahmen von Bauvorhaben wirkt sich die soziale Dimension der Circular Economy in kollaborativen Planungsprozessen aus (Architekt*innen, I28 u. I43; Manager*innen, I39; I54; I60) und in Konzepten, die den zwischenmenschlichen Austausch in den Mittelpunkt von Planungen neuer Räume und Gebäude stellen:

> […] die soziale Kreislaufwirtschaft […] ist für uns Sharing Economy. […] Wie kann man Tauschgemeinschaften bilden? Wie kann man partizipative Teilnahme erreichen? Wie kann man Bürger im Sinne von einer ökologischen Verpflichtung für ein Projekt gewinnen? (Architekt*in, I38)

Der Aspekt der sozialen Verantwortung wird auch in Bezug auf die Cradle-2-Cradle (C2C)-Zertifizierung für Produkte positiv erwähnt (Manager*in, I29). Das C2C-Protokoll bewertet insgesamt fünf Aspekte von z. B. Bodenbelegen: Inhaltsstoffe (Material-Gesundheit), Kreislauffähigkeit (Material-Wiederverwendung), Energie- (erneuerbare Energien-Anteil) und Wasserverbrauch (Wasser-Management) in der Herstellung und soziale Grundsätze (soziale Verantwortung). Zertifizierungssysteme von Produkten und Gebäuden gelten als Instrumente der Circular Economy, die z. B. die Vermarktung unterstützen (Manager*in, I29). Materialien werden in biologische und technische Kreisläufe unterschieden, um eine optimale Kreislaufführung zu erreichen, einerseits durch biologische Abbauprozesse und andererseits durch die Weiternutzung der nicht abbaubaren Komponenten, die z. B. durch Recycling gewonnen werden (Wiederverwertung oder Wiederaufbereitung). Diesen technischen Kreisläufen sind allerdings Grenzen gesetzt, wie ein Gesprächsteilnehmer ausführt, wenn durch das Altern von Materialien beispielsweise ein hochwertiges Recyceln nicht möglich ist – und es auch keine chemische Lösung gibt (Manager*in, I30).

„In der Circular Economy geht es darum, das heutige lineare Modell zu überdenken: Ich brauche ein Gut, ich produziere es, ich benutze es, ich werfe es weg.", sagt eine Gesprächsperson (Übersetzung: Manager*in, I39). Um das bestehende lineare Wirtschaftssystem zu verändern, müssen neue Wege gegangen werden, die von zentralen Persönlichkeiten aus Politik und Wirtschaft vorangetrieben werden sollten. Man muss sich also fragen: „Wer sind die Akteure, die was bewegen können, bewegen wollen und wie kann man diese Kraft bündeln?" (Manager*in, I32) Diesbezüglich sehen die Experten derzeit zwei unterschiedliche Akteursgruppen in Luxemburg, die jeweils eine eigene Herangehensweise an die Thematik haben. Eine Akteursgruppe wird als theoretisch, idealistisch und ambitiös bezeichnet, die das Circular Economy-Konzept präzise in Anlehnung an bestehende Definitionen umzusetzen versucht. Nicht allen Stakeholdern gefällt diese idealisierte Vorstellung des Kreislaufführens von Materialien und Ressourcen (Manager*in, I32). Die andere Akteursgruppe zweifelt an, dass es zukünftig nur noch Geschäftsmodelle geben kann, die das Vermieten und Leasen von Produkten umfassen (Manager*innen, I30; I49; I51). Ihr Circular Economy-Ansatz umfasst pragmatische und praxisorientierte Lösungen anhand der Ist-Situation. Es sind Vorschläge, die sich an der so genannten Rifkin-Studie (TIR, 2016a) orientieren (vgl. Kapitel 4.1.1), die das Thema der Circular Economy einem breiten Publikum zugänglich machte (Architekt*in, I34).

4.2.4 Zwischenfazit: Die Prioritäten der Circular Economy in Luxemburg

Zusammenfassend kann gesagt werden: Das Verständnis des Circular Economy-Konzepts in Luxemburg ist bei den Interviewpartnern des vorliegenden Forschungsvorhabens im Allgemeinen gut. Man kann sogar sagen, dass die Akteure das Konzept sehr gut kennen, da die meisten Befragten deutlich machten, dass sie mit einschlägigen Veröffentlichungen und Interessengruppen vertraut sind (z. B. mit dem Cradle-to-Cradle-Programm).

In den Interviews zeigen sich in den Darstellungen des Circular Economy-Konzepts zwei Positionierungen der Experten. Eine Gruppe betont die ethische Dimension der Circular Economy. Sie hebt hervor, dass die Gesellschaft und die Wirtschaft eine Verantwortung gegenüber zukünftigen Generationen haben und deshalb nachhaltig mit den Ressourcen, die uns durch die Erde zur Verfügung gestellt werden, umgehen sollten (u.a. Manager*innen, I22 u. I23; Architekt*innen, I31 u. I34). Die andere Gruppe betont die Sinnhaftigkeit des Circular Economy-Ansatzes aus einer Nachhaltigkeitsperspektive, die einen besonderen Schwerpunkt auf die wirtschaftlichen Vorteile legt – weil ein Unternehmen langfristig gesehen nur Maßnahmen verfolgen kann, die wirtschaftlich sinnvoll sind (u.a. Manager*innen, I20; I30; I65, Berater*innen, I27 u. I63). Diese Experten heben die unternehmerischen Vorteile des Konzepts hervor: Das Einsparen von Ressourcen reduziert die Kosten und die Umweltauswirkungen eines Unternehmens bei gleichzeitiger positiver Außenwirkung.

Thematisch konzentriert sich die Diskussion der Circular Economy in Luxemburg hauptsächlich auf drei Themen – und zwar sektorübergreifend:

- Materialien und Ökodesign (inkl. nachhaltige Rohstoff- und Materialauswahl, Produktoptimierungen durch weniger Materialeinsatz, Materialpass für Gebäude);

- Bau- und Konstruktionskonzepte (z. B. modular/vorgefertigt/rückbaubar/energetisch optimiert);
- Digitalisierung (z. B. von Produktionsprozessen durch Steuerungstechnik, von Bauwerks-Planungsprozessen durch BIM, von Energiesystemen oder Smart Home-/Smart City-Konzepten durch das Internet der Dinge).

Diese Schwerpunkte zeigen, dass Designparadigmen der letzten Jahrzehnte wieder an Popularität gewinnen. In der Architektur haben flexible Entwurfskonzepte (z. B. modulare Bauweise), die Ressourcen- und Zeiteffizienz durch Vorfertigung kombinieren, eine lange Tradition, z. B. im Bauhaus. In Luxemburg konzentrieren sich Green-Building-Ansätze außerdem traditionell auf die durch Technologie verbesserte Energieeffizienz (Preller, 2018b). Durch das Internet der Dinge werden diese auf den ersten Blick gegensätzlichen Tendenzen zusammengeführt und durch verschiedene Technologien intelligent verbunden, wodurch Smart Home- und Smart City-Konzepte entstehen. Verschiedene daraus resultierende Aspekte werden in den folgenden Kapiteln ausführlicher dargestellt.

4.3. DER UMGANG MIT MATERIALIEN IN EINER CIRCULAR ECONOMY

Ein umfangreicher Themenblock in den Interviews umfasst die unternehmensinternen Bereiche, die durch das Circular Economy-Konzept beeinflusst werden. Im Interviewleitfaden, der im Vorfeld der semi-strukturierten Interviews ausgearbeitet wurde, wird dieser Bereich von Frage zwei abgedeckt (vgl. auch Anhang 3):

> Wie hat (oder wird) die Umsetzung des Circular Economy-Konzepts die Praktiken in Ihrem Unternehmen beeinflussen, z. B. in Bezug auf Produkte, Material- und Energieflüsse, die Unternehmensführung oder regulatorische Rahmenbedingungen?

In den meisten Interviews bedurfte es keiner spezifischen Frage, um über firmeninterne Abläufe zu sprechen. Die meisten Interviewpartner sprachen ganz natürlich über die Unternehmensbereiche, die sie mit dem Circular Economy-Konzept in Verbindung bringen. Dazu gehören beispielsweise die Themen Material und Abfall, Energie, (Produkt)Design, Einkauf, Transport und Logistik und soziale Unternehmensverantwortung. Das Themenfeld Material und Abfall gehört dabei zu dem umfangreichsten Datenmaterial, weshalb es in diesem Kapitel exklusiv dargestellt wird. Zur Strukturierung des Kapitels wird auf die Codes der zweiten Kodier-Ebene zurückgegriffen: Vermeidung, Trennung, Wiederverwendung und strategisches Materialmanagement (vgl. Anhang 9). Das strategische Materialmanagement umfasst in Luxemburg vor allem Initiativen, die sich für ein zukünftiges Kreislaufführen von Materialien einsetzen und den Einsatz von Sekundärrohstoffen sowie den Aufbau von Materialdatenbanken vorantreiben.

4.3.1 Abgrenzung zum Abfallbegriff

Die Circular Economy wird in einigen Interviews explizit von der Abfallwirtschaft abgegrenzt. „Wenn ich über Material-Cycling rede, rede ich nicht über Recycling.“, heißt es beispielsweise von einer angestellten Person in einem Industrieunternehmen (I70). Das Kreislaufführen von Materialien impliziert eine Weiternutzung, die keines Recyclingprozesses bedarf. In einer Circular Economy werden Materialien im biologischen und technischen Kreislauf geführt, der Abfallbegriff entfällt. Diese idealisierte Vorstellung der unendlichen Kreisläufe wird in einem Interview jedoch relativiert (Manager*in, I30), da es Materialien gibt, die altern und dementsprechend nicht unendlich im Kreislauf geführt werden können. Deshalb müsse der Aspekt der Vermeidung stärker in den Vordergrund getragen werden, argumentieren die Manager*innen (I65), wie es auch in der fünfstufigen Abfallhierarchie steht. Die Rückführung von Verschnitt in den Produktionsprozess ist in der Industrie bereits weit verbreitet und vermeidet Abfälle bei gleichzeitiger Kosteneinsparung. Auch Fehlprodukte werden oft nach einer Vorbehandlung (z. B. Zerkleinerung) wieder in den Produktionsprozess rückgeführt (Manager*in, I21). Dieses interne Recycling wirft i.d.R. keine Qualitätsfragen auf, die oft den Einsatz von Sekundärrohstoffen erschweren, wenn deren genaue Zusammensetzung nicht bekannt ist (Manager*in, I21).

4.3.2 Vermeidung, Trennung, Weiternutzung

In der Automobilwirtschaft ist das Vermeidungsprinzip fest verankert, da weniger Materialeinsatz im Produkt zu einem geringeren Gewicht führt, wodurch CO_2-Emissionen eingespart werden (Manager*in, I20). Zu diesen CO_2-Einsparungen kommt es, weil das Fahrzeug in das das Produkt eingebaut wird, durch das geringere Gesamtgewicht weniger Treibstoff in der Nutzung verbraucht. In anderen Unternehmen beziehen sich Vermeidungsstrategien auf den Einsatz von wiederverwendbaren Verpackungen und Transportcontainern oder von Plastikprodukten im Allgemeinen (u.a. Manager*innen, I23; I25; I37).

In den Interviews wird nur wenig von Vermeidung gesprochen, wofür in Interview 65 eine Erklärung gegeben wird.

> Im Prinzip ist die Circular Economy ein Etikett für Leute, die […] produzieren wollen. Vermeidung ist schädlich für sie, ökonomisch gesehen. (Manager*innen, I65)

In einer Circular Economy wird das Ziel verfolgt, keine Abfälle zu produzieren. Folglich wird das Vermeidungsprinzip aus der Abfallwirtschaft durch das Circular Economy-Konzept aufgehoben. Verschiedene Akteure weisen demzufolge die Auseinandersetzung mit der Abfallvermeidungsthematik zurück – Trennung und Weiternutzung sind hingegen fest verankert in luxemburgischen Unternehmen, wie in den folgenden Kapiteln deutlich wird.

a. Trennung

Im Gegensatz zur Vermeidung spielt die (Abfall)Trennung eine wichtige Rolle in luxemburgischen Unternehmen. Die sortenreine Sammlung von Abfällen bzw. Materialien wird in Luxemburg großflächig durch die SuperDrecksKëscht (SDK) begleitet. Seit Mitte der 1980er Jahre bietet die SDK Dienstleistungen im Bereich des Abfallmanagements an und unterstützt u.a. bei der Ausarbeitung von Abfallmanagementplänen, der Aufstellung von Abfallcontainern und der Entsorgung von Gefahrstoffen. Viele der angebotenen Leistungen der SDK sind für die Unternehmen kostenlos, da sie vom Ministerium für Umwelt, Klima und nachhaltige Entwicklung sowie der Handwerkskammer und der Industrie- und Handelskammer subventioniert werden. Mittlerweile ist das Abfallmanagement von über 3.200 Betrieben in Luxemburg mit dem SDK-Label zertifiziert – dazu gehören auch die meisten der im Rahmen des vorliegenden Forschungsvorhabens interviewten Unternehmen. Die Unternehmen sehen in der Zusammenarbeit mit der SDK die Möglichkeit, im Abfallbereich gesetzeskonform zu sein und gleichzeitig einen Beitrag zu ihrem Umweltmanagement zu leisten (Qualitätsmanager*in, I26). Auf Baustellen wird das Einrichten eines zentralen Abfallsammelplatzes als ein wichtiger Schritt angesehen, der nicht nur Sauberkeit und Ordnung auf die Baustelle bringt. Ein solcher Sammelplatz ist auch die Grundlage für den selektiven Rückbau eines Gebäudes. Eine sortenreine Erfassung der zu entsorgenden Materialströme kann nur erfolgen, wenn auch ausreichend Platz vorhanden ist. Dann können Kosten eingespart und dem Kunden neue Dienstleistungen angeboten werden, wie in dem folgenden Zitat deutlich wird.

> […] uns ist aufgefallen, wenn wir selektiver trennen, wird das günstiger. Einen sortierten Abfall kann man gegebenenfalls verkaufen […]. Es ist noch nicht so weit, dass man das nochmal benutzen kann, aber trotzdem. Wenn man es selektiert, kriegt man es billiger hin, denn die Müllempfänger wissen auch schon, das kann ich nochmal verkaufen und das muss ich leider Gottes wegwerfen oder das kann ich wiederverwerten, indem ich das verheize. (Manager*in, I33)

Einige Interviewpartner sehen in den Akteuren der Abfallbranche einen Partner, der die Ideen der Circular Economy erfolgreich in die Bevölkerung tragen kann, weil es bereits Anknüpfungspunkte gibt, wie es im folgenden Zitat erläutert wird.

> […] ich denke, aus der Recyclinghistorie heraus kriegen wir eher die Idee Kreislaufwirtschaft influenziert. Und wenn ich sage *eher*, dann sage ich das, weil bei der Bevölkerung ein Bewusstsein besteht, dass [Recycling] eine Kosteneinsparung darstellt. (Manager*in, I37)

Wie fortgeschritten der Gedanke der Circular Economy bei der SuperDrecksKëscht ist, wird auf ihren Internetseiten deutlich. Dort stellt sich die SDK als ein Akteur der Circular Economy vor, der Unternehmen von der Wegwerfgesellschaft zur zirkulären Wertschöpfung (SDK, 2020) begleitet. Die SDK bietet in diesem Zusammenhang eine Ressourcenpotential-Zertifizierung für Neuprodukte und Rückproduktionsanlagen an. Bei Neuprodukten werden die in dem Produkt zurückgewinnbaren Rohstoffe bewertet. Bei Rückproduktionsanlagen werden die zurückgewonnenen Rohstoffe durch den Rückgewinnungsprozess (Recyclingprozess) bewertet. Dass nicht alle Interviewten die Auffassung teilen, dass Recycling-Experten auch Circular Economy-Experten sind, zeigt das folgende Zitat:

> Circular Economy ist das neue Schlagwort für Recycling. Und dann sind da so Akteure wie die SuperDrecksKëscht, die auftreten und sagen: Wir sind Circular Economy-Spezialisten. Dazu sag ich: Ja sorry, ihr seid Recycling-Spezialisten. Ist auch gut so. Wir brauchen die Leute noch 30 Jahre. Aber sagt bitte nicht ihr seid Circular Economy-Spezialisten. (Manager*in, I55)

Die Sensibilisierung für den Wert von Materialien als Ressourcen, damit sie nicht als Abfall angesehen werden, gehört für verschiedene Akteure zur Verbreitung des Circular Economy-Konzepts dazu (Manager*innen, I39; I65; Berater*in, I62). In den Interviews wird davon gesprochen, dass umfangreiche Informationen und Weiterbildungsangebote bereitgestellt werden müssen, um Privatleute und Unternehmen zu sensibilisieren. In einem Interview wird aber auch von baulichen Sensibilisierungsmaßnahmen gesprochen. In Gebäuden kann der Sammelraum für Ressourcen beispielsweise sichtbar platziert werden, damit die Thematik zu einem Teil des täglichen Lebens wird.

> […] diese Räume sind nicht irgendwo wie sonst in einem normalen Apartmenthaus unten im Keller untergebracht, sondern werden nach vorne gesetzt in die Vitrine, wo man sieht, das ist uns wichtig. Das ist kein Material, was wir einfach als Müll sehen, sondern das sind Rohstoffe, die wir vorne sammeln. (Architekt*in, I38)

Wenn die Sammlung des Restmülls auch das Gewicht erfasst, wird eine Gebührenabrechnung nach dem Verursacherprinzip ermöglicht und vermeidungsorientiertes Verhalten belohnt. In größeren Wohnkomplexen „erhält jeder einen Chip und das, was er in den Restmüll gibt, wird bewertet und daraufhin wird das dann auch bezahlt.“ (Architekt*in, I38) Die sortenreine Erfassung von Materialströmen ist für viele Konsumenten im Privatleben ein Selbstverständnis, im Berufsleben kann das anders aussehen, wie es das folgende Zitat belegt.

> Ich weiß nicht, wie ich es erklären kann, aber Abfalltrennung spricht [die Menschen] nicht an. Ich verstehe das nicht. Ich bin mir sicher, dass zu Hause jeder sortiert. Aber in einer Gruppe, wir sind jetzt 50, habe ich den Eindruck, dass es einen Gruppeneffekt gibt, der dazu führt, dass es sich verschlechtert. (Übersetzung: Manager*in, I41)

Auf Baustellen in Luxemburg sind Recycling-Center, die eine sortenreine Erfassung der Materialien erlauben, die nicht benötigt werden, heutzutage weit verbreitet. Dies trifft im Besonderen für öffentliche Baustellen zu – unabhängig davon, ob es sich um einen Neubau oder einen Abriss handelt (Manager*in, I45). Im Ausschreibungsgesetz für öffentliche Aufträge, das explizit den Einsatz von Öko- bzw. Nachhaltigkeitskriterien beim Aufstellen von Lastenheften möglich macht, können „Kosten für das Lebensende, wie z. B. Sammel- und Recyclingkosten.“ berücksichtigt werden (übersetzt nach: GDL, 2018c: o.S.). Von Circular Economy wird in dem Gesetzestext nicht gesprochen. Deshalb muss sich jedes Unternehmen, das auf einer Baustelle ein Recycling-Center nach Circular Economy-Kriterien betreiben möchte, diese Kriterien selbst festlegen. Recycling-Center ermöglichen z. B. die Zwischenlagerung von Mehr- oder Fehlbestellungen bzw. Falschlieferungen, die nur dann weiter im Kreislauf gehalten werden können, wenn es einen Lagerplatz für diese Produkte gibt. Diese Türen, Fenster oder Fliesen können dann im Anschluss in einem anderen Bauvorhaben des Generalunternehmers oder Auftraggebers eingesetzt bzw. weitergegeben oder weiterverkauft werden. In einem solchen Fall, umfasst das Recycling-Center nicht nur eine Zone, in der die sortenreine Trennung der Materialien erfolgt, sondern zusätzlich eine Trockenzone, in der die Materialien katalogisiert, archiviert und für die Wiederverwendung bzw. den Wiederverkauf – z. B. im Rahmen einer Offenen Tür – vorbereitet werden (Manager*in, I45). Ist solch ein Vorgehen erwünscht, muss es in der Planung eines Bauvorhabens berücksichtigt werden.

> Okay, wir machen ein Vorprojekt, genauso wie der Architekt sein Vorprojekt macht und sagen euch, wie das Zentrum aussehen könnte. Und wie es aussehen könnte, gebunden an euren Zeitablauf, ist auch eine Kostenfrage. [Es macht] einen Unterschied, ob ich während 24 Monaten 13 Container bezahle oder während sechs

> Monaten erstmal drei Container bezahle und dann mehr brauche. Abhängig von dem Bedarf. (Manager*in, I45)

Mit einem Vorprojekt für ein Recycling-Center wird die Ablaufplanung im Vergleich zu herkömmlichen (Bau)Projekten zwar erweitert und verlängert, bietet dann aber eine Grundlage für die Weiternutzung von Materialien, Produkten und Bauelementen, wie das folgende Kapitel erläutert.

b. Weiternutzung

Die Rückführung von Materialien und Produkten zum Hersteller oder spezialisierten Entsorgern – einige Akteure sprechen auch von Rückkonsum – kann grundsätzlich über verschiedene Systeme geregelt werden. Rücknahmesysteme, die auf einer selektiven Sammlung basieren sind für verschiedene Produktgruppen bereits seit langem etabliert – in Luxemburg sind das z. B. Ecotrel, Ecobatterien, Valorlux und die SuperDrecksKëscht (u.a. Manager*innen, I23; I37; I45). In der Automobilindustrie sind wiederaufbereitete KFZ-Teile über den Aftermarket zu beziehen (vgl. Kapitel 2.1.3) und dienen als erfolgreiches Beispiel für eine Rücknahme-Logistik (auch Reverse Logistik). Beispiele für eine umgesetzte Reverse-Logistik wie für KFZ-Teile wurden durch luxemburgische Unternehmen nur in dem Bereich Gesundheitswesen/Medizintechnik angesprochen (Manager*in, I25). Auch für andere Sektoren kann die Reverse-Logistik zukünftig an Bedeutung gewinnen, z. B. wenn der Lebenszyklus eines elektronischen Produkts durch ein Softwareupdate verlängert werden kann (Manager*in, I37). Ein anderes System zur Rückführung bzw. Weiternutzung von Produkten ist pay per use, wenn der Kunde nur den Nutzen eines Produktes bezahlt und das Produkt selbst Eigentum des Herstellers oder eines Händlers bleibt. Verschiedene Unternehmen in Luxemburg nutzen das Geschäftsmodell für Carsharing-Angebote und bieten die Nutzung von Fahrzeugen an, z. B. Carloh oder Flex, ein Angebot der CFL (Société Nationale des Chemins de Fer Luxembourgeois, die staatliche Eisenbahngesellschaft Luxemburgs). Auch in anderen Bereichen wird darüber nachgedacht, „pay per use"- oder Leasing-Angebote umzusetzen. „Es gibt in der Stahlindustrie und in der Automobilindustrie zunehmend solche Überlegungen. Aber das ist noch marginal, also noch nicht ein Business-Modell, was sich etabliert hat" (Manager*in, I23). Über einige erste Umsetzungen von Circular Economy-Praktiken in Luxemburg wird in den folgenden Kapiteln berichtet.

4.3.3 Recycling und Sekundärrohstoffe

In der Bauwirtschaft ist die Weiternutzung von Materialien vor allem im Straßenbau bzw. Infrastruktur-Bauvorhaben ein viel diskutiertes Thema, z. B. von Asphalt und Bauschutt. Ein Interviewpartner erzählt:

> Was wir in Luxemburg schon lange ziemlich viel betreiben ist [das] Recycling von Asphalt. Das heißt, Asphalt wird aus einer Straße ausgebaut oder ausgefräst und dann aufgeheizt und zu einem gewissen Prozentsatz zum neuen Asphalt zugegeben. Dieser Prozentsatz [...] ist hoch, aber bei verschiedenen Materialien trauen wir uns noch nicht, Recycling zuzulassen, weil wir uns da auf eine ganz präzise Qualität von Bitumen verlassen müssen. (Manager*in, I30)

Inertabfälle wie z. B. Bauschutt aus Abrissarbeiten werden großflächig für den Unterbau von Straßen benutzt, was als Downcycling bezeichnet wird, da das Material an Qualität gegenüber der Erstnutzung verliert. In Luxemburg wird dieser Bedarf normalerweise mit zerkleinertem Bauschutt aus dem Land gedeckt. Nur bei besonderen Großbauprojekten kann es zu einem Versorgungsmangel kommen, wenn z. B. Materialströme für die Herstellung von Recyclingbeton benötigt werden, wie er beim Bau von Terminal B (eröffnet 2017) und der Erweiterung der Rollbahn am Flughafen Findel zum Einsatz kam (Manager*in, I32). Weitergehende Verfahren im Straßenbau sehen eine Sanierung des Straßenaufbaus vor Ort vor. Beim Kaltrecycling-Verfahren wird das ausgebaute Material vor Ort aufbereitet und gleich wieder eingebaut, wodurch Transportfahrten eingespart und die Bauzeiten verkürzt werden. Das Kaltrecycling stellt eine Kreislaufführung von Materialien dar, wohingegen andere Innovationen die Weiternutzung von Straßenbelägen ausschließen (Manager*in, I30), wenn z. B. Solarzellen zur Stromerzeugung oder leuchtende Gesteine für eine bessere Sicht verbaut werden. Das Kaltrecycling ist für Luxemburg interessant geworden, seitdem die deponierten Hochofenschlacken, die in den letzten Jahrzehnten im Straßenbau verbaut wurden, aufgebraucht wurden und nicht mehr zur Verfügung stehen (u.a. Manager*innen, I30; I57; I60). Einer Frage, der man sich derzeit verstärkt widmet, ist deshalb, wie man in einer Circular Economy mit ausgebauten Schlacken umgehen sollte (Manager*in, I57) und mit Betonen, die Schlacken als Zusatzstoffe enthalten. Dieser letzte Punkt wird in den folgenden Kapiteln diskutiert – wie Holz ist Recyclingbeton ein viel diskutierter Sekundärrohstoff.

a. Recyclingbeton

Hochofenschlacken wurden in Luxemburg auch als Zusatzstoffe in Betonen und Betonsteinen eingesetzt. Eine solche Verwendung von Abfallstoffen bzw. Nebenprodukten aus der Stahlindustrie, Schlacken und Aschen, entspricht nicht den Qualitätsvorgaben in einer Circular Economy (vgl. z. B. die Kriterien für eine C2C-Produktzertifizierung in Kapitel 4.2.3). Vielmehr entspricht der Einsatz von Gesteinskörnungen aus Sekundärrohstoffen einer gleichwertigen Weiternutzung von Altbetonen. Sekundärrohstoffe für die Nutzung in Betonen und Betonfertigteilen werden in Luxemburg seit den 2010er-Jahren vielbeachtet und sind auch Gegenstand der Forschung in Unternehmen und an der Universität Luxemburg (vgl. Tabelle 15). Im Mittelpunkt gegenwärtiger Diskussionen steht vor allem der maximal zulässige Prozentsatz des rezyklierten Zuschlags in Betonen. Wissenschaft und öffentliche Hand vertreten diesbezüglich verschiedene Positionen wie in dem folgenden Zitat deutlich wird.

> Nach der Norm können Sie bis fünf Prozent Fremdmaterialien in den Beton mit einbringen. Das sind fünf Prozent Recycling – mehr geht nicht. Sobald wir mehr haben möchten, müssen wir eine neue Regelung schaffen. Wir sind auch dabei, die Betonnorm zu überarbeiten. […] Und da haben wir vor, teilweise auch einen kleinen Akzent [beim Recyclingbeton] zu setzen. […] Ich denke, ich werde diesbezüglich mit [Person I6] wahrscheinlich ein bisschen diskutieren müssen. Weil I6 da etwas weiter gehen möchte in den Klassen. Das kann man ja dann in einem Forschungsprojekt machen. Aber ich würde das vielleicht nicht gleich in einer Brücke machen. (Manager*in, I30)

Gesteinskörnungen aus Recyclingbeton für Beton mit rezykliertem Zuschlag müssen in Luxemburg auf ihre Gebrauchstauglichkeit zertifiziert werden (ILNAS, 2012: 7). Dies ist einer der Gründe, warum Unternehmen von dem Einsatz von Recyclingbeton Abstand nehmen. Sie argumentieren, dass die Zusammensetzung von Bauschutt im Allgemeinen nicht bekannt ist und er deshalb keinen qualitativ hochwertigen Sekundärrohstoff darstellt (Berater*in, I27; Architekt*in, I43). Grundsätzlich wird die Herstellung von Recyclingbeton von den Produzenten in Luxemburg aber befürwortet (Manager*in, I32). Wobei die Umweltbelastungen, die im öffentlichen Diskurs mit der Herstellung von Beton kritisiert werden, vor allem durch Treibhausgase bei der Zementherstellung entstehen. Derzeit gibt es keinen Markt für Bau- und Abbruchabfälle, weshalb die Umweltverwaltung in Kooperation mit Akteuren aus der Wissenschaft und der Privatwirtschaft an Lösungen arbeitet, die Thematik stärker in den Fokus der Aufmerksamkeit zu rücken (Beamter/Beamtin, I12). Es wurde ein Toolkit (LIST, 2020) zur Erstellung eines Materialinventars für den

Gebäuderückbauerarbeitet, das auch einen Leitfaden umfasst und Qualitätskriterien für Bau- und Abbruchabfälle nennt (Emwelt, 2020).

b. Holz

Holz spielt in einer Circular Economy eine besondere Bedeutung. Immer wieder heißt es: „Es gibt eben kein Material, was sich besser eignet für Circular Economy als Holz." (Manager*in, I30). Dies liegt unter anderem daran, weil Holz als kohlenstoffneutral betrachtet wird, es vielfältig genutzt bzw. weitergenutzt werden kann und es sich gut mit Circular Economy-Baukonzepten kombinieren lässt, wie Leichtbauweise, Modulbauweise und Rückbaufähigkeit. In der Industrie bemüht man sich, den Rohstoff Holz kaskadenartig zu nutzen:

> Unsere Wunschvorstellung ist, circa die Hälfte [unserer Rücklauf-Produkte] als Recyclingholz [in neue Produkte] verarbeiten zu können. [...] Gleichzeitig haben wir den Entschluss gefasst, die andere Hälfte [der Rücklauf-Produkte] zu verbrennen und hier kaskadenförmig die Energie zu nutzen. (Manager*in, I36)

Es wird davon ausgegangen, dass „Holz sehr viele nicht-Holzprodukte ersetzen wird. Holz wird Komposit-Produkte ersetzen, andere Kunststoffprodukte." (Manager*in, I36) Horizontale Flächen in Fahrzeugen, die heutzutage noch aus Kunststoff sind, könnten zukünftig aus Holz sein: „Die Absorptionskraft von Energie ist bei OSB ist besonders hoch." (Manager*in, I36) Derzeit wird daran gearbeitet, die Nachteile von Holzprodukten zu verbessern: Dazu gehören das recht hohe Gewicht und das Emissionsverhalten von Naturstoffen. Im Fahrzeugbau sind Materialausdünstungen (wie von Holz) nicht erwünscht.

In der Bauwirtschaft ist Holz ein traditionelles Baumaterial, dem in Luxemburg aber nur wenig Vertrauen entgegengebracht wird. Als dauerhafte Geldanlage wird lieber in Stein und Beton investiert. Es sind die bereits sensibilisierten Kunden, die ein Gebäude mit gesunden und nachhaltigen Materialien bauen möchten. Sie wenden sich direkt an Architekten und Baufirmen, die ausschließlich in Holz bauen. Trotzdem beobachten die Interviewpartner, dass in Luxemburg immer mehr in Holz gebaut wird und immer mehr Baufirmen ihr Angebot um den Holzbau erweitern. Dieser Trend gefällt erfahrenen Holzbau-Experten nur bedingt, weil mangelndes Fachwissen im Umgang mit Holz zu schwerwiegenden Mängeln am Gebäude führen kann. Deshalb sei es wichtig, dass die Baubranche Erfahrungen mit Holz sammelt, zum Beispiel im Rahmen öffentlicher Bauvorhaben, die dann als Vorzeigeprojekte dienen können. Der 2016 gegründete Wood-Cluster hat sich u.a. das Ziel der Förderung der Verwendung von Holz im Bauwesen gesetzt (Luxinnovation, 2020). Die steigende

Nachfrage nach Holz als Rohstoff wird in Luxemburg aber auch aus ökologischen Gründen kritisch betrachtet:

> Zurzeit [herrscht ein] Holzboom. Der Holzbau, aber auch Verbrennungsanlagen [benötigen] Holz und Holzhackschnitzel. Diese Holzpellets bergen natürlich eine ganz große Gefahr. [Da] die Nachfrage nach Holz extrem angestiegen ist, [ist] der Umgang mit unserem Ökosystem Wald sehr brutal zurzeit. (Architekt*in, I44)

Holz wird am besten regional genutzt, damit die regionale Wirtschaft gestärkt wird und Transportwege und daraus resultierende Emissionen vermieden werden (Architekt*in, I28). Mittlerweile ist es allerdings nicht mehr möglich, dass die Produktionsprozesse für alle Holzarten in Luxemburg durchgeführt werden:

> Das ist ein ganz kleines Projekt: ein kleines Schulgebäude mit zwei Klassensälen. Ein ganz kleines finanziertes Projekt, das mit regionalem Buchenholz gebaut werden sollte. Das Holz wurde auch geschlägert in den Wäldern von Heffingen. [...] nach alten Traditionen [...] wurde das Holz nach Mondphase geschlägert und getrocknet und wieder nach Luxemburg gebracht. Leider Gottes gibt es in Luxemburg keine Sägereien mehr, die dieses Laubholz trocknen und sägen kann. Es gab vor zwanzig, dreißig Jahren noch etliche [Sägereien]. Die sind alle ausgestorben, weil alles Holz nach China geht, um billige Möbel zu bauen. (Architekt*in, I44)

Der Schulbau in Buchenholz wurde dann doch nicht umgesetzt, weil Gemeindewahlen stattfanden und der neue Schöffenrat das Schulgebäude an einen anderen Ort bauen wollte. Vergleichbare Hemmnisse und Barrieren werden in dem späteren Kapitel 4.6. ausführlich erörtert werden. Das folgende Kapitel greift hingegen erst einmal die Materialherkunft und dessen Verfolgbarkeit auf – maßgebende Kriterien in einer Circular Economy.

4.3.4 Informationen, Materialherkunft und Rückverfolgbarkeit

Die Kreislauffähigkeit eines Materials reicht einigen Experten nicht als alleiniges Merkmal aus, um ein Baumaterial zu empfehlen. Der gesamte Lebenszyklus eines Produkts muss dafür mit in die Bewertung einfließen: Herstellung, Nutzung und Entsorgung. Um diese umfassenden Materialinformationen bewerten und vergleichen zu können, muss man sich auf belastbare Quellen verlassen können, wie beispielsweise WECOBIS (2020). Bei der Materialauswahl können auch Zertifizierungssysteme für Gebäude und Bauvorhaben helfen, wie das luxemburgische System LENOZ. LENOZ arbeitet u.a. mit Informationen aus Umweltdeklarationen (Environmental Product Declarations, EPD) für Bauprodukte. EPDs werden von Herstellern in Auftrag gegeben und i.d.R. von einem spezialisierten Partner erstellt und von einer unabhängigen Stelle geprüft, wenn sie dem internationalen Standard ISO 14025 folgen. Eine EPD enthält eine detaillierte Produktbeschreibung und Ökobilanz-Daten, wie z. B. die Umweltauswirkungen der Herstellung, Angaben zu den Energie- und Transportmodellen sowie Informationen zum Lebensende des Produkts. Ein Interviewpartner hat bereits 2011 EPDs für seine Produkte erstellen lassen (Berater*in, I27) – er ist nicht der einzige Hersteller in Luxemburg. Ein anderer Interviewpartner befand sich zum Zeitpunkt des Interviews im Erstellungsprozess einer EPD in Zusammenarbeit mit dem LIST (Manager*in, I42). Einige Interviewpartner sehen in Umweltproduktdeklarationen und Zertifizierungssystemen effektive Möglichkeiten, um die Baubranche für das Life Cycle Assessment-Denken zu sensibilisieren (Manager*in, I30).[58]

Die Auswahl der Baumaterialien ist vor allem dann von besonderer Bedeutung, wenn eine Gebäude-Zertifizierung angestrebt wird. In diesem Fall wird das Produkt eines bestimmten Herstellers nicht nur aufgrund seiner technischen Qualitäten, sondern auch aufgrund seiner Ökobilanz ausgesucht. Auf der Baustelle muss dann aber auch überprüft werden, dass die Planungsunterlagen mit dem gelieferten Material übereinstimmen. Bei großen Produktherstellern muss auch der Herstellungsort geprüft werden, denn es kann vorkommen, dass ein Material an verschiedenen Standorten produziert wird. Wenn die Transportwege und die dadurch entstandenen Emissionen in die Zertifizierung mit einfließen, muss eine Überprüfung des Herstellungsortes stattfinden, um sicherzugehen, dass Planung und Ausführung übereinstimmen. Diese Verfolgbarkeit der Materialherkunft bis auf die Baustelle ist eines der Themen, die derzeit in Luxemburg diskutiert werden. Oft werden Überlegungen zur Rückverfolgbarkeit auch mit der Thematik des Materialpasses für Gebäude verknüpft. Der Materialpass soll alle Materialien benennen, die im Gebäude vorhanden sind, damit es als Materialbank genutzt werden kann. Gebäude als Materialbanken zu verstehen, also als vorübergehende Lagerstätten von Materialien, Produkten und Bauelementen, soll deren Rückbau erleichtern und wirtschaftlich effizienter machen (Berater*in, I27; Manager*in 49). Gleichzeitig soll dadurch die Ressourcenabhängigkeit des Landes vermindert werden (Manager*in, I60).

58 Unter Life Cycle Assessment-Denken wird in der Regel verstanden, dass ein Konsumprodukt, aber auch ein Gebäude, von der Rohstoffgewinnung bis zur Rückführung der Materialien in den (technischen) Kreislauf, auf den Planeten und die Menschen wirkt.

In der Automobilbranche werden Materialien deutlich stärker verfolgt und kontrolliert als in der Bauwirtschaft. Es kam in der Vergangenheit deshalb auch schon zu Überlegungen, wie es zu sektorübergreifenden Transfers in Luxemburg kommen könnte (Florentin, 2019). Besonders vielversprechend werden dabei die Materialdatenbanken angesehen, die den Zulieferbetrieben der Wertschöpfungskette durch die Erstausrüster zur Verfügung gestellt werden. Generell gilt der Informationsaustausch als ein Schlüsselprozess im Automobilsektor und der industriellen Fertigung im Allgemeinen. In der stark dezentralisierten Bauindustrie hingegen sind i.d.R. nicht alle Komponenten eines Gebäudes bekannt, u.a. auch, weil es oft zu einem Informationsverlust zwischen der Planung und der Errichtung eines Gebäudes kommt. Der systematische Einsatz von Materialdatenbanken und Bauwerksdatenmodellierung (BIM) könnte diese Lücke schließen (vgl. hierzu auch Kapitel 4.4.2).

Der Einsatz alternativer Materialien ist sowohl in der Automobilbranche als auch in der Bauwirtschaft mit Hürden verbunden. In den Interviews wird der Einsatz von Sekundärrohstoffen in der Automobilbranche als nicht möglich bezeichnet, weil die Erstausrüster (OEM) die Nutzung von Virgin-Material (Neumaterial) vorschreiben (Manager*in, I20). Durch die von den OEM vorgegebene Materialdatenbank sehen einige der Interviewten außerdem nur wenig Spielraum oder Einflussmöglichkeit auf ihrer Seite, alternative Materialien vorzuschlagen bzw. einzusetzen – dies liegt u.a. an der vertikalen Integration des Sektors (Manager*in, I17).[59] In der Baubranche wird der Einsatz von alternativen Materialien zumindest indirekt ebenfalls von zentralisierten Systemen eingeschränkt: In Zertifizierungssystemen wird oft der Einsatz von Umweltproduktdeklarationen (EPD) vorgegeben, um die Nachhaltigkeit eines Baumaterials zu belegen. Für Neuentwicklungen, aber auch für Naturprodukte, wie z. B. Stroh und Elefantengras (Miscanthus), fehlen jedoch i.d.R. entsprechende Dokumente. Die Zertifizierung eines Materials im Rahmen der ISO 14025 oder des C2C-Programms sind ressourcenaufwendig und ziehen sich oft über einen längeren Zeitraum. Projekte mit einer Miscanthus- (Manager*in, I42) oder Strohdämmung (Architekt*in, I44) gehören u.a. deshalb zu den Ausnahmen in Luxemburg.

59 Mit vertikaler Integration wird in den Wirtschaftswissenschaften eine Organisationsform von i.d.R. Industrieunternehmen bezeichnet, die das Ziel verfolgt, die Wertschöpfungs- und Lieferketten eines Unternehmens zu optimieren (Isenmann und Rautenstrauch, 2007).

4.3.5 Zwischenfazit: Materialien und die Circular Economy in Luxemburg

Die Aufbereitung der Interviewdaten macht deutlich, dass die Material- und Ressourcenthematik im Rahmen der Circular Economy in Luxemburg mit den Schlüsselbegriffen aus dem Abfallmanagement verknüpft ist. Auch die Gesetzgebung in Luxemburg verknüpft beide Begriffe und spricht von *Abfall- und Ressourcenmanagement* (GDL, 2018g). Entgegen der Abfallhierarchie wird die Thematik der Entsorgung allerdings nur bedingt in der Circular Economy-Debatte berücksichtigt bzw. abgekürzt und als Rückführung in die biologischen und technischen Kreisläufe bezeichnet. Kritiker dieser idealisierten Betrachtungsweise führen an, dass Materialalterung und Verschleiß nicht berücksichtigt werden (Manager*in, I30) und Verluste, die durch niedrige Rückführungsquoten mangels konsequenter selektiver Sammlung entstehen, vernachlässigt werden (Manager*in, I66).

Unter Berücksichtigung der in den Interviews rezipierten Verständnisse des Circular Economy-Konzepts (vgl. Kapitel 4.2) und der Materialiendiskussion wird deutlich, dass die Bauwirtschaft in einigen Punkten von der Automobilbranche lernen kann, um das Wertschöpfungspotential zu verbessern:

- von der Wichtigkeit der Vorplanung und der Planungsphase;
- von dem Konzept Design for Disassembly, um demontierbare bzw. rückbaugerechte Bauwerke zu erschaffen;
- von der Zentralisierung von Informationen und Daten zur Materialherkunft und -zusammensetzung (z. B. in einer Materialdatenbank);
- von der Rückverfolgbarkeit und Zugänglichkeit von Informationen/Daten und Entscheidungen (z. B. in einem Material- oder Gebäudepass, bzw. einem Bauwerksdatenmodell, BIM).

Diese Beispiele zeigen, dass der Digitalisierung ein hohes Potenzial zugesprochen wird (vgl. auch das folgende Kapitel 4.4.2). Außerdem kann übergreifend für die Bau- und Automobilwirtschaft gesagt werden, dass eine Herausforderung für Luxemburg in der Verlängerung der Nutzungsdauer von Pkw und Gebäuden liegt. Im Land fahren die jüngsten Autos im europäischen und weltweiten Vergleich und viele Bürogebäude werden für eine Abschreibungszeit von 25 Jahren errichtet (u.a. Manager*innen, I58 u. I64). Verschiedene Designkonzepte versuchen diesem Trend durch Kooperation und Austausch nachhaltig entgegenzuwirken, wie das folgende Kapitel ausführt.

4.4. DESIGN UND KOOPERATION FÜR EINE CIRCULAR ECONOMY

Ein weiterer wichtiger Themenblock in der Umsetzung des Circular Economy-Konzepts behandelte in den Interviews den Austausch mit Stakeholdern (Interessenvertretern). Innerhalb des Unternehmens wird eine interdisziplinäre Herangehensweise benötigt, um z. B. Ökodesignkonzepte umzusetzen. Außerhalb des Unternehmens ist vor allem die Liefer- und Wertschöpfungskette betroffen, wenn es um die Berücksichtigung von Circular-Economy-Kriterien geht, z. B. im Einkauf oder in öffentlichen Ausschreibungen. Es sind verschiedene Plattformen, die den Austausch zu Themen der Circular Economy ermöglichen, fördern und fordern. Im Interviewleitfaden sind es die Fragen drei und vier, die Kollaboration und Kooperation in bzw. für eine Circular Economy thematisieren (vgl. auch Anhang 3):

> Kooperiert ihr Unternehmen oder teilt es Informationen zu Themen der Circular Economy mit Partnern außerhalb des Unternehmens, z. B. mit der Liefer- und Wertschöpfungskette oder auf Nachfrage von Kunden?
> Betreibt Ihr Unternehmen Wissensaustausch mit einem Bezug zu Themen der Circular Economy, z. B. mit Unternehmenszusammenschlüssen, Beratungsunternehmen, Universitäten, Gewerkschaften, staatlichen oder zivilgesellschaftlichen Initiativen?

Die Erkenntnisse aus den Interviews und der thematischen Materialsammlung sind im Folgenden um die Aspekte Planung und Design (Kapitel 4.4.1), digitale Vernetzung (Kapitel 4.4.2) und Plattformen des Austauschs (Kapitel 4.4.3) strukturiert und in Kapitel 4.4.4 zusammengefasst.

4.4.1 Planung und Design

Wie bereits im vorherigen Kapitel 4.3. deutlich wurde, ist die Circular Economy konzeptuell mit dem Management von Rohstoffen verknüpft – und dazu gehört auch deren Lebensende. Dass die Umsetzung des Circular Economy-Konzepts in der Industrie über das Abfall- und Ressourcenmanagement führt(e), wird in dem folgenden Zitat deutlich:

> Es gab in der Produktentwicklung Vorreiter von der Kreislaufwirtschaft und das haben wir im Automotive Design for recyclability genannt. Das berücksichtigt nicht alle Regeln der Kreislaufwirtschaft, war aber der Anfang. Denn die Idee war, dass man das fertige Auto nachher wieder in die einzelnen Materialien zerlegen kann. Wohl zum Wiedereinschmelzen also nicht zum Wiederverwenden in der Form, aber schon mit der Idee, dass man die Sachen trennen kann. Das ist inzwischen ein kompletter Bestandteil von Produktentwicklung und direkte Konsequenzen davon sind zum Beispiel, dass man heutzutage auf Kleben im Prozess so weit wie möglich verzichtet. (Manager*in, I17)

Die Konzepte Design for Recyclability und Disassembly gehen in der Automobilindustrie Hand in Hand und werden in der Bauwirtschaft als Design for Deconstruction oder Disassembly (DfD) rezipiert. DfD wird in dem *Leitfaden für die zirkuläre Wertschöpfung von Bauprodukten in Luxemburg* (Beloussova et al., 2015: 15) als Schlüsselkonzept für die Umsetzung der Circular Economy im Bausektor genannt. Für die Struktur von Gebäuden bedeutet das, sie sollte standardisiert, modular, trennbar und anpassungsfähig sein (Beloussova at al., 2015: 16). Die Standardisierung der Konstruktionsraster – vereinfacht gesagt, die Maße der tragenden Bauelemente wie z. B. Träger oder Platten – gehört dabei zu den Aspekten, die nicht nur die Modularität und Anpassungsfähigkeit eines Gebäudes beeinflussen – z. B., wenn es erweitert werden soll – sondern auch die Weiternutzbarkeit der Bauelemente (Professor*in, I4). In der Automobilindustrie wird Modularität in Form von baureihenübergreifenden Bauelementen umgesetzt, von z. B. der Volkswagengruppe seit 2012 als Modularer Querbaukasten (MQB) bezeichnet (Manager*in, I20). Unmittelbaren Einfluss können – müssen aber nicht – Veränderungen der Baureihe oder des Modells eines Fahrzeugs auf in Luxemburg konzipierte bzw. hergestellte Produkte haben (Manager*in, I20). In dem Expertenworkshop (vgl. Kapitel 3.2.3.c) wurde darauf hingewiesen, dass der modulare Ansatz aus der Automobilindustrie zwar grundsätzlich vielversprechend für die Bauwirtschaft ist, in Bezug auf Gebäude aber kritisch hinterfragt werden sollte. Oft bedeutet Modularität nicht mehr als die wiederholte Verwendung desselben Bauelements, ein traditioneller Ansatz der aus der Vorfertigung (oder Präfabrikation) kommt, um (Bau) Kosten und (Bau)Zeit einzusparen. Sie hat sich deshalb nicht durchgesetzt, da sie oft zu einem einheitlichen Gebäudedesign führt. Es ist nicht ganz eindeutig, was Modularität im Bau genau bedeuten soll und deshalb sind Konzepte wie Anpassungsfähigkeit (Flexibilität) und Rückbaubarkeit zielführender. Diese Kritik an der modularen Bauweise wird nicht von allen Interviewten geteilt, wie das folgende Zitat zeigt:

> [Wir] haben nach sechs Monaten ein Projekt präsentiert, das sich aus vier Modulen für eine Familie bzw. zwei Stockwerken für zwei Familien zusammensetzt. Eine Containerwohnung, die aber nicht mehr so aussieht wie eine Containerwohnung. [Die] aber so zusammengesetzt ist, dass wir zu jedem Zeitpunkt die Container einzeln wieder nehmen und woanders hinstellen können. (Manager*in, I45)

Wohnkonzepte werden zukünftig eventuell stärker an den sich verändernden Bedürfnissen der Bewohner ausgerichtet und bspw. von einem Singlehaushalt zu einem Familienheim „mitwachsen“ (Manager*in, I45). Ein standardisiertes Konstruktionsraster muss auch nicht zwangsläufig zu einer einheitlichen

Gebäudegeometrie oder Architektur führen (Architekt*innen, I43 u. I44). Solch einem „Gebäude mit Standardstützen, Standardversteifungskernen und einfach nur Plateaus" (Architekt*in, I28) eine „Seele" (Architekt*in, I28) zu geben, sei aber eine Herausforderung. Einige Architekten versuchen deshalb ganz bewusst, die gestalterische Komponente in den Mittelpunkt zu stellen:

> Wie kann man diese Überlegungen von nachhaltigem Bauen, gesunden Bauen, Prinzipien der Kreislaufwirtschaft [...] in eine Architektur übersetzen, der man nicht notwendigerweise ansieht „Ach guck mal, das ist jetzt ein kreislaufwirtschaftliches Projekt!" Und das ist für uns ein ganz spannendes Thema, dass wir sagen, okay, wir vertreten eine Architektursprache, wir vertreten eine Architekturqualität, die haben wir jetzt ganz lange mit verschiedenen konstruktiven Methoden realisiert. Und wie können wir jetzt mit neuen konstruktiven Methoden, mit neuen Materialien, trotzdem diese Architekturqualität machen? (Architekt*in, I43)

Viele Interviewpartner sehen die Verantwortung bei den Architekten und (Stadt)Planern, wenn es um Designkonzepte im Sinne einer Circular Economy geht. Es ginge vor allem um eine langlebige Planung, die zukünftige Entwicklungen mitberücksichtigt. „Was natürlich bedingt, dass man länger überlegen muss. [...] Eine gute Idee braucht längere Überlegung, braucht dann vielleicht auch etwas mehr Honorar." (Manager*in, I33) Und genau hier fehlt es noch an der benötigten Bereitschaft seitens des Auftraggebers, einen höheren Planungsaufwand auch zu bezahlen (Architekt*in, I38).

Bei immer mehr Bauvorhaben werden aber auch neue Wege im Projektmanagement gegangen, die bereits bei der Vor-Planung beginnen. Die Vor-Planung:

> Das ist die Phase... Die Architekten fangen mit der Phase Eins an. Phase eins umfasst Skizzenprogramme und Skizzen. Aber bevor wir mal Programme und Skizzen machen, sollten wir eine gemeinsame Vision entwickeln, was weiß ich, Werte, Values, und so weiter... Und das mit allen. Jetzt spreche ich von dieser ganzen Value Chain, Designer bis Nutzer bis, und so weiter, also alle, die irgendwie mit dem Gebäude in Kontakt kommen, auch die Nachbarn. Nicht nur die direkten Nutzer, sondern auch die indirekten Nutzer und so weiter. (Manager*in, I54)

Bevor die konkrete Planung an dem Projekt beginnt, setzt man sich mit der Frage „Was willst du überhaupt?" (Manager*in, I55) auseinander.

> Und dann gibt es die zweite Phase, das ist die konzeptionelle Phase, wo man auch Zirkularität anwenden kann, wie zum Beispiel Multifunktionalität. Kann ich das Erdgeschoss oder das Zweitgeschoss so planen, dass ich in Zukunft, ohne riesenviel Geld in die Hand nehmen zu müssen, eine Doppelt-Dreifachnutzung hinkriege im Bau? Das heißt diese Multifunktionalität ist eine Konzeptentscheidung. Da brauch ich auch keinen am Markt der eine technische Lösung bietet. Da muss ich Ingenieure haben, Architekten, die sich clevere Gedanken machen und sagen: okay, wir bauen

> nicht auf die Minimallösung, wir bauen auf 3,50 m × 3,50 m. Das heißt, dass wir das später auch als Wohnfläche nutzen können oder als Bürofläche. Das ist dann für mich das erste Niveau Zirkularität: Wie kann man die Circular Economy auf die Konzeption des Gebäudes umlegen? Kann ich die Technik so verlegen, dass die Maintenance einfach ist? Kann ich die Technik so machen, dass ich die Lüftung und die Heizmaschinen aus dem Keller rausnehmen kann ohne drei Wände kaputt zu schlagen? (Manager*in, I55)

Es wird deutlich, dass die Gruppe der Personen, die an der Planung eines zirkulären Bauvorhabens beteiligt sind, deutlich größer ist als bei traditionellen Projekten. Werden die Experten unterschiedlicher Fachdisziplinen früh in den Planungsprozess miteingebunden wird von einer integralen Planung gesprochen. Wird dieser Prozess um weitere Interessenvertreter wie z. B. spätere Nutzer und Anwohner erweitert, wird von einer partizipativen Planung gesprochen, einem Konzept aus der Raumplanung.

In den Interviews wurde nur vereinzelt von einer partizipativen Gebäudeplanung gesprochen. Zu den wenigen Ausnahmen in Luxemburg gehört das Oekozenter Pafendall, dessen Planung in Kollaboration mit den zukünftigen Nutzern ausgearbeitet wurde, wie z. B. dem Mouvement Ecologique (Architekt*innen, I31 u. I40). Von integralen Planungsprozessen war in den Interviews allerdings häufiger die Rede, vor allem mit Bezug auf die Projekte des Fonds du Kirchberg (u.a. Architekt*innen, I28 u. I43; Manager*innen, I39 u. I60) und das Projekt Wunne mat der Wooltz des Fonds du Logement in Wiltz (u.a. Architekt*in, I38; Berater*in, I61). In einem Interview heißt es beispielhaft:

> Der Fonds Kirchberg hatte letztes Jahr [...] ein sogenanntes Co-Création-Verfahren ausgelobt, wo wir auch in der ersten Runde mitgemacht haben. Da ging es dezidiert darum eine andere Herangehensweise an das Projekt zu haben [Das war] also nicht der klassische Architektenwettbewerb, sondern von vorneherein eine Teamarbeit und eben nicht anonym, sondern im Austausch auch zwischen den verschiedenen Teams. Aufgrund von Workshops, die dann stattgefunden haben. (Architekt*in, I43)

Dieser Co-Création-Planungsprozess des Fonds Kirchberg wurde von allen involvierten Interviewten als positive Erfahrung und als „Thinking out of the box“ (Architekt*in, I28) beschrieben. Zirkularität durfte in der Planung ohne Einschränkung berücksichtigt werden, bei der Budgetplanung musste dann jedoch reduziert werden: „Think out of the box and then go back in the box“ (Architekt*in, I28), nannte das ein Interviewpartner. Auch in Wiltz wurde die Frage der Kosten erst spät im Prozess diskutiert (Architekt*in, I38) und führte schließlich zu einer Fokussierung auf vier Themenbereiche: soziale und solidarische Kreislaufwirtschaft, Raumplanung, Rohstoffverwertung und grüne Energie (Strotz, 2017). In einem anderen Beispiel führte die Zusammenführung verschiedener Akteursgruppen zu der Entwicklung eines neuen Produkts, wie ein Interviewpartner berichtet:

> Das ist ein Kooperationsprojekt zwischen der Industrie, also [unserer] Firma, der Landwirtschaftskammer und den Luxemburger Wasserschutz-Syndikaten. Die Bauern haben ja heute das Problem, dass sie in den Wasserschutzgebieten keinen Mais mehr anbauen sollten, wegen Nitrat-Einbringung und so weiter. Und sie brauchen Alternativen, um trotzdem noch Einkommen zu haben, die aber nicht giftig bzw. nicht belastend für das Grundwasser sind. Und dann haben wir uns zusammengesetzt diese drei Akteure und wir haben Leinöl angepflanzt in den Wasserschutzgebieten. Dieses Leinöl wurde dann abgeerntet und die Körner haben wir auch in Luxemburg vermahlen und aus dem Öl was da rauskam, aus dem Müll, haben wir Farben gemacht: Holzschutz-Lasuren. (Manager*in, I29)

Dieses Produkt stellt ein gutes Beispiel für einen positiven Impakt dar, wie es vor allem von der C2C-Zertifizierung angestrebt und vermarktet wird. Eine Innovation (neues Produkt) vermeidet Umweltauswirkungen (Wasserschutz), generiert gleichzeitig zusätzliche Einkommen (für die Bauern) und schafft neue Arbeitsplätze (in der Industrie). Welche zusätzlichen Vorteile durch Digitalisierung und Vernetzung angestrebt und erreicht werden (können), erörtert das folgende Kapitel.

4.4.2 Digitale Vernetzung

Die im vorherigen Kapitel 4.4.1 vorgestellten neuen Wege in der Planung und im Design machen die Vernetzung von Menschen und Projekten unabdingbar. Die Vernetzung wird von einem Super-Internet unterstützt, einer Konvergenz zwischen dem Kommunikations-Internet, dem erneuerbaren Energie-Internet und dem Transport- und Logistik-Internet, das den Namen Internet der Dinge (oder IOT von Internet of Things) trägt (TIR, 2016a: 9). In diesem Smart Luxembourg (TIR, 2016a) werden Menschen, Sensoren, Geräte, Fahrzeuge, Transportmittel und Maschinen untereinander kommunizieren sowie Daten austauschen, die von Privatpersonen, Unternehmen und Behörden genutzt werden können – u.a. für ein intelligentes Energiemanagement (Luxinnovation, 2016). In einem Interview wird die Bedeutung der Digitalisierung für die Circular Economy wie folgt ausgedrückt:

> Ja, was ich aber als höchstes Potential empfinde, befindet sich eigentlich in dem Kern unserer Strategie Digitalisierung. Die Digitalisierung in unserem Umfeld übersetzt sich in, was wir nennen, Internet of Things, das Internet der Dinge. […] Heute ist es so, dass man nicht nur ein Kraftwerk hat und ein Stadtviertel, das die Energie abnimmt. Heutzutage haben wir eine Mehrzahl von Energieerzeugern, Energiebenutzern und Energielagerern, Storer. Producers, Consumers and Storers. […] Denn fast jeder, der

> ein paar Sonnenzellen auf dem Dach hat, kann Energie erzeugen und kann die in das Netz spielen. Wir haben Initiativen wo die Energie nicht nur abgenommen wird und verbraucht wird, sondern auch gelagert wird in Batterien. [...] Das Ganze muss gesteuert werden. Die Information, wo Energie jetzt benützt wird, produziert wird, gelagert wird muss ja zusammengebracht werden in ein übergreifendes Konzept, ein digitalisiertes Konzept, das dann das Ganze managt. [...] Und in dieser Digitalisierung, sehen wir unseren größten Vorteil, unser größtes Potenzial, um die Circular Economy zu stärken. (Manager*in, I25)

Die Digitalisierung wird in Luxemburg aber nicht nur als ein interessanter Wirtschaftszweig der Circular Economy angesehen, sondern sie ist derzeit auch ein Thema, mit dem sich viele Industrieunternehmen intern beschäftigen (Berater*in, I62). Dabei sind die Bedürfnisse der Betriebe breit gefächert und können von der Kundenverwaltung bis zur Automatisierung ganzer Produktionsprozesse sämtliche Bereiche betreffen. Deshalb bieten Unternehmenszusammenschlüsse, Interessengemeinschaften und Berufskammern zu diesen Themen verstärkt Beratung und Weiterbildung an, z. B. im Rahmen des Fit 4 Digital-Programms, einem Gemeinschaftsangebot der Handwerkskammer, Luxinnovation und dem Wirtschaftsministerium.[60]

In der Bauwirtschaft wird die Digitalisierung hingegen vor allem mit einer bestimmten Technologie in Zusammenhang gebracht, wenn es um die Circular Economy geht: BIM. BIM, oder Building Information Modeling bzw. Bauwerksdatenmodellierung, wird in den Interviews als eine kollaborative Arbeitsmethode zusammengefasst, die den Informationsfluss während des Planungs- und Designprozesses eines Bauvorhabens verbessert und somit Materialien, Geld und Zeit einspart (Manager*innen, I33; I54; I59). Alle Informationen von Relevanz zu einem Projekt können in einem BIM integriert werden, die Pläne des Architekten,[61] der Tragwerksplanung,[62] der Installationen,[63] aber auch der Inneneinrichtung. Die verbauten Materialien werden definiert, damit nicht nur ihre Mengen, sondern auch Angaben zum Hersteller und dem

60 Das Wirtschaftsministerium bezuschusst Unternehmen mit 5.000 Euro, die an einem der Fit 4-Programme teilnehmen, wie z. B. Fit 4 Digital, Fit 4 Circularity oder Fit 4 Innovation.

61 Das Architekturmodell umfasst i.d.R. die Volumenmodelle der Baukörper und Räume sowie das Entwurfsmodell.

62 Das Tragwerksmodell umfasst z. B. die Gründung, den Stahlbetonbau und den Stahlbau.

63 Das TGA-Modell umfasst u.a. Modelle für die elektrischen Leitungen, die Lüftung und die Sanitärinstallationen.

Produktionsstandort abgerufen werden können. Ein BIM ermöglicht allen am Projekt beteiligten Stakeholdern den Zugriff auf dieselbe Informationsquelle. In der Praxis wird BIM zwar von vielen Architekten und Fachplanern angeboten, nicht in jedem Projekt kommt BIM aber zum Einsatz (Manager*in, I47). Dies liegt einerseits daran, dass sich der Aufwand, ein BIM zu erstellen nur bei größeren Bauvorhaben lohnt (Architekt*in, I50), nicht aber z. B. bei einem Einfamilienhaus (Manager*in, I46). Wenn aber ein Bauträger wiederkehrende Gebäudemodelle errichtet, lohnt sich ein BIM auch bei kleineren Häusern (Manager*in, I52). Andererseits gibt es bisher nur wenige Fachleute mit Erfahrung in diesem Bereich, u.a. auch, weil „BIM ist so eine Riesenblase die gefüllt ist mit Verschiedenem“ (Manager*in, I33). Ein BIM kann also unterschiedlich detailliert sein und neben den digitalen Fachmodellen (Architektur, Tragwerksplanung, TGA) auch Ressourcen-, Termin- und Kostenplanung umfassen. Das BIM soll wie ein digitaler Zwilling das spätere Gebäude realitätsnah virtuell abbilden. Bisher kommt es aber oft noch zu technischen Schwierigkeiten in der Praxis, dazu gehören lange Ladezeiten, aber auch mangelhafte Schnittstellen zwischen verschiedenen Programmen. „Es wird nur angewandt, wenn der Endkunde sagt, ich will mein Gebäude BIM-mäßig ausgestaltet haben.“ (Manager*in, I29), wie z. B. die Bautenverwaltung (Administration des bâtiments publics). Andere öffentliche Akteure in Luxemburg denken derzeit noch über das Thema BIM nach, sie sehen in dieser Technologie aber vor allem für den Betrieb von Gebäuden Vorteile, zur Unterstützung des Facility Managements (Manager*in, I75).

Es gibt viele Akteure, die einen Mehrwert in der Digitalisierung und BIM sehen: „Alles, was die Technik mehr gibt, nutzen wir“ (Architekt*in, I34). Das Thema steckt aber in Luxemburg noch in den „Kinderschuhen“ – einige Kunden wollten es zwar haben, würden die Vorteile und Risiken (z. B. erhöhter Zeit- und Kostenaufwand) aber nicht kennen (Architekt*in, I34). Es besteht noch viel Weiterbildungsbedarf bei den Fachleuten bzw. Informationsbedarf bei den Bauherren, wenn es um BIM, aber auch andere Aspekte der Circular Economy geht (Architekt*in, I43). Verschiedene Plattformen des Austauschs werden deshalb im folgenden Kapitel diskutiert.

4.4.3 Plattformen des Austauschs

In Abhängigkeit von der Positionierung des Unternehmens bzw. des Interviewpartners zum Circular Economy-Konzept werden in Luxemburg unterschiedliche Plattformen des Austauschs genutzt. Im Anschluss an den Rifkin-Prozess und die Veröffentlichung einer Strategie für Luxemburg, die den Titel Dritte industrielle Revolution trägt (vgl. Kapitel 4.1.1), wurde die Arbeitsgruppe, die sich mit Handlungsfeldern und -optionen für eine Circular Economy beschäftigte weitergeführt. Es handelt sich dabei um eine interministerielle Arbeitsgruppe, die einigermaßen gut bis gut funktioniert, je nachdem ob eine Stimme aus der Privatwirtschaft (Architekt*in, I44) oder von einer Behörde spricht (Beamter/Beamtin, I13). Über die Inhalte, die dort besprochen werden, gibt es keine öffentlich zugänglichen Dokumente. Der behördenübergreifende Austausch wird aber sehr begrüßt, weil dadurch auch systemische Aspekte berücksichtigt werden können. Allerdings sind noch nicht alle Behörden in Luxemburg für die Thematik sensibilisiert, deren Mitwirken von Bedeutung wäre, wie bspw. die Finanzen (Beamter/Beamtin, I11).

Eine vergleichbare zweite interministerielle Arbeitsgruppe beschäftigt sich mit den beiden Herausforderungen, denen sich Circular Economy-Projekte derzeit vor allem stellen müssen: die öffentliche Ausschreibung und die Finanzierung (Beamter/Beamtin, I11). Im Mittelpunkt der Diskussionen steht die Ausarbeitung von Kriterien, die in den Ausschreibungstexten bzw. bei der Bewertung von Angeboten benutzt werden können. Bisher wurde der Zuschlag auf das Angebot mit dem günstigsten Preis (den niedrigsten Anschaffungskosten) erteilt. Das neue Ausschreibungsgesetz für öffentliche Aufträge, das im April 2018 veröffentlicht wurde, ermöglicht nun auch die Erteilung des Zuschlags auf das wirtschaftlichste Angebot durch z. B. die Betrachtung der Kosten (Gesamtkosten, Lebenszykluskosten, wie z. B. Unterhaltskosten, Betriebskosten) oder durch eine Preis-Leistungs-Betrachtung. Bisher wurde aber erst in wenigen Ausschreibungen eine Bewertungsmatrix eingesetzt, die Kriterien berücksichtigt, die über die Wirtschaftlichkeit hinausgehen und z. B. die Umweltverträglichkeit, die Nachhaltigkeit oder die zirkuläre Wertschöpfung der auszuführenden Arbeiten bewerten. Für öffentliche Ausschreibungen werden erste Kriterien zur Umweltfreundlichkeit in die Lastenhefte eingearbeitet, die von verschiedenen Behörden validiert werden müssen, bspw. von der Umweltverwaltung, wenn es die Festlegung von Qualitätskriterien für Material- bei Recyclingkörnungen betrifft (Manager*in, I30). Eine weitere Plattform, um neue Impulse für die Ausschreibung von Bauleistungen zu setzen ist das CRTI-B (Centre des Ressources des Technologies et de l'Innovation pour le Bâtiment), dessen Hauptaufgabe in der Ausarbeitung und Aktualisierung von standardisierten Bauausschreibungen besteht. Diese werden in sektorübergreifenden Arbeitsgruppen von nominierten Experten erstellt, wurden bisher aber noch nicht für eine Circular Economy überarbeitet.

Vor allem in dem von Luxinnovation moderierten CleanTech-Cluster – in den Interviews noch unter der früheren Bezeichnung EcoInnovation-Cluster erwähnt – werden Themen der Circular Economy diskutiert. Aber auch in vielen der anderen Cluster[64] sind die Interviewten Mitglied bzw. regelmäßige Besucher der Veranstaltungen. Vor allem der Wood-Cluster stößt dabei auf positive Beurteilungen, wie exemplarisch in dem folgenden Zitat deutlich wird:

> Bisher ist unser Team im EcoInnovation-Cluster eingebunden, natürlich auch in den Wood-Cluster. Wir sind zwar nicht unbedingt in der Holzindustrie aktiv, aber sie haben einen sehr systemischen Ansatz, um das Ökosystem der Holzflüsse zu verändern. Es ist daher sehr interessant darüber nachzudenken, wie ein Wirtschaftsmodell unter Berücksichtigung zirkulärer Konzepte verändert werden kann. (Übersetzung: Manager*in, I58)

Die Rückmeldungen zum CleanTech-Cluster spiegeln die beiden unterschiedlichen Positionierungen zur Circular Economy in Luxemburg wider, die bereits in Kapitel 4.2.3 angesprochen wurden. Eine bekannte Stimme des Clusters steht für eine idealisierte Circular Economy ein (Manager*in, I32). Deshalb sind die Interviewpartner, die einen eher pragmatischen Umgang mit dem Konzept bevorzugen, keine (aktiven) Mitglieder des Clusters (Manager*in, I37). Der AutoMobility-Cluster, der in den Interviews oft als Automotive-Cluster bezeichnet wird, scheint sich noch in der Aufbau- bzw. Findungsphase gegenüber anderen Unternehmenszusammenschlüssen zu befinden:

> Das ist, glaube ich, jetzt speziell im Automotive-Cluster: [Da] ist noch relativ viel Arbeit zu tun, damit das Clustermanagement wirklich seine Rolle findet. Es ist sehr viel Bedarf da, um ein starkes Cluster zu haben. Es ist auch ganz sicher in der Landschaft genügend Platz zwischen den Industriepartnern und der ILEA und dem Cluster. Da wird sich keiner auf die Füße treten – ganz sicher nicht. Man muss nur die Komplementarität noch etwas klarer erkennen und die Zusammenarbeit dementsprechend etwas ausbauen. (Manager*in, I17)

ILEA bezeichnet seit 2002 die Industrie Luxembourgeoise des Equimentiers de l'Automobile, die Vereinigung der Hersteller von Autoteilen und denen „die Service in diesem Bereich anbieten" (Manager*in, I20). Ein wichtiges Thema der Branche ist der Schulungsbedarf der Mitarbeiter, die vor allem durch die Digitalisierung starke Veränderungen ihrer Arbeitsbereiche erfahren. Es sind in erster Linie die sechs Berufskammern in Luxemburg, die für die Aus- und Weiterbildung ihrer Mitglieder zuständig sind (Noesen, 2005: 23). Der Schulungsbedarf zu Themen der Circular Economy wurde in mehreren Interviews angesprochen und war auch ein wiederkehrendes Thema im Expertenworkshop

---

64 Luxinnovation moderiert die sieben Cluster Automobility, HealthTech, Creative Industries, CleanTech, ICT, Wood, Materials & Manufacturing.

(vgl. Kapitel 3.2.3c). Auch eine Arbeitsgruppe des Rats für nachhaltiges Bauen (Conseil national pour la construction durable, CNCD), ein seit 2014 bestehender Zusammenschluss von öffentlichen und privaten Vertretern des Bausektors, beschäftigt sich mit der Aus- und Weiterbildung. Es gibt bereits Weiterbildungsprogramme, die sich gezielt mit der Circular Economy beschäftigen, wie z. B. der Weiterbildungszyklus des Ordre des Architectes et Ingénieurs-conseils (OAI)[65] und die Weiterbildung PRIMe House und LENOZ[66] des Oekozenters. Grundsätzlich sei der Schulungsbedarf aber im Bauwesen größer als in der Automobilindustrie, wie es im folgenden Zitat heißt – vor allem im Bereich der Digitalisierung.

> Das Baugewerbe ist, in meiner Betrachtung, auch viel klassischer unterwegs und hat auch damit zu tun, dass die Kompetenz im Baugewerbe, der Ausbildungsgrad der Mitarbeiter in der Circular Economy niedriger ist als in der Industrie. Ja, die Industrie ist auch viel offener für die Digitalisierung in Gänze. Das heißt also, wir haben viel mehr Response bei industriellen Kunden als bei Infrastrukturkunden, also Kunden im Bauumfeld, um Digitalisierung durchzuführen und um Sachen zu machen, die in diese Richtung gehen. Und das hat meines Erachtens damit zu tun, dass die Kompetenzen, dass Knowhow eher anwesend ist in der Industrie zu dem Thema als in dem Infrastrukturbereich. (Manager*in, I25)

Einige Stakeholder in Luxemburg erweitern ihren Erfahrungshorizont mit Themen der Circular Economy im Rahmen von Forschungsprojekten. Dabei handelt es sich sowohl um bilaterale Projekte zwischen nationalen Partnern (Manager*innen, I29; I42; I45) als auch um europäische Projekte im Rahmen der Programme Horizont 2020, Life, FP7 und Interreg (Manager*innen, I18; I20; I36). In dem folgenden Interview wird anschaulich die Motivation geschildert, aus der ein Public-private-Partnership (PPP) in Luxemburg entstand, eine öffentlich-private Partnerschaft.

> Und dann bekamen wir eine Anfrage von Arcelor [...] und die Aufgabe war, ein Gegenangebot zu machen. [...] Intern hat man dann gesagt, nein, Gegenangebot ist eine Preisfrage, das wollen wir nicht. Der Gegenanbieter ist wesentlich größer als wir,

---

65 Im OAI Weiterbildungsprogramm von 2020 befassen sich vier Module mit grundlegenden Themen der Circular Economy im Bauwesen (Modul 1), mit Abfall und Rückbau (Modul 2), mit Geschäftsmodellen und der funktionalen Wirtschaft (Modul 3) und der modularen und anpassungsfähigen Bauweise (Modul 4) (OAI 2020).

66 Die Weiterbildung PRIMe House und LENOZ im Jahr 2018 umfasste auch Seminare zu Circular Economy-Themen, wie z. B. schadstoffarmes Bauen, Umweltbewertung von Baumaterialien, Demontagefähigkeit von Gebäuden (Oekozenter 2020).

> der kann niedriger gehen, das ist ein Spiel. Warum versuchen wir nicht, das anders zu organisieren. Wir [...] haben dann gesagt: Hört mal, wir schlagen euch vor, eine Arbeitsgruppe auf die Beine zu stellen, mit euch, mit LIST und uns. Wir versuchen, ein digitales Sortierzentrum zu erstellen. Verbunden mit in die Behälter integrierten Anzeigen, Capteurs nennt man das auf Französisch, die anzeigen, wenn ein Container voll ist, verbunden mit einer Zentrale, die dann über eine E-Mobility den nächstliegenden LKW anpiepst und sagt: Jetzt fährst du nach Esch und nimmst den Container. Das ist wirklich innovativ und im Sinne der Kreislaufwirtschaft, aber auch der Ökobilanz. (Manager*in, I45)

Die Zusammenarbeit mit dem Auftraggeber wurde in diesem Fall zu einem Kooperationsprojekt ausgebaut, um einerseits konkurrenzfähig gegenüber einem Mitbewerber zu sein und andererseits ein neues Produkt zu entwickeln. Auch in der Automobilwirtschaft kann es zu ähnlichen Austauschen kommen, wenn die Kooperation in der oberen Lieferkette angesiedelt ist, z. B. zwischen OEM und Tier 1[67] (Erstausrüster und Modul- oder Systemlieferant), wie das folgende Zitat verdeutlicht.

> Ja, der Kunde [Anm. d. Autorin: OEM] ist generell sehr offen für neue Ideen, solange es seinen Rahmen nicht sprengt. Manchmal ist der Rahmen etwas weiter gesteckt, manchmal etwas enger. Und dann gibt's die Qualitätskriterien, die Wirtschaftlichkeitskriterien, die Performancekriterien, die halt alle erfüllt werden müssen. Aber ja, das geschieht in Zusammenarbeit. Wir sind jetzt in fast allen Fällen Tier-1 supplier. Bei Tier-2 oder Tier-3 ist es etwas komplizierter, weil die nicht am Tisch sitzen mit dem Endkunden. Die sitzen dann am Tisch mit den Leuten dazwischen. Und wenn der Endkunde mit dem ersten Tier irgendetwas vereinbart hat, dann kann der Tier-2 oder Tier-3 noch höchstens ausführen. (Manager*in, I17)

Es sind aber vor allem die öffentlichen Projekte, die in den Interviews als gute Möglichkeit genannt werden, um mit der Thematik der Circular Economy Erfahrungen zu sammeln. Häufig werden diese Bauvorhaben Pilotprojekte genannt, weil sie versuchsweise neuartige Verfahren, Prinzipien oder Arbeitsweisen umsetzen. Dazu gehören die bereits angesprochenen Projekte auf dem Kirchberg und in Wiltz, die einen integralen Planungsansatz verfolgt haben (vgl. Kapitel 4.4.1), aber auch das Plangebiet Elmen in den Gemeinden Kehlen und Mamer. In den Interviews wurde hervorgehoben, dass das Projekt Elmen

67 In der Zulieferpyramide der Automobilindustrie werden Tier-1, Tier-2, Tier-3, Tier-n-Lieferanten unterschieden. Tier-1 steht dabei für System- oder Modullieferanten (z. B. Licht-Modul, Cockpit, Türsystem), Tier-2 für Komponentenlieferanten (z. B. Steuerungseinheit, Fenster, Fenster, Verkleidung) und Tier-3 für Teilelieferanten (Einzelteile).

die Anliegen verschiedener Ministerien berücksichtigt: eine Kleinmaßstäblichkeit mit unterschiedlichen Grundrisstypologien,[68] keine Unterkellerung[69] und die bereits sehr früh genehmigte Busanbindung an den öffentlichen Transport, die den Individualverkehr geringhalten soll, obwohl das Gebiet außerhalb einer angeschlossenen Ortschaft liegt. Ein Vorzeigeprojekt für den selektiven Rückbau ist das Jean-Monnet-Gebäude, bei dem nicht nur das Tool zur Erstellung eines Materialinventars und der dazugehörige Leitfaden getestet wurden (GDL, 2018a), sondern auch eine Bilanz der eingesparten Umweltauswirkungen erstellt wurde (Guiton et al., 2020). Das Projekt Néi Schmelz in Düdelingen wird in den Interviews als ein Projekt dargestellt, das „einen hohen sozialen Anspruch" (Architekt*in, I43) hat. Deshalb spielen die Aspekte soziale Durchmischung und baubiologisches Bauen eine wichtige Rolle, um „eine hohe Wohnqualität, das heißt [ein] gesundes Lebensumfeld für die Bewohner" (Architekt*in, I43) zu schaffen. Gleichzeitig wird auf ein wirtschaftliches Zusammenspiel der Planungsansätze geachtet, wie in dem folgenden Zitat deutlich wird:

> Es war [uns] immer wichtig auch das Wirtschaftliche mit anschauen, weil wir ja hier mit einer Bevölkerungsgruppe zu tun haben, die eher wirtschaftlich schwach ist und was können wir tun, um denen auch wirtschaftlich zu helfen. Und da gibt es dann einfach Themen, die eigentlich soziale Themen sind: […], Es geht um die Schaffung von Arbeitsplätzen und Bildungsmöglichkeiten. […] Das zweite Thema ist wirtschaftlich, aber verbunden mit dem Energiekonzept. […] Wir haben ein Konzept gewählt, das den ganzen Energiebedarf, also Wärme- oder Kältebedarf und auch Strombedarf, für das Quartier komplett aus erneuerbaren Energien gewinnt. […] Aus einer kreiswirtschaftlichen Überlegung [heraus] soll die Energieproduktion als Kooperative gestaltet werden. Die Einwohner können dann Teil dieser Kooperative werden, damit die Gewinne aus der Energieproduktion auch den Bewohnern des Quartiers zugutekommen. Das heißt, [die Bewohner] sind nicht nur Konsumenten, sondern sie sind auch Teilhaber. (Architekt*in, I43)

Ein Austausch mit zivilgesellschaftlichen Initiativen zu Themen der Circular Economy wird in den Interviews nur vereinzelt angesprochen, obwohl oft explizit danach gefragt wurde (vgl. Anhang 11). Einigen Industrieunternehmen ist das Gespräch mit den umliegenden Nachbarn wichtig, um eventuellen Beschwerden durch hohe Lärm- oder Staubbelastungen vorzubeugen (Berater*in, I27; Manager*in, I29). Zu einem Austausch materieller Güter kam

68 Folgende Grundrisstypologien wurden erwähnt: Einfamilienhäuser, Mehrgenerationenhäuser, Einraumwohnungen und Wohngemeinschaften.

69 Die Vermeidung von Erdaushub und dessen Deponierung ist ein von der Umweltverwaltung vorangetriebenes Thema (Beamter/Beamtin, I12).

es, wenn Initiativen wie Benu Village in Esch oder CELL (Citizens for Ecological Learning and Living) um Spenden zur Umsetzung ihrer alternativen Bauvorhaben baten (Manager*innen, I29 u. I51). In Esch wurde ein Gebäude ausschließlich aus weiterverwendeten Elementen und mit der Arbeitsleistung Freiwilliger errichtet. Das Äerdschëff- oder Earthship-Projekt in Redingen an der Attert ist vor allem eine partizipative Baustelle, die allen interessierten Fach- und Privatleuten ein Mitwirken ermöglicht (CELL, 2021). In beiden Projekten wurden einerseits traditionelle Bauweisen eingesetzt, wie zum Beispiel Lehm und Stroh.[70] Andererseits wurde aber auch mit Altmaterialien gearbeitet, z. B. mit Autoreifen und Flaschen zur Isolierung der Gebäude. Dieser Ansatz stößt nicht bei allen „Verfechtern" (Berater*in, I63) der Circular Economy auf Anerkennung, wie es im folgenden Zitat deutlich wird.

> Um dir direkt eine Auskunft zu geben auf die Frage, wie setzen die Unternehmen das um – ich würde dazu eine ganz pauschale Aussage geben. Die, die es verstanden haben, werden nie mehr etwas anderes machen. Aber nur die, die es wirklich verstanden haben. [...] Earthship und Benu und andere, die haben es noch nicht verstanden. Die sind weit weg vom Verständnis aus meiner Perspektive. Da wird immer noch mit Dreck [Anm. der Autorin: Müll] gehandhabt, im Earthship z. B. wird mit Reifen isoliert. Sie versuchen mit weniger auszukommen, aber denken das Projekt nicht bis zum Schluss. Denn, wenn das Earthship so gebaut, wie es geplant wurde, dann wird dieses Ding irgendwann weggerissen und zu Abfall. Da ist keine Überlegung, wie die nächsten Schritte sind. Und das gleiche gilt für Benu. (Manager*in, I54)

Von einem Transfer von nicht-materiellen Dingen, wie z. B. Arbeitsleistung, Wissen, Ratschlägen, Vermittlung von Kontakten, zwischen der Privatwirtschaft und zivilgesellschaftlichen Initiativen wurde in den Interviews nicht gesprochen. Die auf den Webseiten vom Äerdschëff angegebenen Partner zeigen aber, dass das Projekt sowohl von Privatunternehmen als auch Stiftungen und der öffentlichen Hand unterstützt wird (CELL, 2021). In den Interviews zeigt sich, dass die „Verfechter" (Berater*in, I63) der Circular Economy in luxemburgischen Behörden vor allem beim Wirtschaftsministerium angesiedelt sind. Dies könnte sich zukünftig verändern, da nach den Wahlen im Oktober 2018[71]

70 Es gab und gibt in Luxemburg vergleichbare Initiativen, die in den Interviews nicht angesprochen wurden. Dazu gehören z. B. die Strohhäuser der Initiativen equiclic in Junglinster und der Kalendula-Gemüsegarten in Altwies, eine Initiative von CIGL u.a. gefördert im Rahmen des KreaVert-Interreg-Projekts.

71 Im Oktober 2018 wählte Luxemburg eine neue Abgeordnetenkammer und damit indirekt ebenfalls eine neue Regierung.

die neue Direktion für nachhaltiges Bauen und Circular Economy[72] am Ministerium für Energie und Raumentwicklung eingerichtet wurde, die im Jahr 2020 operabel wurde. Welche Erwartungen die Stakeholder u.a. an die Regierung in Luxemburg stellen, aber auch an das Circular Economy-Konzept im Allgemeinen, wird nach einer Zusammenfassung (vgl. Kapitel 4.4.4) in dem folgenden Kapitel 4.5. im Detail dargelegt.

4.4.4 Zwischenfazit: Zusammenarbeit und die Circular Economy in Luxemburg

In den Interviewdaten zeigen sich drei deutliche Tendenzen, die unabhängig von der Materialfokussierung, als Querschnittsthemen bezeichnet werden können. Das Circular Economy-Konzept wirkt sich in Luxemburg auf:

- Verfahren, Prinzipien und Arbeitsweisen aus, die das Design von Produkten und Gebäuden sowie die Planung von Bauvorhaben betreffen (vgl. Kapitel 4.4.1).
- die Digitalisierung von Verfahren und Arbeitsweisen aus, sowohl in der Automobilindustrie (z. B. von Produktionsprozessen) als auch im Bauwesen und der Bauwerksdatenmodellierung, BIM (vgl. Kapitel 4.4.2).
- die Nachfrage von Plattformen des Austauschs aus, die vor allem von Unternehmenszusammenschlüssen und Berufskammern getragen werden und sich auch mit der Anpassung der Aus- und Weiterbildung beschäftigen. Das Erfahrungslernen der Stakeholder findet im Bauwesen vor allem im Rahmen von öffentlichen Pilotprojekten statt (vgl. Kapitel 4.4.3).

Die Nachfrage nach Circular Economy kommt bisher vor allem von öffentlichen Akteuren, die das Konzept besonders im Bauwesen als eine der Planungsprinzipien vorgeben, wie beispielsweise der Fonds Kirchberg, der Fonds du Logement (Projekte in Wiltz und Düdelingen) und SNHBM, die Société Nationale des Habitations à Bon Marché (Plangebiet Elmen). Bei den Automobilzulieferbetrieben in Luxemburg wirkt sich das Circular Economy-Konzept nicht auf die Anforderungen der Erstausrüster (OEM) aus (Manager*innen, I20 u. I24). Im Bauwesen wenden sich sensibilisierte Kundengruppen direkt an Architekten und Baufirmen, die ökologisch und baubiologisch bauen (Architekt*in,

72 Die Direction de la construction durable et de l'économie circulaire ist beim Département de l'énergie des Ministère de l'Énergie et de l'Aménagement du territoire angesiedelt.

I31; Berater*in, I35). Die Kunden (OEM und private Bauherren) üben also nur einen geringen Druck auf die Branchen aus (u.a. Architekt*in, I44).

Wie wichtig Multiplikatoren für die Verbreitung des Circular Economy-Konzepts sind, wird in den Interviews immer wieder hervorgehoben. Dazu gehört vor allem die Sensibilisierung von Bauträgern, in Luxemburg Promoteure genannt. In diesem Zusammenhang wird einerseits die Rolle der Architekten hervorgehoben, um Bauträger zu leiten und für zirkuläre Materialien und Bauweisen zu interessieren. Andererseits wird auch auf das Wirken von Bezuschussungsprogrammen hingewiesen und deren Notwendigkeit für einen Wandel. In diesem Sinn werden im folgenden Kapitel 4.5. die zukünftigen Erwartungen an die Circular Economy vorgestellt, die in den Interviews zum Ausdruck gebracht wurden.

4.5. TRENDS UND ZUKÜNFTIGE ERWARTUNGEN AN DIE CIRCULAR ECONOMY

Die Auseinandersetzung mit branchenübergreifenden Circular Economy-Tendenzen und -Trends machte in den Interviews die Unterscheidung von drei unterschiedlichen Erwartungshaltungen deutlich. Es konnten sowohl Skeptiker (vgl. Kapitel 4.5.1) als auch Fürsprecher (vgl. Kapitel 4.5.3) identifiziert werden, deren Szenarien für die Zukunft ohne bzw. mit einer Circular Economy auf den folgenden Seiten beschrieben werden.

Der genaue Wortlaut der Frage nach potentiellen zukünftigen Entwicklungen, wie sie in den Interviews gestellt wurde, kann in Anhang 12 nachgelesen werden, die generische Vorlage im Interviewleitfaden lautete (vgl. auch Anhang 3):

> Welche Erwartungen stellen Sie an die Entwicklung der Circular Economy in den nächsten 5 bis 10 Jahren, z. B. in ihrer Branche, für Produkte, in Bezug auf Barrieren und Anreizsysteme?

Die skizzierten Szenarien in den Bereichen mit Potenzial (vgl. Kapitel 4.5.2) stützen sich vor allem auf neue Geschäftsmodelle und einen aktiven Staat in den Sektoren Energie, Transport und Logistik und soziale Unternehmensverantwortung (vgl. hierzu auch die Kodier-Ebenen in Anhang 8 und Anhang 9).

4.5.1 Die Skeptiker

Es gab Interviewpartner, die davon ausgingen, dass es in fünf bis zehn Jahren zu keinen nennenswerten Fortschritten im Übergang zu einer Circular Economy kommen wird (Qualitätsmanager*in, I26; Manager*in, I42), weil der

Zeithorizont zu kurzfristig angesetzt ist bzw. ein entsprechender Wandel nicht gewollt ist (Architekt*in, I31). Die große Herausforderung wird sein, der Bevölkerung das Lebenszyklusdenken mit allen Schwierigkeiten zu erklären, die es dabei zu berücksichtigen gilt, wenn man wirklich zwei Produkte oder Systeme vergleichen möchte (z. B. Systemgrenzen, Datenverfügbarkeit). Es gibt gutverdienende Privatleute, führt ein Interviewter als Beispiel an, die lieber höhere laufende Kosten für das Heizen bezahlen als einen Kredit zur Sanierung und Dämmung ihres Hauses aufzunehmen (Architekt*in, I28). Einige Stimmen sagen, die Circular Economy in Luxemburg befindet sich noch in den „Kinderschuhen" (Manager*in, I47) bzw. „im embryonalen Zustand" (Manager*in, I55), wie es exemplarisch in dem folgenden Zitat deutlich wird.

> Trends gibt es leider, leider noch nicht. Wir sind jetzt in einer ersten Sensibilisierungsphase. Ein Trend entsteht ja dann, wenn schon was irgendwie populär ist, aber so populär ist leider Gottes diese [Circular Economy nicht]. Wir sind in einem Kreis von Menschen, die das interessiert, so hat man oft den Eindruck, ach, das ist ja jetzt ein Trend, das ist ja jetzt omnipräsent. Ich glaube aber eher, dass wir erst am Anfang sind. [...] die ganz große Masse muss erst noch sensibilisiert werden, bevor es dann zu einem wirklichen Trend kommt. (Architekt*in, I44)

Ein Trend muss sich schnell entwickeln und auch zügig Ergebnisse liefern – und schnell ist der Bausektor nicht (Beamter/Beamtin, I74). Deshalb eignet er sich auch nicht als Einstieg in solch eine Initiative. Der Automobilsektor ist für Veränderungen sensibler (Manager*in, I25), wie es schon in Kapitel 4.4.2 im Hinblick auf die Digitalisierung und Vernetzung deutlich wurde. In Europa haben die Erstausrüster allerdings den Trend der Elektromobilität unterschätzt und versuchen, den Entwicklungsrückstand gegenüber Herstellern aus Asien einzuholen (Manager*in, I18). Zu einem systemischen Umbruch wird es nur kommen, wenn die großen Akteure umschwenken und die Wertschöpfungskette unter Druck setzen, solch eine „rupture" (Manager*in, I19) könne in Luxemburg nur von Akteuren wie Goodyear oder dem Staat ausgehen.

> Also die Rifkin-Studie, die wurde ja sehr viel thematisiert. Die ist ja wirklich durch alle Zeitungen und Nachrichten gegangen. Ich habe zwar ein bisschen das Gefühl, dass der Hype schon wieder ein Stück weit nachlässt. Auf der anderen Seite denke ich mir, wurde [die Circular Economy] aber zu sehr nach außen getragen, als dass ich mir jetzt vorstellen könnte, dass [das Thema] komplett fallengelassen wird. Man wird es natürlich auf ein praktisches Niveau runterbrechen müssen. Aber ich fand es schon mal gut, dass es überhaupt so eine Willensbekundung in dem Maßstab gab. (Architekt*in, I40)

Trotz aller Skepsis (oder Realitätssinn) geht also keiner der Interviewten davon aus, dass die Circular Economy als politisches Thema verschwinden wird. In dem folgenden Kapitel werden die Bereiche angeführt, in denen Potenziale für die Circular Economy gesehen werden.

4.5.2 Die Bereiche mit Potenzial

Die Nachfrage nach den Trends und zukünftigen Erwartungen an die Circular Economy in Luxemburg wurde von vielen Interviewten mit einem Szenario für den eigenen Aktivitätsbereich beantwortet. Als Grundvoraussetzung für eine Circular Economy gelten finanzielle Anreize (Berater*in, I35) und ein gewisser administrativer Rahmen (Manager*in, I49), die geschaffen werden müssen, damit die Risiken für die Investoren reduziert und die noch offenen Fragen zu Versteuerung und Haftung beantwortet werden (Manager*in, I54). Grundsätzlich muss auch der Druck durch den Kunden (Manager*in, I17) oder den Gesetzgeber (Berater*in, I27) ansteigen, ansonsten werden nur einzelne Vorreiterfirmen das Circular Economy-Konzept umsetzen (Manager*in, I17) oder es wird zu einem Rebound-Effekt kommen, weil der Energiepreis sinkt (Manager*in, I29).[73]

Die Automobilzulieferbetriebe berichten von einem Sektor, der sich an den drei Schlagwörtern Dekarbonisierung, Sicherheit und Verkehrsfluss orientiert (u.a. Manager*innen, I17; I30, I64). Im Hinblick auf diese Zielsetzungen wird sich das automatisierte und vernetzte Fahren zukünftig weiterentwickeln. Die Digitalisierung der Verkehrssysteme umfasst die Kommunikation zwischen Fahrzeugen und Infrastrukturen, um den Verkehrsfluss aufrechtzuerhalten und Staubildung zu vermeiden – wodurch gleichzeitig der Verbrauch der Fahrzeuge optimiert und die Sicherheit der Verkehrsteilnehmer erhöht wird. Dieses Zusammenspiel aus sicherheitsrelevanten, wirtschaftlichen und umweltrelevanten Aspekten ist ebenfalls der Grundgedanke des fahrerlosen Fahrens: Durch ein gleichmäßiges Fahren sollen mehr Sicherheit und Effizienz erreicht werden. Im Fahrzeug selbst gibt es also einen Trend zu mehr Technik (u.a. vernetzende Sensortechnik) und alternativen Materialien für den Innenbereich, z. B. Holz oder Hybridprodukten[74] (Manager*innen, I22; I23; I36).

---

73 Es wird von einem Rebound-Effekt gesprochen, wenn der Energieverbrauch aufgrund einer Effizienzsteigerung ansteigt, weil die Verbraucher mehr verbrauchen (Zink und Geyer, 2017). Das theoretische Einsparpotenzial durch eine effizientere Technologie wird in diesem Fall nicht erreicht. Neben fehlenden finanziellen Anreizen durch niedrige Energiepreise kann es auch zu einem Rebound-Effekt kommen, weil in der Summe mehr energieverbrauchende Geräte genutzt werden.

74 Holz wird verstärkt zur Aufnahme von Druck verarbeitet und Metallprodukte bekommen einen preiswerten Stahlkern, der dann mit dem teuren und

Die Digitalisierung und das Internet der Dinge werden zukünftig einen Mehrwert für den Kunden bieten, indem „über das intelligente Vernetzen von Objekten die Lebensdauer von einer Anzahl produzierter Sachen verlänger[t] wird" (Manager*in, I25). Die Industrie 4.0 schließt auch die Erfassung von Herstellungsdaten und Benutzerdaten ein, die dann für Analysezwecke genutzt werden können (Manager*in, I23). Luxemburg könnte in dieser globalen Vernetzung einen wichtigen Part übernehmen:

> Jeder ist wie ein Glied in einer großen Kette. […] Wenn man digitalisiert, kann man die Lebenserwartung einer Anlage vergrößern und wenn man eine Lebenserwartung vergrößert, macht man weniger Müll. Weniger Müll ist [eine] Zielsetzung der Circular Economy. […] Ich glaube nicht, dass Luxemburg eine ganze Kette machen kann. Luxemburg muss sagen, welche Glieder passen und dann spezialisiert man sich gezielt und macht sich einen Namen. (Manager*in, I25)

Strategisch zielführend wäre die Spezialisierung in Bereichen, in denen bereits Kompetenzen im Land vorhanden sind, wie zum Beispiel in den Finanztechnologien (Manager*in, I25), also in der Innovation von Finanzinstrumenten und -dienstleistungen. Andere Interviewpartner sprechen von dem Potenzial Luxemburgs als „Laboratorium" (Manager*in, I32), „Vorreiter" (Berater*in, I62) bzw. „Treiber von Ideen" (Berater*in, I61) innerhalb Europas, z. B. in den Bereichen Bauen, Logistik und intelligente Energiesysteme.[75] In den Interviews wird von einem Trend zum Holzbau bzw. Holz-Hybrid-Bau gesprochen, indem Holz und Beton miteinander kombiniert werden (u.a. Architekt*innen, I43 u. I44). Auch das Robotisieren der Baustelle können sich einige Interviewpartner vorstellen (Manager*innen, I32 u. I39), so dass die Arbeit der Bauarbeiter durch den Einsatz von Robotern erleichtert wird.

Im Bauwesen können sich die Interviewpartner eine Zukunft ohne BIM nicht vorstellen (u.a. Manager*innen, I47 u. I59). Vor allem in der Verknüpfung mit Material-Gebäudepässen (vgl. Kapitel 4.3.4) ist die Technologie der

---

leistungsstarken Material an den Nutzungsflächen überzogen wird (Jeska, 2014). Durch den technischen Fortschritt können Produkte aus Vollmaterial durch Hybridprodukte ersetzt werden.

75 Unter intelligenten Energiesystemen (smart energy systems) wird i.A. das Vernetzen, Steuern und Regeln von zentralen und dezentralen Energieerzeugern, Energiespeichern und Verbrauchern verstanden. Das Ziel ist die Optimierung und die Überwachung des Gesamtsystems, was durch die informationstechnische Vernetzung aller Komponenten erreicht wird. In Interview 62 wurde vor allem von der Vorreiterrolle Luxemburgs im Bereich der dezentralen Energieerzeugung gesprochen.

Bauwerksdatenmodellierung (BIM) vielversprechend bzw. „eine Voraussetzung für Kreislaufwirtschaft oder für Zirkularwirtschaft" (Manager*in, I54).

Neben dieser technologischen Erwartungshaltung wirken die Beispiele steigender Zirkularität durch verbessertes Recycling von Bitumen (Manager*in, I30) und eine Effizienzsteigerung durch weniger Materialverbrauch, also weniger Materialvolumen durch leistungsfähigere Baustoffe (Berater*in, I27), fast rückständig. Trotzdem stehen diese Ideen im Einklang mit den Aussagen der *Überzeugten*, wie das folgende Kapitel 4.5.3 verdeutlicht – also mit den Interviewpartnern, die ohne einen Wandel zur Circular Economy keine Zukunft (für Luxemburg und die Welt) sehen.

4.5.3 Die Überzeugten

Die Interviewpartner, die davon überzeugt sind, dass sich die Circular Economy in Luxemburg durchsetzen wird, verweisen auf die globale Ressourcenproblematik (Manager*innen, I29 u. I54) bzw. Luxemburgs Ressourcenabhängigkeit (Architekt*in, I34). Stakeholder, die sich jetzt noch nicht mit dem Konzept beschäftigen, agieren „nicht besonders weitsichtig und nachhaltig" (Manager*in, I37). Denn besonders das Berufsfeld des Architekten wird sich durch die ansteigende Komplexität verändern: Ein-Mann-Büros wird es zukünftig nicht mehr geben, kleine Büros werden sich stark spezialisieren und große Büros werden intern mit einer Vielzahl verschiedener Spezialisten arbeiten. Die Digitalisierung wird zusätzlich Aufgabenbereiche verschieben (Manager*in, I41).

Öffentliche Akteure haben bereits die Perspektive gewechselt und setzen Circular Economy-Pilotprojekte um (vgl. Kapitel 4.4.3). In fünf Jahren werden sicherlich alle Projekte Circular Economy konform ausgeschrieben (Manager*in, I46). Es ist nun an den Privatunternehmen, umzudenken (Manager*in, I54), damit zukünftige Wohnungsbauprojekte beispielsweise auch den Bedürfnissen der nachfolgenden Generationen entsprechen. Jungen Menschen stehen finanziell weniger Mittel zur Verfügung, sie leasen oder mieten private Fahrzeuge lieber als sie zu kaufen (Manager*in, I39). Deshalb sollte auch der Wohnraum günstiger und flexibler werden:

> Wir haben jetzt einen anderen Investor, der gezielt fragt: Macht uns ein paar Workshops, damit wir was anbieten können. Wir haben eine Idee, wir wollen billigen Wohnraum schaffen für jedermann. Wir sind uns bewusst, es müssen neue Wohnstrukturen sein. Wir wollen Circular Economy in unserem Projekt haben. Wir möchten smart Cities, smart Buildings haben. Diese [Investoren] gehen viel berechenbarer ran und sagen: Dieses Projekt wird erst in 20 Jahren realisiert und dann muss es dem Standard in 20 Jahren entsprechen. Wir können nicht so bauen wie heute. (Manager*in, I33)

Eine effiziente Verknüpfung von wirtschaftlichem und zirkulärem Bauen sehen einige Interviewpartner in der modularen Bauweise (vgl. Kapitel 4.4.1) und im Holzbau. Auch das Vermieten von Baugrundstücken kommt der Flexibilität sich verändernder Lebens- und Wohnformen entgegen (Manager*in, I51). Im folgenden Kapitel werden diese unterschiedlichen Erwartungshaltungen zu einem Ausblick auf die Zukunft der Circular Economy in Luxemburg zusammengefasst.

4.5.4 Zwischenfazit: Die Zukunft der Circular Economy in Luxemburg

Obwohl die meisten Interviewpartner über das Konzept der Circular Economy gut informiert sind, stehen viele dem Zeithorizont der Umsetzung von entsprechenden Wandelprozessen skeptisch gegenüber. In einigen Interviews wird zum Ausdruck gebracht, dass Privatfirmen nicht bereit sind für einen Übergang und es deshalb in den kommenden fünf Jahren keine Veränderungen geben wird. Andere Stimmen betonen, dass Circular Economy nicht immer sinnvoll ist und niemand weiß, ob sie unter ganzheitlichen Gesichtspunkten besser abschneidet als das lineare Wirtschaften. Standardisierte Vorgehen könnten sowohl zu einer Vereinheitlichung von Gebäuden führen, z. B. durch die Vorfertigung von Bauteilen oder den Einsatz von Computerprogrammen, als auch zu einem Verlust von lokalen Arbeitsplätzen. Gleichzeitig erkennen viele Befragte an, dass jetzt Maßnahmen ergriffen werden müssen, um beispielsweise den selektiven Rückbau von Gebäuden in 30 Jahren standardmäßig zu ermöglichen, z. B. der Aufbau einer Materialdatenbank auf Basis standardisierter Materialdatenblätter bzw. Gebäudepässe.

Die Interviewpartner bestätigen, dass Architekten immer mehr über nachhaltiges Bauen sprechen und nachdenken, was im Allgemeinen als ein Synonym für Zirkularität im Bauwesen gilt. Durch den Rifkin-Prozess (vgl. Kapitel 4.1.1) und öffentliche Pilotprojekte (vgl. Kapitel 4.4.3) haben sich in Luxemburg bereits viele Architektur- und Ingenieurbüros mit dem Circular Economy-Konzept auseinandergesetzt. In der Diskussion um die zukünftigen Trends der Circular Economy wird besonders die Thematik der Digitalisierung und Vernetzung hervorgehoben, die in einigen Interviews als eine Grundvoraussetzung für eine erfolgreiche Umsetzung des Konzepts angesehen wird. Als besonders vielversprechend gelten in der Industrie die künstliche Intelligenz und das Konzept der Industrie 5.0, womit die Zusammenarbeit von Mensch und Maschine (Robotern oder anderen intelligenten Maschinen) bezeichnet wird. Im Bauwesen gilt die Bauwerksdatenmodellierung (BIM) als ein unabkömmliches Hilfsmittel für die Circular Economy konforme Planung, Errichtung und Demontage von Gebäuden und Bauwerken, vor allem wenn sie mit Materialdatenbanken verknüpft wird, um die Erstellung von Gebäudepässen zu ermöglichen. Das Vernetzen der unterschiedlichen Elemente durch das Internet der Dinge wird sowohl in der Automobil- als auch in der Bauindustrie als maßgeblich angesehen, um Sicherheit, Umweltschutz und Kosteneffizienz zu erreichen. Zum Ausdruck kommen diese Trends am deutlichsten in den Smart-Konzepten: smart buildings, smart mobility, smart cities.

In den Interviews wird das Circular Economy-Konzept als ein Trend im Bauwesen bezeichnet, der sich vor allem in öffentlichen Bauvorhaben in Luxemburg zeigt. In der Automobilwirtschaft werden hingegen Designkonzepte benutzt, die Ressourcen einsparen – z. B. Design for Recyclability und Disassembly –, die Circular Economy als eine übergeordnete Zielsetzung aber nicht verfolgen. Holz wird in Luxemburg immer beliebter, vor allem als Baumaterial, aber auch, um in Fahrzeugen Kunststoffprodukte zu ersetzen. Als ein besonderer Treiber für Wandelprozesse in beiden Industrien wird die Digitalisierung und Vernetzung betrachtet, dazu gehören autonom fahrende Fahrzeuge, Interaktionen zwischen Mensch und Maschine dank künstlicher Intelligenz und eine vernetzende Sensortechnik. Wie weit fortgeschritten die Umsetzung dieser Konzepte in den Unternehmen bereits ist, wird in dem folgenden Kapitel 4.6. dargelegt. Gleichzeitig werden die Herausforderungen, die sich in der Praxis für die Unternehmen stellen, erläutert (vgl. die Kapitel 4.6.1 und 4.6.2).

4.6. CIRCULAR ECONOMY IN DER PRAXIS

In einem knappen Viertel der Interviews wurde explizit nach den im Unternehmen umgesetzten Circular Economy-Praktiken gefragt. Der genaue Wortlaut der Frage, wie sie in den Interviews gestellt wurde, kann in Anhang 13 nachgelesen werden. Im Interviewleitfaden heißt es (vgl. Anhang 3):

> Welche Aktivitäten für eine Circular Economy haben Sie in Ihrem Unternehmen durchgeführt?

In drei Interviews wurde diese Frage explizit verneint und mit „Noch nichts." (Manager*in, I20; Architekt*in, I28) bzw. „Es gibt keine." (Berater*in, I27) beantwortet. In einem vierten Interview wurde gesagt: „Also BIM haben wir klar nicht umgesetzt." (Manager*in, I54) In einem anderen Gespräch wurde als Antwort auf das fehlende Mitwirken der Mitarbeiter bei der Abfalltrennung hingewiesen (Manager*in, I41). In einem weiteren Interview wurden hingegen die Bestrebungen der Mitarbeiter hervorgehoben, die Dienstfahrzeuge zu teilen und den Papierverbrauch zu reduzieren (Architekt*in, I38). Dieselbe interviewte Person sagte außerdem:

> Ich denke einfach mehr. Ich habe [durch die Auseinandersetzung mit dem Circular Economy-Konzept] gelernt, dass ich einfach freier bin im Denken. Ich bin auch ein bisschen aus dem Kastendenken rausgekommen. (Architekt*in, I38)

Einige Interviewpartner*innen bezogen die Frage auf ihre beruflichen Aktivitäten bzw. Dienstleistungen, die sie anbieten. Sie versuchten z. B. ihre Kunden für das Circular Economy-Konzept zu sensibilisieren und für Sharing Angebote (Architekt*in, I40) oder eine barrierefreie Planung von Gebäuden sowie Verkehrs- und Außenanlagen zu begeistern (Manager*in, I33). Man würde einfach merken, dass sich die Kunden immer mehr mit Nachhaltigkeitskonzepten auseinandersetzen, wodurch weniger Grundsatzdiskussionen geführt und Überzeugungsarbeit geleistet werden müssen (Architekt*in, I31).

In Industrieunternehmen wird der Verbrauch von Rohstoffen, Energie und Wasser optimiert sowie mit wiederverwendbaren Mehrwegcontainern gearbeitet (u.a. Manager*innen, I22; I23, I37). Ein Unternehmer baut nachwachsende Rohstoffe an, um kreislauffähige Materialien und Dämmstoffe anbieten zu können (Manager*in, I42). Ein anderer Unternehmer arbeitet mit Langzeitarbeitslosen und bemüht sich um deren berufliche Eingliederung (Manager*in, I39).

> Es ist Aufwand in Kreislaufwirtschaft zu bauen. Es hat gedauert, bis ich die Truppe dazu bekommen hatte, [BIM in die Arbeitsabläufe einzubinden und eine Material-Datenbank aufzubauen]. (Architekt*in, I34)

Arbeitsabläufe zu verändern, benötigt Zeit, Ressourcen, Motivation und Engagement. Die folgenden Kapitel erörtern, welche Beweggründe und Anreize für Unternehmen ausschlaggebend sind, um Circular Economy-Praktiken umzusetzen (vgl. Kapitel 4.6.1) bzw. welchen Hemmnisse und Barrieren sie dabei begegnen (vgl. Kapitel 4.6.2).

4.6.1 Beweggründe und Anreize

Es wurde bereits angesprochen, dass einige der Interviewten überzeugt von dem Circular Economy-Konzept sind, weil es die globale Ressourcenproblematik thematisiert und Lösungsansätze bietet, die wirtschaftlich sind und die Umwelt schonen (vgl. Kapitel 4.2.3 und 4.5.3). Von diesen Unternehmen wird die Auseinandersetzung mit dem Circular Economy-Konzept als ein Wettbewerbsvorteil gegenüber der Konkurrenz angesehen, sie sehen sich als „Frontrunner" (Manager*innen, I29 u. I32).

> Mich hat mal jemand gefragt: Warum willst du das vorantreiben? Dann habe ich gesagt: Dadurch habe ich einen Marktvorteil von vielleicht einem Jahr [...] und das bringt mir vielleicht ein, zwei Kunden mehr. (Manager*in, I33)

Diese Unternehmen investieren in neue Geschäftsfelder, um langfristig und nachhaltig auf dem Markt bestehen zu können. Sie beschäftigen Mitarbeiter, die sich informieren, weiterbilden und neue Produkte und Dienstleistungen ausarbeiten, die kreislauffähig sind bzw. eine zirkuläre Wertschöpfung unterstützen (u.a. Manager*innen, I36 u. I49). In großen Unternehmen kommt der Impuls für neue Ideen oft von einer übergeordneten Stelle, die bei international agierenden Organisationen durchaus außerhalb Luxemburgs angesiedelt sein kann (Manager*innen, I23 u. I58).

> Die Vision kommt vom Vorstand. Und dann wird lokal überlegt, wie man die Vision mit Inhalt füllen und sinnvoll umsetzen kann. Und bei der Umsetzung, da sind wir hier in Luxemburg sehr partizipativ. Das heißt, alle Leute können sich da einbringen und direkten Kontakt mit der Hierarchie aufnehmen oder einen Zettel in den Ideenkasten werfen. (Manager*in, I23)

In kleineren Firmen sind es die Unternehmensleiter, die den Anstoß geben, sich mit dem Circular Economy-Konzept zu beschäftigen, aber dann die Lösungsansätze in der Regel gemeinsam mit interessierten Mitarbeitern erarbeiten (u.a. Manager*innen, I29; I33; I53). Diese unternehmensinternen Arbeitsgruppen arbeiten im Idealfall selbständig und schlagen Initiativen vor, um die Nachhaltigkeit am Arbeitsplatz zu verbessern. Beispiele aus den Interviews umfassen die Abschaffung abfallproduzierender Konsumprodukte (z. B. Einweg Rührstäbchen aus Plastik für Heißgetränke oder Zuckerportionen) und die Einführung von abfallvermeidenden Versorgungsangeboten (z. B. Wasserkaraffen für Leitungswasser in Besprechungen; Wasserspender mit Wasseranschluss oder Kaffeemaschinen ohne Kapseln). In vielen Unternehmen in Luxemburg stehen den Mitarbeitern aber weiterhin Kaffeemaschinen mit Kapseln zur Verfügung, oft auch auf expliziten Wunsch der Mitarbeitervertretung (Manager*in, I65).

Die Mitarbeiter für Themen und Initiativen zu interessieren, die außerhalb ihres direkten Arbeitsbereichs liegen, ist in einigen Firmen eine große Herausforderung – ganz unabhängig von der Circular Economy-Thematik. Die Interviewpartner sprechen von fehlenden Freiwilligen (Manager*innen, I29 u. I41), in einem anderen Fall haben sich die Mitarbeiter nicht an das gemeinsam beschlossene Rauchverbot auf dem Betriebsgelände gehalten, obwohl diese Maßnahme im Anschluss an eine Sensibilisierungskampagne von allen gutgeheißen wurde (Manager*in, I21).

Die soziale Verantwortung gegenüber den Mitarbeitern bzw. der „Verantwortungssinn für die Umwelt, für die Gesellschaft und für die zukünftigen Generationen“ (Manager*in, I25) ist in manchen Unternehmen einer der Beweggründe, sich mit der Ressourcenproblematik auseinanderzusetzen:

> Versorgungssicherheit und ethische Gründe eben auch wegen den Arbeitsbedingungen in den Abbaugebieten. Und natürlich haben wir nur einen Planeten. Wir sind ein Familienunternehmen [...] und das sind Werte, die wir intern und extern vertreten. (Manager*in, I23)

Auch in den Planungsbüros sind es Wertevorstellungen, die eine gewisse Richtung vorgeben. Diese können von der Geschäftsleitung vorgegeben oder von den Mitarbeitern mitgebracht werden, die sie nach Aussage der Interviewpartner während ihres Studiums erworben bzw. gefestigt haben. Dabei wird auch die Bedeutsamkeit einer Ausbildung im Ausland betont: Energieoptimiertes, nachhaltiges bzw. zirkuläres Bauen gehören vor allem in Österreich, Deutschland, den Niederlanden und der Schweiz seit vielen Jahren zu den Standards. Neuerdings wird beobachtet, dass Gesundheitsaspekte immer mehr an Bedeutung in der Ausbildung von Ingenieuren und Architekten erhalten und bei der Materialauswahl eine immer größere Wichtigkeit zugesprochen bekommen. Arbeitgeber bauen mit gesunden Materialien, um ihren Mitarbeitern optimale Arbeitsbedingungen zu bieten (Manager*in, I47), Bauunternehmen optimieren ihre Fertighäuser nach baubiologischen Kriterien (Berater*in, I35), Baumaterialien werden nach ihrem Einfluss auf die Innenraumluftqualität entwickelt (Manager*in, I48) und Privatkunden sind eher bereit in ein schadstofffreies Gebäude zu investieren als in ein umweltfreundliches (Architekt*in, I31).

Es ist der Nutzwert, also der subjektive oder tatsächliche Nutzen, den ein Unternehmen aus der Auseinandersetzung mit dem Circular Economy-Konzept zieht, der über sein Engagement entscheidet. Besonders ökonomische Vorteile werden als Anreize genannt (u.a. Manager*in, I21; I25; I30; I52; I54; I57): Kosteneinsparung durch Abfallvermeidung und optimierte Trennung, Energieeffizienz, Errichtung von Erneuerbare-Energien-Anlagen wie z. B. Photovoltaik, Zeiteinsparung bei der Errichtung durch eine Bauwerksdatenmodellierung. Dazu gehören auch Subventionen zur energetischen Sanierung von Wohngebäuden (PRIMe House) oder zur Ausstellung eines LENOZ-Zertifikats, bzw. für eine Beratung im Rahmen der Fit 4-Programme.[76] Viele

76 Die Innovationsagentur Luxinnovation bietet Fit 4-Programme in unterschiedlichen Bereichen an, wie z. B. Resilience (nach der Covid-19-Krise), Digital, Innovation, Circularity.

Interviewpartner wünschen sich eine Circular Economy unterstützende Gesetzgebung, die z. B. den gesellschaftlichen Nutzen oder die Multifunktionalität eines Gebäudes steuerlich berücksichtigt (Manager*in, I39), die Treibhausgasbilanzierung oder sogar Ökobilanz für Baumaterialien (Manager*in, I49) oder die Zertifizierung der Zirkularität von Bauvorhaben (Architekt*in, I34) vorschreibt, die Mehrwertsteuer für Reparaturarbeiten abschafft (Manager*in, I54) bzw. die Linearität der steuerlichen Abschreibung bei Wirtschaftsgütern überwindet (Manager*in, I60).

4.6.2 Hemmnisse und Barrieren

Die größten Hürden, die mit der Circular Economy in Verbindung gebracht werden, sind wirtschaftlicher Natur und betreffen vor allem potentielle oder tatsächliche Mehrkosten sowie Unklarheiten bei der Kostenverteilung und der Risikobewertung für die Investoren.[77] Bei vielen Entscheidungen ist es die preisgünstigste Variante, die bei der Auftragsvergabe den Zuschlag erhält, sei es der Warentransport (Manager*in, I18) oder eine Bauleistung (Architekt*in, I40). Auch der Wechsel zu einem neuen Roh-, Hilfs- oder Betriebsstoff[78] wird ohne regulatorischen Druck nur erfolgen, wenn es dadurch zu einer Kosteneinsparung kommt (Manager*in, I20).

Die Interviewpartner machen deutlich, dass sie es als mittelständische Unternehmen nicht zu ihren Aufgaben zählen, außerhalb ihres direkten Einflussbereichs (das Unternehmen) auf die Nachhaltigkeit der Wertschöpfungskette zu wirken:

> Heute belasten wir mit dem Transport. Die Fahrzeuge, die am meisten verschmutzen, das sind allerdings die Lastwagen, unter denen auch wir leiden. Ich sehe mich als kleines KMU mit 130 Mitarbeitern aber nicht sagen: „Ändern Sie den Kraftstoff Ihrer Lastwagen". Das sehe ich nicht als meine Aufgabe. Wir können zwar beeinflussen, aber unweigerlich erst ab dem Tag, an dem es auf dem Markt ist. Und wenn es wirtschaftlich interessant ist, werden wir es tun. (Übersetzung: Manager*in, I19)

Die Unternehmen sind grundsätzlich an Maßnahmen interessiert, die durch Zirkularität eine positive Wirkung auf das Wertschöpfungspotenzial haben. Das gilt im Allgemeinen aber nur, wenn die Investitionsrendite innerhalb von 12 bis maximal 24 Monaten (Manager*in, I22), bzw. drei Jahren (Manager*in,

77 Für eine umfangreiche Übersicht der Hemmnisse siehe Anhang 14.

78 Roh- und Hilfsstoffe sind Haupt- bzw. Nebenbestandteile des Endprodukts, respektiv bspw. Holz und Schrauben. Betriebsstoffe werden zur Herstellung des Endprodukts benötigt, wie bspw. Strom, Wasser und Druckluft.

I19) erwirtschaftet wird. Eine Ausnahme stellen Gebäude dar, die vom Investor selbst genutzt werden.

> Wir bauen gerade ein eigenes Gebäude für unser Ingenieurbüro [...] Und es gibt [bei den Mitarbeitern] sehr viel (lacht) Angst vor Veränderung. [...] Einzelne Punkte konnten wir einbauen, aber nicht alles, was wir wollten. Ich denke, das muss so sein. Man muss sich ein sehr hohes Ziel setzen, um wenigstens etwas durchzusetzen. [Man muss] schrittweise vorangehen. (Manager*in, I33)

Auch in anderen Projekten kam es aus Kostengründen zu Abstrichen bei der Berücksichtigung von Circular Economy-Kriterien. Die Betrachtung der Lebenszykluskosten wird deshalb genutzt, um die Mehrkosten in solchen Fällen zu rechtfertigen (Architekt*in, I28). Herkömmliche Methoden im Projektmanagement von Bauvorhaben wägen aber nicht zwischen den tatsächlichen und subjektiven Nutzwerten ab: Ein Atrium oder ein Garten werden vor allem im Hinblick auf die Betriebskosten bewertet (Manager*in, I46). Dieses Vorgehen entspricht dem Lean Management, das in verschiedenen Interviews mit dem Circular Economy-Denken verglichen wurde (vgl. Kapitel 4.2.3):

> Es muss auch einen wirtschaftlichen Ansatz haben, deshalb sind wir sehr an allem interessiert, was Lean ist. Wir versuchen, die Dinge ordentlich zu machen, und zwar mit dem geringstmöglichen Aufwand, Einsatz von Energie und Transportwegen. Diese Herangehensweise haben wir bei unseren Produkten bereits umgesetzt, und wir versuchen sie gerade auch bei unseren Lieferanten einzuführen. (Übersetzung: Manager*in, I19)

Die Kundennachfrage nach Circular Economy sei noch gering berichteten verschiedene Gesprächspartner. Deshalb darf ein zirkuläres Produkt im Handel auch nicht mehr kosten. Die Mehrkosten, die durch die Entwicklung eines, z. B. nach Cradle-2-Cradle (C2C)-Kriterien optimierten Produktes entstehen, wie auch durch den C2C-Zertifizierungsprozess, sollte das Unternehmen nicht an den Kunden weitergeben. Gegebenenfalls müsste der Staat solche Initiativen finanziell unterstützen (Manager*in, I29). Dass die Mehrkosten für ein ökologisches Gebäude in Höhe von 3 % auf den Gesamtpreis wirklich ein hemmender Grund sind, können sich einige Interviewpartner allerdings nicht vorstellen (Architekt*in, I31). Vielmehr sei es die Angst vor Veränderungen bzw. dem Unbekannten, die sich in der fehlenden Nachfrage widerspielt – und zwar auf beiden Seiten: der Seite der Kunden, aber auch auf der Seite der Planer und Ausführenden:

> Wenn sie als Bauherr sagen: „Ich will mit Naturmaterialien bauen". Und ihr Planungsbüro antwortet: „Wenn Sie mit Naturmaterialien bauen, dann können wir keinen Zeitplan und keine Kosten mehr garantieren", bekommen sie Angst und [denken]: „Dann

kann ich mir mit meinem Budget nur ein halbes Haus kaufen [...]" – Das kommt sehr oft vor. Ich habe sogar erlebt, dass das Planungsbüro – ich behaupte mal wissentlich, denn so dumm konnten sie nicht sein – dem Bauherrn falsche Berechnungen unterbreitet hat. (Manager*in, I42)

Auch Architekten, beratende Ingenieure, Bauunternehmer und Projektmanager sind nicht immer bereit, nach Lösungen zu suchen, die einen positiven Einfluss auf die Zirkularität des Projektes haben. Der zeitliche Mehraufwand für individuelle Lösungen wird oftmals nicht in der Honorierung berücksichtigt (Manager*in, I33). Standardlösungen führen in der Planung zu einem Zeitgewinn, der sich in der Ausführung auf der Baustelle aber nicht immer bestätigen lässt. Eine gut durchdachte Planung, unter Umständen in Kombination mit einer Bauwerksdatenmodellierung (BIM), führt auf der Baustelle zu weniger Fehlern. Die Errichtungskosten und -zeit werden optimiert, vor allem durch eine partielle oder vollständige Vormontage. Durch die Holzbauweise wiederum wird platzsparend gebaut, was besonders Bauträger, in Luxemburg Promoteure genannt, überzeugt (Architekt*in, I44). Die Holzständerbauweise ermöglicht schlankere Maueraufbauten bei vergleichbarer Dämmleistung, wodurch mehr Quadratmeter Wohnfläche verkauft werden können.

Industrie- und Bürogebäude werden i.d.R. von internationalen Investorengruppen bzw. Immobilienfonds finanziert, deren Hauptinteresse in der erfolgreichen Vermietung liegt. Nachhaltigkeitszertifizierungen verbessern die Vermietbarkeit eines Objektes und erzielen höhere Quadratmeterpreise, wodurch die Rendite der Investoren steigt. Der Bauherr (Investor/en) nutzt das Gebäude nach Fertigstellung nicht selbst, sondern vermietet oder verkauft. Je schneller das investierte Kapital wieder eingenommen ist, je geringer ist das Risiko. Höhere Baukosten für ein nachhaltiges Gebäude, die sich über die Lebenszykluskosten amortisieren (z. B. durch niedrige Betriebs- und Instandhaltungskosten), wirken sich positiv für den Mieter bzw. Nutzer aus, nicht für den Investor (Manager*in, I55). Auch bei börsennotierten Unternehmen ist eine langfristige Kapitalbindung nicht erwünscht, wie das folgende Zitat verdeutlicht.

Die [Aktionäre] wollen im Moment nicht, dass die Firma Assets aufbaut, denn das erscheint ja dann in der Bilanz der Firma. Und die wollen nicht, dass wir Besitzer sind und die Gebäude vermieten. Und das ist leider eine Konsequenz der Börse. Die hat ja eher Tendenz die Firmen zu verschlanken, dass also keine Assets, kein Besitztum mehr da ist, weil dann die Gewinne pro eingesetztem Kapital natürlich besser dastehen. Und das ist zum Beispiel eine Sache, wo ich finde, dass die Politik nicht genug macht. [...] Da wird überhaupt nicht drüber gesprochen. Man sollte aber vielmehr

> die Börse an die Kette legen und sagen: „Moment mal, so geht das nicht!" (Manager*in, I49)

a. *Fehlende Rahmenbedingungen*

Neben den wirtschaftlichen Faktoren, die hemmend auf zirkuläre Praktiken wirken, wurden in den Interviews vor allem fehlende Rahmenbedingungen genannt. Es wurde zum Beispiel angesprochen, dass ein Leitfaden fehlt, der erläutert, was die Circular Economy für Luxemburg bedeutet und nach welchen Kriterien dieses Konzept z. B. im Bauwesen umgesetzt werden soll. Ein Interviewpartner sagte: „Es wäre schon gut, wenn es ein Handbuch geben würde oder ich sage mal eine europäische Norm: Das ist économie circulaire." (Manager*in, I32) Ein Unternehmen, das bereits an einem Geschäftsmodell arbeitet, seine Leistungen zu vermieten, anstatt sie zu verkaufen, erläutert im folgenden Zitat die Hürden aus seiner Sicht:

> Wir sind dabei… Wir müssen das Produkt standardisieren, denn um es vermieten, wieder zurücknehmen und dann bei jemand anderem wiederaufstellen zu können, muss es etwas sein etwas, das überall hinpasst, bezüglich der Farbe, des ästhetischen Geschmacks von heute und in den nächsten Jahren. Und dann muss man auch noch wissen, wie man es aufbewahrt, wie … Und all das braucht Zeit. Auch die rechtlichen Aspekte, einen Mietvertrag aufsetzen, wie können wir uns schützen, wenn der Kunde 2 Monate zahlt und dann nicht mehr. Wir sind nämlich auch keine Bank. (Übersetzung: Manager*in, I53)

In den Interviews wird von einem fehlenden administrativen Rahmen gesprochen, z. B. fehlen standardisierte Bauleistungsbeschreibungen, Verträge, Haftungsbeschränkungen, steuerliche Abschreibungen (Manager*innen, I19; I46; I49). Dadurch entstehen bei allen Beteiligten Unsicherheiten. Es wird aber auch die fehlende Infrastruktur angesprochen, die einen bremsenden Einfluss auf die Umsetzung von Circular Economy-Praktiken hat, z. B. die benötigten (Zwischen)Lager für Bauelemente (Manager*in, I45) oder die Aufbereitungsanlagen für Rückbaumaterialien (Berater*in, I27). Bei bestehenden Produktionsstandorten und Gebäuden wurden die einschränkenden baulichen Voraussetzungen angesprochen, z. B., dass die Dachanlagen statisch nicht für Photovoltaikanlagen ausgelegt sind und deshalb keine erneuerbare Energien vor Ort produziert werden können (Manager*innen, I17 u. I23). Standortspezifische Einschränkungen betreffen vor allem die schlechte Anbindung an den öffentlichen Personennahverkehr (Qualitätsmanager*in, I26) bzw. dessen schlechten Ausbau (Manager*innen, I32 u. I59), weswegen die Nutzung individueller Fahrzeuge vonnöten ist. Luxemburg sei im europäischen Vergleich kein Vorreiter nachhaltiger Mobilitätskonzepte für Unternehmensstandorte, sagen Interviewpartner, die für internationale Gruppen arbeiten (Manager*in, I47).

b. Staat und Regierung

Eine Vielzahl der genannten Hürden zur Umsetzung von Circular Economy-Praktiken betreffen staatliche Auflagen und Vorgaben. Sie beeinflussen ganz unterschiedliche Träger von Praktiken, den Planer, der eine Infrastruktur aufbauen möchte, die Circular Economy-Praktiken fördert, genauso wie deren späteren Nutzer. Zu diesen Beispielen gehört der Parkplatzschlüssel pro Mitarbeiter bzw. pro Wohneinheit, der im öffentlichen Raum zur Verfügung gestellt werden muss. In den Interviews wird von wenig Spielraum gesprochen, das Parkplatzangebot räumlich zu verschieben bzw. zu reduzieren (u.a. Manager*in, I20), obwohl für einige Gesprächspartner das Auto in der Zukunft nicht mehr direkt vor der Tür stehen wird (Architekt*in, I28). In diesen Szenarien wird es weniger Autos im Straßenbild geben, weil sich die gemeinschaftliche Nutzung von Fahrzeugen stärker durchsetzen wird (durch Sharing- und Pooling-Angebote) und das Parken fahrerlos stattfinden wird (vgl. Kapitel 4.5.2). Im Gesamten wird deshalb der Bedarf von Parkplätzen zukünftig sinken (Manager*in, I54). Der Städtebau lässt die Berücksichtigung entsprechender Trends aber nicht zu, wie das folgende Zitat exemplarisch verdeutlicht.

> Und dann haben wir festgestellt bei diesem Projekt auf dem Kirchberg, dass der Städtebau sehr viel blockiert, der hinkt den Entwicklungen komplett hinterher. Da sind Teilbebauungspläne [...] die sind 10, 15 Jahre alt. Die entsprechen nicht mehr dem was heute benötigt wird. Nicht mal von der Bauform. [Dadurch] hat man null Freiheiten. Das ist okay, wenn man einen Block zum Wohnen baut, aber nicht, wenn man zirkulär denkt. Dann braucht ein Gebäude Freiheiten. (Architekt*in, I28)

Von wenig Flexibilität für alternative Lösungen seitens des Gesetzgebers wurde auch in den Bereichen Energieversorgung, Regenwassermanagement und Brandschutzbestimmungen berichtet. Der Einsatz von Materialien aus nachwachsenden Rohstoffen in Fassaden wird durch Auflagen des Brandschutzes erschwert (Architekt*in, I44). Themen werden von den Behörden oftmals einseitig angegangen und es fehlt an transdisziplinären und interministeriellen Verknüpfungen, wie beispielsweise einer gemeinschaftlichen Verankerung der Themen Energie, Mobilität und Wirtschaft in einem Ministerium (Manager*in, I39). Ein Vorschlag spricht von der Verabschiedung eines Circular Economy-Gesetzes, das die wirtschaftlichen Entwicklungen unabhängig von der politischen Ausrichtung der Regierung oder eines einzelnen

Ministeriums über eine Legislaturperiode hinaus prägt und leitet (Manager*in, I49). Ein anderes wiederkehrendes Thema sind die Einschränkungen, die durch Vergabeverfahren für öffentliche Aufträge entstehen. Die Interviewpartner sehen sich beispielsweise bei der Auswahl der ausführenden Unternehmen eingeschränkt:

> Das ist ja gerade in den öffentlichen Vergabesystemen immer ein Thema. Wie binde ich dieses [Circular Economy] Kriterium ein? Wie kriege ich die Firmen dazu, dass sie auch in dem Sinne antworten? Da hatte es der Park 2020 leichter als privater Entwickler [Anm. der Autorin: ein niederländisches Projekt]. Die konnten einfach sagen „Ihr seid nur drin, wenn ihr das macht!" – Das können wir nicht machen für öffentliche Vergaben. Das heißt, wir müssen gucken, wie wir die Ausschreibungsunterlagen gestalten, damit wir das Ergebnis bekommen, das wir wollen. (Architekt*in, I43)

Öffentliche Ausschreibungen müssen gesetzeskonform erfolgen, damit sie nicht angefochten werden können. Viele öffentliche Stakeholder vermeiden es deshalb Risiken einzugehen und schreiben ohne die Berücksichtigung von Circular Economy-Kriterien aus (Manager*in, I46), die von den Auftragnehmern als diskriminierend angesehen werden könnten. In kleineren Gemeinden fehlt es dafür an der nötigen Erfahrung mit öffentlichen Ausschreibungen bzw. an einer entsprechenden Ausbildung, z. B. in Baurecht. In einigen Gemeinden führt der zyklische Wechsel der verantwortlichen Kommunalpolitiker alle sechs Jahre dazu, dass zirkuläre Projekte nicht umgesetzt werden (Manager*in, I45).

4.6.3 Zwischenfazit: Viele sind überzeugt, aber die praktische Umsetzung ist komplex

In dem vorangestellten Kapitel wurden die Hauptlinien der motivierenden und hemmenden Faktoren zur Umsetzung von Circular Economy-Praktiken dargelegt, die in den für das Forschungsvorhaben geführten Interviews angesprochen wurden. Gleichzeitig wurden die bereits umgesetzten Praktiken beschrieben. Es wird deutlich, dass vor allem extrinsische Motivationen als Treiber und Blockade wirken und wirtschaftliche Gründe als Vor- oder Nachteile genannt werden. Eine extrinsisch motivierte Person wird von äußeren Anreizen angetrieben, wozu sowohl Vorteile (Belohnungen) als auch Nachteile (Bestrafungen) gehören, wie z. B. Anerkennung, Beförderung, Strafzahlungen und öffentliche Kritik (Stangl, 2021). Ein Unternehmensleiter führte eine nachhaltige Produktlinie ein, weil er sich als Vorreiter Anerkennung verschaffen wollte und sich gleichzeitig einen Marktvorteil versprach (Manager*in, I29). Ein anderer Geschäftsführer sprach davon, dass seine Mitarbeiter Angst vor sich verändernden Planungspraktiken haben, sieht aber für sein Büro einen Wettbewerbsvorteil, wenn er zirkuläre Dienstleistungen anbietet (Manager*in, I33). In einem Interview wurden die den Unternehmen zugrunde liegenden Logiken prägnant zusammengefasst:

> Unternehmen sind für ein wirtschaftliches Feld geschaffen und keine gemeinnützigen Vereine. Das ist ganz, ganz klar. Aber das Denken kommt aus dem linearen, alten Ansatz heraus. Und was ich immer wieder sehe bei den Akteuren in den Diskussionen ist, dass die Bereitschaft einen wirklichen Paradigmenwechsel anzustoßen, immer wieder ganz schnell auf Grenzen stößt, weil es natürlich mit einem Risiko behaftet ist. Das heißt also, wir sehen es viel in kleinen Unternehmen, die eben noch von dem Entrepreneurship getrieben sind. Aber je größer die Firmen werden, desto schwieriger ist die Umwandlung, weil auch in den Firmen so starre Strukturen und lineare Strukturen bestehen. Die Hierarchie ist linear. Es gibt kein integratives Denken. Es gibt viele Abteilungen. [...] Lösungsansätze [müssen] auch gesellschaftspolitisch angegangen werden. Und das ist das Spannende in der Gemeinde Wiltz. Die ja eben auch als Hotspot in Luxemburg definiert worden ist für die Economie Circulaire. Die gehen da politischer heran. Bürgermeister und Schöffen sagen aber auch ganz klar: Ich muss auch meinen Bürgern erklären was Economie Circulaire für jeden Einzelnen bedeutet. Und genau diese Übersetzung findet sehr, sehr selten statt. (Berater*in, I61)

Obwohl in den einzelnen Interviews von individuellen Beweggründen bzw. Barrieren gesprochen wird, fügen sich die einzelnen Aspekte zu einem komplexen Gefüge zusammen. Zu welchen Überschneidungen und Schnittstellen es dabei kommt, wird in der folgenden und das Kapitel abschließenden Synthese der Ergebnisdarstellung verdeutlicht.

4.7. SYNTHESE DER ERGEBNISDARSTELLUNG

Die folgende Synthese fasst nicht nur das vorangestellte Kapitel zusammen, sondern soll für den Leser einen Mehrwert schaffen, der über die Zwischenfazits in den Unterkapiteln hinausgeht (vgl. Kapitel 4.2.4, 4.3.5, 4.4.4, 4.5.4 und 4.6.3). Die synthetisierende Darstellung der Ergebnisse erfolgt deshalb in einem ersten Schritt graphisch in Abbildung 22 und Abbildung 23.

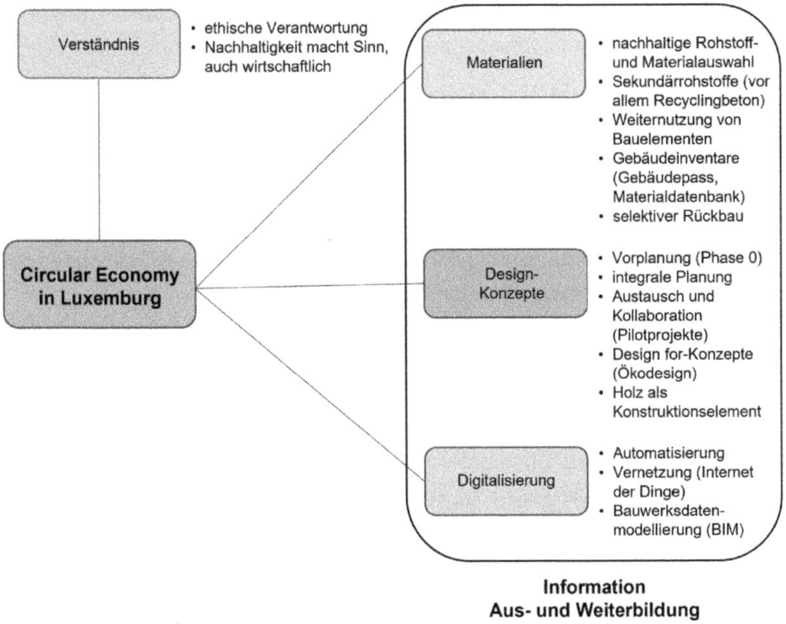

Abbildung 22: Mindmap des Circular Economy-Konzepts in Luxemburg

In den für das Forschungsvorhaben geführten Interviews wird deutlich, dass die Circular Economy als theoretisches Konzept verstanden und akzeptiert wird. Viele Interviewpartner haben sich intensiv mit Themen beschäftigt, die alternative Ansätze zur linearen Wirtschaftsführung anbieten. In einigen Unternehmen wurden auch bereits Praktiken eingeführt, die mit dem Circular Economy-Konzept im Einklang stehen. In den Gesprächen zeigte sich aber auch eine gewisse Erwartungshaltung, aus den vielen gewonnenen Erkenntnissen seit den ersten Studien aus den Jahren 2014 bis 2016 (vgl. Kapitel 4.1.1 zu der Potenzialstudie von EPEA und der Rifkin-Studie), für Luxemburg ein Circular Economy-Profil zu entwickeln, das dem nationalen Kontext gerecht wird. Die thematischen Schwerpunkte in den Interviews sind Materialien, Designkonzepte und die Digitalisierung sowie übergeordnet Aus- und Weiterbildung (vgl. Abbildung 22). Es kommt zu thematischen Überschneidungen, deren Verzahnung die Komplexität der Circular Economy verdeutlicht. In Abbildung 23 werden vier thematische Verzahnungen (Schnittstellen) visualisiert, die sich in den allgemeinen Bedarf an Informationen und Aus- und Weiterbildungsangeboten für eine Circular Economy einbetten:

- **Designkonzepte und Materialien:** Die Wahl der Materialien hat maßgeblichen Einfluss auf die Weiternutzung von Bauelementen und den selektiven Rückbau eines Gebäudes. Der Holzbau wird in Luxemburg als Trend für zirkuläre Gebäude bezeichnet.
- **Materialien und Digitalisierung:** Der Material- bzw. Gebäudepass stellt das digitalisierte Inventar eines Gebäudes dar und umfasst z. B. relevante Informationen zu den Baumaterialien und Bauelementen.
- **Digitalisierung und Designkonzepte:** Die Bauwerksdatenmodellierung (BIM) stellt ein Gebäude digital dar und ermöglicht durch Schnittstellen das Arbeiten aller Fachplaner an einem Modell.
- **Schnittstelle aller drei Teilkreise (mittig):** Die Gebäudedatenbank auf nationaler Ebene vereint Informationen zu den verbauten Materialien und Elementen, die bei Bedarf für eine Weiternutzung konsultiert werden kann.

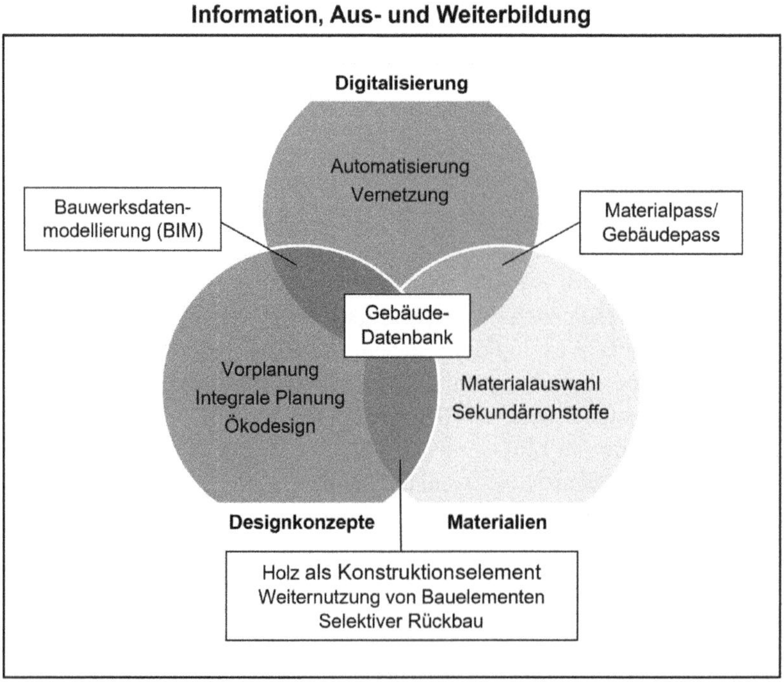

Abbildung 23: Überlappung der Circular Economy-Themen in Luxemburg

Die in den Interviews diskutierten Themen Aus- und Weiterbildung, Materialien, Designkonzepte und Digitalisierung fügen sich nahtlos in die technologische Perspektive auf die Circular Economy ein, die in Kapitel 2.1.2 erörtert wurde. Auch die sozialwissenschaftliche Perspektive greift in Kapitel 2.1.4 die Themen auf und ordnet sie der gesellschaftlichen Dimension der Circular Economy zu, die sich vor allem in einem breiteren Engagement der Akteure und vermehrten Partnerschaften, einem kollaborativen Ansatz im Designprozess und in dem Aufbau von Netzwerken zur gemeinschaftlichen Nutzung von Gütern zeigt (Pomponi und Moncaster, 2017). Wie sich die in Kapitel 4 herausgearbeiteten Themenschwerpunkte in den gesamthaften Kontext der Circular Economy in Luxemburg einordnen, der durch ein Zusammenspiel von Wirtschaft, Umwelt, Mensch, Gesellschaft, Technik und Politik geprägt wird (vgl. die Synthetisierung des Forschungsansatzes in Kapitel 2.3.), wird in dem folgenden Kapitel 5. unter Berücksichtigung internationaler wissenschaftlicher Diskurse dargelegt werden.

5. KONTEXT DER CIRCULAR ECONOMY IN LUXEMBURG

In den vorherigen Kapiteln wurde bereits viel über die Circular Economy als ein politisches und wissenschaftliches Konzept geschrieben, das zu einer ressourcen-schonenden Wirtschaftsführung beitragen soll (vgl. vor allem Kapitel 2.1.). Auch die Sicht von Unternehmen in Luxemburg auf das theoretische Konzept der Circular Economy, die Herausforderungen, denen sie sich im Geschäftsalltag stellen müssen und die Erwartungen an zukünftige Entwicklungen wurden ausführlich dargelegt (vgl. Kapitel 4.). Das umfangreiche Untersuchungsmaterial wurde gesamthaft aufbereitet (vgl. Kapitel 3.) und wird in den folgenden Kapiteln im Hinblick auf die sensibilisierenden Konzepte untersucht. Erst werden die in Kapitel 4. vorgestellten Erkenntnisse in Bezug gesetzt mit wissenschaftlichen Diskursen der Circular Economy (vgl. Kapitel 5.) und dann der Praktikenforschung (vgl. Kapitel 6.). Die Interpretation der Ergebnisse beginnt in dem vorliegenden Kapitel mit der Herausarbeitung von drei Perspektiven auf die Circular Economy, die durch den lokalen Kontext geprägt wurden:

- Der Ansatz verfolgt vor allem unternehmerische Interessen (vgl. Kapitel 5.1.),
- er lässt sich gut mit anderen politischen Zielsetzungen vereinen (vgl. Kapitel 5.2.) und
- wird (folglich) wie eine öffentlich-private Partnerschaft umgesetzt (vgl. Kapitel 5.3.).

Das Kapitel schließt mit einer perspektivischen Zusammenführung der drei vorangestellten Untersuchungsergebnisse und diskutiert die Circular Economy in Luxemburg innerhalb internationaler wissenschaftlicher Diskurse (vgl. Kapitel 5.4.).

5.1. EIN UNTERNEHMERISCH FUNKTIONALER ANSATZ

Die politische Auseinandersetzung mit dem Circular Economy-Konzept beginnt in Luxemburg offiziell mit der Ausarbeitung der Circular Economy-Potenzialstudie von EPEA, die im Dezember 2014 veröffentlicht wurde (vgl. Kapitel 4.1.1). Der Kontakt mit Michael Braungart, dem Gründer und wissenschaftlichen Geschäftsführer von EPEA, und der luxemburgischen Regierung soll auf einen Vorschlag von Industrievertreter:innen zurückzuführen sein (Manager*in, I56). Die Studie bezeichnet Luxemburg als einen geeigneten

Standort für die Circular Economy, weil sowohl genug Material- und Energieströme im Umlauf sind als auch ausreichend Humankapital und Wissen sowie finanzielle Ressourcen im Land zur Verfügung stehen. Das Konzept der Circular Economy gilt seitdem als politische Prämisse und wurde in der so genannten Rifkin-Studie als Querschnittsthema berücksichtigt. Die Strategie für das digitale Zeitalter Luxemburgs unter der Schirmherrschaft des amerikanischen Wirtschaftswissenschaftlers Jeremy Rifkin wurde unter Mitwirkung von über 300 Repräsentanten aus Politik, Privat- und Solidarwirtschaft erarbeitet und im November 2016 veröffentlicht (TIR, 2016a).

Die zunehmende Digitalisierung der Arbeits- und Lebenswelten beeinflusst auch die Wettbewerbsfähigkeit von Unternehmen, die zur langfristigen Sicherung ihrer Existenz z. B. ihre Geschäftsmodelle überprüfen und bei Bedarf anpassen (Griese et al., 2019: 11). Dies wird auch in den Interviews in Luxemburg deutlich (vgl. die Kapitel 4.4.3 und 4.6.). Der Circular Economy-Ansatz wird in Luxemburg dazu genutzt, Unternehmensziele und -prozesse im Sinne einer nachhaltigen Entwicklung anzupassen (vgl. hierzu das folgende Kapitel 5.1.1). Diese unternehmerische Perspektive auf das Circular Economy-Konzept wird vor allem durch einige federführende Personen geprägt (vgl. hierzu Kapitel 5.1.2).

5.1.1 Unternehmerische Perspektiven und Zielsetzungen

Bis zum Ende des Bezugszeitraums der vorliegenden Arbeit 2019/2020 (vgl. Kapitel 1.3.) wurde das Verständnis und der Umgang mit dem Circular Economy-Konzept vieler Unternehmen in Luxemburg vor allem durch die Rifkin-Studie geprägt. In dieser Studie wurde die Vision für Luxemburgs Circular Economy wie folgt formuliert:

> Luxemburg wird das erste Land sein, wo neue zirkuläre Geschäftsmodelle auf dem Produkt als Dienstleistungs-Prinzip zum Standard gehören. (TIR, 2016b: 110)

Obwohl diese Vision von ganz unterschiedlichen Stakeholdern ausgearbeitet wurde, richtet sie sich in erster Linie an Unternehmen. Sie kann sogar als ein Aufruf verstanden werden, neue Geschäftsmodelle zu entwickeln, die auf nutzungsorientierten Dienstleistungsangeboten aufbauen. Bei diesen Geschäftsmodellen steht nicht der Verkauf eines Produktes im Mittelpunkt, sondern die Bereitstellung seiner Nutzung durch Vermietung, Leasing, Sharing oder Pooling. Die Nachhaltigkeit dieser Geschäftsmodelle wird vor allem in der wirtschaftswissenschaftlichen Literatur diskutiert (vgl. Kapitel 2.1.3), aber auch in den Umwelt- und Sozialwissenschaften (Nosratabadi et al., 2019: 7). Im Mittelpunkt der Forschungsschwerpunkte stehen u.a. die Stellschrauben, die aus strategischer Sicht einen ausschlaggebenden Einfluss auf nachhaltige Geschäftsmodelle haben (Jabłoński, 2019). Oft geht es um die Ermittlung der Potentiale, die für Unternehmen durch ein nachhaltiges Geschäftsmodell entstehen (Todeschini et al., 2017; Heyes et al., 2018; Stål und Corvellec, 2018).

In den Interviews in Luxemburg wurde von einigen Beispielen gesprochen, die das Produkt als Dienstleistungs-Prinzip operationalisiert haben. Vermietungs- bzw. Leasing-Angebote von Fahrzeugen und Maschinen sind in Luxemburg bereits seit längerem etabliert. Dies betrifft vor allem die Bereitstellung von Spezialmaschinen und Spezialausrüstungen, die in der Anschaffung sehr kostenintensiv sind und nur punktuell bzw. für bestimmte Aufträge und Arbeiten gebraucht werden. Zu diesen Beispielen gehören u.a. Kräne, Hebemaschinen und (Bau)Container, die sowohl von der Bau- als auch der Automobilzulieferindustrie angefordert werden. Vermietungs- bzw. Leasing-Angebote, die über die Bereitstellung von Fahrzeugen und Maschinen hinausgehen, umfassen die Gestaltung von Innenräumen und Außenanlagen sowie Stahlskelettbauten (u.a. Manager*innen, I49; I53; I60). Interviewte Vertreter aus der produzierenden Industrie können sich kurzfristig auch eine Erweiterung ihrer Dienstleistungen vorstellen, wie z. B. Reparaturarbeiten und Weiterbildungsangebote. Sharing- und Pooling-Angebote in Luxemburg richten sich in erster Linie an die Nutzer von Fahrrädern (z. B. Veloh in Luxemburg-Stadt, Velok in Esch-sur-Alzette[79]) und motorisierten Fahrzeugen (z. B. Carloh, Flex car). Andere Angebote umfassen das Bereitstellen von Arbeitsplätzen bzw. -flächen, die entweder privatwirtschaftlich (z. B. The Office) oder als Verein organisiert sind (z. B. Bamhaus).

Die Beobachtungen in Luxemburg fügen sich gut in wissenschaftliche Erkenntnisse der vergangenen Jahre ein. Die Circular Economy operiert im Rahmen des neoklassischen Wirtschaftsdenkens und strebt einen effizienten Einsatz von Ressourcen zur Profitmaximierung an (Ghisellini et al., 2016; D'amato et al., 2019). Auch die Hervorhebung der Bedeutsamkeit von Aus- und Weiterbildungsprogrammen sowie von Austausch und Kooperation in den Interviews steht im Einklang mit Bestrebungen, den höchstmöglichsten Nutzwert aus Ressourcen, Produkten und Dienstleistungen zu ziehen, wie es auch Walter Rudolf Stahel in seiner funktionalen Wirtschaft (2005) theoretisiert

79 Das Angebot von Vel'ok ist auch in anderen Städten im Süden von Luxemburg verfügbar, u.a. in Bettemburg, Differdingen, Düdelingen, Schifflingen und Sanem.

hat. Gleichzeitig stößt das Infragestellen von Eigentum und Besitz der Circular Economy ein Umdenken an, wie es auch von wachstumsabgewandten Denkschulen (z. B. Degrowth und Suffizienz) gefordert wird. Wenn Produkte an Verbraucher vermietet werden und diese nur die Nutzer einer Dienstleistung werden, wird aus dem traditionell industrie- und effizienzorientierten Circular Economy-Konzept ein neues Wirtschaftsgefüge, in dem Nutzer und Verbraucher zu Schlüsselfiguren des Wandels werden (Hobson und Lynch, 2016). Einige Stimmen fragen in diesem Zusammenhang, ob ein dienstleistungsorientiertes und entmaterialisiertes Circular Economy-Modell zu einem Abwenden vom Wachstumsparadigma und letztendlich zu mehr Nachhaltigkeit führen wird (Korhonen et al., 2018a; Henry et al., 2021).

Die im Rahmen der Rifkin-Studie ausgearbeiteten Umsetzungsmaßnahmen für eine Circular Economy in Luxemburg richten sich ebenfalls nach den Bedürfnissen der Unternehmen und fordern die Überarbeitung des Steuersystems,[80] Aus- und Weiterbildungsprogramme für die Industrie sowie Subventionsprogramme (vgl. Tabelle 16). Diese Forderungen wurden auch in den Experteninterviews zum Ausdruck gebracht (vgl. Kapitel 4.6.2) und stehen im Einklang mit wissenschaftlichen Veröffentlichungen (Diaz et al., 2019; Tura et al., 2019).

Tabelle 16: Umsetzungsmaßnahmen aus der Rifkin-Studie für die Circular Economy in Luxemburg

Maßnahmen für die Circular Economy in Luxemburg	
1	Einführung eines Steuersystems, das Luxemburg als den EU-Vorreiter der Circular Economy darstellt.
2	Die Regierung spielt eine aktive öffentliche Rolle in der Förderung der Circular Economy.
3	Neue Ausbildungsprogramme für das Design und die Herstellung von Produkten für eine Circular Economy
4	Groß angelegte Sensibilisierungskampagnen für die allgemeine Öffentlichkeit
5	Förderung von zirkulären Produkten, Geschäftsmodellen und Versorgungsgütern
6	Gewinnung der landwirtschaftlichen Gemeinschaft für die Herstellung von Wind- und Solar-Energie zum Stromverkauf

80 Dazu gehören bspw. Vorschläge der Besteuerung von Externalitäten und Ökosystemleistungen, die Abschaffung der Mehrwertsteuer für Reparaturarbeiten bzw. die Überwindung der Linearität steuerlicher Abschreibungen von Wirtschaftsgütern.

Tabelle 16: Fortsetzung

Maßnahmen für die Circular Economy in Luxemburg	
7	(Wieder)Aufbau des Kohlenstoffhaushalts im Boden durch die Förderung lokaler Bio-Produkte

NB: Die Inhalte dieser Tabelle sind Übersetzungen der Autorin. Der Wortlaut im Original ist der thematischen Zusammenfassung der TIR-Studie zu entnehmen (TIR, 2016b: 111).

Für die interviewten Experten muss das Circular Economy-Konzept vor allem wirtschaftlich (sinnvoll) sein, wie es in den Gesprächen immer wieder unterstrichen wurde (vgl. Kapitel 4.6.1). Deshalb charakterisieren sich die in Luxemburg umgesetzten Maßnahmen zur Stärkung der Circular Economy durch die Einsparung von Kosten und/oder Zeit bzw. durch Effizienzsteigerung. In den Unternehmen werden Kosten vor allem durch drei Zielvorgaben eingespart:

- Die Vermeidung von Abfällen und eine sortenreine Materialtrennung führen zu einer Verringerung der Entsorgungskosten.
- Die Einsparung von fossilen Ressourcen durch optimiertes Energiemanagement und Effizienzsteigerung führt zu einer Reduzierung der Energiekosten.
- Die Vermeidung von Fehlern in der Planung und Ausführung durch eine integrale Planung und den Einsatz unterstützender Software führt zu einer Einsparung von Zeit und Kosten.

Diese Ansätze verfolgen die Logik des ökologischen Modernisierungskonzepts, die Entstehung von Emissionen, Abfällen und Materialverbräuchen in wirtschaftlichen Prozessen bereits vor deren Entstehung zu verhindern, bzw. zu verringern (vgl. Kapitel 1.1.1). In den Experteninterviews werden diese Zielsetzungen besonders in den thematischen Schwerpunkten Materialien und Designkonzepte deutlich (vgl. das zusammenfassende Kapitel 4.7.). Durch ein ökologisches Designkonzept sollen die Wirkungen auf die Umwelt und den Menschen optimiert werden, die durch die Herstellung und Nutzung, aber auch das Lebensende eines Produktes oder Gebäudes entstehen. Dieses Vorgehen umfasst auch eine nachhaltige Materialauswahl unter Berücksichtigung ökobilanzieller Informationen. Gleichzeitig werden für die Stakeholder wirtschaftliche Anreize geschaffen, die ein ökologisches Handeln aus unternehmerischer Sicht rechtfertigen. Dies kann einerseits auf direktem Weg durch die Einsparung von Kosten (z. B. Kostensenkung durch Ressourceneinsparungen), aber auch indirekt durch staatliche Unterstützungen entstehen (z. B. für die energetische Sanierung von Wohngebäuden oder die Ausstellung eines LENOZ-Zertifikats, für die Unternehmensberatung im Rahmen der Fit4-Programme von Luxinnovation). Ein Infragestellen der bestehenden Produktions- und Konsumsysteme wie von verschiedenen Autor:innen gefordert (u.a. Bocken und Short, 2016; Spangenberg und Lorek, 2019; Fitch-Roy et al., 2020), um eine nachhaltige Entwicklung anzustoßen, stellen die verschiedenen Ansätze in Luxemburg nicht dar.

5.1.2 Die Rolle einzelner Personen

Kleine Staaten zeichnen sich durch Informalität, Personalisierung und flache gesellschaftliche Hierarchien aus, aber auch durch begrenzte Kapazitäten in den Bereichen Politik, Wirtschaft und Verwaltung (Baldacchinoel und Wivel, 2020: 7). Der Zugriff auf Ressourcen ist im Allgemeinen mengenmäßig eingeschränkt. Das betrifft natürliche Ressourcen genauso wie Personalressourcen, dafür wird der Zugang zu diesen Ressourcen in Luxemburg aber u.a. durch persönliche Bekanntschaften erleichtert. In einem Interview heißt es dazu exemplarisch:

> Und da habe ich [beim Wirtschaftsministerium] gefragt wer der Ansprechpartner ist und das war der Herr [Ansprechpartner], […] den ich dann angerufen habe. Bei uns ist das ja immer sehr einfach, kurze Wege und so. (Manager*in, I49)

Schlüsselfiguren der Circular Economy können in Luxemburg also direkt angesprochen werden und müssen nicht über Gatekeepers kontaktiert werden, die oft eine zentrale Rolle in der Feldforschung spielen, in dem sie einen Zugang zu einem bestimmten Personenkreis ermöglichen (Misoch, 2019: 201). Diese Überschneidungen zwischen beruflichen und privaten Rollen führen dazu, dass die Beziehungen im politischen Bereich personalisiert und im privaten Bereich politisiert werden (Veenendaal, 2020: 398). Die Grenzverschwimmung zwischen den Lebensbereichen hat zur Folge, dass informelle und persönliche Netzwerke einen starken Einfluss auf politische Programme und Entscheidungsfindungen haben (Farrugia, 1993; Veenendaal, 2020). In kleinen Staaten werden Politiker für die Person gewählt, die sie sind und nicht für die politischen Ziele, die sie sich gesetzt haben (Veenendaal, 2020: 398). Veenendaal kommt zu dem Schluss, dass dieser Personenfokus auch die Beziehungen zwischen politischen Entscheidungsträgern prägt und entweder zu einem starken Wettbewerb zwischen ihnen oder zu einer besonders guten Zusammenarbeit führt (Veenendaal, 2020: 406). Der eingeschränkte Kreis verfügbarer Schlüsselfiguren der Circular Economy könnte in Luxemburg also entweder zu einer Blockade einzelner Ideen führen oder aber auch zu besonders schnellen Umsetzungserfolgen. In einem Interview wird dazu angemerkt:

> [Luxemburg] ist ein kleines Land mit entsprechend kurzen Wegen. Diese kurzen Wege sind durchaus [hilfreich], aber manchmal [...] findet so viel statt, dass selbst im Wirtschaftsministerium die [eine] Hand nicht weiß was die andere macht. Das hat mich erstaunt, weil ich ja weiß, dass man in bestimmten Bereichen immer auf die gleichen Menschen trifft. (Berater*in, I61)

Die kurzen Wege führen in Luxemburg also nicht automatisch zu mehr Austausch und Kommunikation. Es hängt von einzelnen Personen ab, wie stark die Vernetzung von Organisationen, Projekten, Programmen und Menschen ist (McAllister und Taylor, 2015: 89). Wie wichtig die Rolle von starken Persönlichkeiten für die Umsetzung neuer Ansätze in Luxemburg ist, wurde bereits in verschiedenen Bereichen hervorgehoben, u.a. in der Stadtplanung (Leick, 2016: 192–194), der Entwicklung des ländlichen Raums (Doerr, 2019: 364–366) und zivilgesellschaftlicher Initiativen (Aiken et al., 2020).

Auch die Circular Economy hat diese „Ambassadeurs" (Industrieunternehmensvertreter*in, I70), Botschafter, die das Konzept nach Luxemburg geholt haben und es weiter vorantreiben. In den Interviews wurden vor allem zwei Namen als „federführend und auch treibend" (Berater*in, I61) bezeichnet, wenn es um die Circular Economy geht. Im Hintergrund haben aber nicht nur deutlich mehr Personen das Konzept vorangetrieben, sondern waren teilweise bereits in diesem Bereich tätig, bevor die beiden heutigen Identifikationsfiguren der Circular Economy das Konzept in das Licht der Öffentlichkeit rückten. Diese treibenden Kräfte im Hintergrund haben Politiker in Luxemburg z. B. auf das Cradle-to-Cradle-Konzept aufmerksam gemacht (Manager*in, I48) und damit die Beauftragung der ersten Circular Economy-Potentialstudie (EPEA, 2014) angestoßen. Sie setzen sich auch heute noch aktiv für die Interessen von Unternehmen in Luxemburg ein. Ob es einen Zusammenhang zwischen dem Geschlecht der lenkenden Persönlichkeiten der ersten Reihe (Männer) und der zweiten Reihe (Frauen) gibt, geht anhand der vorliegenden Daten nicht hervor. Es wäre aber denkbar, dass die Circular Economy in Luxemburg erst an politischer Bedeutung gewann als Personen in politischen und wirtschaftlichen Machtpositionen das Konzept aufgriffen – und das sind nach dem Europäischen Institut für Gleichstellungsfragen (EIGE, 2021), überwiegend Männer.

Mittlerweile sind Kenner und Unterstützer der Circular Economy an verschiedenen Stellen im Land zu finden, z. B. bei den Ministerien für Wirtschaft, für Umwelt, Klima und Nachhaltige Entwicklung sowie für Energie und Landesplanung, in der Privatwirtschaft, in Unternehmenszusammenschlüssen, im Nationalen Beirat für Nachhaltige Entwicklung (CSDD) und in Forschungseinrichtungen. Wie in kleinen Ländern üblich (Farrugia, 1993; Veenendaal, 2020), führen die begrenzten Personalressourcen auch in Luxemburg dazu, dass einflussreiche Stakeholder oft „mehrere Hüte gleichzeitig tragen“ (Affolderbach und Carr, 2014; Doerr, 2019: 43). Diese verschwimmenden Grenzen zwischen der Zivilgesellschaft, dem Staat und dem Privatsektor können in Luxemburg zu Interessenkonflikten führen (Doerr, 2019: 43), die von einem Rückzug einzelner Personen begleitet sind (Affolderbach und Carr, 2014: 9).

Die Rolle einzelner Menschen als Botschafter, Leader oder Fürsprecher der Circular Economy wurde bisher in der wissenschaftlichen Literatur noch nicht besprochen. Vielleicht gab es hierzu bisher keine entsprechende veröffentlichungswürdige oder veröffentlichungsbare Fallstudie. Vielleicht liegt das aber auch an der grundsätzlich vernachlässigten sozialen Dimension der Circular Economy (Geissdoerfer et al., 2017; Schröder et al., 2019b; Walker et al., 2021), bzw. der Vernachlässigung von (impliziten) Machthierarchien in Wandelprozessen für eine Circular Economy (Hobson und Lynch, 2016; Camacho-Otero et al., 2018). Nach Repo et al. (2018: 252) stellt die Circular Economy für Politiker in Europa (noch) kein strategisches Thema dar, um eine Machtposition aufzubauen oder zu behaupten. Zukünftig könnte sich das aber ändern, wenn die öffentliche Sichtbarkeit der Circular Economy größer wird oder Interessenskonflikte auftreten, schreiben die Autor:innen weiter. Bisher findet deshalb auch kein Angleichen der öffentlichen Erwartungshaltung an die Zielsetzungen der Circular Economy und der politischen Prioritäten auf Europäischer Ebene statt (Repo et al., 2018: 252). Das Verständnis von Circular Economy und die Übersetzung des Konzepts in politische Maßnahmen liegen bisher in den Händen einiger weniger Fachleute. Politische Programme und Strategien verweisen deshalb in der Regel auf wissenschaftliches und technisches Wissen (Repo et al., 2018: 261), was auch in der politischen Rahmung der Circular Economy in Luxemburg deutlich und im folgenden Kapitel diskutiert wird.

5.2. EIN INSTITUTIONELLER PFADABHÄNGIGER ANSATZ

Seit Januar 2016 wird eine nationale Kommunikationsstrategie umgesetzt, die Luxemburgs Identität im Ausland bewirbt. In einem vorangeschalteten partizipativen Ansatz wurde in den Jahren 2014 und 2015 unter Mitwirkung von Bürgern, Wissenschaftlern, Unternehmensvertretern, Beamten, Künstlern und Marketingexperten erst ein Werteprofil für Luxemburgs Außendarstellung und anschließend eine Marke (Nation Brand) entwickelt. Luxemburg wird seitdem als ein verlässlicher, dynamischer und offener Standort beworben, der gemeinsam mit seinen Partnern Dinge verändern möchte (COMED, 2015). In der Öffentlichkeit wird dieses Bild durch den Slogan Luxembourg Let’s make it happen und die Internetseite Inspiring Luxembourg (www.inspiringluxembo urg.lu) verbreitet.

In der nationalen Kommunikationsstrategie wird Luxemburg im Ausland als ein attraktiver „Verbündeter" dargestellt, der „die Bedürfnisse der anderen mit Empathie, Flexibilität und Verständnis berücksichtigt" (COMED, 2015: 4). Diese Haltung steht im Einklang mit anderen wirtschaftspolitischen Entscheidungen der vergangenen Jahrzehnte, den Standort Luxemburg für ausländische Unternehmen attraktiv zu gestalten. Seit den 1950er Jahren steht die wirtschaftliche Diversifizierung auf der politischen Agenda, die in einem ersten Schritt ab Mitte der 1970er Jahre von einer Stahl-Monostruktur zu einer Banken-Finanzen-Monostruktur führte und seit 2000 wieder konsequent verfolgt wird, um ausländische Investoren für Luxemburg zu interessieren. Zu den Schlüsselsektoren, die Luxemburg seither konsequent ausbaut, gehören weiterhin Finanzdienstleistungen, aber auch Umwelttechnologien (oder Ökotechnologien), Gesundheitstechnologien, Luft- und Raumfahrt, Informations- und Kommunikationstechnologien, Logistik und Green Finance (GDL, 2021b). Seit 2016 gibt es in Luxemburg die weltweit erste Börse mit einer Plattform für nachhaltige Wertpapiere, den Luxembourg Green Exchange (LGX).

Zu den Nischen, die in Luxemburg im Rahmen der umwelttechnologischen Diversifizierungsstrategie weiter ausgebaut werden sollen, gehören neben der Circular Economy auch die beiden Bereiche nachhaltiges Bauen und nachhaltige Mobilität. Die CO_2-Verpflichtungen und Energieeffizienzziele, die in diesen Bereichen gesetzt werden, passen besonders gut zu den politischen Trends der Europäischen Union, z. B. im Rahmen des Grünen Deals für ein klimaneutrales Europa (EC, 2020b) und decken sich mit der öffentlichen Erwartungshaltung (Repo et al., 2018). Die Fokussierung der Politik auf klimapolitische Ziele wird in der wissenschaftlichen Literatur u.a. kritisiert, weil die *Kohlenstoffkontrolle* von dem eigentlichen Ziel der nachhaltigen Entwicklung wegführt (Keil, 2007; While et al., 2010) bzw. den Wachstumsbegriff[81] nicht grundsätzlich infrage stellt (Schulz, 2020b). In den Interviews in Luxemburg wurde die Hervorhebung der Klimapolitik auf nationaler Ebene durch die neue Regierung der Legislaturperiode 2018–2023 kritisch kommentiert, weil dadurch gleichzeitig die Ressourcenthematik in den Hintergrund gedrängt wird (u.a. Manager*in, I65).

81 Die Postwachstumsbewegung und auch die ökologische Ökonomie stehen dem Postulat des wirtschaftlichen Wachstums kritisch gegenüber und fordern den Suffizienzgedanken stärker zu verfolgen (vgl. hierzu auch Becker et al., 2019).

Die Übertragung des Circular Economy-Konzepts in politische Maßnahmen für Luxemburg wird in den folgenden Kapiteln als ein technokratischer Ansatz diskutiert (vgl. Kapitel 5.2.1), der sowohl von Politikkohärenz als auch von Pfadabhängigkeit zeugt (vgl. Kapitel 5.2.2).

5.2.1 Technokratische Governance

Die Auseinandersetzung mit der Circular Economy begann in Luxemburg mit der Erstellung einer Potentialstudie (EPEA, 2014) und der Entwicklung einer nationalen Digitalisierungsstrategie (TIR, 2016a). Beide Prozesse wurden von Wissenschaftlern und Experten aus dem Ausland begleitet, die qualitative Forschungsmethoden aus den Sozialwissenschaften genutzt haben, wie z. B. Interviews und partizipative Verfahren (u.a. moderierte Workshops). Diese technokratische Herangehensweise, politische Handlungen auf wissenschaftlichem und technischem Wissen aufzubauen deckt sich mit internationalen Befunden (Gregson et al., 2015; Repo et al., 2018; Genovese und Pansera, 2020) und wird auch im Hinblick auf Luxemburg immer wieder kritisch hinterfragt (Preller, 2018b; Schulz, 2019; Hondrila, 2020).

In verschiedenen Studien zeigt sich, dass dieser technokratische Ansatz zu einer rational-technischen Auseinandersetzung mit einer Thematik führt, in der soziale Aspekte vernachlässigt werden. Auch die Diskussion der Circular Economy in Luxemburg in Kapitel 4 wird dominiert von technischen Themen, die sich vor allem mit nachhaltigen Materialien und Designkonzepten beschäftigen sowie die breite Thematik der Digitalisierung umfassen (vgl. Abbildung 22). Diese Bereiche wurden auch in der Rifkin-Studie herausgearbeitet – aber nicht ausschließlich. Es ist auf die einseitige Rezeption der Rifkin-Studie als eine „Fixierung auf technologischen Fortschritt" zurückzuführen, dass das „Verständnis von Zirkularität als primär technologisch zu lösendes Problem mangelnder Information und Vernetzung […] verkürzt" wird (Schulz, 2019: 239). In den Hintergrund geraten dabei Ansätze, die das Wirtschaftswachstum hinterfragen und beispielsweise auf dem Suffizienzgedanken beruhen. Eine Circular Economy, die zu einer nachhaltigen Entwicklung beiträgt, kann nicht nur auf Maßnahmen aufbauen, schreibt Schulz (2019: 240) weiter, die das bestehende System durch Technik und Digitalisierung verbessern, sondern muss sich fragen, welcher materielle Wachstum vonnöten ist, um sozialen Wohlstand zu gewährleisten.

Preller (2018b) kommt in ihrer Arbeit zu dem Schluss, dass die Politik des nachhaltigen Bauens in Luxemburg zwar gerechtfertigt wird mit der Sicherung des wirtschaftlichen Wohlstands und einer hohen Lebensqualität, die durchgeführten Maßnahmen aber nur bedingt zu einer nachhaltigen Entwicklung beitragen. Durch die Einsparung von Ressourcen – vor allem von fossilen Energieressourcen und Boden – und das Vermeiden von schädlichen Baustoffen, trägt nachhaltiges Bauen zwar dazu bei, dass Wohnen gesünder, umweltfreundlicher und kostengünstiger wird. Der starke Fokus auf Energieeffizienz und Öko-Technologien führt aber dazu, dass vor allem Unternehmen von den politischen Entscheidungen profitierten, die sich mit dem Heizen, Kühlen und Dämmen von Gebäuden und dem Energiemanagement von Unternehmen beschäftigen. Nachhaltiges Bauen ist in Luxemburg in erster Linie eine technische Herausforderung, die zum Wirtschaftswachstum beitragen soll und deshalb gut zu den Modekonzepten Grünes Wachstum, Smart Cities und Circular Economy passt. All diese Ansätze versuchen zwar, das Bestehende zu verbessern, nehmen aber keine systemischen Veränderungen vor (Preller, 2018b: 130).

Nachhaltige Politiken werden von öffentlichen Stakeholdern vor allem dann umgesetzt, wenn die Projekte Luxemburgs Außenwirkung stärken. Sie werden auch gerne in Projekten umgesetzt, die eine Verbesserung der Lebensqualität im Inland sowie die Identifizierung der Einwohner mit Luxemburg verbessern (Preller, 2018b: 132). Diese Befunde stehen im Einklang mit der Außendarstellung Luxemburgs im Rahmen der *Let's make it happen!* (Nation Brand) Kommunikationsstrategie, da sie zu dem Gesamtbild eines verlässlichen, dynamischen, offenen und hilfsbereiten Landes beitragen. Das Bild eines starken Luxemburgs dank seines sozialen Zusammenhalts gerät allerdings ins Wanken, wenn die soziale Gleichberechtigung landespolitischer Entwicklungen näher betrachtet wird. Zwar steigt das verfügbare Durchschnittseinkommen pro Haushalt und Erwachsenem weiterhin an, die Armutsgefährdungsquote ist aber zwischen 2010 und 2017 ebenfalls um 4 % gestiegen und lag im Jahr 2018 bei 18,3 % (Statec, 2020: 17) – und somit um 1,5 % über dem europäischen Mittelwert.[82] Der jährlich erscheinende Sozialalmanach der Caritas stellt eine der wenigen Plattformen in Luxemburg dar, die einen Raum für kritische Auseinandersetzungen mit den gesellschaftlichen Entwicklungen infolge (sozial) politischer Entscheidungen zur Verfügung stellt. Er dient als Instrument für den Dialog zwischen politischen Entscheidungsträgern, der Zivilgesellschaft und der Wirtschaft und legt jedes Jahr den Schwerpunkt auf ein anderes aktuelles Spannungsfeld für eine nachhaltige Entwicklung Luxemburgs, wie z. B. im Jahr 2020 auf das Thema Altern (Reckinger und Urbé, 2020).

82 Auch in Luxemburgs Nachbarländern liegt die Armutsgefährdungsquote niedriger: Belgien (16,4 %), Deutschland (16 %) und Frankreich (13,4 %) (Statec, 2020: 17).

Die wiederkehrende Kritik an der Circular Economy, sie würde die soziale Säule des Nachhaltigkeitsansatzes vernachlässigen, führte seit 2016 zu einer fokussierten Auseinandersetzung mit Fragen des gesellschaftlichen Mehrwerts. Um die Inklusivität der Circular Economy zu gewährleisten, schlagen Schröder et al. (2020) vor, den biologischen und technologischen Kreisläufen bzw. Einflussbereichen eine dritte (mit)menschliche Ebene hinzuzufügen. Die Autor:innen orientieren sich an dem Human Development Index (HDI)[83] und erweitern in diesem Sinne den Circular Economy-Ansatz um die Stärkung der menschlichen Fähigkeiten zum Schließen, Verlangsamen und Verengen biologischer und technischer Kreisläufe (Schröder at al., 2020: 6). In einer nachhaltigen und inklusiven Circular Economy sollte neben einer hohen Ressourceneffizienz auch eine hohe Lebensqualität angestrebt werden, z. B. über die Sicherung von Erwerbstätigkeit, Ausbildung, Einkommen, Gesundheit und sozialer Gleichberechtigung. Damit Circular Economy-Praktiken und zirkuläre Geschäftsmodelle zu einer nachhaltigen regionalen Entwicklung beitragen, sind der Ausbau von relevanten Aus- und Weiterbildungsprogrammen und der Aufbau von Partnerschaften entlang der gesamten Wertschöpfungskette von besonderer Bedeutung (Schröder et al., 2019a).

Die Circular Economy in Luxemburg hat demzufolge den richtigen Weg eingeschlagen, um zu einer nachhaltigen Entwicklung beizutragen: Vor allem die Bereiche kollaboratives Design, Digitalisierung und Vernetzung sowie Aus- und Weiterbildung für eine Circular Economy tragen dazu bei (vgl. Abbildung 22 in Kapitel 4.7.). Bisher konzentrieren sich die Experten allerdings auf die zirkuläre und nachhaltige Gestaltung ausgewählter Bereiche der Wertschöpfungskette, vor allem die Entwicklung (vgl. Abbildung 24) von Produkten, Dienstleistungen und Projekten (wozu auch digitale und vernetzende Lösungen gezählt werden können, sowie die nachhaltige Materialauswahl). Circular Economy-Ansätze in luxemburgischen Unternehmen, die eine holistische Herangehensweise verfolgen, um die Wertschöpfungskette oder das Geschäftsmodell zu überarbeiten, wurden in der Regel von Beratern begleitet, z. B. im Rahmen des Fit 4 Circularity-Programms.

---

83 Der Index der menschlichen Entwicklung (Human Development Index) der Vereinten Nationen vergleicht den Wohlstand aller Länder weltweit anhand von drei Hauptindikatoren: Gesundheit (Lebenserwartung), Bildung (durchschnittliche Schulzeit) und Lebensstandard (Bruttonationaleinkommen pro Kopf).

Abbildung 24: Vereinfachte Wertschöpfungskette

Es ist davon auszugehen, dass eine stärkere Einbindung zivilgesellschaftlicher Akteure bzw. Akteure der Sozial- und Solidarwirtschaft in die Ausarbeitung von Circular Economy-Politiken in Luxemburg eine positive Wirkung auf deren Inklusivität hätte. Partnerschaften mit zivilgesellschaftlichen oder nichtstaatlichen Organisationen wurden bisher in der Circular Economy-Forschung vernachlässigt (Lüdeke-Freund et al., 2019), ihre maßgebliche Rolle für einen gesellschaftlichen Wandel in Richtung Nachhaltigkeit wird aber immer wieder betont (u.a. Affolderbach und Schulz, 2016; Gravagnuolo et al., 2019; Köhler et al., 2019). In Kapitel 5.3. wird noch einmal auf einige wichtige Partnerschaften für die Umsetzung von zirkulären Projekten in Luxemburg eingegangen, nachdem im folgenden Kapitel 5.2.2 der bestehende Politikrahmen für die Circular Economy näher betrachtet und kontextualisiert wurde.

5.2.2 Politikkohärente Pfadabhängigkeit

Die im vorangestellten Kapitel angesprochenen Arbeiten zu landespolitischen Entwicklungen in Luxemburg verdeutlichen einen wiederkehrenden technologisch orientierten Ansatz, vor allem in der Umweltpolitik (inkl. Circular Economy), der mit dem ökologischen Modernisierungsansatz der Europäischen Union im Einklang steht (u.a. Hajer, 1995; Machin, 2019; Leipold, 2021). Es werden im Besonderen ökotechnologische Lösungen hervorgehoben, die seit den frühen 2000er Jahren einen wichtigen Bestandteil von Luxemburgs Wachstums- und Diversifizierungspolitik darstellen (Preller, 2018a: 159). Dies wird bereits in den ersten politischen Strategieprogrammen Luxemburgs deutlich, den Aktionsplänen für Klimaschutz aus dem Jahr 2006 (GDL, 2006a), für Energieeffizienz von 2008 (GDL, 2008a), für Öko-Technologien von 2009 und für erneuerbare Energien von 2010 (GDL, 2010a). In einer Kommunikation des Regierungsrats vom 09.01.2009 steht (Übersetzung der Autorin):

> Mit dem Aktionsplan für Umwelttechnologien werden zwei Ziele verfolgt:
>
> - Die Verbesserung der Produktivität der natürlichen Ressourcen, einschließlich der Energieressourcen, und die Verminderung der Umweltauswirkungen. Durch die Senkung der mit dem Energie- und Ressourcenverbrauch verbundenen Kosten soll die Wettbewerbsfähigkeit der luxemburgischen Wirtschaft im Gesamten

gesteigert und durch die Verringerung der Schadstoffemissionen die Lebensqualität der Bevölkerung verbessert werden.

- Die Entwicklung der Umwelttechnologien zur Diversifizierung der luxemburgischen Wirtschaft. Ziel ist es, einen neuen Träger für ein nachhaltiges Wirtschafts- und Beschäftigungswachstum zu entwickeln, der auf dem vorhandenen Potenzial von Öko-Unternehmen im Großherzogtum Luxemburg und den verschiedenen Möglichkeiten zur Stärkung dieses Gefüges basiert (GDL, 2009).

Zu den prioritären Bereichen für die Anwendung von Umwelttechnologien werden im Jahr 2009 im Besonderen die erneuerbaren Energien und das nachhaltige Bauen genannt. In dem integrierten nationalen Energie- und Klimaplan für Luxemburg zehn Jahre später kommen weitere Sektoren hinzu:

> Die Forschung und Entwicklung konzentrierte sich in Luxemburg traditionell auf die Sektoren Stahl, Luftfahrt und den Automobilsektor. In den letzten Jahren hat die Regierung erhebliche Anstrengungen unternommen, um weitere Schwerpunkte in den Bereichen Informations- und Kommunikations-technologien, Logistik, Gesundheitstechnologien, Materialien, Energie und Umwelttechnologien (cleantech) zu entwickeln. Die Umwelttechnologien gehören zu den Prioritäten der nationalen wirtschaftlichen Diversifizierungsstrategie. Luxemburg hat die Bereiche vom nachhaltigen Bauen, der nachhaltigen Mobilität und der Kreislaufwirtschaft konkret weiterentwickelt. Initiativen in diesen Bereichen stehen im Einklang mit der EU-Politik und den verschiedenen Richtlinien zu Themen wie Energieeffizienz von Gebäuden, intelligenten Verkehrssystemen oder Ökodesign-Anforderungen. (GDL, 2020a: 55 & 171)

Die Hervorhebung Luxemburgs als vielversprechende Testplattform ist ein wiederkehrendes Anliegen der Politik. Dies wurde bereits im Regierungsprogramm der Legislaturperiode 2014–2018 als eine Zielsetzung im Bereich der Umwelttechnologien unterstrichen (GDL, 2014: 37) und für aufstrebende Circular Economy-Modelle angepasst (Schosseler et al., 2021: 13). Das Anknüpfen neuer Politiken an bestehende Programme wie es in Luxemburg in der Circular Economy-Strategie hervorgehoben wird, stößt bei Beobachtern der Politik der Europäischen Union auf Kritik. Diesen Autor:innen gehen die aufeinander aufbauenden politischen Maßnahmen nicht weit genug und sie fordern „radikalere politische Formulierungen" (übersetzt nach: Fitch-Roy et al., 2020: 983), damit Wandelprozesse z. B. in den Bereichen Produktion und Konsum auch wirklich angestoßen werden. Fitch-Roy et al. (2020: 996) fordern deshalb einen integrativen Ansatz und eine Angleichung der politischen Zielsetzungen in den Bereichen Industrie-, Energie- und Handelspolitiken auf europäischer Ebene. Diesen Schritt ist Luxemburg mit der Circular Economy-Strategie bereits gegangen, sie wurde gemeinschaftlich von drei Ministerien ausgearbeitet, dem Wirtschaftsministerium, dem Ministerium für Energie und Raumentwicklung und dem Ministerium für Umwelt, Klima und nachhaltige Entwicklung.

Neben Fragen der Politikkohärenz wirft die Herangehensweise an die Circular Economy in Luxemburg auch Fragen der Pfadabhängigkeit auf – ein Konzept, das in ganz unterschiedlichen Disziplinen genutzt wird, um Entwicklungsprozesse zu erklären. „Der Grundgedanke des Konzepts [Pfadabhängigkeit] beruht auf der Überlegung, dass der Ablauf von Prozessen durch zeitlich zurückliegende Ereignisse beeinflusst oder auch vollständig determiniert werden kann." (Beyer, 2015: 149). Zu den am meisten rezipierten Arbeiten in der Geographie gehören sicherlich die Überlegungen des Wirtschaftsnobelpreisträger von 1993 D.C. North über wirtschaftlichen und institutionellen Wandel (North, 1990). North übertrug den Ansatz der Pfadabhängigkeit aus der Organisationsforschung zu technischem Wandel auf Institutionen und ihre Wandelprozesse (Wetzel, 2005: 10). Ein Anliegen seiner institutionellen Theorie ist, die anhaltende schlechte Leistungsbilanz stabiler Gesellschaften und Wirtschaften trotz institutioneller Unterschiede zu erklären (Beyer, 2006: 19).

Der technokratische Ansatz der Circular Economy-Politik wird von der Europäischen Union und Luxemburg beibehalten, obwohl er kritisiert wird (u.a. Schulz, 2019; Leipold, 2021). Neben dem bereits im vorherigen Kapitel 5.2.1 aufgeworfenen Problem der mangelhaften Inklusivität des Circular Economy-Konzepts und seinem dadurch eingeschränkten Beitrag zu einer nachhaltigen Entwicklung, stellen sich Autor:innen die Frage, ob zirkuläre Praktiken wirklich nachhaltiger sind (Velenturf und Purnell, 2021). Immer mehr Arbeiten beschäftigen sich deshalb mit der Entwicklung quantitativer Instrumente, die auf standardisierten Methoden basieren (z. B. LCA und MFA, vgl. auch Kapitel 2.1.2), um zirkuläre Praktiken zu bewerten und den Übergang zu einer Circular Economy zu steuern (Merli et al., 2018). Eine der jüngsten Veröffentlichungen ist eine Metaanalyse von potentiellen Szenarien, die zu dem Schluss kommt, dass ein Wandel zur Circular Economy voraussichtlich zu einem höheren Bruttoinlandsprodukt und zur Schaffung neuer Arbeitsplätze führen wird, bei gleichzeitiger Reduzierung der CO_2-Emissionen (Aguilar-Hernandez et al., 2021: 8). Zusätzlich weisen die Autor:innen darauf hin, dass sie im kommenden Jahrzehnt nicht von einem fundamentalen Wandel im Umgang und der Nutzung von Ressourcen ausgehen, sondern von schrittweisen Veränderungen (Aguilar-Hernandez et al., 2021: 9). Ein Übergang zu einer Circular Economy wird also voraussichtlich nicht ausreichen, um die im Grünen Deal angestrebte Klimaneutralität zu erreichen.[84]

Auch in Luxemburg wird ein quantitativer Ansatz verfolgt, um von den Potentialen der Circular Economy und nachhaltigen Produktions- und Konsumsystemen zu überzeugen (u.a. Jury et al., 2013; Rugani et al., 2014; Iribarren et al., 2015; Marvuglia et al., 2016; Stoll und Zimmer, 2019; Keßler et al., 2020). Jüngere Arbeiten in der Nachhaltigkeitsforschung nutzen aber auch immer öfter Methoden, die über eine quantitative Herangehensweise hinausgehen (u.a. Ferreira Silva et al., 2020; Hjaltadóttir und Hild, 2021; König et al., 2021). Es fällt den Menschen schwer, sich „künftige Zustände vorzustellen" (Göll und Clausen, 2020: 128) heißt es in einem Beitrag über *Hemmnisse der Transformation*, weil sie in einer mentalen Pfadabhängigkeit gefangen sind. Deshalb fällt es wahrscheinlich leichter, Entscheidungen anhand von numerischen Informationen zu treffen, die eine überzeugende Genauigkeit suggerieren, da diese Indikatoren und Modelle von Wissenschaftlern erstellt wurden (Ravetz et al., 2018). Mentale Pfadabhängigkeiten können u.a. verändert werden, wenn sie mit neuen mentalen Modellelementen assimiliert werden (Bach, 2010: 208), z. B. durch das Teilen, Infragestellen und Verändern mentaler Modelle in kollaborativen Lern- und Arbeitsprozessen. Im folgenden Kapitel 5.3. werden deshalb die partnerschaftlichen Konstellationen untersucht und diskutiert, die bei Circular Economy-Umsetzungen aktiviert werden.

5.3. EINE ÖFFENTLICH-PRIVATE PARTNERSCHAFTLICHE UMSETZUNG

Die Circular Economy wird von einigen Autor:innen als eine Bottom-up-Initiative bezeichnet, weil sie hauptsächlich die auf der Mikroebene angesiedelten Produktions- und Konsummodelle betrifft (Sauvé et al., 2016: 54). Es handelt sich i.d.R. um neue Technologien, Prozesse, Dienstleistungen und Geschäftsmodelle zur Umgestaltung der Produktlebenszyklen vom Design über die Produktion und Nutzung bis hin zur Entsorgung und zum Recycling. Öffentlich-private Partnerschaften (Public-private-Partnerships, PPP) gelten in diesem Kontext als Instrumente, um den Konsum und die Produktion von Gütern und Dienstleistungen nachhaltiger zu gestalten (McAllister und Taylor, 2015; Pinz et al., 2018). Partnerschaften zwischen staatlichen, privatwirtschaftlichen und

84 Die Europäische Union strebt mit Hilfe eines Klimaschutzgesetzes bis 2050 klimaneutral zu werden. Bis 2030 sollen die Treibhausgase um mindestens 50 % reduziert werden (EC, 2021).

zivilgesellschaftlichen Stakeholdern werden, wenn nicht als eine Grundvoraussetzung, dann zumindest als ein Beschleuniger angesehen, um einen systemischen Übergang voranzutreiben, indem sie bspw. wirtschaftliche Aktivitäten koordinieren oder neue Regulierungsmodelle ausarbeiten (Pinz et al., 2018: 2).

Das Verhältnis zwischen zivilgesellschaftlichen Initiativen in Luxemburg und dem Staat und dessen Bedeutung für alternativwirtschaftliche Entwicklungen wurde bereits ausführlich in einer rezenten Veröffentlichung diskutiert (Aiken et al., 2020). Die Autoren kommen in diesem Beitrag zu dem Schluss, dass alle beschriebenen Projekte maßgeblich durch staatliche Gelder finanziert werden. Obwohl diese Nähe zwischen konventionellen und alternativen Wirtschaftsformen in der Literatur kontrovers diskutiert wird, relativieren die Wissenschaftler diese Kritik in Bezug auf kleine Staaten. In kleinen Gesellschaften verschwimmen die Grenzen zwischen den öffentlichen, privaten und alternativen Räumen – weil sie sich durch ihre (geographische) Nähe ständig überlappen. Dadurch entstehen hybride Organisationen, die nicht-profitorientiert, aber zweckorientiert arbeiten. Weswegen die Autoren infrage stellen, ob in Luxemburg von einem eigenständigen dritten (gemeinnützigen) Sektor gesprochen werden kann (Aiken et al., 2020: 16). Zu welchen Schlussfolgerungen die Betrachtung der Partnerschaften im Rahmen von Circular Economy-Projekten führen kann, wird in den folgenden Kapiteln 5.3.1 und 5.3.2 diskutiert. Ein Fokus liegt auf öffentlichen und privaten Partnerschaften, da in den Interviews nur vereinzelt von Austauschen mit zivilgesellschaftlichen Initiativen zu Themen der Circular Economy gesprochen wurde (vgl. Kapitel 4.4.3).

5.3.1 Räumliche Cluster der Circular Economy

In den für das Forschungsvorhaben durchgeführten Interviews wurde eine Vielzahl von Circular Economy-Projekten erwähnt, die vereinzelt auch als Pilotprojekte und Praxisbeispiele bezeichnet wurden. Diese Initiativen werden vor allem von öffentlichen Akteuren getragen und mit öffentlichen Geldern teil- oder vollfinanziert. Die vorliegende Arbeit stellt keinen Anspruch auf eine vollständige Auflistung aller Initiativen in Luxemburg, die mit der Circular Economy in Zusammenhang gebracht werden können. Umfangreiche Übersichten können anderen Veröffentlichungen entnommen werden wie der im Februar 2021 erschienenen Circular Economy-Strategie (GDL, 2021c; Schosseler et al., 2021) oder der Datenbank der Aktioun Nohalteegkeet (www.aktioun-nohaltegkeet.lu), einem Gemeinschaftsprojekt öffentlicher und privater Akteure in Luxemburg. Auf europäischer Ebene besteht außerdem eine Stakeholder Plattform, die Projekte und andere Aktivitäten für eine Circular

Economy innerhalb der EU auflistet (EU, 2021). In dem vorliegenden Kapitel liegt der Fokus in erster Linie auf Projekten und Initiativen, die in den Interviews und den untersuchten Dokumenten erwähnt wurden. Dazu gehören:

- **Öffentliche Initiativen:** Circular Economy-Potentialstudie (EPEA, 2014), Rifkin-Studie *Dritte industrielle Revolution Luxemburg* (TIR, 2016a), interministerielle Circular Economy-Arbeitsgruppe, Nationaler Beirat für Nachhaltige Entwicklung (CSDD, conseil supérieur pour un développement durable), *Circularity Dataset Initiative* des Wirtschaftsministeriums,[85] Abfall- und Ressourcenmanagementplan der Umweltverwaltung (GDL, 2018g).
- **Private Initiativen:** IFSB Institut de Formation Sectoriel du Bâtiment, House of Training (Cycle de formation OAI pour architectes et ingénieurs-conseils), IMS Luxembourg Asbl (Inspiring more Sustainability), Rat für nachhaltiges Bauen (CNCD, conseil national pour la construction durable).
- **Hybride Initiativen:** SuperDrecksKëscht (SDK), Ecotrel asbl, Klimapakt,[86] Industrie Luxembourgeoise des Equimentiers de l'Automobile (ILEA), Handwerkskammer, Luxinnovation (v.a. Wood- und CleanTech-Cluster).
- **Forschungseinrichtungen:** Universität Luxemburg, u.a. Department für Geographie und Raumplanung und Institut für Bauingenieurwesen und Umwelt (INCEEN), Luxembourg Institute of Science and Technology (LIST), u.a. Environmental Research and Innovation (ERIN), Environmental Sustainability Assessment and Circularity research unit.

---

85 In den Interviews unerwähnt blieb die Circularity Dataset Initiative des luxemburgischen Wirtschaftsministeriums, bei der es um die Ausarbeitung eines Industriestandards für Produktdaten geht. Es soll ein Datenformat festgelegt werden, um das Wertschöpfungspotential von Produkten transparent für alle Stakeholder darstellen zu können (GDL, 2021d).

86 Der Klimapakt wurde in mehreren Interviews angesprochen. Es handelt sich um ein Qualitätsmanagementsystem für Gemeinden, u.a. zur Vermeidung und Verminderung des Energie- und Ressourcenverbrauchs, zur Verbesserung der Luftqualität und zur Förderung eines nachhaltigen Konsums. Teilnehmende Gemeinden gehen einen Vertrag mit dem Staat ein und erhalten finanzielle und technische Unterstützung bei der Umsetzung des Maßnahmenkatalogs, z. B. durch myenergy. Myenergy ist die öffentliche Stelle für Privatpersonen, Energieberater, Unternehmen und Gemeinden in Fragen der nachhaltigen Energiewende. Die Version 2.0 des Klimapakts unterstützt Gemeinden im Besonderen in den Bereichen energetische Sanierung von Gebäuden und Circular Economy (Klima-Agence, 2021).

- **Aktivitätszonen** (zones d'activités économiques; Schosseler et al., 2017): Regionale Gewerbezone Salzbaach in Wiltz, Ecoparc Windhof in Körich.
- **Bau- und Entwicklungsvorhaben** (vgl. Kapitel 4.4.3): Wunne mat der Wooltz (Circular Hotspot Wiltz) in Wiltz, Néi Schmelz in Düdelingen des Wohnungsbaufonds (Fonds du Logement), Automotive Campus in Bissen des Wirtschaftsministeriums, Zone A du PAP JFK Sud in Luxemburg-Stadt (Kirchberg-Plateau) des Fonds Kirchberg, Plangebiet Elmen in den Gemeinden Kehlen und Mamer der Société Nationale des Habitations à Bon Marché (SNHBM).

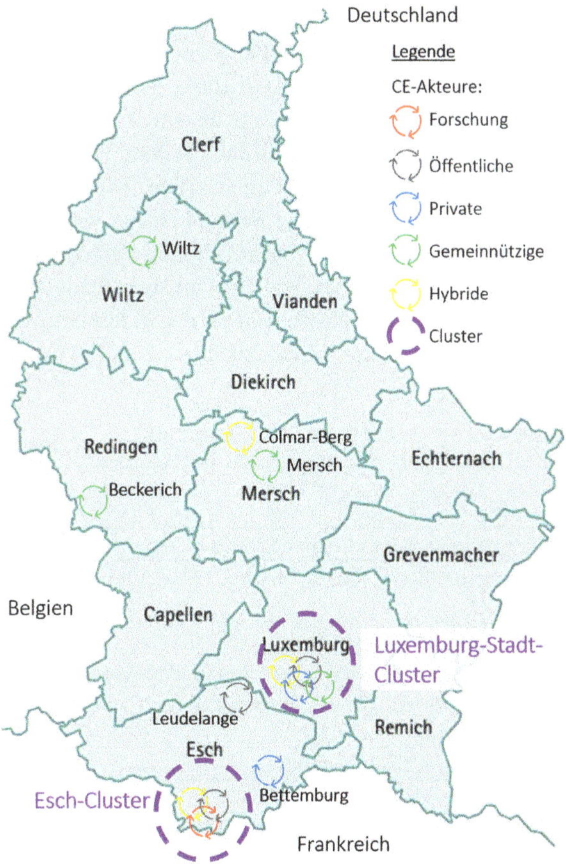

Abbildung 25: Circular Economy-Akteure in Luxemburg (eigene Darstellung, aufbauend auf Statec, 2020: 4)

Die räumliche Verortung der Circular Economy-Akteure in Abbildung 25 veranschaulicht, dass in Luxemburg-Stadt das politische Zentrum (der Circular Economy) angesiedelt ist. Dort sind Ministerien und andere öffentliche und halb-öffentliche (hybride) Akteure ansässig, die Projekte und Initiativen der Circular Economy anstoßen, fördern, begleiten und durchführen (vgl. auch Tabelle 17). Die als hybride bezeichneten Akteure stellen Organisationen dar, die aus einem gemeinsamen privatwirtschaftlichen, öffentlichen und zivilgesellschaftlichen Engagement entwickelt wurden (vgl. u.a. Schulz et al., 2019: 2). Auch die privatwirtschaftlichen Akteure konzentrieren sich in Luxemburg-Stadt (nur Gemeinschaftsinitiativen wie z. B. Weiterbildungsorganisationen, keine einzelnen Unternehmen). Das wissenschaftliche Zentrum (der Circular Economy) liegt hingegen im südlichen Esch-sur-Alzette bzw. in der City of Sciences, Research and Innovation in Belval/Belvaux. Forschung, Entwicklung und Innovation (F&E&I) sind seit Anfang der 1980er Jahre politische Prioritäten der luxemburgischen Regierung. Es wurden umfangreiche Investitionen getätigt, um sowohl öffentliche als auch private F&E&I zu fördern und neue Arbeitsplätze in diesen Bereichen zu schaffen. Die Zentralisierung verschiedener Forschungseinrichtungen in Belval/Belvaux war ein maßgeblicher Bestandteil der politischen Strategie und mit hohen Investitionen verbunden. Die Revitalisierung der Industriebrache Belval zu einer Stadt der Wissenschaft ist eines der Großprojekte der luxemburgischen Landesplanung und umfasst ein Gelände von über 120 Hektar (Leick, 2016).

Tabelle 17: Akteure der Circular Economy in Luxemburg

Stadt	Akteur	Typ* (F, G, H, P, Ö)
Luxemburg-Stadt	Interministerielle Circular Economy-Arbeitsgruppe	Ö
	Nationaler Beirat für Nachhaltige Entwicklung (CSDD)	Ö
	Wirtschaftsministerium	Ö
	Ministerium für Energie und Raumentwicklung	Ö
	Ministerium für Umwelt, Klima und nachhaltige Entwicklung	Ö
	Ministerium für Wohnungsbau	Ö
	Rat für nachhaltiges Bauen (CNCD)	P
	House of Training – Cycle de formation OAI pour architectes et ingénieurs-conseils	P
	IMS Luxembourg asbl (Inspiring more Sustainability)	P

Tabelle 17: Fortsetzung

Stadt	**Akteur**	**Typ*** **(F, G, H, P, Ö)**
	Mouvement Écologique	G
	Transition Luxembourg	G
	My Energy G.I.E.	H
	Energieagence Luxembourg	H
Esch-sur-Alzette	Universität Luxemburg	F
	Luxembourg Institute of Science and Technology (LIST)	F
	Fonds national de la recherche (FNR)	Ö
	Transition Minett	G
	Luxinnovation	H
Leudelange	Œuvre nationale de secours Grande-Duchesse Charlotte	Ö
Colmar-Berg	SuperDrecksKëscht (SDK)	H
Bettemburg	IFSB Institut de Formation Sectoriel du Bâtiment	P
Mersch	Transition Mersch	G
Wiltz	Transition Nord (Wiltz)	G
Beckerich	Transition West (Beckerich)	G
	Beckerich Citizens for Ecological Learning and Living (CELL)	G

* Legende: F = Forschungseinrichtung, G = gemeinnützige Initiative, H = hybride Initiative, P = private Initiative, Ö = öffentliche Initiative/Behörde

Die räumliche Verortung der Circular Economy-Projekte und -Initiativen in Abbildung 25 verdeutlicht, dass sie überwiegend in den Gemeinden mit den meisten Einwohnern in Luxemburg situiert sind: Luxemburg-Stadt, Esch-sur-Alzette, Differdingen, Düdelingen, Bettemburg, Mamer und Mersch (vgl. Tabelle 18). In Beckerich, Junglinster und Wiltz sind größere Projekt-Räume entstanden, die eine Vielzahl von Projekten und Initiativen beherbergen. Beckerich kann auf eine dreißigjährige Geschichte alternativer Projekte zurückblicken, die erst kürzlich wissenschaftlich aufgearbeitet wurde (Doerr, 2019). Transformative Projekte in Beckerich umfassen bspw. die Regionalwährung Beki, die Energiekooperative Energy Revolt und das Netzwerk solidarische Landwirtschaft SoLaWi. In Junglinster ist es seit 2009 der Verein Equiclic asbl, der Projekte im Sinne einer Circular Economy vorantreibt, u.a. den Bau eines Strohhauses im Jahr 2011, die seit 2012 stromerzeugende Energiekooperative Equienercoop und seit 2017 die Aufbereitung gebrauchter Fahrräder im

Rahmen des Projekts Veloclic. In Wiltz ist der offizielle und einzige nationale Circular Hotspot angesiedelt, der im Rahmen der vorliegenden Arbeit etwas ausführlicher betrachtet wurde und deswegen im folgenden Kapitel diskutiert wird, u.a., weil er fast zeitgleich mit den politischen Ambitionen einer zirkulären Wertschöpfung für Luxemburg im Oktober 2015 bekanntgegeben wurde (vgl. Kapitel 4.1.2). Der Circular Hotspot Wiltz soll ein Vorzeigeprojekt für umgesetzte Zirkularität in Luxemburg sein bzw. werden und kann somit als ein Indiz für die Governance und den Umsetzungserfolg politischer Maßnahmen in diesem Bereich betrachtet werden.

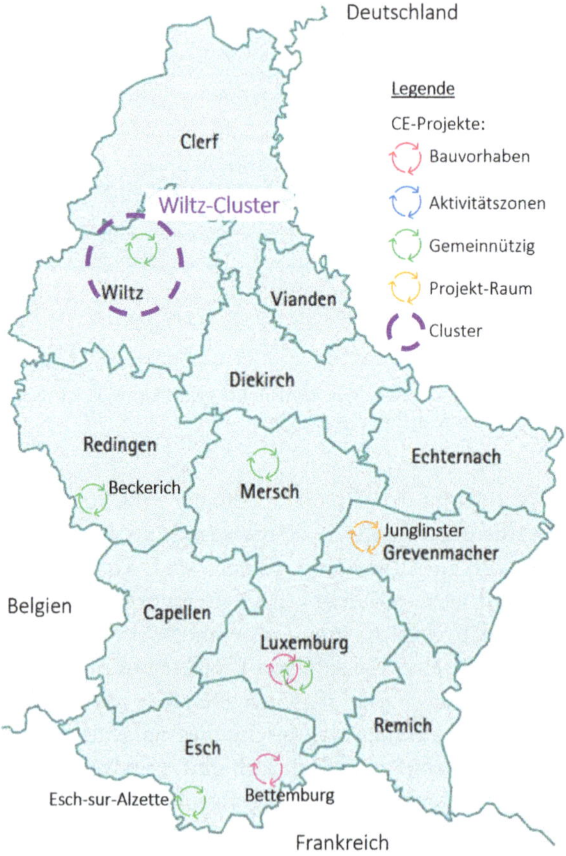

Abbildung 26: Circular Economy-Projekte in Luxemburg (eigene Darstellung, aufbauend auf Statec, 2020: 4)

Tabelle 18: Projekte der Circular Economy in Luxemburg

Stadt		**Projekt**	
Name	**Einwohner (2021)***	**Name**	**Projekt** (A, B, G, R)**
Luxemburg-Stadt	124.509	Repair Café Luxembourg	G
		Oekozenter Pafendall	G
		Zone A du PAP JFK Sud (Kirchberg-Plateau)	B
Esch-sur-Alzette	36.228	BENU Village asbl	G
		REconomy/Facilitec Esch	G
		MESA – Maison de la Transition	G
Differdingen	27.869	NESTO Differdingen	B
Düdelingen	21.513	Néi Schmelz	B
Bettemburg	11.374	Neobuild Bettemburg	B
Mamer	10.218	Plangebiet Elmen	B
Mersch	10.018	Transition Mersch	G
Junglinster	8.233	Equi-Junglinster	R
Wiltz	7.533***	Regionale Gewerbezone Salzbaach	A
		Circular Hotspot Wiltz	R
		REconomy Wiltz	G
		Repair Café Wiltz	G
		CoLab-Makerspace	G
		NESTO Batzendell (Wiltz)	B
		Wunne mat der Wooltz	B
Bissen	3.269	Luxembourg Automotive Campus Bissen	B
Beckerich	2.784	Transition West (Beckerich)	G
		Beckerich	R
Windhof (Koerich)	2.642	Ecoparc Windhof GIE	A
		Solarwind	B
Luxemburg	**634.730**		

* Quelle: STATEC, URL: https://statistiques.public.lu/fr/population-emploi/index.html, Unterkategorie: État de la population, Population par canton et commune 1821–2021
** Projekt-Legende: A = Aktivitätszone, B = Bauvorhaben, G = gemeinnütziges Projekt, R = Projekt Raum
*** Die Einwohnerzahl umfasst die Ortschaften: Wiltz, Weidingen, Erpeldingen, Eschweiler, Knaphoscheid, Roullingen und Selscheid.

5.3.2 Das Circular Hotspot Wiltz Pilotprojekt

Im Oktober 2015 veröffentlichte das Wirtschaftsministerium in einer Pressekonferenz, dass die Stadt Wiltz in den kommenden Jahren als *Circular Hotspot Wiltz* zum Vorzeigeprojekt für umgesetzte Zirkularität in Luxemburg werden soll. Die Bekanntgabe dieses Pilotprojekts erfolgte somit fast zeitgleich mit der allgemeinen politischen Bekundung, die nationale Wirtschaftsführung von einer linearen Funktionsweise zu einer zirkulären Wertschöpfung zu entwickeln. Aus diesem Grund kann der Circular Hotspot Wiltz als ein Indikator für die Governance und Umsetzung von Circular Economy(-Projekten) in Luxemburg angesehen werden, worin seine besondere Bedeutung für das vorliegende Promotionsvorhaben liegt.

In die Vision des Circular Hotspots wurde von Anfang an auch die Großregion miteinbezogen, indem Prinzipien der Circular Economy zukünftig in der Raumentwicklung berücksichtigt werden sollten. Das Gesamtprogramm des Hotspots wurde deshalb breit ausgelegt, um von Anfang an unterschiedliche lokale Akteure für das Projekt zu gewinnen. Es umfasst sowohl öffentliche und privatwirtschaftliche (Bau)Vorhaben als auch zivilgesellschaftliche Initiativen und ein Ausbildungsprogramm (GDL, 2015b). Das wichtigste Vorhaben sieht die Aufwertung von ehemaligen Industriestandorten entlang des Flusses Wiltz in neue Wohnprojekte vor. Dieses Projekt ist in Luxemburg unter dem Namen Wunne mat der Wooltz (Wohnen mit der Wiltz) bekannt.

Wunne mat der Wooltz ist ein Projekt des Fonds für Wohnungswesen (Fonds du Logement), eine selbstständige öffentliche Einrichtung für den Bau und die Vermietung von Sozialwohnungen. Im Jahr 2016 ließ der Fonds einen Masterplan für den Bau von 1.000 neuen Wohnungen nach Prinzipien der Circular Economy erstellen. Der Masterplan erstreckt sich über eine Fläche von 25,5 Hektar und umfasst eine Industriebrache im Zentrum der Stadt Wiltz. Wiltz liegt in den Ardennen, 60 km nördlich von Luxemburg-Stadt entfernt nahe der belgischen Grenze und hat 5.475 Einwohner (Wiltz, 2021). Das Wunne mat der Wooltz-Projekt und seine Bewohner werden also langfristig einen großen Einfluss auf die Stadt Wiltz haben: Die Einwohnerzahlen werden um 50 % ansteigen, der Bedarf an Kindergarten- und Schulplätzen wird zunehmen und auch der Individualverkehr wird sich merklich verstärken (vgl. Abbildung 27).

Abbildung 27: Simulationen der zukünftigen Quartiere auf der Wunne mat der Wooltz-Projektfläche von oben links nach unten rechts: Quartier Ideal, Quartier Sud, Quartier Général, Quartier Haargarten, Quartier Geetz, Quartier West (Fonds du Logement, 2020)

Die Ausarbeitung des Masterplans Wunne mat der Wooltz stellte im Jahr 2016 das erste Praxisprojekt der Circular Economy im Rahmen eines großen Bauvorhabens in Luxemburg dar. Eine interministerielle Arbeitsgruppe bestehend aus mehr als fünfzig Vertretern von neunzehn verschiedenen Verwaltungen, sechs Berufsverbänden und unter der Leitung einer Projektmanagementgruppe arbeitete ihn innerhalb eines Jahres um vier Achsen der Circular Economy aus (Strotz, 2017; Ferns, 2018):

- Sozialer Zusammenhalt: Sharing Economy, partizipative Ansätze, Bürgerinformationszentrum;

- Raumplanung: Circular Economy-Kriterien für die Stadtplanung, Gebäudeplanung (z. B. Materialpass), Freiraumplanung, Mobilität, Wassermanagement, Bodensanierung;
- Ressourcenmanagement: Abfallmanagement, Recycling-Center auf der Baustelle, Kreislaufführung von Materialien (Lebenszyklusansatz);
- Energieversorgung: Solarenergie, Energiespeicher, Heizen mit nachwachsenden Rohstoffen.

Die Ausarbeitung des Masterplans brachte Entscheidungsträger aus unterschiedlichen Behörden mit einem integralen Planungsteam aus Architekten, Stadtplanern und Ingenieuren zusammen. Solch ein integrativer Planungsansatz in einem frühen Stadium eines Entwicklungsprojekts wird als ein Indikator für nachhaltiges Bauen in einer Circular Economy angesehen (Kanters, 2020: 3; Leeb, 2020). Je eindeutiger die Zieldefinition eines Bauvorhabens in der Vorplanungsphase ist (vgl. hierzu auch Kapitel 4.4.1), je größer ist die Wahrscheinlichkeit, dass die Nachhaltigkeitsziele des Projekts in der Umsetzung erreicht werden (Sanchez und Haas, 2018: 310). Ein Masterplan, der aus verfahrenstechnischer Sicht kein verbindliches Dokument für die Landesplanung darstellt, kann als zusätzliches Instrument der Vorplanung angesehen werden. Rechtlich bindende Spezifikationen müssen in Luxemburg allerdings in Teilentwicklungsplänen (Plans d'Aménagement Particuliers, PAP) festgelegt werden.

Der PAP Geetz – Quartier 2 beruht auf dem Masterplan Wunne mat der Wooltz und wurde im Februar 2018 veröffentlicht. In Artikel 10 heißt es: „Die Auswahl der Materialien muss Teil eines ökologischen Ansatzes sein und einer Circular Economy-Logik folgen." (Wiltz, 2018: o.S.) Konkret schreibt der PAP vor, dass 10 % der in Gebäuden verwendeten Materialien die Anforderungen der Circular Economy erfüllen müssen, z. B. sollen die Stützmauern an Grünflächen und Spielplätzen aus Natursteinen regionaler Herkunft bestehen. Weitere Gestaltungsprinzipien der Circular Economy im PAP umfassen:

- kollektive Lösungen für das Abstellen und Aufbewahren von Fahrrädern,
- Sammel-Ladestationen für Elektroautos,
- kollektive Datenspeichereinrichtungen,
- ein multifunktionales Gemeinschaftsgebäude mit Gemeinschaftsgarten,
- Photovoltaik- und Solarthermie-Installationen auf Dächern und Fassaden,
- energieeffiziente Gebäude (Minimum: Energieklasse A),
- offene Gräben für die Regenwasserableitung,
- überwiegend leistbarer Wohnraum.

Die Circular Economy-Kriterien, die im PAP Geetz – Quartier 2 berücksichtigt wurden erscheinen im Vergleich zu den thematischen Schwerpunkten, die auf der Basis der für das Forschungsvorhaben durchgeführten Experteninterviews ausgearbeitet wurden (vgl. Kapitel 4.), Gemeinwohl orientiert. Der soziale Zusammenhalt als Axe des Wunne mat der Wooltz Masterplans soll vor allem durch die gemeinschaftliche Nutzung von Räumen und Anlagen gefördert werden. Bisher gilt die Aufgabe von Eigentum als einer der behindernden Faktoren in der Umsetzung einer Circular Economy (Singh und Giacosa, 2019) und zwar nicht nur, weil die Befriedigung von Bedürfnissen in einer konsumorientierten Gesellschaft durch Statussymbole und Besitz gesucht wird. Sondern auch, weil selbst die Aufgabe von psychologischem Besitz schwerfällt (Singh und Giacosa, 2019), also von Dingen, die sich wie Eigentum anfühlen, es aber nicht sind (z. B. die Mietwohnung oder der Schreibtisch und das Büro am Arbeitsplatz). Das Teilen von statuslosen oder statusfreien Dingen sollte also auf weniger Wiederstand stoßen als von Dingen, die mit Erfolg oder sozialem Aufstieg verbunden werden (Paundra et al., 2017), wie z. B. Immobilien, Autos, Schmuck, Kleidung und Smartphones. Ob das Bereitstellen von Gemeinschaftsräumen und -flächen den sozialen Zusammenhalt stärken wird, wird sicherlich auch von der Governance z. B. des Gemeinschaftsgebäudes und -gartens abhängen. Damit eine Gemeinschaft funktioniert, muss eine Bindung zwischen einzelnen Personen und Personengruppen entstehen (Ren et al., 2012; Lee et al., 2019). Deshalb sollte die Bewirtschaftung des Gemeingutes den Perspektiven, Bedürfnissen und Zielsetzungen der Gemeinschaft entsprechen (Van Assche et al., 2021) und nicht als Top-Down-Initiative aufgebaut werden.

Im Oktober 2020 wurde auf dem Gelände der Projektfläche Wunne mat der Wooltz der Circular Innovation Hub eröffnet. Vorübergehend ist dieses Gemeinschaftsprojekt der Gemeinde Wiltz und des Fonds für Wohnungswesen in dem ehemaligen Gemeindeatelier der Stadt Wiltz angesiedelt. Er soll als Treffpunkt und Plattform für alle Interessierte an der Circular Economy in Wiltz dienen und über die verschiedenen Projekte des Circular Hotspots informieren. Dieser Hub sollte bereits 2017 in dem Wiltzer Bahnhofsgebäude eröffnet werden (Manager*in, I2), indem sich mittlerweile die Bücherei und ein Verein für Buchfreunde befinden. Diese Zeitverzögerung in der Einbindung der Bürger*innen von Wiltz in das Engagement der Gemeinde für die Circular Economy wurde von einigen Interviewpartnern kritisiert. Die Gemeinde Wiltz wurde in diesen Gesprächen als ein Partner beschrieben, der zivilgesellschaftliche Initiativen mit Rat und Tat unterstützt. Ein City Manager steht den Initiativen als Ansprechpartner zur Verfügung und koordiniert auch die Bereitstellung von Räumlichkeiten, Flächen und Materialien, die für die Ausstattung und den Betrieb gebraucht werden (z. B. Grünflächen für einen Gemeinschaftsgarten, Palettenholz für den Bau von Hochbeeten). Die Gemeinde als öffentlicher Akteur wird als reaktiv und hilfsbereit bezeichnet, wenn sie von einer Initiative angesprochen wird. Proaktiv würde sie sich aber nicht an die Bürger*innen wenden, wenn es um die Entwicklung von neuen Projekten geht (Mitglied der Transitionsbewegung, I73). Partizipative Ansätze in der Lokalpolitik sind eher selten, wodurch auch die geringe Teilnahme von Freiwilligen in Nachhaltigkeitsprojekten erklärt werden könnte, von denen zivilgesellschaftliche Initiativen berichteten (Mitglieder der Transitionsbewegung, I72 u. I73). Der mangelnde Austausch zwischen Politik und Gesellschaft wird immer wieder als eine Hürde für die erfolgreiche Umsetzung von politischen Zielsetzungen in der Nachhaltigkeitsdebatte bezeichnet (Merli et al., 2018; Repo et al., 2018). Besonders kritisch wird die Frage der gesellschaftlichen Relevanz der Circular Economy betrachtet – im Besonderen, wenn es um schwer messbare Aspekte wie Wohlbefinden, Zufriedenheit und Lebensqualität geht. Damit die Gesellschaft allerdings ihre Konsum-, Mobilitäts-, Produktions-, Wohn- und Investitions-Modelle verändert (und der schrittweise Übergang zu einer nachhaltigen Circular Economy erfolgen kann), muss ein breiter gesellschaftlicher Konsens über die Richtung des Wandels bestehen (Schatzki, 2019). Gesellschaftliche Akzeptanz kann durch Sensibilisierung, Aufklärung und die allgemeine Bereitstellung von Informationen erreicht werden, wie z. B. Pilotprojekte und Prototypen (Klitkou et al., 2013). Auch die Kooperation mit wissenschaftlichen Akteuren kann das Vertrauen in politische Entscheidungen stärken, sofern ähnliche Ziele verfolgt werden und keine Diskrepanzen zwischen wissenschaftlichen und gesellschaftlichen Interessenschwerpunkten auftreten (Adams et al., 2017).

Die Circular Economy ist aufgrund der Ressourcenintensität des Bausektors eng mit den Themen Bauen, Wohnen und Raumplanung verbunden, das wird auch in Luxemburg am Circular Hotspot Wiltz deutlich. Dieser Fokus ist u.a. auf die nationale und europäische Umweltpolitik zurückzuführen, die im letzten Jahrzehnt einen Schwerpunkt auf nachhaltiges Ressourcenmanagement gelegt hat (vgl. Kapitel 5.2. und Hjaltadóttir und Hild, 2021). Standardisierte Prozesse zur Förderung einer Circular Economy in Luxemburg betreffen hauptsächlich Bau- und Stadtentwicklungsprojekte, die über das ganze Land verteilt sind (vgl. Abbildung 26 und Tabelle 18). In diesen Umsetzungen übernahmen öffentliche Akteure die Federführung und organisierten wie bspw. in Wiltz die Erstellung des Masterplans Wunne mat der Wooltz oder die Eröffnung des Circular Innovation Hubs. Die Planungsgrundlagen für ein zirkuläres Stadtviertel Wunne mat der Wooltz sind vorhanden und die phasenweise Errichtung der

Gebäude bis 2035 wird zeigen, wie konsequent deren Umsetzung erfolgt. Für die Circular Economy-Politik in Luxemburg und der Europäischen Union ist der Circular Hotspot Wiltz bereits seit seiner öffentlichen Bekanntmachung im Jahr 2015 ein Aushängeschild. Delegationen aus dem In- und Ausland besichtigen den Standort, wie bspw. im Rahmen des Circular Economy Hotspots, der im Jahr 2017 in Luxemburg organisiert wurde, nachdem er 2016 zum ersten Mal in den Niederlanden stattfand.

Öffentliche Bauvorhaben und andere Pilotprojekte der Circular Economy, wie der Hotspot Wiltz, sind für die Stakeholder in Luxemburg wichtig, um Erfahrungen zu sammeln und sich auszutauschen (vgl. hierzu auch Kapitel 4.4.3). In der wissenschaftlichen Literatur gelten Demonstrationsprojekte als politische Instrumente, um Lernprozesse zu unterstützen und neue Technologien zu verbreiten. Oft geht es in den Projekten um Nischenlösungen und Best-Practice-Beispiele, die den Fokus auf die Technik legen und weniger auf deren institutionelle Einbettung und die hervorgerufenen gesellschaftlichen Veränderungen eingehen (Klitkou et al., 2013: 639). Mit den Projekten sollen im allgemeinen sechs wesentliche Punkte belegt werden: technische Machbarkeit, Machbarkeit in kommerziellen Anwendungen, Kostenreduktion (z. B. der Errichtungs-, Betriebs- und Wartungskosten von Gebäuden), Umweltverträglichkeit, Sensibilisierung der Öffentlichkeit oder institutionelle Einbettung, um einen gesellschaftlichen Wandel anzustoßen (Klitkou et al., 2013: 644). Huguenin und Jeannerat (2017) argumentieren in eine ähnliche Richtung, indem sie Pilot- und Demonstrationsprojekten deutlich mehr Relevanz zugestehen als den Beleg für einen technischen Fortschritt. Für die Autor:innen stellen diese Projekte einen Wertewandel dar, der durch komplexe gesellschaftliche und wirtschaftliche Wertschöpfungsprozesse ausgelöst wurde und deshalb auch die Politik als *Akteur des Wandels* mit einbezieht (Huguenin und Jeannerat, 2017: 625). Auch in Luxemburg wurde der Stellenwert von Umsetzungsprojekten für das Vorantreiben von Wandelprozessen bereits im Bereich des nachhaltigen Bauens (Preller, 2018b), der Energietransition (Faller, 2015; Doerr, 2019) und des Wassermanagements (Hondrila, 2020) diskutiert. Eine Untersuchung des Wirkens von Umsetzungsprojekten für einen Übergang zur Circular Economy auf nationaler Ebene erfolgte bisher nur am Beispiel von China (Su et al., 2013). Eine wissenschaftliche Untersuchung der in dieser Arbeit erwähnten Pilotprojekte in Luxemburg steht noch aus. Dadurch bestätigt sich der Trend, dass in den 2010er-Jahren mehr wissenschaftliche Arbeiten zu theoretischen und konzeptuellen Auseinandersetzungen mit der Circular Economy veröffentlicht wurden als zu empirischen Umsetzungen (Kirchherr und van Santen, 2019).

Abbildung 28: Fotoansichten aus Wiltz und des Circular Hotspot Wiltz vom 26.4.2021 (Quelle: eigene Aufnahmen)

5.4. ZWISCHENFAZIT: DIE UMSETZUNG DER CIRCULAR ECONOMY IST IN EINEM FRÜHEN STADIUM

Seit den frühen 2000er Jahren verfolgt Luxemburg eine Ressourceneffizienz-Politik, in die sich das Konzept der Circular Economy mit dem Leitsatz des

Kreislaufführens von Materialien nahtlos einreiht (vgl. Kapitel 5.2.1). Dabei ist zu beobachten, dass sich die politischen Ansätze im Laufe der Zeit verändert haben. Zu Beginn wurden in der Logik eines schwachen ökologischen Modernisierungsansatzes technologische Lösungsansätze verfolgt, wie z. B. die Verbesserung der Energieeffizienz von Wohngebäuden und Produktionsanlagen (z. B. in der Automobilzulieferindustrie). Mittlerweile suchen öffentliche Akteure im Sinne eines starken ökologischen Modernisierungsansatz immer öfter auch den Austausch mit zivilgesellschaftlichen Initiativen, die alternative Konsumformen anbieten, wie bspw. die Projekte CoLab, Transition Nord und Reconomy in Wiltz (vgl. Kapitel 5.3.2). Schulz und Affolderbach (2015: 6) sprechen von einer Politik des *Ergrünens* der Wirtschaft, die in Luxemburg betrieben wird. Bestehende Konsum- und Produktions-Modelle werden im Sinne umweltpolitischer Maxime der 2010er-Jahre aufgewertet, ohne sie grundsätzlich infrage zu stellen. Dieser Ansatz kann auch in der bisherigen Circular Economy-Politik beobachtet werden. Ob sie zu einem Wandel von Lebensstilen, Konsummustern und Werten führt und tatsächlich zu einer alternativen Wirtschaftsführung in Luxemburg reift, z. B. im Sinne eines Suffizienzleitbilds (Schulz, 2019), wird sich zeigen.

Bisher wurde die Einführung und Verbreitung der Circular Economy in Luxemburg maßgeblich durch starke Persönlichkeiten vor Ort vorangetrieben (vgl. Kapitel 5.1.2). Dies wird auch am Beispiel des Circular Hotspots Wiltz deutlich, der vor allem von dem Bürgermeister der Stadt und einem Schöffen vorangetrieben wird (vgl. Kapitel 4.1.2). Die Steuerung und Umsetzung der Initiativen und Projekte wurde allerdings gerne Experten aus dem Ausland überlassen (vgl. Kapitel 5.2.1). Die wegweisende Circular Economy-Potentialstudie wurde von Experten aus Deutschland erstellt (Hansen et al., 2014) und die Rifkin-Studie, eine Positionierung Luxemburgs im digitalen Zeitalter der dritten industriellen Revolution, entstand unter der Leitung des nordamerikanischen Wirtschaftswissenschaftlers Jeremy Rifkin und seinem Team (TIR, 2016a). In kleinen Ländern überlassen öffentliche Organisationen die Ausarbeitung von wissenschaftlichen und technischen Studien gerne Experten aus dem Ausland, u.a. weil Personalressourcen grundsätzlich und fachspezifische Kompetenzen im Besonderen begrenzt sind (Veenendaal, 2020). Wenn die Fähigkeiten zur Planung, Verwaltung und Bewertung der in den Studien entwickelten Empfehlungen und Lösungsansätzen innerhalb öffentlicher Organisationen aber nicht vorhanden sind, werden auch umfangreiche Nachhaltigkeitsprogramme scheitern (Hanif et al., 2020). Da das Management von Circular Economy-Wissen und -Kompetenzen öffentliche Organisationen überall auf der Welt vor Herausforderungen stellt (Klein et al., 2020: 18), werden die bisher begrenzten akademischen Arbeiten zu Aus- und Weiterbildungsprogrammen für eine Circular Economy (Whalen et al., 2018) sicherlich bald vervollständigt. Die Circular Economy-Strategie Luxemburg widmet diesem Thema jedenfalls ein eigenständiges Kapitel (Schosseler et al., 2021).

Vielen Akteuren ist bewusst, dass eine erfolgreiche Circular Economy-Strategie gleichzeitig aus Top-Down- und Bottom-Up-Umsetzungen bestehen muss, um alle Stakeholder miteinzubeziehen, d.h. politische Entscheidungsträger, öffentliche Organisationen, die Zivilgesellschaft und einzelne Unternehmen (Grafström und Aasma, 2021: 10). Diese Erkenntnisse sind nicht neu und führen zu der berechtigten Frage des Mehrwerts des Circular Economy-Ansatzes für die Nachhaltigkeitsforschung (vgl. u.a. Blomsma und Brennan, 2017; Homrich et al., 2018; Reike et al., 2018). Dieser Mehrwert liegt vielleicht tatsächlich in dem Potential – wie von Stahel (2019) gefordert (vgl. Kapitel 2.1.1) – verschiedene disziplinäre Ansätze zusammenzubringen und das Silodenken und Siloagieren aufzubrechen, damit Human-, Sozial-, Ingenieur-, Natur-, Wirtschafts-, Politik- und Rechtswissenschaften (und darüber hinaus) gemeinsam an Lösungsansätzen arbeiten.

Reike et al. (2018: 251) schreiben, dass gewisse Ebenen von Zirkularität bereits institutionalisiert wurden und verweisen dabei vor allem auf die Kreislaufführung von Materialien im Rahmen des Abfallmanagements, das heutzutage immer häufiger auch als Ressourcenmanagement bezeichnet wird, wie bspw. in Luxemburg (GDL, 2018g). In der Praxis vervollständigt der Circular Economy-Ansatz die ursprünglichen Nachhaltigkeitsziele eines Projektes lediglich, stellt aber nicht die eigentliche Planungsprämisse dar (Reike et al., 2018: 259). Diese Beobachtung konnte auch in Luxemburg gemacht werden: Der Circular Hotspot Wiltz besteht aus einer Sammlung von Projekten, deren Grundprinzipien nicht in dem Circular Economy-Konzept verankert sind (wie z. B. der Makerspace CoLab oder die Gewerbezone Salzbaach). Und auch für die Ausarbeitung des Masterplans Wunne mat der Wooltz wurde die Planungsprämisse nach Kriterien der Circular Economy zu arbeiten erst in einer der ersten Arbeitssitzungen bekanntgegeben (Berater*in, I35). Nur wenn die Circular Economy das prioritäre Nachhaltigkeitsziel darstellt, kann sie (gegebenenfalls) zu einem Wandel führen (Reike et al., 2018). Es wird empfohlen, die Wirksamkeit politischer Maßnahmen gleichzeitig durch entsprechende Indikatoren und Matrizen zu beobachten (Gregson et al., 2015) und Bewertungssysteme sowohl an die Zielsetzungen systemischer Ansätze wie der Circular Economy im Allgemeinen (Blomsma und Brennan, 2017) als auch den nationalen Kontext im Speziellen anzupassen, u.a. durch die Einbindung von lokalen Experten aus unterschiedlichen Politikbereichen (Singh et al., 2012; Feleki et al., 2018).

Für Luxemburg stellt sich demzufolge die Frage, welche Ansprüche an die Circular Economy als Konzept und Politik gestellt werden. Wenn sie ein Werkzeug für qualitatives Wachstum (Becker et al., 2019) und eine nachhaltige Entwicklung sein soll, muss den altbekannten Mustern und Schwerpunkten in der nationalen und europäischen (Green Deal-) Politik – d.h. Gemeinwohl dank Ressourcenoptimierung durch innovative Technologien und Digitalisierung mittels Vernetzung – auch ein mäßigender Gedanke hinzugefügt werden (Schulz, 2019). Das vor allem in der deutschsprachigen Nachhaltigkeitsforschung verbreitete Paradigma des effizienten-konsistenten-suffizienten (vereinfacht: besser-anders-weniger) Wirtschaften erreicht die internationale Circular Economy-Gemeinschaft nur langsam (Jaeger-Erben et al., 2021). Die sektorspezifischen Roadmaps, die in der Circular Economy-Strategie angekündigt werden (Schosseler et al., 2021), könnten einen entscheidenden Schritt in diese Richtung gehen und die Circular Economy-Politik in Luxemburg profilgebend ausrichten.

Die in diesem Kapitel dargelegten Einschätzungen zum luxemburgischen Umgang mit dem Circular Economy-Konzept im Allgemeinen und der nationalen Circular Economy-Politik im Speziellen werden in Kapitel 7. im Hinblick auf die Forschungsziele und Forschungsfragen der vorliegenden Arbeit synthetisierend diskutiert werden. Diesen Schlussfolgerungen wird in Kapitel 6. eine Diskussion der thematischen Schwerpunkte der Circular Economy in Luxemburg (vgl. Kapitel 4.) aus einer praxeologischen Perspektive vorangestellt. Der für die Untersuchung der empirischen Daten und zur Konzeptualisierung von Circular Economy-Praktiken entwickelte Konzeptrahmen (vgl. Kapitel 2.3.) wurde genutzt, um die Erkenntnisse aus Luxemburg in einen Dialog mit unterschiedlichen wissenschaftlichen Arbeiten aus der internationalen Praktikenforschung zu bringen.

6. PRAKTIKEN DER CIRCULAR ECONOMY IN LUXEMBURG

Das Besondere und Bedeutende an einer praktikentheoretischen Arbeit ist ihr Fokus auf die Praktik als zentrale Analyseeinheit und nicht den Menschen, die gesellschaftskulturellen Werte und Normen oder den institutionellen Rahmen (Welch, 2016: 238). Für die Untersuchung von politischen Strategien und ihre Wirksamkeit entsteht dadurch der Vorteil, dass die zentrale Interventionseinheit die Praktik selbst ist, die aus politischen Entscheidungen entsteht. Die folgenden Kapitel werden deshalb in Anlehnung an Kapitel 2.2. die Circular Economy-Praktiken in Luxemburg als Untersuchungsgegenstand abstrahieren (Kapitel 6.1.), ihre konstituierenden Dimensionen reflektieren (Kapitel 6.2.) und ihre Beziehungen zueinander hinterfragen (Kapitel 6.3.). Das Kapitel schließt mit einer Zusammenfassung und Diskussion der Circular Economy als Motor für Wandelprozesse (Kapitel 6.4.).

6.1. PRAKTIKEN ALS UNTERSUCHUNGSGEGENSTAND

Praktikentheoretische Forschungsvorhaben stellen sich verschiedenen Herausforderungen, die epistemologischer, aber auch methodologischer Natur sind (vgl. auch Kapitel 2.2.6). Zu diesen Herausforderungen gehören beispielsweise die beiden Fragen, die in diesem Kapitel diskutiert werden: Was ist eine Circular Economy-Praktik? Und wie kann ich diese Praktik empirisch erfassen? Auf den folgenden Seiten wird deshalb epistemologisch die methodische Operationalisierung der Beforschung praxistheoretischer Dimensionen von Zirkularität diskutiert. Dieses Vorhaben wird in zwei Schritten umgesetzt:

- Als erstes wird eine Charakterisierung des Phänomens der Circular Economy in Luxemburg in Anlehnung an den Forschungsrahmen von Jones und Murphy (2011) vorgenommen. Dieser Forschungsrahmen basiert auf der Annahme, dass ein Phänomen durch einzelne Praktiken maßgeblich geprägt, beeinflusst bzw. vorangetrieben wird (vgl. Kapitel 2.2.2).
- Als zweites werden die Praktiken charakterisiert, die das Phänomen der Circular Economy in Luxemburg maßgeblich prägen, beeinflussen oder vorantreiben. Diese Charakterisierung erfolgt in Anlehnung an den Untersuchungsrahmen von Schulz et al. (2019), in dem eine Praktik als ein Zusammenspiel von Logiken, Handlungen und Materialität bezeichnet wird.

Diese Heuristik entspricht dem Heran- und Herauszoomen, wie es Nicolini (2009) für die Untersuchung von Praktiken empfiehlt. Dabei wird die Praktik aus unterschiedlichen Blickwinkeln bzw. theoretischen Perspektiven betrachtet. Dadurch soll die Vielschichtigkeit einer Praktik verdeutlicht werden, aber auch deren institutionelle Einbettung in einen bestehenden Kontext.

6.1.1 Praktiken, die das Phänomen der Circular Economy in Luxemburg strukturieren

Die Konzeptualisierung der Circular Economy in Luxemburg als ein Phänomen in Anlehnung an den Forschungsrahmen von Jones und Murphy (2011) impliziert die Identifizierung und Charakterisierung einer Reihe von das Phänomen strukturierende Praktiken (vgl. Abbildung 10 in Kapitel 2.2.2). Die Autoren empfehlen, die räumliche und zeitliche Abgrenzung einer Praktik anhand von performativen und strukturellen Faktoren vorzunehmen, wie bspw. Wahrnehmung, Darstellung, Muster und Machtverhältnisse.

Für die Abgrenzung von Praktiken, die das Phänomen der Circular Economy in Luxemburg konstituieren, beeinflussen, manifestieren, vorantreiben oder aber auch behindern, werden die Erkenntnisse aus den beiden vorangehenden Kapiteln 4. und 5. herangezogen. In Kapitel 4. wurde die empirische Untersuchung der Circular Economy in Luxemburg anhand thematischer Schwerpunkte dargestellt, die vor allem in den Bereichen Materialien, Designkonzepte und Digitalisierung liegen (vgl. Kapitel 4.7.). Aus dem Untersuchungsmaterial geht deutlich hervor, dass Praktiken in Unternehmen der Automobilzulieferindustrie und des Bauwesens, die zu einer nachhaltigen Entwicklung beitragen (sollen) und im Einklang mit den Prinzipien einer Circular Economy stehen (vgl. Kapitel 2.3.), in Luxemburg vor allem das Produktdesign betreffen. Bauwerke und Industrieprodukte werden nach nachhaltigen Designkonzepten von interdisziplinären Teams entworfen und erstellt. Dazu gehören z. B. eine nachhaltige Materialauswahl, die Erstellung von Materialpässen und die Gebäudedatenmodellierung (vgl. Abbildung 22). In Kapitel 5. wurde der Kontext der Circular Economy in Luxemburg aufgearbeitet, also alle Elemente, die aus einer übergeordneten Sichtweise (Metaebene) auf ihr Verständnis wirken. Dieser Analyseschritt machte deutlich, dass Initiativen, die auf nationaler Ebene die Circular Economy konstituieren, beeinflussen und vorantreiben zum Ziel haben, das Konzept zu schärfen. Das heißt, die Circular Economy in Luxemburg soll durch u.a. Austausche von Ministerien (interministerielle Arbeitsgruppen) und Unternehmen (Cluster-Initiativen), die Umsetzung von Pilotprojekten und wissenschaftliche Studien charakterisiert werden und ein Profil erhalten.

Zusätzlich werden Aus- und Weiterbildungsprogramme zu Themen der Circular Economy ausgearbeitet, um das Konzept einem breiteren Publikum näherzubringen und Arbeitnehmer in den einzelnen Themenbereichen zu stärken (z. B. der nachhaltigen Materialauswahl und der Gebäudedatenmodellierung). Es wurde außerdem deutlich, dass Circular Economy-Umsetzungen (z. B. Pilotprojekte wie das Circular Hotspot Wiltz) von öffentlich-privaten Partnerschaften profitieren, die auf die treibenden Kräfte einzelner Personen zurückzuführen sind.

Aus einer praxeologischen Perspektive charakterisiert sich eine Praktik vor allem durch das Handeln nach gemeinschaftlichen Regeln und Werten einer größeren Gruppe von Akteuren, denen ein geteiltes Verständnis zugrunde liegt (vgl. Kapitel 2.2.7). Diesem Verständnis folgend sind es im Besonderen vier Praktiken, die das Phänomen der Circular Economy in Luxemburg prägen und vorantreiben:

- unternehmerisches Denken (vgl. Kapitel 5.1.1),
- technokratische Governance (vgl. Kapitel 5.2.1),
- Vernetzung und Kooperation (vgl. Kapitel 5.3) sowie
- digitale Designpraktiken (vgl. Kapitel 4.4.).

Des Weiteren wirken einige Praktiken lenkend bzw. bremsend auf die Circular Economy in Luxemburg (vgl. Kapitel 4.6.2):

- die bestehende Landesplanungskultur und -praxis,
- die bestehende Baukultur und -praxis,
- konventionelles Projektmanagement ohne Vorplanungsphase.

Verschiedene Autor:innen verweisen auf die Relevanz von abwesenden Praktiken, wenn es um die Beschreibung eines Phänomens geht. Fehlende Routinen und Gewohnheiten können einen maßgeblichen Einfluss auf den Erfolg bestimmter Praktiken haben. Galvin (2013) hebt beispielsweise hervor, dass es in deutschen Haushalten an etablierten Mustern der Haushaltsroutine fehlt, die für eine energieeffiziente Stoßlüftung benötigt werden. Um eine vergleichbare Charakterisierung der Circular Economy als Praktik vornehmen zu können, findet im folgenden Kapitel ein Heranzoomen an deren konstituierende Elemente und Dimensionen statt.

6.1.2 Zooming in and out: Dimensionen der Circular Economy in Luxemburg

In Anlehnung an den Untersuchungsrahmen von Schulz et al. (2019) (vgl. Kapitel 2.2.7), können Praktiken als ein Zusammenspiel von sayings, doings und materiality bzw. Logiken, Handlungen und Materialität konzeptualisiert werden. Dieses Heranzoomen an die Dimensionen einer Praktik verändert die Perspektive der Betrachtung und führt zu neuen Erkenntnissen (Nicolini, 2009). Für eine praxeologische Untersuchung der Circular Economy stellen sich somit folgende Fragen:

- Wie wird die Circular Economy in Luxemburg mündlich und schriftlich dargestellt (**sayings/Logiken**)?
- Wie wird die Circular Economy in Luxemburg durch standardisierte Prozesse, Verfahren und Routinen gefördert (**doings/Handlungen**)?
- Wie wirken Infrastrukturen, politische Maßnahmen, Werkzeuge, Vorschriften, Richtlinien und Ressourcenverfügbarkeit (z. B. von Arbeitskräften oder Rohstoffen) auf die Circular Economy in Luxemburg (**materiality/Materialität**)?

Dieser Untersuchungsrahmen wurde bereits für die Charakterisierung von zirkulären Praktiken im Bauwesen genutzt und im Hinblick auf die Untersuchungsräume Luxemburg und die Provinz Västra Götalands in Schweden diskutiert (Hjaltadóttir und Hild, 2021). Im Rahmen des vorliegenden Forschungsvorhabens wird der Untersuchungsrahmen genutzt, um die Circular Economy in Luxemburg aus einer praxeologischen Perspektive zu charakterisieren. Den praktikentheoretischen Dimensionen Logiken, Handlungen und Materialität wird in Tabelle 19 eine Beschreibung auf der Grundlage der Erkenntnisse aus den Kapiteln 4. und 5. hinzugefügt.

Für die **Darstellung** der Circular Economy in Luxemburg kann hervorgehoben werden, dass es sich um ein Konzept handelt, das sich während der Ausarbeitung des Promotionsvorhabens noch in der Profilierungsphase befand. Luxemburg hat erst im Februar 2021 eine politische Circular Economy-Strategie veröffentlicht, die somit außerhalb des Untersuchungszeitraums der vorliegenden Arbeit liegt. In den Interviews legten die Experten thematische Schwerpunkte in den Bereichen Design, Materialien und Digitalisierung. Grundsätzlich wird darauf geachtet, die Vorteile der Circular Economy für Unternehmen herauszuarbeiten (z. B. Kosteneinsparungen, Effizienzsteigerung).

Tabelle 19: Die Dimensionen der Circular Economy in Luxemburg nach praktikentheoretischen Ansätzen

Dimension	Beschreibung
Logiken/sayings: Darstellung der Circular Economy	Die Anpassung des Circular Economy Konzepts für Luxemburg ist noch in der Ausarbeitung. Viele Stakeholder kennen das Konzept nicht und müssen noch informiert, aus- und weitergebildet werden. Unternehmen sollen von der Circular Economy profitieren.
Handlungen/doings: Prozesse, Verfahren und Routinen in einer Circular Economy	interministerielle Austausche, (öffentliche) Pilotprojekte u.a. Erstellung von Materialpässen und selektiver Gebäuderückbau, wissenschaftliche Studien, zirkuläres Produktdesign, interdisziplinäre Designteams, nachhaltige Materialauswahl, Gebäudedatenmodellierung, Aus- und Weiterbildungsprogramme
Materialität/materiality: Infrastrukturen, politische Maßnahmen, Werkzeuge, Vorschriften, Richtlinien und Ressourcenverfügbarkeit (z. B. von Arbeitskräften oder Rohstoffen) in einer Circular Economy	Cluster-Initiativen, Botschafter/treibende Personen, Experten, nachhaltige Designkonzepte, Leitfäden/Hilfsmittel/Datenbanken zur Materialauswahl und Erstellung von Materialpässen, BIM-Software, Fit4-Programme, SuperDrecksKëscht

Die **Handlungen**, die anhand der Experteninterviews der Circular Economy zugeordnet werden, umfassen z. B. öffentliche Pilotprojekte, die von interdisziplinären Designteams und mit der Unterstützung von Experten ausgearbeitet werden. Seit 2017 stand dabei auch der selektive Rückbau von Gebäuden im Fokus. Die Erstellung von Materialdatenbanken und Materialpässen für Produkte und Gebäude soll in Zukunft die Weiternutzung von z. B. Bauelementen erleichtern und die bereits weitverbreitete Materialauswahl nach nachhaltigen bzw. zirkulären Kriterien unterstützen.

Infrastrukturen, die eine unterstützende Wirkung auf die Circular Economy in Luxemburg haben sind z. B. die Wood- und Cleantech-Cluster, die von Luxinnovation moderiert werden. Sie stellen Plattformen dar, die den Austausch fördern, sensibilisieren und informieren. Ein Netzwerk aus Experten aus dem

In- und Ausland unterstützt zusätzlich die Ausarbeitung von Projekten und Studien. Die Vernetzung Luxemburgs zum Thema der Circular Economy ist auf einzelne Personen zurückzuführen, die innerhalb der Landesgrenze für das Konzept bei Unternehmen und Politikern werben und Luxemburg vor allem innerhalb der Europäischen Union als proaktiven Akteur präsentieren.

Zusammenfassend kann gesagt werden, dass sich die Circular Economy in Luxemburg in einem frühen Stadium befindet (vgl. auch Kapitel 5.4.). Dies wird auch in den Fotoansichten auf die Projektfläche Wunne mat der Wooltz in Abbildung 28 deutlich: Seit den im Jahr 2013 begonnenen Abrissarbeiten ist die Projektfläche eine Baustelle. Die Regierung und auch die Unternehmen befinden sich in einer Orientierungsphase und konzentrieren sich auf die Entwicklung von Circular Economy-Strategien, die Schulung ihrer Mitarbeiter sowie eine engere Zusammenarbeit mit Partnern und das Management von Materialien. Die Auseinandersetzung mit den Fragen, wie die Circular Economy in Luxemburg aussehen soll und wie eine politische Roadmap aussehen könnte, wurden in Luxemburg während der Bearbeitung des Promotionsvorhabens aktiv geführt und resultierte im Februar 2021 in der Veröffentlichung einer nationalen Circular Economy-Strategie (Schosseler et al., 2021). Die iterative Umsetzung der zirkulären Pilotprojekte wird zeigen, welche Prozesse, Verfahren und Routinen (Handlungen/doings) sich zukünftig durchsetzen werden und den Bedarf von Werkzeugen, Richtlinien und Infrastrukturen (Materialität/materiality) aufdecken. Auch wird sich zeigen, welche Rolle die am Ministerium für Energie und Raumentwicklung angesiedelte Direktion für nachhaltiges Bauen und Circular Economy (im Original: Direction de la construction durable et de l'économie circulaire) langfristig übernehmen wird.

6.1.3 Zwischenfazit: Mehrwert durch die Untersuchung von Praktiken

Die praktikentheoretische Auseinandersetzung mit der Circular Economy in Luxemburg als Untersuchungsgegenstand führte zu einer Abgrenzung von Praktiken, die das Phänomen der Circular Economy prägen, beeinflussen und vorantreiben: unternehmerisches Denken, technokratische Governance, Vernetzung und Kooperation sowie digitale Designpraktiken.

Diese Praktiken entsprechen dem Handeln einer größeren Gruppe von Akteuren nach gemeinschaftlichen Regeln und Werten, denen ein geteiltes Verständnis zugrunde liegt. In Luxemburg handelt es sich bei dieser Gruppe von Akteuren um politische Entscheidungsträger und Beamten bzw. um das Produktdesignteam in einem Industrieunternehmen (wie bspw. der

Automobilzulieferindustrie) oder das Projektteam von öffentlichen Pilotprojekten (z. B. von Wohnungsbauvorhaben). Bisher kann in Luxemburg noch nicht von einer zirkulären Landesplanungskultur oder Baukultur gesprochen werden. Praktiken der Circular Economy sind noch nicht bei allen Stakeholdern der Bauwirtschaft in Luxemburg beobachtbar. Die Automobilzulieferindustrie hat bisher vor allem Praktiken im Bereich des Material- und Ressourcenmanagements umgesetzt, die Circular Economy-Prinzipien entsprechen: Einsatz erneuerbarer Energien (z. B. Errichtung einer Photovoltaikanlage), Verbesserung der Energieeffizienz (z. B. Nutzung der Prozesswärme, Umrüstung auf LED-Lichttechnik), Verringerung des Materialeinsatzes in der Produktion und Verminderung des Verbrauchs von Wasser und Energie durch Sensibilisierungsmaßnahmen der Mitarbeiter. Maßnahmen, die über das Management des Unternehmensstandorts hinausgehen, wie z. B. die Verwaltung der Wertschöpfungskette (Yadav et al., 2020) wurden in den Interviews in Luxemburg nicht thematisiert. Ein Unternehmen sprach die interne Unternehmenspolitik bezüglich der Beschaffung von kritischen Rohstoffen an (Manager*in, I23). Diese Thematik gewinnt auch in der wissenschaftlichen Literatur für die Circular Economy immer mehr an Bedeutung (Buruzs und Torma, 2017). Die Diskussion der Circular Economy als ein Treiber für eine nachhaltige Entwicklung könnte dabei langfristig den Blick der Wissenschaft von technologischen auf ethische Fragestellungen in der Materialbeschaffung lenken (z. B. Kinderarbeit, Raubbau, illegale Schürfungen) und einen gesellschaftlichen Mehrwert über die Grenzen der europäischen Union schaffen.

Eine rezente Literaturübersicht über die Circular Economy in der Bauindustrie gibt an, dass sich die meisten wissenschaftlichen Veröffentlichungen mit sektorspezifischen Herausforderungen beschäftigen, die durch das Circular Economy-Konzept entstehen (Benachio et al., 2020). Thematische Schwerpunkte liegen in der Weiternutzung von Baumaterialien am Ende eines Nutzungszyklus, Gebäuden als Materialbanken, Circular Economy im Projektdesign, Ökobilanzanalysen und Materialpässen. Der allgemeine Kenntnisstand der Bauindustrie zur Circular Economy wird als gut bezeichnet, Umsetzungen im bebauten Raum erfolgen allerdings nur sehr langsam, da die meisten Stakeholder nicht wissen, wie das Konzept praktisch angewendet werden kann (Adams et al., 2017; Eberhardt et al., 2019; Benachio et al., 2020: 8). Diese Schlussfolgerungen stehen im Einklang mit den Erkenntnissen aus Luxemburg. Sie zeigen aber auch, dass die Circular Economy in der Bauindustrie überwiegend aus der Perspektive disziplinärer Schwerpunkte betrachtet wird. Sektor- und disziplinenübergreifende Praktiken der Aus- und Weiterbildung sowie der Zusammenarbeit stehen in der Regel nicht im Mittelpunkt.

Es ist der praktikentheoretischen Perspektive auf die Circular Economy zu verdanken, dass die fehlende Performativität deutlich wird, wenn das Konzept in Luxemburg behandelt wird. Noch fehlen den gesprochenen und geschriebenen Worten (den Logiken/sayings) die Handlungen bzw. doings Vieler. Nur wenn eine größere Gruppe von Akteuren nach gemeinschaftlichen Regeln und Werten handelt, die auf einem geteilten Verständnis wie der Circular Economy gründen, kann aus einer praktikentheoretischen Perspektive von Circular Economy-Praktiken gesprochen werden. Auch ist unklar, ob unternehmerisches Denken, technokratische Governance, Vernetzung und Kooperation sowie digitale Designpraktiken zu einer nachhaltigen Entwicklung beitragen und im Einklang mit den Prinzipien einer Circular Economy stehen, wie es in Kapitel 2.3. gefordert wurde.

Wie Praktiken aber grundsätzlich erkenntnistheoretisch untersucht werden können und dadurch ein Beitrag zu wissenschaftlichen Diskursen geleistet werden kann wird im folgenden Kapitel anhand der abgegrenzten Praktiken diskutiert, die das Phänomen der Circular Economy in Luxemburg strukturieren.

6.2. CIRCULAR ECONOMY-PRAKTIKEN STABILISIEREN, VERHANDELN UND VERÄNDERN

Praktiken entstehen, festigen und ändern sich, wenn die Verbindungen zwischen den Dimensionen Logiken, Handlungen und Materialität aufgebaut, unterbrochen und neu angeordnet werden (vgl. Kapitel 2.2.3). Damit zirkuläre Praktiken entstehen, müssen also nicht-zirkuläre Praktiken in Frage gestellt und unterbrochen werden (Hargreaves, 2011; Shove et al., 2012a). Dies kann auf unterschiedliche Art und Weise entstehen:

- Durch den Träger einer Praktik, der bspw. Widerstand leistet und neue Wege gehen möchte.
- Durch neue Verbindungen zwischen den Dimensionen einer Praktik, die bspw. auf Impulse von außen zurückzuführen sind (z. B. Institutionen, Materialität, Politiken).

In Abbildung 29 wird dieser Prozess schematisch dargestellt. Eine bestehende nicht-zirkuläre Praktik wird zu einer Ex-Praktik, indem die Verbindungen zwischen den Dimensionen erst unterbrochen werden und sich dann durch neue Verbindungen zu einer zirkulären Praktik verändern und stabilisieren.

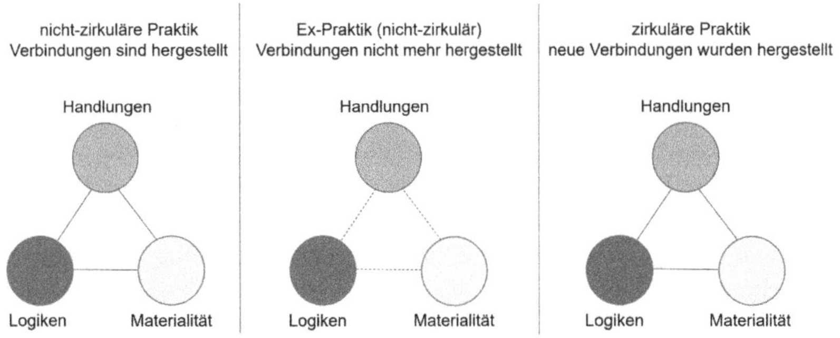

Abbildung 29: Modell einer zirkulären Praktik in Anlehnung an das Praktikenmodell von Shove et al. (2012a: 25) und den Untersuchungsrahmen von Schulz et al. (2019)

Wenn die Circular Economy außerdem als ein Phänomen verstanden wird, das aus einem Bündel von alltäglichen Praktiken besteht (Arbeiten, Fortbewegen, Wohnen, Essen, Freizeit) und durch Materialität (Infrastrukturen, Werkzeuge, Artefakte, Arbeitskräfte) und Material-Arrangements, dem Zusammenspiel verschiedener Materialitäten, geprägt wird. Dann können die Überlappung und das Verweben von Praktiken-Bündeln und Material-Arrangements ebenfalls zur Entstehung neuer Praktiken führen (vgl. Kapitel 2.2.7). Dies wurde besonders deutlich als während der Covid-19-Krise das Wohnumfeld auch zum Arbeitsort wurde. Die alltäglichen Praktiken Arbeiten und Wohnen überlappten sich durch die auferlegte Ausgangssperre und formten ein Homeoffice. Dieser häusliche Büroraum stellt ein neues Material-Arrangement dar und führte zusammen mit der entsprechenden digitalen Infrastruktur und Ausstattung (u.a. Computer, Laptop, Internet, Kamera) zu neuen Praktiken-Bündeln, wie z. B. Online-Meetings und virtuellen Kaffeepausen.

Alle drei Möglichkeiten der Stabilisierung, Verhandlung und Veränderung von Praktiken werden in den folgenden Kapiteln im Hinblick auf die Circular Economy in Luxemburg diskutiert.

6.2.1 Kontinuität, Wiederholung und Gleichförmigkeit

Viele Autor:innen heben in ihren Arbeiten hervor, dass soziale Praktiken Muster erkennbarer und wiederholter Handlungen sind, also Routinen, die als Teil des normalen Alltags angesehen werden (Hargreaves, 2011; Shove et al., 2012a; Faller und Schulz, 2017). Diese Arbeiten fokussieren die Kontinuität,

Wiederholung und Gleichförmigkeit von Praktiken, um z. B. (nachhaltige) Alltagspraktiken (Gram-Hanssen, 2010; Galvin, 2013) oder die Wirksamkeit politischer Handlungsempfehlungen zu untersuchen (Spurling et al., 2013; Shove, 2015). Um jedoch Wandelprozesse beschreiben zu können, muss der Untersuchungsschwerpunkt von der Stabilität einer Praktik auf die Veränderungen sozialer Praktiken verschoben werden. Dadurch gewinnen die räumlich-zeitliche Verankerung einer Praktik sowie der Einfluss von Emotionen und Macht an Bedeutung (Everts, 2019; Everts et al., 2019; Hoppe-Seyler et al., 2019; Schatzki, 2019).

Auch die in Luxemburg beobachteten und beobachtbaren Praktiken können bspw. im Hinblick auf ihre Raum-Zeit-Dispersion betrachtet werden, wie es am folgenden Beispiel der Designpraktik für eine Circular Economy deutlich wird. Im Rahmen öffentlicher Pilotprojekte wird ein besonderer Fokus auf die Vorplanung (auch Phase 0 genannt) gelegt. Interdisziplinäre Designteams, die u.a. aus Architekten, Tragwerksplanern, Fachingenieuren und Vertretern der staatlichen Bauträger bestehen, arbeiten unter Anleitung internationaler Circular Economy-Experten ein Projektkonzept aus, das auf einem gemeinschaftlichen Verständnis sowie geteilten Regeln und Werten aufbaut. In den darauffolgenden Arbeitsphasen wird das Projekt unter Nutzung von Gruppen-Software (kollaborative Software) fortgeführt. Die am Projekt Beteiligten tauschen sich in virtuellen Projekträumen aus und erstellen eine Gebäudedatenmodellierung, die das vernetzte Arbeiten an einem gemeinsamen Modell erlaubt. Das Gebäudemodell soll während des Baus (Ausführung) und der Bewirtschaftung genutzt und vervollständigt werden. Die automatische Generierung eines Gebäudepasses und anderer relevanter Dokumente ist vorgesehen. Das Projekt wird modular, anpassungsfähig und rückbaubar für eine Nutzungsdauer von mindestens 50 Jahren geplant. Die Materialien werden nach Cradle-to-cradle-konformen Kriterien ausgewählt und kommen aus der Großregion. Zyklische Sanierungs- und Renovierungsarbeiten an der Fassade und im Innenbereich wurden in die Kostenbetrachtung über den Lebenszyklus des Gebäudes mitberücksichtigt. Das Gebäude verfolgt bereits während der Bauphase einen zero Waste- und zero Emission-Ansatz. Aus- und Weiterbildungsprogramme zu allgemeinen und spezifischen Themen der Circular Economy, die für eine nachhaltige Planung, Ausführung und Inbetriebnahme des Gebäudes vonnöten sind, sind für alle Stakeholdergruppen vorgesehen. Diese Programme sehen Referenten aus dem In- und Ausland vor und werden als Präsenz- und Online-Kurse konzipiert.

Die Beschreibung der Designpraktik unter Berücksichtigung von Circular Economy-Prinzipien, die auf den in Luxemburg geführten Interviews beruht, aber keinem spezifischen Projekt zugeordnet werden kann, hebt Unterschiede zu konventionellen Praktiken hervor, die nach Everts (2019) zentrale Kernaspekte des gesellschaftlichen Wandels darstellen. Die räumliche Mobilität der Träger der Praktiken haben sich verändert und damit die Verteilung von Praktiken in Raum und Zeit.

- Das interdisziplinäre Designteam besteht aus einer Vielzahl verschiedener Personen. Aus einem Architekten sind viele Träger der Designpraktik geworden.
- Das Designteam arbeitet individuell und gemeinsam in verschiedenen Räumen. Impuls-Workshops mit Circular Economy-Experten finden als Präsenzveranstaltungen statt, der tägliche Austausch erfolgt in virtuellen Planungsräumen.
- Die Gebäudedatenmodellierung findet mithilfe von Software im virtuellen Raum statt. BIM-Experten begleiten die Dateneingabe der Designteam-Mitglieder. Das Projektteam arbeitet papierlos.
- Leitfäden, Werkzeuge und Hilfsmittel zu nachhaltigen Designkonzepten, zur nachhaltigen Materialauswahl und zur Erstellung von Materialpässen stehen dem Designteam in digitaler Form zur Verfügung (u.a. Datenbanken, E-Books, Software).

Es zeigt sich, dass die Verteilung von Designpraktiken im Raum durch die Nutzung virtueller Räume deutlich zunimmt. Auch die Verteilung der Zeit verändert sich durch die Nutzung digitaler Techniken. Planungsteams können zeitgleich oder zeitversetzt mithilfe des Internets und Gruppen-Software zusammenarbeiten. Ob der integrale Planungsansatz im Gesamten durch den Einsatz technischer Hilfsmittel mehr oder weniger Zeit benötigt als Herangehensweisen ohne die Miteinbeziehung aller am Planungsprozess beteiligten Fachdisziplinen und Stakeholder, müsste im Detail betrachtet werden. Die Zerlegung der Designpraktik in kleinere Einheiten macht aber zwei von Everts (2019) angesprochene Aspekte deutlich:

- Die Praktik kann von unterschiedlichen Trägern, an unterschiedlichen Orten und zu unterschiedlichen Zeiten ausgeführt werden, wodurch es zu einer Umverteilung der einer Praktik innewohnenden Raum und Zeit kommt.
- Die Digitalisierung führt zu einer Veränderung der Praktikenkette und von Praktiken-Elementen, die tendenziell durch zusätzliche Träger und Materialität (Software, Internet) eher verlängert als verkürzt wird. Digitale Praktiken werden demnach stärker von der Gesellschaft *getragen* als Praktiken, die ohne digitale Hilfsmittel auskommen.

Diese veränderte Verteilung von Praktiken in Raum und Zeit stellt ein Charakterisierungsmerkmal für Circular Economy-Praktiken in Luxemburg dar.

6.2.2 Institutionen als Moderatoren

In dem vorherigen Kapitel wurde herausgearbeitet, dass sich die Circular Economy-Praktiken in Luxemburg durch ihre Raum-Zeit-Verteilung von konventionellen Praktiken der Kooperation, Aus- und Weiterbildung sowie des Designs und Material-/Ressourcenmanagements unterscheiden. Es stellt sich nun die Frage, ob diese Veränderungen der Praktikenkette und -dimensionen regionen- oder branchenspezifisch sind und bspw. auf bestimmte Impulse oder Mechanismen zurückzuführen sind.

Regionale Unterschiede werden in der Wirtschaftsgeographie u.a. auf raum- und zeitspezifische Institutionen zurückgeführt, die sowohl das gesellschaftliche als auch das wirtschaftliche Leben prägen. North (1990) spricht in diesem Zusammenhang von formalisierten (u.a. Gesetze) und informellen (u.a. Werte, Verhaltensmuster) Spielregeln, die das Funktionieren einer bestimmten Gruppe oder Gemeinschaft charakterisieren. Auf diesem Verständnis aufbauend, werden Institutionen als Moderatoren zwischen Praktiken und der normativen Ordnung angesehen, die sich gegenseitig stabilisieren, formen, verändern und aufheben (Glückler und Lenz, 2016; Schulz et al., 2019).

Für den Untersuchungsgegenstand der Circular Economy bedeutet dies, dass die in Luxemburg bestehenden (informellen) Institutionen sowohl die Politik als auch die Praktiken für eine Circular Economy entscheidend beeinflussen (vgl. Abbildung 13). Zu diesen Luxemburg spezifischen Institutionen gehören die für kleine Staaten charakteristischen kurzen Wege und die eingeschränkte Ressourcenverfügbarkeit, die auch Arbeitskräfte betrifft (vgl. auch Kapitel 5.1.2). Personen mit Expertise in bestimmten thematischen Bereichen kennen sich und treffen sich regelmäßig auf Veranstaltungen. Starke und wegweisende Persönlichkeiten für die Circular Economy haben deshalb nicht nur einen großen Bekanntheitsgrad, sondern auch einen maßgeblichen Einfluss auf die Meinungsbildung und politische Entscheidungen.

Der Wirtschaftsstandort Luxemburg wird in seiner Außendarstellung als ein offener, verlässlicher und dynamischer Partner beworben, der vor allem in innovative und technologieorientierte Forschungs- und Wirtschaftszweige investiert. Luxemburg möchte als ein modernes und zukunftsorientiertes Land wahrgenommen werden, das unternehmerisch agiert und ganz im Trend der Zeit funktional nachhaltig für wirtschaftlichen Wohlstand und eine hohe

Lebensqualität sorgt (vgl. Kapitel 5.2.). Diese Grundsätze und Werte drücken sich auch in der Circular Economy-Politik aus.

In Luxemburg sind staatliche und privatwirtschaftliche Organisationen eng verzahnt. Vertreter aus beiden Sektoren pflegen einen regelmäßigen Austausch, der u.a. in halbstaatlichen Organisationen wie der Innovationsagentur Luxinnovation, aber auch in nationalen Arbeitsgruppen und Interessenzusammenschlüssen geführt wird. Diese Kultur öffentlich-privater Partnerschaften führte in Luxemburg zu der Entstehung von verschiedenen Circular Economy-Pilotprojekten (vgl. Kapitel 5.3.).

6.2.3 Praktiken und Materialität

Eine Praktik charakterisiert sich durch Logiken und Handlungen einer größeren Gruppe von Akteuren, die nach gemeinschaftlichen Regeln und Werten handeln, denen ein geteiltes Verständnis zugrunde liegt (vgl. Kapitel 2.2.7 und Kapitel 6.1.2). Diese gemeinschaftlichen Regeln und Werte werden als informelle Institutionen bezeichnet, die gemeinsam mit Vorschriften und Gesetzen (formale Institutionen) die Bildung und Veränderung von Praktiken bestimmen (vgl. Kapitel 2.2.3b und Kapitel 6.2.2). Des Weiteren wird eine Praktik durch das Vorhandensein oder Fehlen von Materialität geprägt. Diese Materialität hat einen physischen Charakter, eine innewohnende Körperlichkeit, die komplementär zu den Logiken und Handlungen wirkt, wie bspw. von Infrastrukturen, Werkzeugen, Artefakten und Arbeitskräften.

Die in dieser Arbeit charakterisierten Circular Economy-Praktiken in Luxemburg sind eingebettet in eine Informations- und Telekommunikationsinfrastruktur, die u.a. aus Gebäuden, Kommunikationsdiensten (Netzwerken wie Internet und Telefon), Maschinen (Hardware) und Programmen (Software) besteht. Ohne diese digitale Infrastruktur (u.a. Glasfaser- und Mobilfunknetze, Datenzentren, Internet der Dinge, Kommunikationssatelliten, Plattformen zur Datenspeicherung und zum Datenaustausch) würden die in Luxemburg diskutierten Ansätze der Kooperation, der Vernetzung und des Designs unter Berücksichtigung von Circular Economy-Prinzipien nicht bestehen (vgl. Kapitel 6.1.2). Sie nutzen digitale Werkzeuge (u.a. Informationssysteme, E-Books, Software und Datenbanken) und Artefakte (u.a. Laptop, Smartphone, Tablet, Computer) zur Beschaffung, Bearbeitung, Speicherung und zum Austausch von Daten. Gleichzeitig sind es die (digitalen) Infrastrukturen, Werkzeuge, Artefakte und (analogen) Arbeitskräfte, die einzelne Praktiken der Datenbeschaffung, Datenbearbeitung, Datenspeicherung und des Datenaustauschs zu Praktiken-Bündeln verflechten (z. B. zu einer Designpraktik).

Die Circular Economy als sozioökonomisches Phänomen ist eine Verflechtung von Praktiken und materiellen Anordnungen und Arrangements, wie es Schatzki ausdrückt (2010a). Praktiken, Technik und Materialität beeinflussen sich gegenseitig und bilden gemeinsam das Soziale. Ein Element allein kann nicht bestehen, weswegen die bloße Bereitstellung einer Technik oder eines *Dings* auch nicht zu einer (neuen) Praktik führt. Das Soziale besteht aus einem untrennbaren Zusammenspiel von Mensch (dem Träger einer Praktik), Technik und Materialität (Schatzki, 2010a). Die Verflechtung von Technik und Materialität, die auf Praktiken und ihre Träger wirkt, wird von einigen Autor:innen als Soziomaterialität bezeichnet (Orlikowski, 2007; Gherardi, 2019), ein Begriff aus der Organisationsforschung, um den Einfluss z. B. eines technischen Geräts auf das Soziale zu unterstreichen. In diesen Studien liegt der Untersuchungsfokus i.d.R. nicht auf der Praktik selbst, sondern deutlich stärker auf der Aktivität zwischen Menschen und Dingen bzw. deren „Intra-Aktion" (Schmid, 2020: 99). Untersuchungen von soziomateriellen Praktiken, die im Einklang mit Circular Economy-Prinzipien stehen, wurden bisher nur vereinzelt veröffentlicht. In einem rezenten Artikel wird Sharing[87] am Beispiel von Carsharing als soziomaterielle Praktik betrachtet, wodurch die Vernetzung und Digitalisierung der modernen Lebens- und Arbeitswelten und deren Verwobenheit mit der Praktik des Carsharings hervorgehoben werden (Dowling et al., 2018). Die Autor:innen bezeichnen Carsharing als eine Mischung aus gemeinschaftlichem Konsum und Individualismus, da durch die regelmäßige Nutzung desselben Fahrzeugs eine Beziehung zwischen dem Menschen und dem Artefakt/Ding entsteht und die Nutzer ein Verantwortungsgefühl für das Auto entwickeln. Gleichzeitig verweben sich das Ding und das Digitale, da ein Teilen nur möglich ist, wenn die Technik funktioniert. Wenn der elektronische Ausweis zur Freischaltung des Fahrzeugs nicht funktioniert, erfolgt kein Zugriff und der Nutzer kann das Auto nicht benutzen. Dies trifft auch für die in Kapitel 6.2.1 beschriebene Designpraktik zu. Wenn die digitalen Werkzeuge, Artefakte und Infrastrukturen nicht funktionieren, weil bspw. keine Internetverbindung besteht, kann kein gleichzeitiges Arbeiten an Plänen oder Modellen durch verschiedene Akteure an verschiedenen Orten erfolgen, sondern nur ein zeitversetztes. In diesem Fall werden die unabhängig bearbeiteten Modellelemente nachträglich zusammengeführt, was eine einheitliche Datenstruktur für den Datenaustausch (z. B. mittels Industry Foundation Classes, IFC) notwendig

87 Sharing im Sinne von leihen/mieten/teilen (sharing, pooling) und als alternatives Nutzungsmodell zu kaufen.

macht.[88] Circular Economy-Praktiken sind demnach durchaus soziomaterieller Natur, also Intra-Aktionen zwischen Mensch und Ding, führen aber nicht zu einer Verschmelzung des Sozialen mit dem Materiellen (Soziomaterialität) und durch künstliche Intelligenz und Roboter *getragene* Designpraktiken. Vielmehr werden Circular Economy-Praktiken durch eine ihnen innewohnende Soziomaterialität charakterisiert: Das Soziale, Materielle und Technische prägen, beeinflussen, stabilisieren und verändern sich gegenseitig.

6.2.4 Zwischenfazit: Veränderte Praktikendimensionen und Praktikenketten

Praktiken werden durch informelle (Werte, Normen, Spielregeln) und formale Institutionen (u.a. Verordnungen und Gesetze) stabilisiert, verhandelt und verändert (vgl. Kapitel 6.2.2). Die Träger einer Praktik haben somit einen maßgeblichen Einfluss, da sie auch Träger der Werte und Normen sind, die den Praktiken einen nicht-sichtbaren Rahmen geben. Formale Institutionen wie Gesetze, technische Richtlinien und unternehmensinterne Vorgaben stellen den sichtbaren Rahmen der Praktiken dar. Die Digitalisierung, für Rifkin die *Dritte industrielle Revolution*, führte außerdem dazu, dass sich Praktiken, Materialität und Technik immer stärker überlappen, verweben und sich gegenseitig stabilisieren, verhandeln und unterbrechen (vgl. Kapitel 6.2.3). Die Vernetzung digitaler Werkzeuge (Dateninformationssysteme, E-Books), Artefakte (Smartphones, Computer) und Infrastrukturen (Internet der Dinge) führte zu einer Veränderung der Praktiken, Praktikenketten und Praktikenbündel in Raum und Zeit, da der virtuelle Raum zeit- und ortsunabhängig genutzt werden kann (vgl. Kapitel 6.2.1). Circular Economy-Praktiken charakterisieren sich somit durch eine veränderte Raum-Zeit-Verteilung und Materialität, die teilweise sogar zu einer Verschmelzung von Sozialem, Materiellem und Technischem im Sinne einer Soziomaterialität tendiert (vgl. Kapitel 6.2.3). Ein Alleinstellungsmerkmal gegenüber Praktiken, die nicht im Einklang mit Circular Economy-Prinzipien stehen (also nicht-zirkuläre Praktiken) stellt diese Charakterisierung allerdings nicht dar. Sie unterstreicht allerdings den technokratischen Ansatz des Circular Economy-Konzepts in Luxemburg und darüber hinaus.

Diese veränderten Praktikendimensionen können im Hinblick auf die in dieser Arbeit formulierten Forschungsfragen, Forschungsziele und den

88 Diese Zusammenführung von Modellelementen stellt in der Praxis (noch) vor allem eine technische Herausforderung dar, wie es in Kapitel 4.4.2 dargelegt wurde.

Forschungsgegenstand weitergedacht und vervollständigt werden. Die Multiperspektivität des Forschungsansatzes auf die Circular Economy (vgl. Kapitel 2.1.6) bietet Perspektiven für die Untersuchung von Praktiken an, die über die in Kapitel 2.2. diskutierten praxeologischen Ansätze hinausgehen und im folgenden Kapitel 6.3. diskutiert werden.

6.3. CIRCULAR ECONOMY-PRAKTIKEN AUS EINER GESELLSCHAFTLICHEN PERSPEKTIVE: ZUGANG, GLEICHBERECHTIGUNG UND MACHT

Der in dieser Arbeit angewandte Untersuchungsrahmen von Schulz et al. (2019) konzeptualisiert Praktiken als ein Zusammenspiel von sayings, doings und materiality bzw. Logiken, Handlungen und Materialität. In dem vorangestellten Kapitel 6.2. wurde aufgezeigt, dass sich die in Luxemburg beobachtbaren Praktiken im Einklang mit Circular Economy-Prinzipien durch eine von Digitalisierung und Vernetzung geprägte Raum-Zeit-Verteilung und Materialität charakterisieren. Die analytische Untersuchung der Circular Economy in Luxemburg hat außerdem ergeben, dass sich das politische Programm auf nationaler Ebene an der Politik der Europäischen Union (EU) orientiert und sowohl deren unternehmensnahen (vgl. Kapitel 5.1.1) als auch deren technokratischen (vgl. Kapitel 5.2.1) Ansatz verfolgt. Nationale Circular-Economy-Pilotprojekte zeichnen sich vielleicht gerade deshalb durch eine partnerschaftliche Herangehensweise von öffentlichen und privatwirtschaftlichen Stakeholdern aus, die gemeinschaftliche Interessen bzw. eine geteilte Vision verfolgen (vgl. Kapitel 5.3.). Der Staat und die Unternehmen sind in Luxemburg die maßgeblichen Wirtschaftsakteure der Circular Economy – andere Akteure wie der Finanzsektor oder die Zivilgesellschaft spielen bisher nur eine untergeordnete Rolle. Wie relevant die beiden letztgenannten Gruppen für eine erfolgreiche Umsetzung des Circular Economy-Konzepts jedoch sind, wurde in Kapitel 4.6.2 deutlich. In den Interviews sprachen die Experten von Hemmnissen und Barrieren, die vor allem auf fehlende rahmende Bedingungen (Materialität) in den Bereichen Verwaltung, Finanzen und Infrastrukturen zurückgeführt wurden. Deren Abwesenheit wurde als Grund für den niedrigen Bekanntheitsgrad des Circular Economy-Konzepts angegeben. Die empirische Studie zeigt, dass das Thema noch nicht ausreichend breitflächig in allen Wirtschaftsbereichen, Ministerien und der Zivilgesellschaft diskutiert wird, um in Luxemburg einen sozioökonomischen Wandel anzustoßen.

Die Ausgrenzung bestimmter Wirtschaftsakteure, unabhängig davon, ob sie temporär oder dauerhaft ist, wirft die Frage auf, wie inklusiv und gerecht die Circular Economy in Luxemburg ist und welchen Beitrag die bestehenden

Praktiken daran haben, diese Situation zu stabilisieren oder zu verändern. Die Digitalisierung und Vernetzung als materielle Grundvoraussetzung verschiedener Praktiken bringt nämlich mit sich, dass Wirtschaftsakteure, die nicht digitalisiert und vernetzt sind, von diesen Praktiken ausgeschlossen sind. Die in Kapitel 6.2.1 beschriebene Designpraktik grenzt alle Akteure aus, die z. B. keinen Internetzugang haben, nicht mit einem Bauwerksdatenmodell (BIM) umgehen können oder keinen Zugriff auf die benötigten digitalen Werkzeuge haben (Software, E-Books, etc.). Diese den Praktiken innewohnende Macht, Akteure einzuschließen bzw. auszugrenzen – sei sie nun ressourcengebunden, materialgebunden, kompetenzgebunden oder andersartig gebunden – wurde bisher nur vereinzelt wissenschaftlich diskutiert (Shove et al., 2012b; Watson, 2017; Everts et al., 2019; Schmid, 2020).

In der Diskussion um Praktiken und Macht geht es im Allgemeinen sowohl um die einschränkende und unterdrückende Macht einer Politik, eines Regimes oder bestehender Prozesse (bzw. auch deren Abwesenheit) als auch um die euphorisierende und mitreißende Kraft einer sozialen Bewegung oder eines Systems, das offen ist für Innovationen, Kreativität und alternative Praktiken. Shove et al. (2012b) nutzen in diesem Kontext das Beispiel des Fortbewegens mit einem Auto und einem Fahrrad. Das Fahrrad ist in einer historischen Perspektive von dem Fortbewegungsmittel der Armen, die sich kein Automobil leisten konnten (und somit von der Praktik des Autofahrens ausgeschlossen waren), zum Freizeit- und Sportartikel einer gesundheitsbedachten und dynamischen Bevölkerungsschicht geworden. Heutzutage fährt man kein Fahrrad, weil man muss, sondern weil man möchte. Das Fahrrad und Fahrradfahren sind genauso ein Ausdruck von Individualität wie es das Automobil und Autofahren sind (Shove et al., 2012b; Dowling et al., 2018). Fahrradfreundlichkeit gehört in sämtlichen Planungsprinzipien für nachhaltige und zirkuläre Quartiere und Wohnviertel zum Standard, auch in Luxemburg. Wie konsequent deren Umsetzung in der Raumentwicklung dann verfolgt wird, ist eine andere Frage. Die Entstehung neuer Fahrradwege kann jedenfalls in einigen luxemburgischen Gemeinden beobachtet werden, wie z. B. auf dem Kirchberg in Luxemburg-Stadt (vgl. Abbildung 30).

Diese räumliche und zeitliche Verortung einer Praktik in einen bestimmten Kontext bedeutet, dass die Praktik außerhalb der direkten Kontrolle oder des Einflusses des Trägers liegt (Schmid, 2020: 111). Ein bestimmter Ort stellt zu einem bestimmten Zeitpunkt die materiellen Voraussetzungen für eine Praktik zur Verfügung und diese Aktivierung des Ortes durch die Praktik verleiht ihr im Sinne von Schatzkis site ontology Macht. Wenn ein Ort verschiedene Praktiken aktiviert, können diese Praktiken entweder im Einklang zueinander stattfinden oder sich gegenseitig behindern. Ein breiter Fußweg kann beispielsweise neben Fußgängern auch Radfahrer zur Nutzung einladen. Wenn es aber keine Abgrenzung des Fahrradwegs gibt, können sich beide Nutzergruppen gegenseitig behindern, da sie sich mit unterschiedlichen Geschwindigkeiten fortbewegen. Um dieses Machtverhältnis zwischen Praktiken zu untersuchen, empfiehlt Schmid (2020: 112) in Anlehnung an Wartenberg (1990), ihre Ausrichtung zueinander zu untersuchen. Von Bedeutung können die Beziehungen zwischen den Praktiken sein, ihr Verhältnis zueinander und ihre Durchlässigkeit (lassen sie andere Praktiken zu oder werden sie behindert). Dieser Ansatz deckt sich mit Empfehlungen von Welch (2016: 238), der in der Untersuchung der dynamischen Beziehungen von Praktiken zueinander eine besondere Relevanz für politikorientierte Forschungsbereiche sieht (vgl. auch Kapitel 2.2.1). In Luxemburg sollte man sich also die Frage stellen, ob das Circular Economy-Konzept entsprechend seiner eigenen Prinzipien aufgeschlossen, flexibel und modular verstanden und umgesetzt wird, um eine Diversität an Praktiken zuzulassen, inkl. alternativer und suffizienter Praktiken (vgl. für eine Sammlung von Praktiken der Suffizienz bspw. Jacobsen et al., 2016).

Abbildung 30: Radweg in der Avenue J.F. Kennedy auf dem Kirchberg in Luxemburg-Stadt (Quelle: eigene Aufnahme vom 25.06.2021)

Die verstärkt in den letzten Jahren aufgeworfenen Fragen zur sozialen und gesellschaftlichen Integrität der Circular Economy (u.a. Sauvé et al., 2016; Moreau et al., 2017; Murray et al., 2017) verweisen auf eine allgemein gültige einseitige Rezeption des Konzepts hin. Ein offener und partizipativer Ansatz in der Gestaltung der strategischen Ausrichtung der Circular Economy in Luxemburg könnte demzufolge nicht nur gesellschaftliche Diversität und Gerechtigkeit gewährleisten, sondern auch einen Beitrag für die Wissenschaft leisten.

6.4. SYNTHESE: CIRCULAR ECONOMY-PRAKTIKEN ALS MOTOR FÜR WANDELPROZESSE

Der praktikentheoretische Ansatz dieser Arbeit hat für die Untersuchung der Circular Economy in Luxemburg zu einer Multiperspektivität geführt, die über die Blickwinkel der interviewten Stakeholder und Akteursgruppen hinausgeht. Es konnten die Praktiken abgegrenzt werden, die das Phänomen der Circular Economy in Luxemburg prägen und vorantreiben: unternehmerisches Denken, technokratische Governance, Vernetzung und Kooperation sowie digitale Designpraktiken (vgl. Kapitel 6.1.1). Im Anschluss wurde an die Praktikendimensionen Logiken, Handlungen und Materialität herangezoomt, um die Circular Economy in Luxemburg praktikentheoretisch zu charakterisieren (vgl. Kapitel 6.1.2). Auf diese Weise konnte der Mehrwert herausgearbeitet werden, der durch die Untersuchung von Praktiken und eine praxeologische Perspektive entsteht (vgl. Kapitel 6.1.3).

Die Auseinandersetzung mit Praktiken als Entität am Beispiel des Untersuchungsgenstands der Circular Economy in Luxemburg machte deutlich, dass sich deren Verwobenheit mit Technik und Digitalisierung zu einer veränderten Materialität der Praktiken führte sowie zu einer veränderten Verteilung in Raum und Zeit. Die Nutzung virtueller Räume vergrößert einerseits die räumliche Verteilung von Praktiken und verschiebt andererseits ihre zeitliche Verteilung. Die Träger einer Praktik können dank digitaler Techniken, Soft- und Hardware, des Internets und des Internets der Dinge zeitgleich oder zeitversetzt zusammenarbeiten (vgl. Kapitel 6.2.1). Im Hintergrund wirken außerdem Regeln, Normen und Spielregeln (Institutionen), die charakteristisch für kleine Staaten sind: Die Verfügbarkeit von Ressourcen (in Luxemburg sind das vor allem natürliche Ressourcen und Personalressourcen) ist eingeschränkt. Daraus ergibt sich, dass immer wieder die gleichen Personen in artverwandte Diskussionen eingebunden werden (das gilt in Luxemburg Akteursgruppen übergreifend, für den Staat genauso wie für Unternehmen und zivilgesellschaftliche Initiativen). Deshalb werden Offenheit und Kompromissbereitschaft gepflegt, um zukünftige Kollaborationen zu begünstigen. Die Stakeholder kennen sich untereinander, es besteht zwischen ihnen eine sowohl geographische als auch kulturelle Nähe, wodurch es in bestimmten Situationen zu kurzen Entscheidungswegen kommen kann (vgl. Kapitel 6.2.2). Diese Randbedingungen ergeben eine materielle Dimension der Praktiken, die von digitalen Netzwerken und Akteurs-Netzwerken geprägt ist (vgl. Kapitel 6.2.4). Autor:innen, die in ihren Arbeiten die Bedeutung von geographischer Nähe zwischen Akteuren (Boschma, 2005) für transformative Praktiken hervorheben (Coenen et al., 2012; Späth und Rohracher, 2012), sprechen von informellen lokalen Institutionen wie Normen, Werten, Vertrauen, sozialen Netzwerken und Kooperationskulturen als Katalysatoren, die soziale und technologische Innovationen vorantreiben oder behindern (Schmid, 2020: 70).

In der wissenschaftlichen Literatur sind die theoretischen Ansätze, Wandelprozesse zu beschreiben, anzustoßen und durchzuführen vielfältig und folgen oft einer disziplinären bzw. thematischen Perspektive. Für die Wirtschaftsgeographie wurden einige Überlegungen zu Transitionen und Wandelprozessen bereits in Kapitel 2.2.2c angerissen und Veröffentlichungen der Jahre 2015 bis 2020 unterstreichen, dass eine *Geographie des Wandels zur Nachhaltigkeit* (im Englischen: geography of sustainability transitions) in der Entstehung ist (Hansen und Coenen, 2015; Truffer et al., 2015; Köhler et al., 2019; Binz et al., 2020). Schmid (2020: 291) kommt in seinem Buch über transformative Geographien zu dem Schluss, dass ein gesellschaftlicher Wandel zu mehr Gerechtigkeit und Nachhaltigkeit nur stattfinden kann, wenn in Anlehnung an Erik Olin Wright (2010) eine Strategie verfolgt wird, die in den Zwischenräumen (interstitiell) des bestehenden sozioökonomischen Systems die vorhandenen Strukturen (symbiotisch) nutzt, um eine alternative Ordnung aufzubauen, die (revolutionär) mit den alten Mustern bricht. Gleichzeitig muss diese Strategie sowohl alle Bereiche des sozialen Lebens – Wirtschaft, Politik, Gesellschaft, subjektive Wahrnehmung und Technik – als auch alle Interaktionsräume des Menschen mit seiner Umwelt miteinbinden (u.a. Orte, öffentliche und private Räume, Netzwerke). Ein erfolgreicher Wandel erfolgt von innen nach außen und nicht vertikal von oben nach unten oder unten nach oben.

Wright (2017) verfolgt in seinen *Realen Utopien* eine interstitiell-symbiotische Strategie des Wandels, die ihm in einer kapitalistischen Gesellschaft als plausibler und zielführender erscheint als eine umwälzende revolutionäre Strategie, um ein demokratisches und egalitäres Alternativsystem aufzubauen. Diesen strategisch langfristigen Ansatz kann man mit etwas Wohlwollen auch in

Luxemburg erkennen, wenn es um die Circular Economy geht. Als revolutionär wird das Circular Economy-Konzept in der neueren wissenschaftlichen Literatur in der Regel jedenfalls nicht bezeichnet. „Tatsächlich kann die Circular Economy angesichts der heterogenen Interpretationen und genauso wie andere Nachhaltigkeitsnarrative verschiedenen Diskursen dienen (z. B. der ökologischen Modernisierung, nachhaltiger Entwicklung oder Degrowth)." (übersetzt nach: D'amato, 2021: 7) Diese Kompatibilität des Circular Economy-Ansatzes mit unterschiedlichen Nachhaltigkeitsnarrativen passt gut zu den Gepflogenheiten (Institutionen) in Luxemburg, um zukünftige Politiken und Zusammenarbeitungen nicht zu gefährden.

Die Auseinandersetzung mit der Circular Economy(-Politik) in Luxemburg und Praktiken im Einklang mit Circular Economy-Prinzipien hat aufgezeigt, dass es bereits zu einem Wandel gekommen ist. In vielen Arenen wird von dem positiven Wirken einer zirkulären Wertschöpfung auf die Wirtschaft, Umwelt und Bevölkerung gesprochen, die durch bestehende Infrastrukturen (digitale Netzwerke und Akteure) unterstützt wird. Trotzdem befindet sich die Umsetzung der Circular Economy in einem frühen Stadium (vgl. Kapitel 5.4.). Politische und finanzielle Infrastrukturen sind erst in der Ausarbeitung bzw. Entstehung und der systemische Wandel von einer linearen zu einer zirkulären Wirtschaftsführung hat sektorübergreifend noch nicht stattgefunden. Als Treiber für sozioökonomische Wandelprozesse in Luxemburg wurden bisher herausgearbeitet: Klimaveränderungen, der Staat bzw. die allgemeine Machtverteilung, die Gesellschaft und ihre Werte, technologische Innovationen sowie die Wirtschaft und der Finanzsektor (König, 2020; Schosseler, 2020). Die bisherige Abwesenheit der Zivilbevölkerung in Unternehmungen der Circular Economy könnte langfristig deren Umsetzung, wenn nicht verhindern, dann doch behindern und verlangsamen. Für eine gerechte Circular Economy, wie sie von immer mehr Autor:innen gefordert wird (Moreau et al., 2017; Schröder, 2020; D'amato, 2021), ist die Einbindung aller Wirtschaftsakteure unumgänglich. Dann könnte sich die bisher pragmatisch anmutende Circular Economy in Luxemburg vielleicht zu einer realen Utopie entwickeln.

Nach der ausführlichen Diskussion der Circular Economy aus verschiedenen praktikentheoretischen Perspektiven in Kapitel 6., erfolgt in Kapitel 7. eine Aufbereitung der Untersuchungsergebnisse entlang der in den Kapiteln 1.2.2 und 3.1. dargestellten Forschungsfragen und Forschungsziele. In Kapitel 7. wird eine synthetisierende Übersicht der Erkenntnisse zum luxemburgischen Umgang mit dem Circular Economy-Konzept und der nationalen Circular Economy-Politik erstellt. Diese Schlussfolgerungen werden erst aus einer internationalen

Forschungsperspektive beleuchtet (vgl. Kapitel 7.1.), dann kritisch und theoriegeleitet mit Bezug auf die Fallstudie Luxemburg diskutiert (vgl. Kapitel 7.2.) und abschließend zu Anregungen für Luxemburg (vgl. Kapitel 7.3.) und weiterführenden Forschungsfragen ausgebaut (vgl. Kapitel 7.4.).

7. ZUSAMMENFASSENDE DISKUSSION UND AUSBLICK

Das vorliegende Forschungsvorhaben setzt sich mit dem Circular Economy-Konzept auseinander, das in den letzten beiden Jahrzehnten einen bedeutenden Interessenzuwachs in den Bereichen Politik, Wirtschaft und Wissenschaft erfahren hat. Überall auf der Welt wird die Circular Economy theoretisch und empirisch weitergedacht und vorangetrieben. Die Volksrepublik China und die Europäische Union haben politische Rahmenprogramme entwickelt, um den Übergang von einer linearen Wirtschaftsführung des Produzieren-Konsumieren-Wegwerfen zu einer zirkulären Wertschöpfung von Rohstoffen, Materialien und Produkten zu unterstützen (u.a. Geng und Doberstein, 2008; Bonciu, 2014; Fan und Fang, 2020; Leipold, 2021).

Trotz dieses weltweit steigenden Interesses an der Circular Economy sind die meisten wissenschaftlichen Auseinandersetzungen eine Wiederspiegelung perspektivischer und thematischer Schwerpunkte unterschiedlicher Wissenschaftsdisziplinen (vgl. Kapitel 2.1.). Dabei sind es die ingenieur- und wirtschaftswissenschaftlichen Blickpunkte auf die Circular Economy, die den wissenschaftlichen Diskurs dominieren und den Fokus auf technische Machbarkeit (z. B. das Schließen von Materialkreisläufen) und technologische Innovationen (z. B. die Digitalisierung von Produktionsprozessen) lenken. Sozialwissenschaftliche und systemtheoretische Ansätze, die eine breit ausgerichtete Untersuchung des Konzepts anstreben, um beispielsweise deren Wirken auf die Wirtschaft und die Gesellschaft im Sinne nachhaltiger Entwicklungsprinzipien zu betrachten, sind selten. Eine erkenntnistheoretische Betrachtung der Circular Economy aus einem praktikentheoretischen Blickwinkel ist bisher nur vereinzelt erfolgt. Zwar wird in einigen rezenten wissenschaftlichen Arbeiten von Circular Economy-Praktiken geschrieben, die aber nicht mit Theorien sozialer Praktiken verknüpft wurden, wie z. B. mit einem Bezug zu öffentlichen Organisationen (Klein et al., 2020), Umsetzungsbeispielen in Amsterdam (Cramer, 2020), Lieferketten-Management (Govindan und Hasanagic, 2018), den Nachhaltigkeitszielen der Vereinten Nationen (Schröder et al., 2019a) oder, um die soziale Nachhaltigkeit von Praktiken zu bewerten (Walker et al., 2021). Neben der Forschungsgruppe um die CIRCULAR/CIRCULUX-Projekte der Universität Luxemburg bringen nur wenige Forscher beide Ansätze explizit zusammen, wie z. B. Hobson et al. (2018), Hobson (2020), Sørensen et al. (2020), Sørensen und Bærenholdt (2020).

Das folgende Kapitel wird deshalb auf die Schlussfolgerungen eingehen, die aus einem praxeologischen Circular Economy-Forschungsansatz gezogen werden können. Erst wird auf die Relevanz der Arbeit für die internationale Forschung eingegangen (Kapitel 7.1.) und danach werden die theoriegeleiteten Erkenntnisse aus der Fallstudie diskutiert (Kapitel 7.2.). Das Kapitel schließt mit Überlegungen zu Luxemburgs Circular Economy (Kapitel 7.3.) und einem weiterführenden Forschungsprogramm (Kapitel 7.4.).

7.1. BEITRAG ZUR WISSENSCHAFTLICHEN DEBATTE

Das vorliegende Forschungsvorhaben zeigt auf, dass die Circular Economy in verschiedene Systeme eingebettet ist, die stabilisierend, verhandelnd und bremsend auf wertschöpfende Praktiken wirken. Dieses Wirken von Politik, Institutionen und Materialität wurde am Beispiel von Luxemburg im Detail beschrieben (vgl. Kapitel 6.2.2 und 6.2.3). Auf diese Weise entstand eine praxeologisch abstrahierte Konzeptualisierung der Circular Economy, die als Grundlage für die (vergleichende) Untersuchung anderer geographischer Räume genutzt werden kann. Die wichtigsten Erkenntnisse werden im Folgenden synthetisiert und durch die Fallstudie Luxemburg erläutert.

Die Circular Economy wird durch regionale politische Visionen, Verordnungen, Gesetze und Institutionen (also Werte, Normen und Spielregeln) formalisiert und geprägt. In Luxemburg wird der formale Rahmen durch ein politisches Programm (vgl. Kapitel 4.1.1) und eine ministerienübergreifende Circular Economy-Strategie (Schosseler et al., 2021) gestärkt (vgl. Kapitel 5.2.). Der institutionelle Rahmen der Circular Economy wird von der engen Vernetzung der öffentlichen und privatwirtschaftlichen Stakeholder geprägt (vgl. Kapitel 5.3.) und charakterisiert sich u.a. durch kurze Wege bzw. eine Kommunikation, die auf persönlichen Beziehungen aufbaut (vgl. Kapitel 5.1.2).

Regionale Circular Economy-Praktiken werden von der bestehenden Materialität strukturiert und geprägt. Zu dieser Materialität gehören Infrastrukturen, Werkzeuge und Artefakte, aber auch die Körperlichkeit der Träger einer Praktik oder Arbeitskräfte. In Luxemburg besteht die prägende Materialität einerseits in baulichen und technischen Infrastruktursystemen wie Verkehrswegen, Gebäuden, Informations- und Telekommunikationstechniken, aber auch in Kooperationsnetzwerken privater, halböffentlicher und öffentlicher Stakeholder (wie z. B. den Cluster-Initiativen von Luxinnovation, den interministeriellen Arbeitsgruppen zu Themen der zirkulären Wertschöpfung oder dem Nachhaltigkeitsrat). Diese Infrastrukturen und Netzwerke können zu Material-Arrangements, also zu einem Zusammenspiel verschiedener

Materialitäten verflechten. Ein Beispiel hierfür ist, wenn die (digitale) Infrastruktur und Ausstattung eines Haushalts, bestehend aus Laptop, Internet, Kamera und Arbeitsplatz zu einem häuslichen Büroraum wird. Fahrtwege zur Arbeit werden so vermieden, wodurch im Idealfall Straßen vom motorisierten Individualverkehr entlastet werden, die Luftverschmutzung abnimmt und der Bedarf an Büroflächen reduziert wird. Einzelne Praktiken können aber auch durch Materialität (Infrastrukturen, Werkzeuge, Artefakte, Arbeitskräfte, Berater oder Netzwerke) so genannte Praktiken-Bündel bilden. Praktiken-Bündel sind verschiedene Praktiken, die gemeinsam eine neue Praktik formen. In Luxemburg konnte beobachtet werden, dass sich die einzelnen Praktiken der Datenbeschaffung, Datenbearbeitung, Datenspeicherung und Datenaustausch verflechten und zu einer (neuen) digitalen Designpraktik bündeln (vgl. Kapitel 6.1.1). Diese neue digitale Designpraktik schreiben die Stakeholder der Circular Economy zu (vgl. Kapitel 4.4.). Wie nachhaltig und zirkulär diese neue Praktik aber tatsächlich ist, muss erst noch überprüft werden.

Aus diesen Überlegungen kann Folgendes abgeleitet werden: Die Träger einer Praktik übernehmen aus praxeologischer Sicht eine doppelte Funktion. Einerseits stellen sie durch ihre Körperlichkeit eine Materialität zur Verfügung, die eine Praktik erst ermöglicht. Andererseits geben die Werte, Normen und sozialen Spielregeln der Träger einen institutionellen Rahmen vor, der prägend auf eine Praktik wirkt. Schlussfolgernd können die Träger einer Praktik als institutionelle Materialität bezeichnet werden. Die Rolle der Träger wird in praxeologischen Untersuchungsrahmen zwar implizit mitbetrachtet, sollte in zukünftigen Betrachtungen der Circular Economy aber stärker berücksichtigt werden, um das Wirken von Machtkonstellationen oder Diskriminierung (bspw. durch eingeschränkten Zugang und Gleichberechtigung) zu thematisieren.

Für die Beschreibung einzelner Praktiken wurde der von Schulz et al. (2019) entwickelte Untersuchungsrahmen genutzt und erweitert. Er konzeptualisiert Praktiken als ein Zusammenspiel von Logiken, Handlungen und Materialität (vgl. Kapitel 2.2.7). Diese methodische Herangehensweise deckte nicht nur die Politikfelder von Relevanz für den Übergang zu einer zirkulären Wertschöpfung in Luxemburg auf, sondern auch die Nachfrage verschiedener Stakeholder nach einer politischen und regulativen Rahmung (vgl. Kapitel 4.6.2). Eine grundsätzliche Diskrepanz zwischen der flachen Ontologie der Praktikentheorien und wirtschaftsgeographischer Forschungsinteressen der Makroebene konnte somit für die vorliegende Arbeit nicht bestätigt werden (vgl. Kapitel 2.2.6). Dies wird durch das Heranzoomen an die einzelnen Dimensionen einer Praktik (Nicolini, 2009) besonders deutlich (vgl. Kapitel 6.1.2). Es entstand eine Beschreibung der Praktikendimensionen, die für weiterführende Untersuchungen von Circular Economy-Praktiken genutzt werden kann, um bspw. regionale Unterschiede herauszuarbeiten und hervorzuheben. Dieser Referenzrahmen wird im Folgenden erläutert und durch die Fallstudie Luxemburg illustriert:

- Logiken – Mündliche und schriftliche Darstellungen prägen die Akzeptanz der Circular Economy: Das Großherzogtum Luxemburg ist gerade dabei, ein Circular Economy-Profil zu entwickeln, das regionale Bedürfnisse und Zielsetzungen berücksichtigt (z. B. durch die Ausarbeitung einer Circular Economy-Strategie). Vielversprechende Lösungsansätze werden vor allem in umweltfreundlichen Technologien und der Digitalisierung und Vernetzung gesehen. Unternehmen sollen von der Circular Economy profitieren. Viele Stakeholder müssen noch informiert, aus- und weitergebildet werden.
- Handlungen – Standardisierte Prozesse, Verfahren und Routinen fördern die Circular Economy: Vor allem in den Bereichen Kooperation, Design, Material- und Ressourcenmanagement, sowie Aus- und Weiterbildung für eine Circular Economy erfolgten in Luxemburg bereits Umsetzungen (z. B. interministerielle Arbeitsgruppen, Bauvorhaben mit einem integralen Planungsansatz und einer Bauwerksdatenmodellierung, Einbindung von Expertenwissen).
- Materialität – Infrastrukturen, politische Maßnahmen, Werkzeuge, Vorschriften, Richtlinien und Ressourcenverfügbarkeit (z. B. von Arbeitskräften oder Rohstoffen) wirken auf die Circular Economy: *Botschafter* treiben die Circular Economy in Luxemburg an und prägen sie. Unternehmen können z. B. Cluster-Initiativen und Beratungsangebote wie die Fit4-Programme nutzen. Verschiedene (teilweise vom Staat unterstützte bzw. finanzierte) zivilgesellschaftliche Initiativen richten sich an Privatleute (z. B. Reconomy, Facilitec, CoLab-Makerspace, Equi-Junglinster). Verschiedene Hilfsmittel stehen national zur Verfügung, um zu neuen Material-Arrangements zu verflechten oder neue Material-Bündel zu formen. Dazu gehören in Luxemburg im Besonderen Experten für Themen der Circular Economy, Leitfäden, nachhaltige Designkonzepte und BIM-Software.

Die umfangreiche praxeologische Auseinandersetzung mit der Circular Economy hat aufgezeigt, dass sich die (neuen) beobachteten Praktiken durch eine von Digitalisierung und Vernetzung geprägte Raum-Zeit-Verteilung und Materialität charakterisieren (vgl. Kapitel 6.2.1). Die Nutzung virtueller Räume vergrößert einerseits die räumliche Verteilung einer Praktik und verschiebt andererseits ihre zeitliche Verteilung. Die Träger einer Praktik können dank digitaler Techniken, Soft- und Hardware, des Internets und des Internets der

Dinge zeitgleich oder zeitversetzt zusammenarbeiten. Damit wird die These von Everts bestätigt, dass moderne Praktiken mehr Zeit und Raum einnehmen als in früheren (analogen) Zeiten (Everts und Schäfer, 2019).

Die Raum-Zeit-Verteilungen einer Praktik werden in den meisten bestehenden Untersuchungsrahmen und Modellen nicht explizit berücksichtigt. Praktiken wurden bisher eher im Hinblick auf ihr Wirken durch Handlungen, Logiken und Materialität charakterisiert, also durch ihre funktionale, diskursive und physische Dimension. Die ontologische Dimension einer Praktik in Raum und Zeit blieb hingegen weitgehend vernachlässigt. Wie am Beispiel von digitalen und analogen Designpraktiken in dieser Arbeit dargelegt wurde (vgl. Kapitel 6.1.1), stellt die Raum-Zeit-Verteilung ein Abgrenzungsmerkmal von Praktiken untereinander dar. An konkreten Fallbeispielen sollte dieser Aspekt in weiterführenden Forschungsvorhaben untersucht werden. Vielleicht könnte so die Circular Economy auch praxeologisch schärfer von anderen sozioökonomischen Phänomenen abgegrenzt werden.

7.2. METHODISCHE ERKENNTNISSE AUS DER FALLSTUDIE

Seit dem Practice Turn in der Wirtschaftsgeographie und anderen wissenschaftlichen Disziplinen um die Jahrtausendwende, liegt der Blickwinkel verstärkt auf dem Forschungsgegenstand der Praktiken. Die Untersuchung von Praktiken gilt als vielversprechend, wenn es um soziale, gesellschaftliche und damit auch wirtschaftliche Entwicklungen geht. Ein praxeologischer Ansatz in der Betrachtung des Übergangs zu einer Circular Economy bietet sich demzufolge besonders gut an, da er für verschiedene Autor:innen einen Paradigmenwechsel darstellt (Bonciu, 2014; Korhonen et al., 2018b; Prieto-Sandoval et al., 2018), dessen Erfolg von Wandelprozessen in allen Bereichen von Gesellschaft, Politik und Wirtschaft abhängt.

Der erfolgreiche Übergang zu einer Circular Economy wird in der Theorie als ein Bruch mit den etablierten Produktions- und Konsummustern beschrieben. In der Praxis zeigen sich überall auf der Welt auch bereits schrittweise Veränderungen, die das Bestehende anpassen und die zirkuläre Wertschöpfung erhöhen. Ein Wandel aus dem bestehenden System heraus erscheint in einer kapitalistischen Gesellschaft als plausible und zielführende Strategie, um ein demokratisches und egalitäres Alternativsystem aufzubauen (Wright, 2010; D'amato, 2021). Eine umwälzende Revolution des Wirtschafts- und Gesellschaftssystems können sich viele Akteure auch gar nicht vorstellen – auch die Stakeholder in Luxemburg nicht (vgl. Kapitel 4.5.). Und das, obwohl dem

Circular Economy-Diskurs grundsätzlich ein hohes Potential an politischer Wirksamkeit zugesprochen wird, der bis zu einem sozialen Wandel führen kann, wenn er mehrstimmig und kritisch geführt wird (Genovese und Pansera, 2020).

Durch eine zögerliche Umsetzungspolitik- und -praxis in Luxemburg sind für die vorliegende Arbeit methodologische Schwierigkeiten entstanden, die auf das frühe Stadium der Circular Economy als sozioökonomisches Phänomen und auf die praxeologische Forschungsperspektive zurückzuführen sind. Die Auseinandersetzung mit einem entstehenden sozioökonomischen Phänomen wie der Circular Economy in Luxemburg bedarf einer explorativen Vorgehensweise und eines Forschungsdesigns, das zu Beginn offen und anpassungsfähig ist und es über den gesamten Studienverlauf bleibt. Die Untersuchung von Praktiken, die sich erst in der Entstehung befinden, stellt aber eine Herausforderung dar. Eine Praktik kann nämlich erst umfassend beobachtet und charakterisiert werden, wenn sie etabliert und institutionalisiert ist, und sich bspw. Interaktionsmuster zwischen Akteuren oder Machtstrukturen verdeutlichen. Die Untersuchung des Wirkens sozioökonomischer Entwicklungen auf einzelne Praktiken bedarf eines Zeithorizonts der deutlich länger ist als der Betrachtungszeitraum von fünf Jahren der vorliegenden Arbeit. Die in der Arbeit aufgezeigten Praktiken können noch nicht als sektorübergreifend etabliert und institutionalisiert bezeichnet werden. Auch ihre Zuordnung zur Circular Economy kann kritisch hinterfragt werden. Wie rezente Arbeiten zeigen, ist die technokratische Auseinandersetzung mit politischen Strategien (z. B. politische Handlungen auf wissenschaftlichem und technischem Wissen aufzubauen) keine Circular Economy oder Luxemburg spezifische Schlussfolgerung, sie deckt sich vielmehr mit allgemeinen internationalen Befunden (Gregson et al., 2015; Repo et al., 2018; Genovese und Pansera, 2020) und wird auch in Studien zu Luxemburg immer wieder hervorgehoben (Preller, 2018b; Schulz, 2019; Hondrila, 2020). Der wiederkehrende technologisch orientierte Ansatz in der Umweltpolitik steht mit dem ökologischen Modernisierungsansatz der Europäischen Union im Einklang (u.a. Hajer, 1995; Machin, 2019; Leipold, 2021) und wird als eine Politik des „Ergrünens" der Wirtschaft bezeichnet (Schulz und Affolderbach, 2015: 6). Bestehende Konsum- und Produktions-Modelle werden im Sinne umweltpolitischer Maxime der 2010er-Jahre aufgewertet, ohne sie grundsätzlich infrage zu stellen. Eine Abwendung von der Wachstumsorientierung und der Wandel von Lebensstilen, Konsummustern und Werten gelten allerdings als Grundvoraussetzung für eine nachhaltige Entwicklung (Bocken und Short, 2016; Spangenberg und Lorek, 2019). Für Luxemburg bedeutet dies, dass die Circular Economy nur zu einem nachhaltigen Wandel führen wird, wenn sie zu einer eigenständigen alternativen Wirtschaftsführung reift und bspw. auf Postwachstumsstrategien aufbaut (Schulz, 2019).

Es ist auf den breitgefächerten methodischen Ansatz der vorliegenden Arbeit zurückzuführen, dass trotz der angesprochenen methodologischen Einschränkungen,[89] eine multiperspektivische Beschreibung, Analyse und Interpretation der Circular Economy in Luxemburg erfolgen konnte. Die Untersuchung von Dokumenten, das Führen von Experteninterviews und die Teilnahme an Veranstaltungen ermöglichte ein tiefes Eintauchen in die Logiken, Handlungen und Materialität des Forschungsgegenstands. Erst dieses Eintauchen machte die epistemologische Schwäche des praxeologischen Forschungsansatzes für die Fallstudie Luxemburg deutlich. Oberflächlich betrachtet verfolgt das Großherzogtum Luxemburg eine aktive Circular Economy-Politik und das Thema wird regelmäßig in den Medien diskutiert. Es ist die intensive Auseinandersetzung mit Praktikentheorien und praxeologischen Untersuchungsrahmen, die verdeutlicht, dass es erkenntnistheoretische Einschränkungen gibt, wenn sich ein sozioökonomisches Phänomen wie die Circular Economy in der Entstehung befindet und noch nicht durch soziale Praktiken stabilisiert oder verhandelt wird. Trotzdem lassen sich wie in Kapitel 6.2. erläutert, die Logiken, Handlungen und Materialität (Dimensionen) der Circular Economy-Praktiken bereits darstellen. Lediglich die Verbindungen zwischen den Praktikendimensionen bestehen noch nicht vollständig, solange eine Praktik nicht gesellschaftlich etabliert und somit beobachtbar ist (vgl. hierzu Abbildung 29).

7.3. ABSCHLIESSENDE ÜBERLEGUNGEN ZU LUXEMBURGS CIRCULAR ECONOMY

Im Großherzogtum Luxemburg wird die Circular Economy erstmals im Regierungsprogramm der Legislaturperiode 2014–2018 erwähnt und gewann seitdem stetig an politischer Relevanz bis zur Veröffentlichung der Circular Economy-Strategie Luxemburg im Februar 2021 (Schosseler et al., 2021). Dort heißt es: „Für Europa und insbesondere Luxemburg, eine Region mit wenigen natürlichen Ressourcen, ist die Circular Economy eine Notwendigkeit, um unsere Lebensqualität, unsere Ressourcen und unsere Umwelt zu bewahren

89 Mit methodologischen Einschränkungen sind an dieser Stelle vor allem die Schwierigkeiten der Identifizierung und Zuordnung von sozialen Praktiken zu einem sozioökonomischen Phänomen gemeint, das wie die Circular Economy in Luxemburg erst in der Entstehung ist.

sowie die Wettbewerbsfähigkeit unserer Wirtschaft zu stärken." (Schosseler et al., 2021: 6) Dieser Anspruch, alle Bereiche der Nachhaltigkeit – Menschen, Umwelt und Wirtschaft – in den Zielsetzungen der Circular Economy zu berücksichtigen spiegelt sich auch in der wissenschaftlichen Literatur wider. Der stark natur- und ingenieurwissenschaftlich geprägte Ansatz der Circular Economy (vgl. Kapitel 1.1.1) entwickelte seit 2016 eine immer größer werdende Multiperspektivität, u.a. durch sozialwissenschaftliche Annäherungen.

Das vorliegende Forschungsvorhaben CIRCULUX stellt nach der im Jahr 2014 veröffentlichten Potentialstudie für eine Circular Economy in Luxemburg (Hansen et al., 2014) das zweite umfangreiche Dokument dar, das sich mit dem Ist-Stand der zirkulären Wertschöpfung im Land beschäftigt. Diese detaillierte Auseinandersetzung mit der Circular Economy und ihren Praktiken hat aufgezeigt, dass es in Luxemburg bereits zu einem Wandel gekommen ist (vgl. Kapitel 6.4.). Trotzdem befindet sich die Umsetzung der Circular Economy in einem frühen Stadium (vgl. Kapitel 5.4). Politische und finanzielle Infrastrukturen sind erst in der Ausarbeitung bzw. Entstehung und der systemische Wandel zu einer zirkulären Wirtschaftsführung hat sektorenübergreifend noch nicht stattgefunden. Dies wird auch an dem Circular Hotspot Wiltz deutlich, der im Oktober 2015 fast zeitgleich mit der allgemeinen politischen Bekundung, die nationale Wirtschaftsführung von einer linearen Funktionsweise zu einer zirkulären Wertschöpfung zu entwickeln, bekanntgegeben wurde. Er kann als ein Indikator für die Governance und Umsetzung von Circular Economy(-Projekten) in Luxemburg angesehen werden. Das Circular Economy-Konzept wurde dem Wunne mat der Wooltz-Projekt in einer Top-down-Entscheidung im Jahr 2015 nachträglich auferlegt und Bottom-up-Initiativen sollen sich nun im Jahr 2021 u.a. über den Circular Economy Hub in das Gesamtkonzept einfügen. Diese Vorgehensweise steht nicht unbedingt im Einklang mit erfolgsversprechenden partizipativen Ansätzen, um die Zivilgesellschaft für die Circular Economy oder andere Nachhaltigkeitsthemen zu interessieren und einzubinden (Jaeger-Erben et al., 2021; Kębłowski et al., 2020; Rogers et al., 2021).

Die starken Persönlichkeiten hinter der Circular Economy in Luxemburg und ihre Botschafter (vgl. Kapitel 5.1.2) prägen seit mehreren Jahren die Bestrebungen der Politik und Wirtschaft, das Konzept voranzutreiben. Sie stehen für eine gewisse Kontinuität und konnten das Thema bisher auf der politischen Agenda halten. Trotzdem sind die Entwicklungen gemächlich: Die Circular Economy macht keine radikalen Fortschritte, reiht sich dafür aber reibungslos in das Bestehende ein und knüpft an Nationale Aktionspläne an (vgl. Kapitel 4.1.1). Der Circular Economy würden neue Impulse guttun, z. B. durch Akteure, die neue Pfade in der Einbindung der Zivilgesellschaft gehen oder

Programme, die Betrieben mit wenigen (Personal)Ressourcen praxis- und handlungsorientiert (hands-on) Unterstützung anbieten.

7.4. AUSBLICK UND WEITERFÜHRENDE FORSCHUNGSFRAGEN

Die Circular Economy als politisches, wirtschaftliches und gesellschaftliches Konzept stellt ganz unterschiedliche Akteure vor kurzfristige und langfristige Herausforderungen – das geht auch aus der vorliegenden Arbeit hervor. Der Staat und die Unternehmen der Baubranche sowie (vereinzelt) der produzierenden Industrie sind in Luxemburg die maßgeblichen Wirtschaftsakteure der Circular Economy. Untergeordnete Rollen spielen bisher z. B. der Finanzsektor oder die Zivilgesellschaft. Deren sowohl konzeptionelle als auch praktische Einbindung in die Circular Economy-Debatte ist auch aus wissenschaftlicher Sicht von Relevanz. Eine ausführliche Untersuchung der Akteurskonstellationen könnte weitere Stakeholdergruppen aufdecken, deren Partizipation für eine gerechte, inklusive und qualitative Circular Economy unerlässlich ist.

Um diese Zielsetzung zu erreichen und langfristig aufrechtzuerhalten, sollte ein Kontrollrahmen entwickelt werden, der die qualitative und bei Bedarf quantitative Beschreibung von Circular Economy-Praktiken und -Projekten ermöglicht. Die wissenschaftliche Begleitung von Pilotprojekten und deren Dokumentation könnte die Grundlage für eine kritische Auseinandersetzung mit Best Practices darstellen und den Transfer von Wissen und Innovationen zwischen Forschung und Industrie erleichtern. Forschungsrelevante Bereiche für die Wirtschaftsgeographie liegen u.a. in Fragen der Governance und Finanzierung von Projekten. In diesem Zusammenhang wäre auch die Diskussion der Machbarkeit bzw. Sinnhaftigkeit der Circular Economy aus einer global- bzw. regionalwirtschaftlichen Perspektive signifikant. Die grundsätzliche Frage der Nachhaltigkeit bestehender und angestrebter Produktions- und Konsummuster wurde bisher noch nicht zufriedenstellend beantwortet – vor allem nicht unter Berücksichtigung potentieller Rebound-Effekte (unbeabsichtigter Folgen) auf der Grundlage einer Mehrebenenbetrachtung.

Besonders öffentliche Organisationen profitieren langfristig von einem koordinierten Management von Circular Economy-Wissen, -Kompetenzen und -Daten. Aber auch privat- und zivilgesellschaftliche Initiativen könnten ein entsprechendes System nutzen, wenn es bspw. als Grundlage zum Aufbau einer Datenbank für Materialien und Gebäude genutzt wird. Das Erfassen und Dokumentieren von gebäuderelevanten Informationen und Daten gilt als Grundlage für Weiter- und Umnutzungskonzepte. In Verbindung mit Verbrauchsdaten

(Energie, Trinkwasser), Produktionsdaten (Abfall) und Wahrnehmungsdaten (Komfort, Nachhaltigkeit) würde ein leistungsfähiges Werkzeug entstehen, das auch für wissenschaftliche Zwecke genutzt werden kann. Insbesondere für weniger fassbare Aspekte wie Behaglichkeit, Nutzerakzeptanz und Beteiligung ist der Bedarf an theoretischen und empirischen Arbeiten groß. Weiterführende Studien in Anlehnung an frühere Projekte der Autorin könnten sich bspw. mit der Untersuchung von Praktiken im bebauten Raum beschäftigen, die einen Beitrag zu der Nachhaltigkeitsdebatte von Ansätzen zirkulärer Wertschöpfung leisten, z. B. in den Bereichen Mobilität, Planen, Bauen, Wohnen, Arbeiten und Freizeitgestaltung. Durch den Einsatz ethnographisch inspirierter Forschungsmethoden wie Shadowing oder teilnehmende Beobachtungen in Unternehmen, könnten z. B. Praktikenketten sequenziell beschrieben werden. Dieses Sezieren von Praktiken des Materialmanagements, Beschaffungswesens oder Designs, würde ein tiefgreifendes Verständnis für die beschleunigenden, lenkenden und bremsenden Wirkungen auf Prozesse am Arbeitsplatz ermöglichen und Potenziale für eine zirkuläre Wertschöpfung aufdecken.

BIBLIOGRAPHIE

Adams KT, Osmani M, Thorpe T & Thornback J. (2017) Circular economy in construction: current awareness, challenges and enablers. *Proceedings of the Institution of Civil Engineers-Waste and Resource Management* 170: 15–24.

Affolderbach J & Carr C. (2014) Blending scales of governance: Land-use policies and practices in the small state of Luxembourg. *Regional Studies* : 12 pp.

Affolderbach J & Krueger R. (2017) "Just" ecopreneurs: re-conceptualising green transitions and entrepreneurship. *Local Environment* 22: 410–423.

Affolderbach J & Schulz C. (2016) Mobile transitions: Exploring synergies for urban sustainability research. *Urban Studies* 53: 1942–1957.

Agora. (2021) Belval, de l'acier à l'innovation en deux décennies. URL: https://www.agora.lu/belval/belval [Zugriff am 23.09.2021]

Aguilar-Hernandez GA, Dias Rodrigues JF & Tukker A. (2021) Macroeconomic, social and environmental impacts of a circular economy up to 2050: A meta-analysis of prospective studies. *Journal of Cleaner Production* 278: 1–11.

Ahamer G. (2013) Multiple cultures of doing geography facilitate Global Studies. *Multicultural Education & Technology Journal*, Vol. 7 No. 2/3: 228–250.

Aiken GT, Schulz C & Schmid B. (2020) The community economies of Esch-sur-Alzette: rereading the economy of Luxembourg. *Voluntary Sector Review* 11: 205–223.

Ajayi SO, Oyedele LO, Akinade OO, Bilal M, Alaka HA, et al. (2017) Optimising material procurement for construction waste minimization: An exploration of success factors. *Sustainable Materials and Technologies* 11: 38–46.

Alaerts L, Van Acker K, Rousseau S, De Jaeger S, Moraga G, et al. (2019) Towards a more direct policy feedback in circular economy monitoring via a societal needs perspective. *Resources, Conservation and Recycling* 149: 363–371.

Allwood JM. (2014) Squaring the circular economy: The role of recycling within a hierarchy of material management strategies. In: Worrell E and Reuter M (eds) *Handbook of recycling: State-of-the-art for practitioners, analysts, and scientists.* Elsevier, 445–477.

Anastasiades K, Blom J, Buyle M & Audenaert A. (2020) Translating the circular economy to bridge construction: Lessons learnt from a critical literature review. *Renewable and Sustainable Energy Reviews* 117: 11 pp.

Andersen MS. (2007) An introductory note on the environmental economics of the circular economy. *Sustainability Science* 2: 133–140.

Asprone D, Manfredi G. (2015) Linking disaster resilience and urban sustainability: a glocal approach for future cities. *Disasters*, 39 Suppl. 1: 96–111.

Atteslander P. (2006) *Methoden der empirischen Sozialforschung*: Erich Schmidt Verlag GmbH & Co.

Augiseau V & Barles S. (2017) Studying construction materials flows and stock: A review. *Resources, Conservation and Recycling* 123: 153–164.

Ayres RU & Ayres LW. (1996) *Industrial Ecology. Towards closing the material cycle*, Cheltenham: Edward Elgar Publishing.

Ayres RU & Kneese AV. (1969) Production, consumption, and externalities. *The American Economic Review* 59: 282–297.

Bach N. (2010) *Mentale Modelle als Basis von Implementierungsstrategien – Konzepte für ein erfolgreiches Change Management,* Ilmenau: Technische Universität Ilmenau.

Bag S, Wood LC, Mangla SK & Luthra S. (2020) Resources, conservation & recycling procurement 4.0 and its implications on business process performance in a circular economy. *Resources, Conservation & Recycling* 152: 14 pp.

Baker SE & Edwards R. (2012) *How many qualitative interviews is enough? Expert voices and early career reflections on sampling and cases in qualitative research.* Southampton: ESRC National Centre for Research Methods, University of Southampton, 31.

Baldacchinoel G & Wivel A. (2020) Small states: concepts and theories. In: Baldacchinoel G and Wivel A (eds) *Handbook on the Politics of Small States.* Edward Elgar Publishing Limited, 2–19.

Barbour RS. (2018) Quality of Data Collection. In: Flick U (ed) *The Sage handbook of qualitative data collection.* Sage publications, 217–230.

Bathelt H. (2006) Geographies of production: Growth regimes in spatial perspective 3 – Toward a relational view of economic action and policy. *Progress in Human Geography* 30: 223–236.

Bathelt H & Glückler J. (2011) *The relational economy. Geographies of knowing and learning,* Oxford: Oxford University Press.

Bathelt H & Glückler J. (2014) Institutional change in economic geography. *Progress in Human Geography* 38: 340–363.

Bathelt H & Glückler J. (2018) *Wirtschaftsgeographie. O˙konomische Beziehungen in ra˙umlicher Perspektive*: Verlag UTB GmbH.

Bauhardt C. (2014) Solutions to the crisis? The Green New Deal, degrowth, and the solidarity economy: Alternatives to the capitalist growth economy from an ecofeminist economics perspective. *Ecological Economics* 102: 60–68.

Beckenbach F. (1998) Ökologisch-ökonomische Perspektive. *Ökologisches Wirtschaften – Fachzeitschrift* 13: 18–20.

Becker T, Hesse M & Schulz C. (2019) Qualitatives Wachstum in Stadt und Land? Elefant im Raum und zugleich leerer Signifikant. In: Reckinger C und Urbé R (eds) *Sozialalmanach 2019. Schwéierpunkt: Qualitativen Wuesstem.* Luxemburg: Caritas, 273–288.

Beloussova A, Hild P, Popovici E, Schmitt B & Schosseler P. (2015) Guideline for the circular management of building products in Luxembourg. *Report performed for the Ministry of Sustainable Development and Infrastructure by Luxembourg Institute for Science and Technology (unpublished).* Luxembourg.

Benachio GLF, do Carmo Duarte Freitas M & Tavares SF. (2020) The circular economy in the construction industry: A systematic literature review. *Journal of Cleaner Production* 260.

Benyus J. (2003) *Biomimicry,* New York: HarperCollins.

Beyer J. (2006) *Pfadabhängigkeit. über institutionelle Kontinuität, anfällige Stabilität und fundamentalen Wandel,* Frankfurt/New York: Campus Verlag.

Beyer J. (2015) Pfadabhängigkeit. In: Wenzelburger G und Zohlnhöfer R (eds) *Handbuch Policy-Forschung.* Wiesbaden: Springer Fachmedien, 149–171.

Bina O. (2013) The green economy and uneven development: an uneasy balance? *Environment and Planning C* 31: 1023–1047.

Binz C, Coenen L, Murphy JT & Truffer B. (2020) Geographies of transition – From topical concerns to theoretical engagement: A comment on the transitions research agenda. *Environmental Innovation and Societal Transitions* 34: 1–3.

Blackledge A & Creese A. (2010) *Multilingualism: A critical perspective,* London and New York: Continuum.

Blakeley R. (2012) Elite Interviews. In: Shepherd LJ (ed) *Critical approaches to security: An introduction to theories and methods.* London: Routledge, 158–168.

Blomsma F & Brennan G. (2017) The emergence of circular economy: a new framing around prolonging resource productivity. *Journal of Industrial Ecology* 21: 603–614.

BMWi. (2020) *Bundesministerium für Energie und Wirtschaft. Zielmarktanalyse Luxemburg: Bauwirtschaft Luxemburg – Fokus: Bauelemente, AHK debelux,* Brüssel, Belgien, S. 19.

BMU. (2020) *Kreislaufwirtschaftsgesetz: Gesetz zur Förderung der Kreislaufwirtschaft und Sicherung der umweltverträglichen Bewirtschaftung von Abfällen.* Available at: https://www.bmu.de/gesetz/kreislaufwirtschaftsgesetz.

Bocken NMP, de Pauw I, Bakker C & van der Grinten B. (2016) Product design and business model strategies for a circular economy. *Journal of Industrial and Production Engineering* 33: 308–320.

Bocken NMP & Short SW. (2016) Towards a sufficiency-driven business model: Experiences and opportunities. *Environmental Innovation and Societal Transitions* 18: 41–61.

Bocken NMP, Short SW, Rana P & Evans S. (2014) A literature and practice review to develop sustainable business model archetypes. *Journal of Cleaner Production* 65: 42–56.

Bonciu F. (2014) The European economy: from a linear to a circular economy. *Romanian J. Eur. Aff.* 14: 78–91.

Bongaerts G. (2007) Soziale Praxis und Verhalten – Überlegungen zum Practice Turn in Social Theory. *Zeitschrift für Soziologie*, vol. 36, no. 4, 2007, pp. 246–260.

Boons F & Lüdeke-Freund F. (2013) Business models for sustainable innovation: State-of-the-art and steps towards a research agenda. *Journal of Cleaner Production* 45: 9–19.

Boschma RA. (2005) Proximity and innovation. A critical assessment. *Regional Studies* 39: 61–74.

Boulding K. (1980 [1966]) The economy of the coming spaceship earth. In: Daly H and Freeman WH (eds) *Economics, Ecology, Ethics: Essay towards a Steady State Economy*. San Francisco.

Bourdieu P. (1972) *Esquisse d'une théorie de la pratique. Précédé de Trois études d'ethnologie kabyle,* Frankfurt am Main: Genf.

Bourdieu P. (1976) *Entwurf einher Theorie der Praxis. Auf der ethnologischen Grundlage der kabylischen Gesellschaft,* Frankfurt am Main: Suhrkamp.

Bourdieu P. (1982) *Die feinen Unterschiede. Kritik der gesellschaftlichen Urteilskraft*. Suhrkamp: Frankfurt am Main.

Braun V & Clarke V. (2006) Using thematic analysis in psychology. *Qualitative Research in Psychology* 3: 77–101.

Bromley DW. (1989) *Economic interests and institutions: The conceptual foundations of public policy,* Oxford: Basil Blackwell.

Brundtland-Kommission. (1987) *Our Common Future*. Oslo: United Nations, 300 pp.

Budde J. (2015) Reflexionen zur Bedeutung von Handlung und Praktik in der Ethnographie. *Zeitschrift für Qualitative Forschung* 1: 7–24.

Buruzs A & Torma A. (2017) A review on the outlook of the circular economy in the automotive industry. *International Journal of Environmental and Ecological Engineering* 11: 576–580.

Buttle M. (2008) Diverse economies and the negotiations and practices of ethical finance: The case of Charity Bank. *Environment and Planning A* 40: 2097–2113.

Cabeza-Gutés M. (1996) The concept of weak sustainability. *Ecological Economics* 17: 147–156.

Camacho-Otero J, Boks C & Pettersen IN. (2018) Consumption in the circular economy: A literature review. *Sustainability* 10: 1–25.

Cameron R. (2011) An analysis of quality criteria for qualitative research. *25th ANZAM Conference*. Wellington, New Zealand.

Caparrós A, Huntsinger L, Ovied, JL, Plieninger T, Campos P. (2013) Economics of ecosystem services. In: Campos P, Huntsinger L, Oviedo JL, et al. (eds) *Mediterranean Oak Woodland Working Landscapes*. Demeny: Springer.

Carra G & Magdani N. (2017) *Circular business models for the built environment*. Ellen MacArthur Foundation.

Castelo AFM, Schäfer M & Silva ME. (2021) Food practices as part of daily routines: A conceptual framework for analysing networks of practices. *Appetite* 157, 104978.

CELL. (2021) *Citizens for Ecological Learning and Living: Aerdscheff Project*. URL: www.aerdscheff.cell.lu [Zugriff am 24.01.2021]

Charmaz K. (2006) *Constructing Grounded Theory – A Practical Guide Through Qualitative Analysis*, London, Thousand Oaks, New Delhi: Sage Publications.

Chaton C. (2018) Das IEE Innovationszentrum auf dem „Automobility Campus“ feiert. *Lëtzebuerger Journal*. Luxembourg.

Chen SH. (2011) Power relations between the researcher and the researched: An analysis of native and nonnative ethnographic interviews. *Field Methods* 23: 119–135.

Chiappetta Jabbour CJ, Sarkis J, Lopes de Sousa Jabbour BA, Renwick WDS, Singh SK, et al. (2019) Who is in charge? A review and a research agenda on the “human side” of the circular economy. *Journal of Cleaner Production* 222: 793–801.

Christoff P. (1996) Ecological modernisation, ecological modernities. *Environmental Politics* 5: 476–500.

Clark GL. (1998) Stylized facts and close dialogue: Methodology in economic geography. *Annals of the Association of American Geographers* 88: 73–87.

Coenen L, Benneworth P & Truffer B. (2012) Toward a spatial perspective on sustainability transitions. *Research Policy* 41: 968–979.

Collins H & Evans R. (2007) *Rethinking Expertise,* London: University of Chicago Press.

COMED. (2015) Luxemburg: Profil des Landes. *Luxemburg: COMED in Zusammenarbeit mit CONCEPT X und TNS ILRES für den Interministeriellen Koordinierungsausschuss „Nation Branding".*

Competitiveness. (2018) *Competitiveness Report Holding up in a turbulent time,* Luxemburg: Ministère de l'Intérieur.

Cramer JM. (2020) Practice-based model for implementing circular economy: The case of the Amsterdam Metropolitan Area. *Journal of Cleaner Production* 255: 1–9.

Cullen J. (2017) Circular economy: Theoretical benchmark or perpetual motion machine? *Journal of Industrial Ecology* 21: 483–486.

D'amato D. (2021) Sustainability narratives as transformative solution pathways: Zooming in on the circular economy. *Circular Economy and Sustainability*: 1–12.

D'amato D, Droste N, Allen B, Kettunen M, Lähtinen K, et al. (2017) Green, circular, bio economy: A comparative analysis of sustainability avenues. *Journal of Cleaner Production* 168.

D'amato D, Droste N, Winkler KJ & Toppinen A. (2019) Thinking green, circular or bio: Eliciting researchers' perspectives on a sustainable economy with Q method. *Journal of Cleaner Production* 230: 460–476.

D'Alisa G, Demaria F & Kallis G. (2015) *Degrowth: A vocabulary for a new era.* London: Routledge.

Davies AR & Mullin S. (2011) Greening the economy: interrogating sustainability innovations beyond the mainstream. *Economic Geography* 11: 793–816.

de Jesus A & Mendonça S. (2018) Lost in transition? Drivers and barriers in the eco-innovation road to the circular economy. *Ecological Economics* 145: 75–89.

Densley Tingley D, Cooper S & Cullen J. (2017) Understanding and overcoming the barriers to structural steel reuse, a UK perspective. *Journal of Cleaner Production* 148: 642–652.

Denzin NK & Lincoln YS. (2011) *The Sage handbook of qualitative research,* Thousand Oaks: Sage.

Diaz FJ, Bastein T & Tukker A. (2019) Business model innovation for resource efficiency, circularity and cleaner production: What 143 cases tell us. *Ecological Economics* 155.

Dieckmann E, Sheldrick L, Tennant M, Myers R & Cheeseman C. (2020) Analysis of barriers to transitioning from a linear to a circular economy for end of life materials: A case study for waste feathers. *Sustainability* 12.

Dietz F. (2019) Körper, Artefakte und Kontexte. Praxistheoretische Überlegungen für die Wissenschaftsdisziplin Deutschdidaktik und den Deutschunterricht. *MiDU – Medien im Deutschunterricht* 1: 135–146.

Doerr JT. (2019) Learning from 30 years of transition: A reconstruction of sustainable development in Beckerich and its implications for Luxembourgish rural development. *Department of Geography and Spatial Development.* Luxembourg: University of Luxembourg.

Dörry S & Schulz C. (2018) Green financing, interrupted. Potential directions for sustainable finance in Luxembourg. Local Environ. 23, 717e733. *Local Environment* 23: 717–733.

Dowling R, Maalsen S & Kent JL. (2018) Sharing as sociomaterial practice: Car sharing and the material reconstitution of automobility. *Geoforum* 88: 10–16.

Dünckmann F, Haubrich D & Runkel S. (2019) Praktiken und Planung. In: Schäfer S und Everts J (eds) *Handbuch Praktiken und Raum. Humangeographie nach dem Practice Turn.* Bielefeld: transcript Verlag.

Eberhardt LCM, Birgisdottir H & Birkved M. (2019) Potential of circular economy in sustainable buildings. *IOP Conf. Ser. Mater. Sci. Eng.* 471.

EC. (2014a) *Communication from the Commission towards a circular economy: A zero waste programme for Europe, (COM(2014)398), 2/7/2014.* Brussels: European Commission.

EC. (2014b) *Mitteilung der Kommission an das Europäische Parlament, den Rat, den Europäischen Wirtschafts- und Sozialausschuss und den Ausschuss der Regionen. Hin zu einer Kreislaufwirtschaft: Ein Null-Abfallprogramm für Europa Brüssel*: Europäische Kommission.

EC. (2014c) *Scoping study to identify potential circular economy actions, priority sectors, material flows and value chains.* Luxembourg: Publications office of the European Union.

EC. (2015) *Closing the loop – An EU action plan for the Circular Economy.* Brussels: European Commission.

EC. (2018) *Standard Eurobarometer 89. Public opinion in the European Union.* Brussels: European Commission.

EC. (2020a) *Ein neuer Aktionsplan für die Kreislaufwirtschaft. Für ein saubereres und wettbewerbsfähigeres Europa.* Brüssel: Europäische Kommission.

EC. (2020b) *Regulation of the European Parliament and of the Council establishing the framework for achieving climate neutrality and amending Regulation (EU) 2018/1999 (European Climate Law).* Brussels.

EC. (2021) *A European green deal – Striving to be the first climate-neutral continent. European Commission.* URL: https://commission.europa.eu/strategy-and-policy/priorities-2019-2024_en [Zugriff am 20.09.2021]

EEA. (2015) *Circular economy in Europe. Developing the knowledge base.* Denmark, Copenhagen: European Environment Agency.

Egner H. (2010) *Theoretische Geographie,* Darmstadt: WBG.

EIB. (2015) *Assessment of access-to-finance conditions for projects supporting Circular Economy. Final report.* Luxembourg: InnovFin Advisory European Investment Bank Advisory Services.

EIGE. (2021) *Gleichstellungsindex für alle Mitgliedsstaaten der EU.* URL: https://eige.europa.eu/gender-equality-index. [Zugriff am 30.03.2021]

EIO. (2015) *Eco-innovation in Luxembourg. EIO Country Profile 2014–2015.* European Commission: Eco-innovation Observatory (EIO).

EMF. (2015a) *Growth within: a circular economy vision for a competitive Europe.* Cowes: Ellen MacArthur Foundation.

EMF. (2015b) *Towards a Circular Economy: Business rationale for an accelerated transition.* Ellen MacArthur Foundation.

Emwelt. (2020) *Inventaire déchets de construction.* URL: https://environnement.public.lu/fr/offall-ressourcen/types-de-dechets/dechets-construction-demolition-dcd/inventaire-dechets-construction.html.

EPEA. (2014) *Luxembourg. The knowledge capital of the circular economy. A national roadmap: Tradition, Transition, Transformation. Study highlights.* Hamburg: EPEA Internationale Umweltforschung GmbH.

Erden Z, Schneider A & von Krogh G. (2014) The multifaceted nature of social practices: A review of the perspectives on practice-based theory building about organizations. *European Management Journal* 32: 712–722.

Esposito M, Tse T & Soufani K. (2017) Is the circular economy a new fast-expanding market? *Thunderbird International Business Review* 59: 9–14.

EU. (2021) *European Circular Economy Stakeholder Platform.* URL: https://circulareconomy.europa.eu/platform/en [Zugriff am 07.04.2021].

Eurostat. (2018) *Is your country expensive?* See: https://ec.europa.eu/eurostat/en/web/products-eurostat-news/-/WDN-20180824-1 [Zugriff am 29.10.2019].

Evans S, Vladimirova D, Holgado M, Van Fossen K, Yang M, et al. (2017) Business model innovation for sustainability: Towards a unified perspective for creation of sustainable business models. *Business Strategy and the Environment* 26: 597–608.

Everts J. (2019) Praktiken und gesellschaftlicher Wandel. In: Schäfer S und Everts J (eds) *Handbuch Praktiken und Raum Humangeographie nach dem Practice Turn*. Bielefeld: Transcript Verlag.

Everts J, Geiselhart K, Rominger S & Winkler J. (2019) Praktiken des Regierens, dominante Projekte, Verantwortung: praxeologische Zugänge zum Thema Macht. In: Schäfer S und Everts J (eds) *Handbuch Praktiken und Raum*. Bielefeld: Transcript Verlag, 223–244.

Everts J & Schäfer S. (2019) Praktiken und Raum. In: Schäfer S und Everts J (eds) *Handbuch Praktiken und Raum Humangeographie nach dem Practice Turn*. Bielefeld: Transcript Verlag, 7–19.

Ezzat AM. (2016) Sustainable development of seaport cities through circular economy: A comparative study with implications to Suez canal corridor project. *European Journal of Sustainable Development* 5: 509–522.

Faller F. (2015) Energetisches Regionalisieren. Transformationspraktiken der Energiewende am Beispiel der Biogaserzeugung. *Geographie*. Luxembourg: Université du Luxembourg.

Faller F. (2016) *Energetisches Regionalisieren Transformationspraktiken der Energiewende am Beispiel der Biogaserzeugung*, Frankfurt am Main: Peter Lang AG.

Faller F & Schulz C. (2017) Sustainable practices of the energy transition – Evidence from the biogas and building industries in Luxembourg. *Applied Geography*.

Fan Y & Fang C. (2020) Circular economy development in China – current situation, evaluation and policy implications. *Environmental Impact Assessment Review* 84: 1–10.

Farrugia C. (1993) The special working environment of senior administrators in small states. *World Development* 21: 221–226.

FEDIL. (2021) *Unsere Mitglieder*. URL: https://fedil.lu/de/unsere-mitglieder/ [Zugriff am 13.10.2021]

Felber C. (2014) *Gemeinwohl-Ökonomie*: Piper.

Feldmann K. (2006) *Soziologie kompakt. Eine Einführung*, Wiesbaden: VS Verlag für Sozialwissenschaften.

Feleki E, Vlachokostas C & Moussiopoulos N. (2018) Characterisation of sustainability in urban areas: An analysis of assessment tools with emphasis on European cities. *Sustainable Cities and Society* 43: 563–577.

Fellner J, Lederer J, Scharff C & Laner D. (2017) Present potentials and limitations of a circular economy with respect to primary raw material demand. *Journal of Industrial Ecology* 21: 494–496.

Ferns M. (2018) *Wiltz: the circular economy hotspot.* Available at: https://delano.lu/d/detail/news/wiltz-circular-economy-hotspot/172489.

Ferreira Silva M, Jayasinghe LB, Waldmann D & Hertweck F. (2020) Recyclable architecture: Prefabricated and recyclable typologies. *Sustainability* 12: 1–21.

Ferring M & Licheron J. (2019) *Le logement en chiffres.* Numéro 8, octobre 2019. Luxembourg: Statec et Observatoire de l'habitat.

Fitch-Roy O, Benson D & Monciardini D. (2020) Going around in circles? Conceptual recycling, patching and policy layering in the EU circular economy package. *Environmental Politics* 29: 983–1003.

Fjellström D & Guttormsen DSA. (2016) A critical exploration of "access" in qualitative international business field research: Towards a concept of socio-cultural and multidimensional research practice. *Qualitative Research in Organizations and Management: An International Journal* 11: 110–126.

Flick U. (2011) *Triangulation. Eine Einführung*, Wiesbaden: VS Verlag.

Flick U. (2014) Writing Qualitative Research. In: Flick U (ed) *An Introduction to Qualitative Research.* Los Angeles/London/New Delhi/Singapore/Washington DC: Sage, 508–519.

Florentin CA. (2019) Banques de matériaux, le lien entre automobile et construction. *3ème rencontre du monde académique avec le secteur de la construction.* Luxembourg, Chambre des Métiers.

Fonds du Logement. (2020) Un nouveau lieu de vie au cœur de Wiltz. URL: https://wmdw.lu [Zugriff am 23.09.2021]

Font Vivanco D, Hoekman P, Fishman T, Pauliuk S, Niccolson S, et al. (2019) Interactive visualization and industrial ecology: Applications, challenges, and opportunities. *Journal of Industrial Ecology* 23: 520–531.

Fraccascia L, Giannoccaro I, Agarwal A & Hansen EG. (2019) Call for Papers: Business models for the circular economy: Opportunities and challenges. *Business Strategy and the Environment* 28: 430–432.

Francis J, Johnston M, Robertson C, Glidewell L, Entwistle V, et al. (2010) What is an adequate sample size? Operationalising data saturation for theory-based interview studies. *Psychology & Health* 25: 1229–1245.

Freitas L & Magrini A. (2017) Waste management in industrial construction: Investigating contributions from industrial ecology. *Sustainability* 9, 1251.

Frenken K. (2017) Political economies and environmental futures for the sharing economy. *Philosophical Transactions of the Royal Society A: Mathematical, Physical and Engineering Sciences* 375.

Friant MC, Vermeulen WJV & Salomone R. (2020) A typology of circular economy discourses: Navigating the diverse visions of a contested paradigm. *Resources, Conservation & Recycling* 161: 19 pp.

Frosch RA. (1992) Industrial ecology: A philosophical introduction. *PNAS.* Washington, 800–803.

Gabler S. (1992) Schneeballverfahren und verwandte Stichprobendesigns. *ZUMA Nachrichten* 31: 47–69.

Galvin R. (2013) Impediments to energy-efficient ventilation of German dwellings: A case study in Aachen. *Energy and Buildings* 56: 32–40.

Gasic M. (2019) Erste Schätzungen für 2018. Große Unterschiede beim Pro-Kopf-Verbrauch zwischen den EU-Mitgliedstaaten. BIP pro Kopf lag zwischen 50% und 254% des EU-Durchschnitts. *Eurostat-Pressemitteilung 100/2019-19. Juni 2019.* Luxemburg: Eurostat-Pressestelle. URL: https://ec.europa.eu/eurostat/documents/2995521/9832335/2-19062019-BP-DE.pdf/aa725d06-6f50-46a7-8f50-19227d1dcf98 [Zugriff am 23.09.2021]

GDL. (1993a) *Loi du 5 août 1993 concernant l'utilisation rationnelle de l'énergie.* Luxembourg: Gouvernement du Luxembourg.

GDL. (1993b) *Texte coordonné du 6 septembre 1993 de la loi modifiée du 21 juin 1976 relative à la lutte contre la pollution de l'atmosphère.* Luxembourg: Gouvernement du Luxembourg.

GDL. (1996) *Règlement grand-ducal du 11 août 1996 concernant un programme d'actions visant à encourager les initiatives et mesures prises par les administrations communales en faveur de l'utilisation rationnelle de l'énergie et des énergies nouvelles et renouvelables (Programme d'actions d'Economies d'Energie dans les Communes, P.E.E.C.).* Luxembourg: Gouvernement du Luxembourg.

GDL. (2003) *Plan directeur sectoriel « Décharges pour déchets inertes ». Document technique.* Luxembourg: Gouvernement du Luxembourg.

GDL. (2004) *Ein Integratives Verkehrs- und Landesentwicklungskonzept für Luxemburg (IVL).* Luxemburg: Ministère de l'Intérieur, Direction de l'Aménagement du Territoire et de l'Urbanisme.

GDL. (2006a) *Changement climatique : Agir pour un défi majeur ! 1er Plan d'action en vue de la réduction des émissions de CO2.* Luxembourg: Gouvernement du Luxembourg, Ministère de l'Environnement.

GDL. (2006b) *Règlement grand-ducal du 9 janvier 2006 déclarant obligatoire le plan directeur sectoriel décharges pour déchets inertes.* Luxembourg: Gouvernement du Luxembourg.

GDL. (2008a) *Erster Nationaler Energieeffizienzplan Luxemburg im Rahmen der EU-Richtlinie über „Endenergieeffizienz und Energiedienstleistungen"*

(2006/32/EG). Luxembourg: Gouvernement du Luxembourg, Ministère de l'Économie et du Commerce extérieur, Direction de l'Énergie.

GDL. (2008b) *Révision du programme national de réduction des émissions de SO2, NOx, COV et NH3*. Luxembourg: Gouvernement du Luxembourg.

GDL. (2009) *Communiqué du conseil de gouvernement : Résumé des travaux du 9 janvier 2009 sous la présidence du Premier ministre Jean-Claude Juncker. Plan d'action Écotechnologies*. Luxembourg: Gouvernement du Luxembourg.

GDL. (2010a) *Luxemburger Aktionsplan für erneuerbare Energie*. Luxembourg: Gouvernement du Luxembourg. Ministère de l'économie et du Commerce extérieur.

GDL. (2010b) *PNDD Luxemburg. Ein nachhaltiges Luxemburg für mehr Lebensqualität. Luxembourg*: Gouvernement du Luxembourg. Ministère du Développement durable et des Infrastructures.

GDL. (2012) *Loi du 21 mars 2012 relative à la gestion des déchets*. Luxembourg: Gouvernement du Luxembourg.

GDL. (2014) *Programme gouvernemental 2014–2018*. Luxembourg: Grand-Duchy of Luxembourg.

GDL. (2015a) *Ein nachhaltiges Luxemburg für mehr Lebensqualität Bericht zur Umsetzung des Plans für nachhaltige Entwicklung (PNDD) Luxemburg von 2010*. Luxembourg: Gouvernement du Luxembourg.

GDL. (2015b) *Présentation de la ville de Wiltz comme futur « hotspot » communal de l'économie circulaire*. Luxembourg: Gouvernement du Luxembourg, Ministère de l'Économie.

GDL. (2016a) *Loi du 23 décembre 2016 portant introduction d'une certification de la durabilité des logements et modifiant la loi modifiée du 25 février 1979 concernant l'aide au logement*. Luxembourg: Gouvernement du Luxembourg.

GDL. (2016b) *Règlement grand-ducal du 23 décembre 2016 relatif à la certification de la durabilité des logements*. Luxembourg: Gouvernement du Luxembourg.

GDL. (2017a) *Loi du 20 juillet 2017 modifiant la loi modifiée du 19 décembre 2008 relative à l'eau*. Luxembourg: Gouvernement du Luxembourg.

GDL. (2017b) *Mise en œuvre de l'Agenda 2030 au et par le Luxembourg: Transformer les vies tout en préservant la planète*. Luxembourg: Gouvernement du Luxembourg.

GDL. (2017c) *Rapport sur la mise en œuvre de l'Agenda 2030 au et par le Luxembourg. « Transformer les vies tout en préservant la planète ». Revue volontaire nationale du Luxembourg lors du Forum politique de haut niveau sur le développement durable (New York, 17 juillet 2017)*. Luxembourg: Gouvernement du Luxembourg.

GDL. (2017d) *Vierter Nationaler Energieeffizienzaktionsplan Luxemburg*. Luxembourg: Gouvernement du Luxembourg, Ministère de l'Économie.

GDL. (2017e) *Weiterentwicklung der Gebäuderenovierungsstrategie. Weiterreichende Strategieansätze und Maßnahmen*. Luxemburg: Gouvernement du Luxembourg, Ministère de l'Économie.

GDL. (2018a) *Anleitung zum Erstellen des Inventars von Baumaterialien beim Gebäuderückbau*. Luxemburg: Gouvernement du Luxembourg, Ministère du Développement durable et des Infrastructures, Administration de l'Environnement.

GDL. (2018b) *Koalitionsvertrag 2018–2023*. Luxembourg: Gouvernement du Luxembourg.

GDL. (2018c) *Loi du 8 avril 2018 sur les marchés publics*. Luxembourg: Gouvernement du Luxembourg. URL: https://legilux.public.lu/eli/etat/leg/loi/2018/04/08/ a243/jo [Zugriff am 23.09.2021]

GDL. (2018d) *Luxembourg 2030 3ème Plan National pour un Développement Durable (avant-projet)*.

GDL. (2018e) *National plan for smart, sustainable and inclusive growth Luxembourg 2020. National Reform Programme of the Grand Duchy of Luxembourg under the European semester 2018*. Luxembourg: Gouvernement du Luxembourg, Ministère de l'Economie.

GDL. (2018f) *National plan for smart, sustainable and inclusive growth. Luxembourg 2020. National Reform Programme of the Grand Duchy of Luxembourg under the European semester 2018*. Luxembourg: Le Gouvernement du Grand-Duché du Luxembourg.

GDL. (2018g) *Plan national de gestion des déchets et des ressources*. Luxembourg: Gouvernement du Luxembourg, Administration de l'Environnement.

GDL. (2018h) *Programme gouvernemental 2018–2023*. Luxembourg: Gouvernement du Luxembourg.

GDL. (2019) *Entwurf des integrierten nationalen Energie- und Klimaplans für Luxemburg*. Luxembourg: Le Gouvernement du Luxembourg.

GDL. (2020a) *Integrierter nationaler Energie- und Klimaplan für Luxemburg (Entwurf, Version: 07.02.20)*. Luxembourg: Gouvernement du Luxembourg : Ministère de l'Energie et de l'Aménagement du territoire & Ministère de l'Environnement, du Climat et du Développement durable.

GDL. (2020b) *Luxembourg as a testing ground and competence centre for the Circular Economy.* URL: https://luxembourg.public.lu/en/invest/key-sectors/circular-economy.html [Zugriff am 23.9.2021]

GDL. (2021a) *Emploi salarié par secteur d'activité, nationalité et type de contrat.* Luxembourg : Ministère de la Sécurité sociale, Inspection générale de la sécurité sociale. URL: https://data.public.lu/fr/datasets/emploi-salarie-par-secteur-dactivite-nationalite-et-type-de-contrat [Zugriff am 23.09.2021]

GDL. (2021b) *Luxembourg Let's make it happen.* URL: https://luxembourg.public.lu/de/investieren/schluesselsektoren.html [Zugriff am 01.02.2021].

GDL. (2021c) *Ministers Dieschbourg, Fayot and Turmes presented the national strategy to promote and develop the circular economy in Luxembourg.* Luxemburg: Pressekonferenz vom 08.02.2021. URL: https://gouvernement.lu/en/actualites/toutes_actualites/communiques/2021/03-mars/08-strategie-economie-circulaire.html [Zugriff am 07.04.2021].

GDL. (2021d) *Circularity Dataset Initiative. Wirtschaftsministerium Luxemburg.* URL: www.circularitydataset.lu [Zugriff am 07.04.2021].

GDL. (2023) Administration de la gestion de l'eau. *Législation.* URL: https://eau.gouvernement.lu/fr/administration/Legislation.html [Zugriff am 23.10.2023].

Geels F. (2002) Technological transitions as evolutionary reconfiguration processes: a multi-level perspective and a case-study. *Research Policy* 31: 1257–1274.

Geilinger N, Haefliger S, von Krogh G & Rechsteiner L. (2016) What makes a social practice? Being, knowing, doing and leading. *European Management Journal* 34: 319–327.

Geiselhart K, Hoppe-Seyler A & Werner C. (2019) Vom Absetzen theoretischer Brillen und der Öffnung des eigenen Blicks – Reflexionen über praxeologische Methodologien. In: Schäfer S und Everts J (eds) *Handbuch Praktiken und Raum. Humangeographie nach dem Practice Turn.* Bielefeld: transcript Verlag.

Geisendorf S & Pietrulla F. (2018) The circular economy and circular economic concepts – A literature analysis and redefinition. *Thunderbird International Business Review* 60: 771–782.

Geissdoerfer M, Bocken NMP & Hultink EJ. (2016) Design thinking to enhance the sustainable business modelling process – A workshop based on a value mapping process. *Journal of Cleaner Production* 135: 1218–1232.

Geissdoerfer M, Morioka SN, de Carvalho MM & Evans S. (2018a) Business models and supply chains for the circular economy. *Journal of Cleaner Production* 190: 712–721.

Geissdoerfer M, Savaget P, Bocken NMP & Hultink EJ. (2017) The circular economy – A new sustainability paradigm. *Journal of Cleaner Production* 143: 757–768.

Geissdoerfer M, Vladimirova D & Evans S. (2018b) Sustainable business model innovation: A review. *Journal of Cleaner Production* 198: 401–416.

Geng Y & Doberstein B. (2008) Developing the circular economy in China: Challenges and opportunities for achieving "leapfrog development". *International Journal of Sustainable Development & World Ecology* 15: 231–239.

Geng Y, Fu J, Sarkis J & Xue B. (2012) Towards a national circular economy indicator system in China: an evaluation and critical analysis. *Journal of Cleaner Production* 23: 216–224.

Genovese A & Pansera M. (2020) The circular economy at a crossroads: Technocratic eco-modernism or convivial technology for social revolution? *Capitalism, Nature, Socialism*: 1–19.

Georgescu-Roegen N. (1971/1987) *The Entropy Low and the Economic Process*, Cambridge Mass.: Harvard University Press. Deutsche Ausgabe: *The Entropy Law and the Economic Process in Retrospect (1987)*. Berlin: Institut für Ökologisches Wirtschaften (IÖW).

Gerhardstein NA. (2019) "Crucial phase" for the future of Luxembourg: Bettel. *Delano*. Luxembourg.

GFN. (2019) *Ecological Footprint Luxembourg (2016). Data Sources: National Footprint Accounts 2019 edition (Data Year 2016); building on World Development Indicators, The World Bank (2019); U.N. Food and Agriculture Organization*: Global Footprint Network.

Gherardi S. (2019) Practice as sociomateriality. In: Gherardi S (ed) *How to conduct a practice-based study: Problems and Methods.* 2nd edition ed. Cheltenham: Edward Elgar Publishing, 81–104.

Ghisellini P, Cialani C & Ulgiati S. (2016) A review on circular economy: the expected transition to a balanced interplay of environmental and economic systems. *Journal of Cleaner Production* 114: 11–32.

Giampieri A, Ling-Chin J, Ma Z, Smallbone A & Roskilly AP. (2020) A review of the current automotive manufacturing practice from an energy perspective. *Applied Energy* 261: 29 pp.

Giarini O & Stahel WR. (2000) *Die Performance-Gesellschaft: Chancen und Risiken beim Übergang zur Service Economy.* Marburg: Metropolis-Verlag.

Giddens A. (1976) *New Rules of Sociological Method: A Positive Critique of Interpretive Sociologies.* London: Hutchinson.

Giesekam J, Barrett JR & Taylor P. (2016) Construction sector views on low carbon building materials. *Building Research and Information* 44: 423–444.

Ginev D. (2019) Conceptualizing the human body within practice theory. *Social Science Information* 58: 121–140.

Glaser BG & Strauss AL. (1967) *The Discovery of Grounded Theory. Strategies for Qualitative Research*. Chicago: Aldine Publishing Company.

Gläser J & Laudel G. (2010) *Experteninterviews und qualitative Inhaltsanalyse als Instrumente rekonstruierender Untersuchungen*. Wiesbaden: VS Verlag für Sozialwissenschaften.

Glückler J & Lenz R. (2016) How institutions moderate the effectiveness of regional policy: A framework and research agenda. *Journal of regional research* 36: 255–277.

Godschalk DR. (2003) Urban hazard mitigation: Creating resilient cities. *Natural Hazards Review* 4: 136–143.

Golinska-Dawson P & Kawa A. (2011) Remanufacturing in automotive industry: Challenges and limitation. *Journal of Industrial Engineering and Management* 4: 453–466.

Göll E & Clausen J. (2020) Hemmnisse der Transformation. Mentale Pfadabhängigkeiten knacken. *Politische Ökologie. Möglichkeitsräume: Raumplanung im Zeichen des Postwachstums* 160: 128–131.

Gorissen L, Vrancken K & Manshoven S. (2016) Transition thinking and business model innovation-towards a transformative business model and new role for the reuse centers of Limburg, Belgium. *Sustainability* 8.

Govindan K & Hasanagic M. (2018) A systematic review on drivers, barriers, and practices towards circular economy: a supply chain perspective. *International Journal of Production Research* 56: 278–311.

Grafström J & Aasma S. (2021) Breaking circular economy barriers. *Journal of Cleaner Production* 292: 1–14.

Gram-Hanssen K. (2010) Standby consumption in households analyzed with a practice theory approach. *Journal of Industrial Ecology* 14: 150–165.

Gravagnuolo A, Angrisano M & Girard M. (2019) Circular economy strategies in eight historic port cities: Criteria and indicators towards a circular city assessment framework. *Sustainability* 11.

Gray D. (2009) Collecting Primary Data: Observation. In: Gray D (ed) *Doing Research in the Real World*. 2nd ed. London: Sage Publications, 396–423.

Gregson N, Crang M, Fuller S & Holmes H. (2015) Interrogating the circular economy: the moral economy of resource recovery in the EU. *Economy and Society* 44: 218–243.

Griese KM, Hirschfeld G & Baringhorst S. (2019) Unternehmen zwischen Digitalisierung und Nachhaltigkeit – eine empirische Untersuchung. *Nachhaltigkeits-Management Forum* 27: 11–21.

Grunewald K & Bastian O. (2023) Ökosystemleistungen. Springer Spektrum, Berlin, Heidelberg.

Guiton M, Domange B & Fedrigo C. (2020) *Conférence en ligne « Impacts environnementaux d'une déconstruction sélective vs conventionnelle – Le cas du bâtiment Jean Monnet 1 »*. Available at: https://www.betriber-emwelt.lu/fr/evenements/evenement-detail/conference-en-ligne-impacts-environnement aux-dune-deconstruction-selective-vs-conventionnelle-l/.

Guyader H & Piscicelli L. (2019) Business model diversification in the sharing economy: The case of GoMore. *Journal of Cleaner Production* 215: 1059–1069.

Haarstad H. (2016) Where are urban energy transitions governed? Conceptualizing the complex governance arrangements for low-carbon mobility in Europe. *Cities* 54: 4–10.

Hahn CK. (2011) *Autoindustrie 2011 – aktuelle Entwicklungen, Herausforderungen und Lösungsansätze (Überblick).* Luxemburg: GR-Atlas, Universität Luxemburg. URL: https://gr-atlas.uni.lu/index.php/de/articles/wi55/au805

Haines M. (2009) *ABC der wissenschaftlichen Abschlussarbeit*, Paderborn: UTB.

Hajer MA. (1995) *The Politics of Environmental Discourse: Ecological Modernization and the Policy Process*: Oxford University Press.

Hall S. (2009) Ecologies of business education and the geographies of knowledge. *Progress in Human Geography* 33: 599–618.

Hanif S, Ahsan A & Wise G. (2020) Icebergs of expertise-based leadership: The role of expert leaders in public administration. *Sustainability* 12.

Hansen K, Mulhall D & Zils M. (2014) *Luxembourg as a knowledge capital and testing ground for the circular economy. National roadmap for positive impacts. Tradition, Transition, Transformation.* Luxembourg: EPEA Internationale Umweltforschung GmbH.

Hansen T & Coenen L. (2015) The geography of sustainability transitions: Review, synthesis and reflections on an emergent research field. *Environmental Innovation and Societal Transitions* 17: 92–109.

Hargreaves T. (2011) Practiceing behaviour change: Applying social practice theory to pro-environmental behaviour change. *Journal of Consumer Culture* 11: 79–99.

Hargreaves T, Longhurst N & Seyfang G. (2013) Up, down, round and round: Connecting regimes and practices in innovation for sustainability. *Environment and Planning A* 45: 402–420.

Hartwick JM. (1977) Intergenerational equity and the investing of rents from exhaustible resources. *Am. Econ. Rev.*, 67(5): 972–974.

Hartwick JM. (1978) Substitution among exhaustible resources and inter-generational equity. *Rev. Econ. Stud.*, 45: 347–354.

Hasemann C. (1986) Graue Literatur. *Zeitschrift für Bibliothekswesen und Bibliographie* 33: 417–427.

Hawken P, Lovins AB & Lovins LH. (1999) *Natural Capitalism: Creating the next Industrial Revolution*: Kogan Page.

Held M, Weidmann D, Kammerl D, Hollauer C, Mörtl M, et al. (2018) Current challenges for sustainable product development in the German automotive sector: A survey based status assessment. *Journal of Cleaner Production* 195: 869–889.

Henry M, Schraven D, Bocken N, Frenken K, Hekkert M, et al. (2021) The battle of the buzzwords: A comparative review of the circular economy and the sharing economy concepts. *Environmental Innovation and Societal Transitions* 38: 1–21.

Herod A. (1999) Reflections on interviewing foreign elites: Praxis, positionality, validity, and the cult of the insider. *Geoforum* 30: 313–327.

Heyes G, Sharmina M, Mendoza JMF, Gallego-Schmid A & Azapagic A. (2018) Developing and implementing circular economy business models in service-oriented technology companies. *Journal of Cleaner Production* 177: 621–632.

Higgins V & Larner W. (2017) *Assembling Neoliberalism: Expertise, Practices, Subjects*: Palgrave Macmillan.

Hild P. (2013) *Ecological Footprint (Update 1) – Tables and Figures: Luxembourg's Consumption Footprint from 2000 to 2008*. Luxembourg: CNDD.

Hjaltadóttir RE & Hild P. (2021) Circular Economy in the building industry European policy and local practices. *European Planning Studies*: 1–27.

Hobson K. (2016) Closing the loop or squaring the circle? Locating generative spaces for the circular economy. *Progress in Human Geography* 40: 88–104.

Hobson K. (2020) "Small stories of closing loops": social circularity and the everyday circular economy. *Climatic Change* 163: 99–116.

Hobson K & Lynch N. (2016) Diversifying and de-growing the circular economy: Radical social transformation in a resource-scarce world. *Futures* 82: 15–25.

Hobson K, Lynch N, Lilley D & Smalley G. (2018) Systems of practice and the Circular Economy: Transforming mobile phone product service systems. *Environmental Innovation and Societal Transitions* 26: 147–157.

Hoffmann N. (2018) *Dokumentenanalyse in der Bildungs- und Sozialforschung – Überblick und Einführung*: Beltz Juventa.

Holmes P, Fay R, Andrews J & Attia M. (2013) Researching multilingually: New theoretical and methodological directions. *International Journal of Applied Linguistics* 23: 285–299.

Homrich AS, Galvão G, Abadia LG & Carvalho MM. (2018) The circular economy umbrella: Trends and gaps on integrating pathways. *Journal of Cleaner Production* 175: 525–543.

Hondrila K. (2020) Actionable knowledge for sustainability at the water-land nexus: An inquiry into governance and social learning in two river basins in Luxembourg. Version: 5.11.2020. *The Faculty of Humanities, Education and Social Sciences.* Luxembourg: Université du Luxembourg, 581.

Hoppe-Seyler A, Stephan C & Lahr-Kurten M. (2019) Praktikentheorie und Emotion/Affekt. In: Schäfer S und Everts J (eds) *Handbuch Praktiken und Raum.* Bielefeld: Transcript Verlag, 273–298.

Huang M, Wang Z & Chen T. (2019) Analysis on the theory and practice of industrial symbiosis based on bibliometrics and social network analysis. *Journal of Cleaner Production* 213: 956–967.

Huguenin A & Jeannerat H. (2017) Creating change through pilot and demonstration projects: Towards a valuation policy approach. *Research Policy* 46: 624–635.

Hulme M. (2020) One Earth, Many Futures, No Destination. *One Earth* 2: 309–311.

Ibert O. (2007) Towards a geography of knowledge creation: The ambivalences between "knowledge as an object" and "knowing in practice". *Regional Studies* 41: 103–114.

ILNAS. (2012) EN 206-1:2000/prDNA-LU:2011. BETON Teil 1: Festlegung, Eigenschaften, Herstellung und Konformität (Entwurf). *Luxemburgisches nationales Anwendungsdokument. 02/2012.* Luxembourg.

IPF. (2020) *Übersicht der Publikationen von Walter Stahel 1976–2016.* Genf: Institut für Produktdauer-Forschung. URL: www.product-life.org/en/archive/publications [Zugriff am 24.02.2020] URL: www.product-life.org/en/archive/publications [Zugriff am 24.02.2020]

Iribarren D, Marvuglia A, Hild P, Popovici E & Benetto E. (2015) Life cycle assessment and data envelopment analysis approach for the selection of building components according to their environmental impact efficiency: a case study for external walls. *Journal of Cleaner Production* 87: 707–716.

Isenmann R & Rautenstrauch C. (2007) Horizontale und vertikale Integration Betrieblicher Umweltinformationssysteme (BUIS) in Betriebswirtschaftliche Anwendungsszenarien. *uwf* 15, 75–81. https://doi.org/10.1007/s00550-007-0027-2

Jabłoński A. (2019) *Sustainable Business Models,* Special Issue, Sustainability: MDPI.

Jabłoński A & Jabłoński M. (2020) New Economy Business Models in the Concepts of Big Data, the Sharing Economy and the Circular Economy. *Social Business Models in the Digital Economy.* Cham: Palgrave Macmillan, 51–88.

Jackson AY & Mazzei LA. (2012) *Thinking with Theory in Qualitative Research: Viewing Data Across Multiple Perspectives*, London: Routledge.

Jackson T. (2009) *Wohlstand ohne Wachstum. Leben und Wirtschaften in einer endlichen Welt*, Bonn: Bundeszentrale Politische Bildung (BPB).

Jacobsen S, Leuser L & Brischke LA. (2016) *Suffizienz in der Praxis – Beispiele wie ein zukunftsfähiges Leben heute anfängt. Handbuch und Sammlung von Beispielen.* Berlin: Institut für Energie- und Umweltforschung Heidelberg (ifeu).

Jaeger-Erben M, Jensen C, Hofmann F & Zwiers J. (2021) There is no sustainable circular economy without a circular society. *Resources, Conservation & Recycling* 168: 105476.

Jäger U & Reinecke S. (2009) Expertengespräch. In: Baumgarth C, Eisend M & Evanschitzky H. (eds) *Empirische Mastertechniken: eine anwendungsorientierte Einführung für die Marketing- und Managementforschung.* Wiesbaden: Gabler, 29–76.

Jarzabkowski P & Wilson D. (2002) Top teams and strategy in a UK university. *Journal of Management Studie* 39: 355–381.

Jasiński D, Meredith J & Kirwan K. (2016) A comprehensive framework for automotive sustainability assessment. *Journal of Cleaner Production* 135: 1034–1044.

Jerneck A & Olsson L. (2020) Theoretical and Methodological Pluralism in Sustainability Science. In: Kudo S and Mino T (eds) *Framing in Sustainability Science – Theoretical and Practical Approaches.* Singapore: Springer Open, 17–34.

Jeska S. (2014) Neue Technologien und Methoden. In: Jeska S und Pascha KS (Hg.) *Neue Holzbautechnologien: Materialien, Konstruktionen, Bautechnik.* Basel: Birkhäuser, 14–35, doi: 10.1515/9783038216117.14.

Jiao W & Boons F. (2017) Policy durability of Circular Economy in China: A process analysis of policy translation. *Resources, Conservation and Recycling* 117: 12–24.

Jochen G & Laudel G. (2009) *Experteninterviews und qualitative Inhaltsanalyse als Instrumente rekonstruierender Untersuchungen* Wiesbaden: VS Verlag für Sozialwissenschaften.

Jonas M. (2014) *Zur Inszenierung eines Wirtschaftsclusters. Eine praxeologische Analyse,* Wiesbaden: VS Verlag für Sozialwissenschaften.

Jones A. (2014) Geographies of production I: Relationality revisited and the "practice shift" in economic geography. *Progress in Human Geography* 38: 605–615.

Jones A & Murphy JT. (2010) Practice and Economic Geography. *Geography Compass* 4/4: 303–319.

Jones A & Murphy JT. (2011) Theorizing practice in economic geography: Foundations, challenges, and possibilities. *Progress in Human Geography* 35: 366–392.

Jury C, Rugani B, Hild P, May M & Benetto E. (2013) Analysis of complementary methodologies to assess the environmental impact of Luxembourg's net consumption. *Environmental Science and Policy* 27: 68–80.

Kalmykova Y, Sadagopan M & Rosado L. (2018) Circular economy – From review of theories and practices to development of implementation tools. *Resources, Conservation and Recycling* 135: 190–201.

Kalocsanyiova E. (2020) "He was obliged to seek refuge": an illustrative example of a cross-language interview analysis. *Qualitative Research* version for peer review, provided by the author.

Kanters J. (2020) Circular Building Design: An Analysis of Barriers and Drivers for a Circular Building Sector. *Buildings* 10: 1–16.

Kapp KW. (1950) *The social costs of private enterprise,* Cambridge, MA, USA: Harvard University Press.

Kębłowski W, Lambert D & Bassens D. (2020) Circular economy and the city: an urban political economy agenda. *Culture and Organization* 26: 142–158.

Keil R. (2007) Sustaining modernity, modernizing nature: the environmental crisis and the survival of capitalism. In: Krueger R and Gibbs D (eds) *The sustainable development paradox.* London Guilford, 41–65.

Kenis A & Lievens M. (2015) *The Limits of the Green Economy. From re-inventing capitalism to re-politicising the present,* London: Routledge.

Keßler S, Richard D & Zimmer S. (2020) *Ecological Footprint – Reloaded.* Luxembourg: IBLA, 59.

Kirchherr J, Piscicelli L, Bour R, Kostense-Smit E, Muller J, et al. (2018) Barriers to the Circular Economy: Evidence From the European Union (EU). *Ecological Economics* 150: 264–272.

Kirchherr J, Reike D & Hekkert M. (2017) Conceptualizing the circular economy: An analysis of 114 definition. *Resources, Conservation & Recycling* 127: 221–232.

Kirchherr J & van Santen R. (2019) Research on the circular economy: A critique of the field. *Resources, Conservation and Recycling* 151: 4–5.

Kirsch C, Aleksić G, Mortini S & Andersen K. (2020) Developing multilingual practices in early childhood education through professional development in Luxembourg. *International Multilingual Research Journal* 3152: 1–19.

Klein N, Ramos TB & Deutz P. (2020) Circular Economy Practices and Strategies in Public Sector Organizations: An Integrative Review. *Sustainability* 12: 1–24.

Klesen M. (2014) Luxembourg EcoInnovation Cluster Presentation. *Conférence diplomatique 23.4.2014.* (accessed 30.01.2018).

Klima-Agence. (2021) *Klimapakt 2.0.* URL: https://pacteclimat.lu [Zugriff am: 23.09.2021]

Klitkou A, Coenen L, Andersen PD, Fevolden A & Hansen T. (2013) Role of demonstration projects in innovation: transition to sustainable energy and transport. *4th International Conference on Sustainability Transitions.* Zurich, Switzerland: ETH Zurich and Eawag, 638–664.

Köhler J, Geels FW, Kern F, Markard J, Onsongo E, et al. (2019) An agenda for sustainability transitions research: state of the art and future directions. *Environ. Innov. Soc. Transit.* 31: 1–32.

König A. (2019) *Draft Executive Summary – Nexus Futures Project: Scenarios for engaging with water and land in Luxembourg in 2045 (unpublished version: 14.07.2019).* Luxembourg: University of Luxembourg.

König A. (2020) *CIPU Workshop Anpassung an den Klimawandel – Erörterungen mit Hilfe der NEXUS FUTURES Szenarien am 09.12.2020.* Luxembourg: Universität Luxemburg.

König A, Pickar K, Stankiewicz J & Hondrila K. (2021) Can citizen science complement official data sources that serve as evidence-base for policies and practice to improve water quality? *Statistical Journal of the IAOS* 37: 189–204.

König R. (1973) *Geschichte und Grundprobleme der empirischen Sozialforschung. Handbuch der empirischen Sozialforschung Band 1,* Stuttgart: Ferdinand Enke Verlag.

Kopnina H, Washington H, Taylor B & Piccolo JJ. (2018) Anthropocentrism: More than Just a Misunderstood Problem. *J Agric Environ Ethics* 31: 109–127.

Korhonen J, Honkasalo A & Seppälä J. (2018a) Circular Economy: The Concept and its Limitations. *Ecological Economics* 143: 37–46.

Korhonen J, Nuur C, Feldmann A & Birkie SE. (2018b) Circular economy as an essentially contested concept. *Journal of Cleaner Production* 175: 544–552.

Kuckartz U. (2014) *Mixed-Methods. Methodologie, Forschungsdesigns und Analyseverfahren,* Wiesbaden: VS Verlag.

Kunstler H. (1994) *The geography of nowhere: The rise and decline of America's man-made landscape*, New York: Touchstone.

Kwon GR, Woo SH & Lim SR. (2015) Industrial ecology-based strategies to reduce the embodied CO2 of magnesium metal. *Resources, Conservation and Recycling* 104: 206–212.

Laak van D. (2018) *Alles im Fluss: Die Lebensadern unserer Gesellschaft – Geschichte und Zukunft der Infrastruktur.* Frankfurt am Main: S. Fischer Verlag.

Lachman DA. (2013) A survey and review of approaches to study transitions. *Energy Policy* 58: 269–276.

Lahti T, Wincent J & Parida V. (2018) A definition and theoretical review of the circular economy, value creation, and sustainable business models: Where are we now and where should research move in the future? *Sustainability* 10.

Latouche S. (2006) *Le pari de la Décroissance*, Paris: Fayard.

Leavy P. (2017) *Research Design – Quantitative, Qualitative, Mixed Methods, Arts-Based, and Community-Based Participatory Research Approaches*, New York, London: The Guildford Press.

Lee H, Yang SB & Koo C. (2019) Exploring the effect of Airbnb hosts' attachment and psychological ownership in the sharing economy. *Tourism Management* 70: 284–294.

Leeb M. (2020) Entwicklung einer Methodik zur Zielerreichung bei der Planung von energieeffizienten Bürogebäuden. *Fakultät für Bauingenieurwesen.* Wien: Technische Universität Wien.

Leick A. (2016) *Kleines Land, große Projekte: Diskurse, Praktiken und soziale Welten im Entscheidungs- und Planungsprozess der Großvorhaben Belval und Kirchberg in Luxemburg.* Luxembourg: Université du Luxembourg.

Leipold S. (2021) Transforming ecological modernization "from within" or perpetuating it? The circular economy as EU environmental policy narrative. *Environmental Politics*: 1–23.

Lennon M. (2015) Green infrastructure and planning policy: a critical assessment. *Local Environment* 20: 957–980.

Lewandowski M. (2016) Designing the business models for circular economy – towards the conceptual framework. *Sustainability* 8.

Li C, Wu J & Zeng T. (2020) Global industrial park research trends: a bibliometric analysis from 1987 to 2016. *Environmental Monitoring and Assessment* 192: 13 pp.

Lichtmess M. (2016) *LENOZ – Lëtzebuerger Nohaltegkeets Zertifizéierung fir Wunngebaier. LENOZ Handbuch. Version vom 12.12.2016*. Luxembourg: Gouvernement du Grand-Duché du Luxembourg. Ministère du Logement.

Lieder M & Rashid A. (2016) Towards circular economy implementation: a comprehensive review in context of manufacturing industry. *Journal of Cleaner Production* 115: 36–51.

Lifset R & Graedel TE. (2001) Industrial Ecology: Goals and Definitions. In: Ayres RU and Ayres L (eds) *Handbook for Industrial Ecology*. Brookfield: Edward Elgar.

LIST. (2020) *Outil de planification pour la gestion des ressources*. URL: https://www.betriber-emwelt.lu/fr/outils [letzter Zugriff 19.12.2020]

Littig B. (2009) Interviews mit Eliten – Interviews mit ExpertInnen: Gibt es Unterschiede? In: Bogner A, Littig B & Menz W. (eds) *Experteninterviews. Theorien, Methoden, Anwendungsfelder*. 3., grundlegend überarbeitete Auflage ed. Wiesbaden: VS Verlag für Sozialwissenschaften.

Liu X. (2018) Interviewing Elites: Methodological Issues Confronting a Novice. *International Journal of Qualitative Methods* 17: 1–9.

Lüdeke-Freund F, Gold S & Bocken NMP. (2019) A Review and Typology of Circular Economy Business Model Patterns. *Journal of Industrial Ecology* 23: 36–61.

Luhmann, N. (1987) *Soziale Systeme. Grundriß einer allgemeinen Theorie*. Frankfurt am Main: Suhrkamp.

Luxinnovation. (2016) *A smart day*. Available at: https://www.youtube.com/watch?v=Tb5YLaYJGE8&feature=youtu.be.

Luxinnovation. (2018) *Fit 4 Circularity*. Available at: http://www.innovation.public.lu/en/innover/pme-artisanat/fit-for-circularity/index.html.

Luxinnovation. (2020) *Wood Cluster*. URL: www.luxinnovation.lu/cluster/luxembourg-wood-cluster

Machin A. (2019) Changing the story? The discourse of ecological modernisation in the European Union. *Environmental Politics* 28: 208–227.

Magoni M. (2017) Resilience thinking and urban metabolism in spatial planning: which possible integrations. *City, Territory and Architecture* 4: 8 pp.

Malterud K, Siersma VD & Guassora AD. (2016) Sample size in qualitative interview studies: Guided by information power. *Qualitative Health Research* 26: 1753–1760.

Martin-Jones M, Andrews J & Martin D. (2017) Multilingualism in research practice: Voices, identities and researcher reflexivity. In: Martin-Jones M and Martin D (eds) *Researching Multilingualism: Critical and Ethnographic Perspectives.* Taylor & Francis Group, 200–256.

Martínez-Alier J, Pascual U, Vivien FD & Zaccai E. (2010) Sustainable degrowth: Mapping the context, criticisms and future prospects of an emergent paradigm. *Ecological Economics* 69: 1741–1747.

Marvuglia A, Hild P, Schmitt B & Benetto E. (2016) Application of cluster analysis and development of a lifecycle environmental performance indicator to categorise construction materials. *Journal of Environmental Accounting and Management* 4: 1–11.

Maus G. (2015a) *Erinnerungslandschaften: Praktiken ortsbezogenen Erinnerns am Beispiel des Kalten Krieges,* Kiel: Universität Kiel.

Maus G. (2015b) Landscapes of memory: A practice theory approach to geographies of memory. *Geographica Helvetica* 70: 215–223.

McAllister RR & Taylor BM. (2015) Partnerships for sustainability governance: a synthesis of key themes. *Current opinion in environmental sustainability* 12: 86–90.

McDonough W & Braungart M. (2003) *Toward a Sustaining Architecture for the 21st Century: The Promise of Cradle to Cradle Design, Industry & Environment.*

McDowall W, Geng Y, Huang B, Barteková E, Bleischwitz R, et al. (2017) Circular Economy Policies in China and Europe. *Journal of Industrial Ecology* 21: 651–661.

McFarlane C & Rutherford J. (2008) Political infrastructures: Governing and experiencing the fabric of the city. *International Journal of Urban and Regional Research* 32: 363–374.

Meerow S & Newell JP. (2015) Resilience and Complexity: A Bibliometric Review and Prospects for Industrial Ecology. *Journal of Industrial Ecology* 19: 236–251.

Merli R, Preziosi M & Acampora A. (2018) How do scholars approach the circular economy? A systematic literature review. *Journal of Cleaner Production* 178: 703–722.

Merriam SB, Johnson-Bailey J, Lee M-Y, Kee Y, Ntseane G, et al. (2001) Power and positionality: negotiating insider/outsider status within and across cultures. *International Journal of Lifelong Education* 20: 405–416.

Michaux R. (2019) L'impact des frontaliers dans la balance de paiements. In: STATEC (ed) *Regards.* Luxembourg, 2.

Mikecz R. (2012) Interviewing Elites: Addressing Methodological Issues. *Qualitative Inquiry* 18: 482–493.

Milios L. (2018) Advancing to a Circular Economy: three essential ingredients for a comprehensive policy mix. *Sustainability Science* 13: 861–878.

Millar N, McLaughlin E & Börger T. (2019) The Circular Economy: Swings and Roundabouts? *Ecological Economics* 158: 11–19.

Misoch S. (2019) *Qualitative Interviews,* Berlin/Boston: Walter de Gruyter GmbH.

Moher D, Liberati A, Tetzlaff J & Altman DG. (2009) Preferred Reporting Items for Systematic Reviews and Meta-Analyses: The PRISMA Statement. *PLoS Med* 6.

Mol APJ. (1995) *The Refinement of Production. Ecological Modernisation Theory and the Chemical Industry,* Utrecht: Jan van Arkel/International Books.

Moreau V, Sahakian M, van Griethuysen P & Vuille F. (2017) Coming full circle: Why social and institutional dimensions matter for the circular economy. *Forum, Journal of Industrial Ecology*: 497–506.

Müller E, Hilty LM, Widmer R, Schluep M & Faulstich M. (2014) Modeling metal stocks and flows: a review of dynamic material flow analysis methods. *Environ. Sci. Technol.* 48: 2102–2113.

Munaro MR, Tavares SF & Bragança L. (2020) Towards circular and more sustainable buildings: A systematic literature review on the circular economy in the built environment. *Journal of Cleaner Production Journal pre-proof.*

Murray A, Skene K & Haynes K. (2017) The circular economy: an interdisciplinary exploration of the concept and application in a global context. *Journal of Business Ethics* 140: 369–380.

Ness DA. (2019) *The Impact of Overbuilding on People and the Planet*: Cambridge Scholars Publishing.

Nicolini D. (2009) Zooming in and out: Studying practices by switching theoretical lenses and trailing connections. *Organization Studies* 30.

Nicolini D. (2012) *Practice Theory, Work, and Organization: An Introduction,* Oxford: Oxford University Press.

Noesen J. (2005) Berufsbildung in Luxemburg. In: Adams JM and Bousquet S (eds) *Cedefop Panorama series.* Luxemburg: Europäisches Zentrum für die Förderung der Berufsbildung (Cedefop).

North DC. (1990) *Institutions, Institutional Change and Economic Performance,* Cambridge: Cambridge University Press.

North P. (2015) The business of the Anthropocene? Substantivist and diverse economies perspectives on SME engagement in local low carbon transitions. *Progress in Human Geography* 40: 437–454.

North P & Nurse A. (2014) "War Stories": Morality, curiosity, enthusiasm and commitment as facilitators of SME owners' engagement in low carbon transitions. *Geoforum* 53: 32–41.

Nosratabadi S, Mosavi A, Shamshirband S, Zavadskas EK, Rakotonirainy A, et al. (2019) Sustainable business models: A review. *Sustainability* 11.

Nußholz JLK & Milios L. (2017) Applying circular economy principles to building materials: Front-running companies' business model innovation in the value chain for buildings. *Sustainable Economics Conference*. Berlin, 11 pp.

OAI. (2020) *Cycle de Formation OAI*. URL: www.houseoftraining.lu/page/cycle-de-formation-oai [Zugriff am 11.12.2020]

O'Neill KJ & Gibbs DC. (2014) Towards a sustainable economy? Socio-technical transitions in the green building sector. *Local Environment* 19: 572–590.

O'Neill KJ & Gibbs DC. (2016) Rethinking green entrepreneurship – Fluid narratives of the green economy. *Environment and Planning A* 48: 1727–1749.

Odum HT. (1996) *Environmental Accounting: Emergy and Environmental Decision Making*, New York: John Wiley & Sons.

OECD. (2010) *OECD Environmental Performance Reviews: Luxembourg*. Paris, France: Organisation for Economic Co-operation and Development.

Oekozenter. (2020) *Weiterbildung Prime House und Lenoz*. URL: www.oekozenter.lu/de/projets/weiterbildung-prime-house-und-lenoz [Zugriff am 11.12.2020]

Okorie O, Salonitis K, Charnley F & Moreno M. (2018) Digitisation and the circular economy: A review of current research and future trends. *Energies* 11: 1–33.

Onwuegbuzie AJ & Leech NL. (2007) Sampling designs in qualitative research: Making the sampling process more public. *The Qualitative Report* 12: 238–254.

Orlikowski WJ. (2007) Sociomaterial practices: Exploring technology at work. *Organization Studies* 28: 1435–1448.

Pagoropoulos A, Pigosso DCA & Mcaloone TC. (2017) The emergent role of digital technologies in the Circular Economy: A review. *The 9th CIRP IPSS Conference: Circular Perspectives on Product/Service-Systems*. Copenhagen, 19–24.

Palmer M & O'Kane P. (2007) Strategy as practice: Interactive governance spaces and the corporate strategies of retail transnationals. *Journal of Economic Geography* 7: 515–535.

Patton MQ. (2002) *Qualitative research and evaluation methods,* Thousand Oaks, CA: Sage.

Patton MQ. (2015) *Qualitative research & evaluation methods,* Thousand Oaks, CA: Sage.

Pauli G. (2010) *Blue Economy: 10 Years, 100 Innovations, 100 Million Jobs,* New Mexico: Paradigm.

Paundra J, Rook L, van Dalen J & Ketter W. (2017) Preferences for car sharing services: Effects of instrumental attributes and psychological ownership. *Journal of Environmental Psychology* 53: 121–130.

PDAT. (2003) *Programme directeur de l'aménagement du territoire,* Luxembourg: Ministère de l'Intérieur.

Pearce DW & Turner RK. (1990) *Economics of natural resources and the environment,* London: Harvester Wheatsheaf.

Peltier F. (2019) Projections des ménages et de la demande potentielle en logements : 2018–2060. In: STATEC (ed) *Working papers.* Luxembourg, 44.

Peters GP, Weber CL, Guan D & Klaus H. (2007) China's growing CO2 emissions-a race between increasing consumption and efficiency gains. *Environmental Science & Technology* 41(17): 5939–5944.

Pfadenhauer M. (2007) Das Experteninterview Ein Gespräch auf gleicher Augenhöhe. In: Buber R and Holzmüller HH (eds) *Qualitative Marktforschung: Konzepte – Methoden – Analysen.* Wiesbaden: Gabler, 449–461.

Pieroni MPP, McAloone TC & Pigosso DCA. (2019) Business model innovation for circular economy and sustainability: A review of approaches. *Journal of Cleaner Production* 2015: 198–216.

Pinz A, Roudyani N & Thaler J. (2018) Public-private partnerships as instruments to achieve sustainability-related objectives: the state of the art and a research agenda. *Public Management Review* 20: 1–22.

Polkinghorne DE. (2005) Language and meaning: Data collection in qualitative research. *Journal of Counseling Psychology* 52: 137–145.

Pollard J & Samers M. (2013) Governing Islamic Finance: Territory, Agency, and the Making of Cosmopolitan Financial Geographies. *Annals of the Association of American Geographers* 103: 710–726.

Pomponi F & Moncaster A. (2017) Circular economy for the built environment: A research framework. *Journal of Cleaner Production* 143: 710–718.

Preller BC. (2018a) Luxembourg: A Policy-Led Approach Caught Between Green Growth and Affordable Housing. In: Affolderbach J and Schulz C (eds) *Green Building Transitions - Regional Trajectories of Innovation in Europe, Canada and Australia* . Cham: Springer, 159–188.

Preller BC. (2018b) *Sustainable building transitions in Luxembourg and Freiburg: Local meanings, circumstances and rationales*. Luxembourg: Université du Luxembourg & Universität zu Köln.

Prieto-Sandoval V, Jaca C & Ormazabal M. (2018) Towards a consensus on the circular economy. *Journal of Cleaner Production* 179: 605–615.

Radwan L & Kinder S. (2013) Practising the diffusion of organizational routines. *Environment and Planning A* 45: 2442–2458.

Ravetz J, Hild P, Thunus O & Bollati J. (2018) Sustainability indicators: Quality and quantity. In: König A and Ravetz J (eds) *Sustainability Science: Key Issues*. Abingdon: Routledge, 271–295.

Reckinger C & Urbé R. (2020) *Caritas Sozialalmanach 2020 Schwéierpunkt: Vieillissement*. Luxemburg: Caritas Luxemburg. URL: www.caritas.lu/publications/sozialalmanach [Zugriff am 04.02.2021]

Reckwitz A. (2002) Toward a theory of social practices. A development in culturalist theorizing. *European Journal of Social Theory* 5: 243–263.

Reckwitz A. (2003) Grundelemente einer Theorie sozialer Praktiken. Eine sozialtheoretische Perspektive. *Zeitschrift für Soziologie* 32: 282–301.

Reiff P & Neumayr J. (2019) Le luxembourgeois reste la langue la plus utilisée à domicile. *Regards N° 9 05/2019*. Luxembourg: Statec.

Reike D, Vermeulen WJV & Witjes S. (2018) The circular economy: New or refurbished as CE 3.0? – Exploring controversies in the conceptualization of the circular economy through a focus on history and resource value retention options. *Resources, Conservation and Recycling* 135: 246–264.

Ren Y, Harper FM, Drenner S, Terveen L, Kiesler S, et al. (2012) Building member attachment in online communities: Applying theories of group identity and interpersonal bonds. *MIS Quarterly* 36: 841–864.

Repo P, Anttonen M, Mykkänen J & Lammi M. (2018) Lack of congruence between European citizen perspectives and policies on circular economy. *European Journal of Sustainable Development* 7: 249–264.

Rice G. (2010) Reflections on interviewing elites. *Area* 42: 70–75.

Richardson L. (2015) Performing the sharing economy. *Geoforum* 67: 121–129.

Rifkin J. (2000) *Access – Das Verschwinden des Eigentums: Warum wir weniger besitzen und mehr ausgeben werden*, Frankfurt a.M./New York: Campus Verlag.

Ritzén S & Sandström GÖ. (2017) Barriers to the Circular Economy – Integration of Perspectives and Domains. *CIRP IPSS Conference: Circular Perspectives on Product/Service-Systems Barriers*, 7–12.

Rizos V, Behrens A, Kafyeke T, Hirschnitz-Garbers M & Ioannou A. (2015) *The Circular Economy: Barriers and Opportunities for SMEs. Ceps working document*. Brussels: Centre for European Policy Studies (CEPS).

Rizos V, Behrens A, van der Gaast W, Hofman E, Ioannou A, et al. (2016) Implementation of circular economy business models by small and medium-sized enterprises (SMEs): Barriers and enablers. *Sustainability* 8: 18 pp.

Rizos V, Tuokko K & Behrens A. (2017) The Circular Economy: A review of definitions, processes and impacts. *CEPS Research Report*. Brussels: CEPS, 44 pp.

Röhl T. (2015) Transsituating education. Educational artefacts in the classroom and beyond. In: Bollig S, Honig M-S, Neumann S, et al. (eds) *MultiPluriTrans. Emerging Fields in Educational Ethnography*. Bielefeld: Transcript, 143–161.

Rogers HA, Deutz P & Ramos TB. (2021) Repairing the circular economy: Public perception and participant profile of the repair economy in Hull, UK. *Resources, Conservation and Recycling* 168: 105447.

Royston S. (2016) Researching the invisible: tracing policies' effects on practices. In: Hui A and Schäfer H (eds) *Practice Theory Methodologies*. Wordpress.

Rugani B, Roviani D, Hild P, Schmitt B & Benetto E. (2014) Ecological deficit and use of natural capital in Luxembourg from 1995 to 2009. *Science of the Total Environment* 468–469: 292–301.

Sánchez-Ortiz J, Rodríguez-Cornejo V, Del Río-Sánchez R & García-Valderrama T. (2020) Indicators to measure efficiency in circular economies. *Sustainability* 12: 15 pp.

Sanchez B & Haas C. (2018) Capital project planning for a circular economy. *Construction Management and Economics* 36: 303–312.

Sarasini S & Linder M. (2018) Integrating a business model perspective into transition theory: The example of new mobility services. *Environmental Innovation and Societal Transitions* 27.

Sauvé S, Bernard S & Sloan P. (2016) Environmental sciences, sustainable development and circular economy: Alternative concepts for trans-disciplinary research. *Environmental Development* 17: 48–56.

Schäfer H. (2013) *Die Instabilität der Praxis. Reproduktion und Transformation des Sozialen in der Praxistheorie*, Velbrück: Weilerswist.

Schäfer H. (2016) Einleitung Grundlagen, Rezeption und Forschungsperspektiven der Praxistheorie. In: Schäfer H (ed) *Praxistheorie: Ein soziologisches Forschungsprogramm*. Bielefeld: transcript Verlag, 9–25.

Schäfer S und Everts J. (eds) (2019) *Handbuch Praktiken und Raum*. Bielefeld: Transcript Verlag.

Schaltegger S, Hansen EG & Lüdeke-Freund F. (2016) Business models for sustainability: Origins, present research, and future avenues. *Organization and Environment* 29: 3–10.

Schatzki TR. (1996) *Social Practices: A Wittgensteinian Approach to Human Activity and the Social*: Cambridge University Press.

Schatzki TR. (2002) *The site of the social: A philosophical account of the constitution of social life and change*: The Pennsylvania State University Press.

Schatzki TR. (2005) Peripheral Vision: The sites of organizations. *Organization Studies* 26: 465–484.

Schatzki TR. (2010a) Materiality and Social Life. *Nature and Culture* 5: 123–149.

Schatzki TR. (2010b) *The Timespace of Human Activity: On Performance, Society, and History as Indeterminate Teleological Events*, Plymouth: Rowman & Littlefield Publishers, Inc.

Schatzki TR. (2016) Praxistheorie als flache Ontologie. In: Schäfer H (ed) *Praxistheorie*. Bielefeld: Transcript.

Schatzki TR. (2019) Social Change in a Material World: A Précis. In: Schäfer S und Everts J (eds) *Handbuch Praktiken und Raum Humangeographie nach dem Practice Turn*. Bielefeld: Transcript Verlag, 77–92.

Schatzki TR, Knorr Cetina K & Savigny E. (2001) *The Practice Turn in Contemporary Theory*. London/New York: Taylor & Francis Group.

Schmid B. (2020) *Making Transformative Geographies. Lessons from Stuttgart's Community Economy*: transcript.

Schmidt R & Volbers J. (2011) Siting Praxeology. The Methodological Significance of "Public" in Theories of Social Practices. *Journal for the Theory of Social Behaviour* 41: 419–440.

Schosseler P. (2020) 3 Scenarios for the differentiation of the Circular Economy in Luxembourg in 2045. In: +IMPAKT UoL (ed) *NEXUS FUTURES Expert Working Paper 2*. Luxembourg.

Schosseler P, Tock C & Rasqué P. (2021) *Stratégie pour une économie circulaire Luxembourg. Strategie Kreeslafwirtschaft Lëtzebuerg*. Luxembourg: Le Gouvernement du Grand-Duché de Luxembourg, Ministère de l'Energie et de l'Aménagement du territoire, Ministère de l'Environnement, du Climat et du Développement Durable, Ministère de l'Economie.

Schosseler P, Schroeder J & Mulhall D. (2017) *Méthodes et outils pour la mise en œuvre de l'économie circulaire dans des zones d'activités économiques au*

Luxembourg. Luxembourg: +IMPAKT. URL: http://ecocirc-zae.lu [Zugriff am 07.04.2021].

Schröder P. (2020) Promoting a Just Transition to an Inclusive Circular Economy. In: House C (ed) *Working Paper Energy, Environment and Resources Programme*. London.

Schröder P, Anggraeni K & Weber U. (2019a) The relevance of circular economy practices to the sustainable development goals. *Journal of Industrial Ecology* 23: 77–95.

Schröder P, Bengtsson M, Cohen M, Dewick P, Hoffstetter J & Sarkis J. (2019b) Degrowth within – Aligning circular economy and strong sustainability narratives. *Resources, Conservation and Recycling* 146: 190–191.

Schröder P, Lemille A & Desmond P. (2020) Making the circular economy work for human development. *Resources, Conservation and Recycling* 156: 1–9.

Schulte U. (2013) New business models for a radical change in resource efficiency. *Environmental Innovation and Societal Transitions* 9: 43–47.

Schulz C. (2019) Die „Circular Economy" als Ausweg aus der Wachstumsfalle? In: Reckinger C und Urbé R (eds) *Caritas Sozial Almanach 2019. Schwéierpunkt: Qualitativen Wuesstem*. Luxemburg: Caritas, 235–242.

Schulz C. (2020a) Über die Ambivalenz des Teilens. Zur Rolle der Sharing Economy in Postwachstumsansätzen. *Politische Ökologie* 160: 66–71.

Schulz C. (2020b) Zur Wachstumsfixiertheit der Europäischen Union. Ein Diskussionsbeitrag. In: Lange B, Hülz M und Schmid B (eds) *Postwachstumsgeographien. Raumbezüge diverser und alternativer Ökonomien*. Bielefeld: Transcript, 307–313.

Schulz C, Dörrenbächer P, Pansch H. (2007) *Autoindustrie 2007 – Produktion, Forschung, Ausbildung*. Luxemburg: GR-Atlas, Universität Luxemburg. URL: https://gr-atlas.uni.lu/index.php/de/articles/wi55/au68

Schulz C & Affolderbach J. (2015) Grünes Wachstum und alternative Wirtschaftsformen. *Geographische Rundschau* 67: 4–9.

Schulz C & Bailey I. (2014) The Green Economy and Post-growth Regimes: Opportunities and Challenges for Economic Geography. *Geografiska Annaler Series B – Human Geography* 96: 277–291.

Schulz C, Hjaltadottir RE & Hild P. (2019) Practising Circles: Studying Institutional Change of Corporate Routines under Circular Economy Imperatives. *Journal of Cleaner Production* 237.

SDK. (2020) *SuperDrecksKëscht: Circular Economy*. URL: www.sdk.lu/index.php/de/circular-economy vorgestellt [letzter Zugriff 24.11.2020]

Seitz MA & Peattie K. (2004) Meeting the Closed-Loop Challenge: The Case of Remanufacturing. *California Management Review* 46: 74–89.

Shahbazi S, Wiktorsson M, Kurdve M, Jönsson C & Bjelkemyr M. (2016) Material efficiency in manufacturing: swedish evidence on potential, barriers and strategies. *Journal of Cleaner Production* 127: 438–450.

Shove E. (2014) Putting Practice into Policy: reconfiguring questions of consumption and climate change. *Contemporary Social Science* 9: 415–429.

Shove E. (2015) Linking low carbon policy and social practice. In: Strengers Y and Maller C (eds) *Social Practices, Intervention and Sustainability: Beyond behaviour change*. London: Routledge, 31–44.

Shove E. (2017) *Practice Theory Methodologies: Practice theory methodologies do not exist*. Blogeintrag. URL: https://practicetheorymethodologies.wordpress.com/2017/02/15/elizabeth-shove-practice-theory-methodologies-do-not-exist [Zugriff am 08.06.2020]

Shove E, Pantzar M & Watson M. (2012a) *The dynamics of social practice: Everyday life and how it changes*, London: Sage Publications.

Shove E, Pantzar M & Watson M. (2012b) Promoting Transitions in Practice, pp. 139–164. In: *The dynamics of social practice: Everyday life and how it changes*. London: Sage Publications, 139–164.

Shove E & Walker G. (2007) CAUTION! Transitions ahead: Politics, practice, and sustainable transition management. *Environment and Planning A* 39: 763–770.

Shove E & Walker G. (2010) Governing transitions in the sustainability of everyday life. *Research Policy* 39: 471–476.

Shove E, Walker G & Brown S. (2014) Transnational Transitions: The Diffusion and Integration of Mechanical Cooling. *Urban Studies* 51: 1506–1519.

Shove E, Walker G & Spurling N. (2015) Conceptualizing connections: Energy demand, infrastructures and social practices. *European Journal of Social Theory* 18: 274–287.

Shove E, Watson M, Hand M & Ingram J. (2007) *The Design of Everyday Life*, London, Oxford: Bloomsbury.

Simonis UE. (1993) Industrieller Metabolismus. *ökologisches Wirtschaften* 8: 5–7.

Singh P & Giacosa E. (2019) Cognitive biases of consumers as barriers in transition towards circular economy. *Management Decision* 57: 921–936.

Singh PK & Sarkar P. (2020) A framework based on fuzzy Delphi and DEMATEL for sustainable product development: A case of Indian automotive industry. *Journal of Cleaner Production* 246: 15 pp.

Singh RK, Murty HR, Gupta SK & Dikshit AK. (2012) An overview of sustainability assessment methodologies. *Ecological Indicators* 15: 281–299.

Smith KE. (2006) Problematising power relations in "elite" interviews. *Geoforum* 37: 643–653.

Smyth G & Croft J. (2006) Introduction: Culture and domestic space. In: Smyth G and Croft J (eds) *Our House: the Representation of Domestic Space in Modern Culture*. Editions Rodopi.

Sørensen F & Bærenholdt JO. (2020) Tourist practices in the circular economy. *Annals of Tourism Research* 85.

Sørensen F, Bærenholdt JO & Gjetting Møller Greve KA. (2020) Circular economy tourist practices. *Current Issues in Tourism* 23: 2762–2765.

Solow RM. (1974) Intergenerational equity and exhaustible resources. *Rev. Econ. Stud. Symposium*: 29–45.

Solow RM. (1986) On the intergenerational allocation of natural resources. *Scand. J. Econ.*, 88(1): 141–149.

Spangenberg JH & Lorek S. (2019) Sufficiency and consumer behaviour: from theory to policy. *Energy Policy* 129: 1070–1079.

Späth P & Rohracher H. (2012) Local demonstrations for global transitions – Dynamics across governance levels fostering socio-technical regime change towards sustainability. *European Planning Studies* 20: 461–479.

Spurling N, McMeekin A, Shove E, Southerton D & Welch D. (2013) Interventions in practice: re-framing policy approaches to consumer behaviour. *Sustainable Practices Research Group Report.*

Stahel WR. (1981) *Jobs for Tomorrow: The Potential for Substituting Manpower for Energy*: Vantage Press.

Stahel WR. (1982) *Product-Life Factor.*

Stahel WR. (1986) Hidden innovation – R & D in a sustainable society. *Science & Public Policy* 13: 196–203.

Stahel WR. (2005) The Functional Economy: Cultural and Organizational Change. *International Journal of Performability Engineering* 1: 121–130.

Stahel WR. (2012) The business angle of a circular economy – higher competitiveness, higher resource security and material efficiency. *EMF* 15.05.2012 (November 2012).

Stahel WR. (2013) Policy for material efficiency – sustainable taxation as a departure from the throwaway society. *Policy for material efficiency – sustainable taxation as a departure from the throwaway society* 371: 1–19.

Stahel WR. (2019) *The Circular Economy: A User's Guide,* London and New York: Routledge.

Stahel WR & Reday G. (1977) *The Potential for Substituting Manpower for Energy, research contract no 76/13-V/343/78-EN, Programme of Research and Actions on the Development of the Labour Market, DGV,* Commission of the European Communities. Brussels.

Stål HI & Corvellec H. (2018) A decoupling perspective on circular business model implementation: Illustrations from Swedish apparel. *Journal of Cleaner Production* 171: 630–643.

Stangl W. (2021) *Stichwort: „extrinsische Motivation"*. Available at: https://lexikon.stangl.eu/1951/extrinsische-motivation.

Statec. (2019a) *Luxembourg in figures 2019*. Luxembourg.

Statec. (2019b) *Rapport travail et cohésion sociale. L'état social et le bien-être de la société luxembourgeoise*. Luxembourg: Statec.

Statec. (2020) *Luxemburg in Zahlen 2020*. Luxembourg: Institut national de la statistique et des études économiques (Statec).

Statista. (2021). *Luxemburg: Anteile der Wirtschaftssektoren am Bruttoinlandsprodukt (BIP) von 2012 bis 2021*. Hamburg: Statista GmbH. URL: https://de.statista.com/statistik/daten/studie/277192/umfrage/anteile-der-wirtschaftssektoren-am-bruttoinlandsprodukt-bip-von-luxemburg [Zugriff am 23.09.2021]

Stoll E & Zimmer S. (2019) *Integrated analysis of agricultural practices in Luxembourg to determine their climate impact using the SMART-Farm tool*. Luxembourg: IBLA, 53.

Storper M, Kemeny T, Makarem N & Osman T. (2015) *The Rise and Fall of Urban Economies: Lessons from San Francisco and Los Angeles*: Stanford University Press.

Stoycheva S, Marchese D, Paul C, Padoan S, Juhmani A-s, Linkov I. (2018) Multi-criteria decision analysis framework for sustainable manufacturing in automotive industry. *Journal of Cleaner Production* 187: 257–272.

Strotz B. (2017) Masterplan „Wunne mat der Wooltz". Präsentation vom 23.03.2017. *Seminaire: D'Iddi vun den „éco-quartiers": nei Weeër goen bei Siedlungsprojeten*. Luxemburg: Mouvement écologique.

Su B, Heshmati A, Geng Y & Yu X. (2013) A review of the circular economy in China: moving from rhetoric to implementation. *Journal of Cleaner Production* 42: 215–227.

Suri H. (2011) Purposeful Sampling in Qualitative Research Synthesis. *Qualitative Research Journal* 11: 63–75.

Tanikawa H, Fishman T, Okuoka K & Sugimoto K. (2015) The weight of society over time and space: a comprehensive account of the construction material stock of Japan, 1945–2010. *Journal of Industrial Ecology* 19: 778–791.

Tecchio P, McAlister C, Mathieux F, Ardente F. (2017) In search of standards to support circularity in product policies: a systematic approach. *J. Clean. Prod.*, 168, pp. 1533–1546, 10.1016/j.jclepro.2017.05.198

Thewes G. (2017) *Großherzogtum Luxemburg A propos*. Luxembourg: Informations- und Presseamt der Luxemburger Regierung.

Thomsen A, van der Flier K & Nieboer N. (2015) Analysing obsolescence, an elaborated model for residential buildings. *Structural Survey* 33: 210–227.

TIR. (2016a) *The 3rd Industrial Revolution Strategy Study for the Grand Duchy of Luxembourg. Final TIR Strategy Study, 14 November 2016*. Luxembourg: The TIR Consulting Group, 475 pp.

TIR. (2016b) *The 3rd Industrial Revolution Strategy Study for the Grand Duchy of Luxembourg. Thematic summary*. Luxembourg: The TIR Consulting Group, 140 pp.

Todeschini BV, Nogueira Cortimiglia M, Callegaro-de-Menezes D & Ghezzi A. (2017) Innovative and sustainable business models in the fashion industry: Entrepreneurial drivers, opportunities, and challenges. *Business Horizons* 60: 759–770.

Truffer B, Murphy JT & Raven R. (2015) The geography of sustainability transitions: Contours of an emerging theme. *Environmental Innovation and Societal Transitions* 17: 63–72.

Tura N, Hanski J, Ahola T, Ståhle M, Piiparinen S, et al. (2019) Unlocking circular business: A framework of barriers and drivers. *Journal of Cleaner Production* 212: 90–98.

Vaara E & Whittington R. (2012) Strategy-as-practice: Taking social practices seriously. *Academy of Management Annals* 6: 285–336.

Vallance P. (2011) Relational and dialectical spaces of knowing: Knowledge, practice, and work in economic geography. *Environment and Planning A* 43: 1098–1117.

Van Assche K, Verschraegen G & Gruezmacher M. (2021) Strategy for collectives and common goods: Coordinating strategy, long-term perspectives and policy domains in governance. *Futures* 128: 1–13.

Vatn A. (2009) An institutional analysis of methods for environmental appraisal. *Ecological Economics* 68: 2207–2215.

Veenendaal W. (2020) When things get personal: How informal and personalized politics produce regime stability in small states. *Government and Opposition* 55: 393–412.

Velenturf APM & Purnell P. (2021) Principles for a sustainable circular economy. *Sustainable Production and Consumption* 27: 1437–1457.

Vermunt DA, Negro SO, Verweij PA, Kuppens DV & Hekkert MP. (2019) Exploring barriers to implementing different circular business models. *Journal of Cleaner Production* 222: 891–902.

von Bertalanffy L. (1950) An outline of general system theory. *The British Journal for the Philosophy of Science* 1: 134–165.

von Bertalanffy L. (1968) *General System Theory: Foundations, Development, Applications*: George Braziller Inc.

Walker AM, Opferkuch K, Lindgreen ER, Simboli A, Vermeulen WJV, Raggi A. (2021) Assessing the social sustainability of circular economy practices: industry perspectives from Italy and the Netherlands. *Sustainable Production and Consumption* 27: 831–844.

Warde A. (2005) Consumption and theories of practice. *Journal of Consumer Culture* 5: 131–153.

Warde A. (2014) After taste: culture, consumption and the theory of practice. *J. Consum. Cult.* 14: 279–303.

Wartenberg TE. (1990) *The forms of power: from domination to transformation*, Philadelphia: Temple University Press.

Washington H, Taylor B, Kopnina H, Cryer P & Piccolo JJ. (2017) Why ecocentrism is the key pathway to sustainability. *The Ecological Citizen* 1: 35–41.

Watson M. (2017) Placing power in practice theory. In: Hui A, Schatzki TR and Shove E (eds) *The Nexus of Practices. Connections, constellations, practitioners.* London: Routledge, 169–182.

Webster K. (2013) What might we say about a circular economy? Some temptations to avoid if possible. *World Futures* 69: 542–554.

WECOBIS. (2020) Ökologisches Baustoffinformationssystem. URL: www.wecobis.de [letzter Zugriff am 19.12.2020]

Welch D. (2016) Social practices and behaviour change. In: Spotswood F (ed) *Beyond behaviour change.* Bristol University Press, Policy Press, 237–255.

Welch D & Warde A. (2015) Theories of Practice and Sustainable Consumption. In: Reisch L and Thøgersen J (eds) *Handbook of Research on Sustainable Consumption.* Cheltenham, UK: Edward Elgar Publishing, 84–100.

Wells PE. (2004) Business models: The case of the automotive industry. *IIMB Management Review*: 15–24.

Wells PE. (2013a) *Business Models for Sustainability*: Edward Elgar Publishing Ltd.

Wells PE. (2013b) Sustainable business models and the automotive industry: A commentary. *IMB Management Review* 25: 228–239.

Wenger É. (1998) *Communities of Practice. Learning, Meaning, and Identity*: Cambridge University Press.

Werlen B. (1995) *Sozialgeographie alltäglicher Regionalisierungen Band 1: Zur Ontologie von Gesellschaft und Raum*, Stuttgart: Franz Steiner Verlag.

Werlen B. (1997) *Sozialgeographie alltäglicher Regionalisierungen Band 2: Globalisierung, Region und Regionalisierung*, Stuttgart: Franz Steiner Verlag.

Werlen B. (2001) Alltägliche Regionalisierungen. *Lexikon der Geographie*. Heidelberg: Spektrum Akademischer Verlag. URL: https://www.spektrum.de/lexikon/geographie/alltaegliche-regionalisierungen/265 [Zugriff am 27.01.2020].

Werlen B. (2010a) *Gesellschaftliche Räumlichkeit 1. Orte der Geographie*, Stuttgart: Franz Steiner Verlag.

Werlen B. (2010b) *Gesellschaftliche Räumlichkeit 2. Konstruktion geographischer Wirklichkeiten*, Stuttgart: Franz Steiner Verlag.

Wetzel A. (2005) Das Konzept der Pfadabhängigkeit und seine Anwendungsmöglichkeiten in der Transformationsforschung. *Arbeitspapiere des Osteuropa-Instituts (OEI), Arbeitsschwerpunkt Politik*. Berlin: Freie Universität Berlin.

Whalen KA, Berlin C, Ekberg J, Barletta I & Hammersberg P. (2018) "All they do is win": Lessons learned from use of a serious game for Circular Economy education. *Resources, Conservation and Recycling* 135: 335–345.

While A, Jonas AE & Gibbs DC. (2010) From sustainable development to carbon control: eco-state restructuring and the politics of urban and regional development. *Transactions of the Institute of British Geographers* 35: 76–93.

Wiemann J, Schäfer S & Faller F. (2019) Praxistheorien in der Wirtschaftsgeographie. In: Schäfer S und Everts J (eds) *Handbuch Praktiken und Raum*. Bielefeld: transcript Verlag, 299–316.

Wiltz. (2021) *Population de la commune de Wiltz – situation au 21.04.2021*, URL: www.wiltz.lu/fr/la-commune/informations-generales/chiffres-et-stati stiques [Zugriff am 05.10.2021].

Wiltz. (2018) *PAP – Projet d'aménagement particulier « nouveau quartier ». PAP Geetz – Quartier 2 – Masterplan « Wunne mat der Wooltz ». 20, rue Charles Lambert à Wiltz. Partie écrite 01.02.2018. Commune de Wiltz*, Luxembourg: Le Fonds du Logement.

Winchatz MR. (2006) Fieldworker or foreigner? Ethnographic interviewing in nonnative languages. *Field Methods* 18: 83–97.

Winner L. (1980) Do artifacts have politics? *Deadalus* 109: 121–136.

Witjes S & Lozano R. (2016) Towards a more circular economy: proposing a framework linking sustainable public procurement and sustainable business models. *Resources, Conservation & Recycling* 112: 37–44.

Wood S & Reynolds J. (2012) Managing communities and managing knowledge: strategic decision making and store network investment within retail multinationals. *Journal of Economic Geography* 12: 539–565.

Wright EO. (2010/2017) *Envisioning Real Utopias*, New York: Verso. Deutsche Ausgabe: Reale Utopien: Wege aus dem Kapitalismus (2027). Berlin: Suhrkamp Verlag.

Wu TZ, Ann TW, Shen L & Liu G. (2014) Quantifying construction and demolition waste: an analytical review. *Waste Management* 34: 1683–1692.

Wuyts W, Miatto A, Sedlitzky R & Tanikawa H. (2019) Extending or ending the life of residential buildings in Japan: A social circular economy approach to the problem of short-lived constructions. *Journal of Cleaner Production* 231: 660–670.

Yadav G, Luthra S, Kumar S, Kumar S & Rai DP. (2020) A framework to overcome sustainable supply chain challenges through solution measures of industry 4.0 and circular economy: An automotive case. *Journal of Cleaner Production* 254: 15 pp.

Yeung HW-c. (2003) Practicing new economic geographies: A methodological examination. *Annals of the Association of American Geographers* 93: 442–462.

York R & Rosa EA. (2003) Key challenges to ecological modernization theory: Institutional efficacy, case study evidence, units of analysis, and the pace of eco-efficiency. *Organization and Environment* 16: 273–288.

Zahlen P. (2015) *L'économie luxembourgeoise. Une histoire mouvementée*, Luxembourg.

Zhang LE & Guttormsen DSA. (2016) "Multiculturality" as a key methodological challenge during In-depth interviewing in international business research. *Cross Cultural & Strategic Management* 23: 232–256.

Ziesing HJ, Eichhammer W & Ewringmann D. (2009) *Weißbuch über die Erarbeitung einer Energiestrategie für Luxemburg*. Kurzfassung. Untersuchung im Auftrag des Wirtschafts- und Außenhandelsministeriums Luxemburg.

Zink T & Geyer R. (2017) Circular economy rebound. *Journal of Industrial Ecology* 21: 593–602.

ANHÄNGE

Anhang 1: Politische Dokumente aus Luxemburg mit einem Circular Economy Gedanken

Die folgende Übersicht ist chronologisch aufgebaut. Der Untersuchungszeitraum der vorliegenden Forschungsarbeit konzentriert sich auf die Jahre 2015–2019. Der Vollständigkeit halber sind auch Dokumente aufgeführt, die außerhalb dieses Zeitraums liegen.

Nr.	Kurztitel	Autorenschaft	Jahr*	Referenz-Kürzel
1.	Gesetz über den effizienten Umgang mit Energie	Regierung Luxemburg	1993	(GDL, 1993a)
2.	Gesetz zur Bekämpfung der Luftverschmutzung	Regierung Luxemburg	1993	(GDL, 1993b)
3.	Aktionsprogramm zur effizienten Nutzung von Energie sowie neuen und erneuerbaren Energien in Gemeinden	Regierung Luxemburg	1996	(GDL, 1996)
4.	Programm zur Reduzierung der SO_2-, NOx-, VOC- und NH_3-Emissionen	Umweltverwaltung	2008	(GDL, 2008b)
5.	Energiestrategie für Luxemburg	MECE**	2009	(Ziesing et al., 2009)
6.	Aktionsplan für erneuerbare Energie	Wirtschaftsministerium	2010	(GDL, 2010a)
7.	PNDD Luxemburg	MDDI***	2010	(GDL, 2010b)
8.	Abfallrahmenrichtlinie	Umweltverwaltung	2012	(GDL, 2012)
9.	Circular Economy Potenzialstudie Luxemburg	Environmental Protection Encouragement Agency (EPEA)	2014	(EPEA, 2014)
10.	Regierungsprogramm 2014–2018	Regierung Luxemburg	2014	(GDL, 2014)
11.	Bericht zur Umsetzung des PNDD von 2010	Regierung Luxemburg	2015	(GDL, 2015a)
12.	Leitfaden Bauprodukte	Luxembourg Institute of Science and Technology (LIST)	2015	(Beloussova et al., 2015)

Nr.	Kurztitel	Autorenschaft	Jahr*	Referenz-Kürzel
13.	Dritte industrielle Revolution (TIR[90])	The TIR Consulting Group	2016	(TIR, 2016a)
14.	Wasserrahmenrichtlinie	Wasserverwaltung	2017	(GDL, 2017a)
15.	Programm zur Umsetzung der Agenda 2030	Regierung Luxemburg	2017	(GDL, 2017b)
16.	Bericht zur Umsetzung der Agenda 2030	Regierung Luxemburg	2017	(GDL, 2017c)
17.	4. Energieeffizienzaktionsplan	Wirtschaftsministerium	2017	(GDL, 2017d)
18.	Gebäuderenovierungs-strategie	MECE	2017	(GDL, 2017e)
19.	Koalitionsvertrag 2018–2023	Regierung Luxemburg	2018	(GDL, 2018b)
20.	3. PNDD (Luxembourg 2030)	MDDI***	2018	(GDL, 2018d)
21.	Reformprogramm für intelligentes, nachhaltiges und integratives Wachstum (Luxemburg 2020)	Regierung Luxemburg	2018	(GDL, 2018 f)
22.	Abfall- und Ressourcenmanagementplan	Umweltverwaltung	2018	(GDL, 2018g)
23.	Regierungsprogramm 2018–2023	Regierung Luxemburg	2018	(GDL, 2018h)
24.	Entwurf eines integrierten nationalen Energie- und Klimaplans für Luxemburg	MEA**** und MECDD*****	2019	(GDL, 2019)

* Veröffentlichung des Abschlussberichts

** Ministerium für Wirtschaft und Außenhandel (MECE, operativ ca. 2009–2018), seitdem Ministerium für Wirtschaft (MECO)

*** Ministerium für Nachhaltige Entwicklung und Infrastrukturen (MDDI, operativ ca. 2010–2018)

**** Ministerium für Energie und Raumentwicklung (MEA, operativ seit 2019)

***** Ministerium für Umwelt, Klima und nachhaltige Entwicklung (MECDD, operativ seit 2019)

90 TIR: Third Industrial Revolution

Anhang 2: Presseartikel zu Themen der Circular Economy in Luxemburg

Im Rahmen der Arbeit wurde die Berichterstattung in der Presse zu Themen der Circular Economy kontinuierlich verfolgt. Die folgende Aufstellung enthält exemplarische Artikelverweise.

#	Titel des Beitrags	Erscheinungsort/-datum	Abriss des Inhalts
1	Économie circulaire: Valeur et valeurs	Woxx, 21.06.2016	Ein Beitrag über einen Besuch von W. McDonough in Luxemburg im Hörsaal der BGL-BNP-Paribas auf dem Kirchberg.
2	Le développement durable fait partie intégrante de notre quotidien	Greenworks, Zugriff am 09.11.2016	Das Ingenieurbüro Betic erhält den Green Business (Workplace) Award 2016.
3	Lancement d'une enquête de mobilité des entreprises de la région Sud	Paperjam, 28.11.2016	Das Ministerium für Nachhaltige Entwicklung und Infrastrukturen (MDDI) kündigt eine Mobilitäts-Studie an, um die Zugänglichkeit von Gewerbegebieten in der Südregion Luxemburgs zu prüfen.
4	Das Passivhaus wird zum Standard	Luxemburger Wort, 15.12.2016	Die LuxBuild-Initiative bietet Weiterbildungen für Handwerker an, um diese für die Passivbauweise auszurüsten.
5	Masterplan für Revalorisierung der Industriebrachen – Das neue Gesicht von Wiltz	Luxemburger Wort, veröffentlicht online am 25.01.2017 um 13.42 Uhr	Der Masterplan für Wunne mat der Wooltz wird vom Wohnungsbauministerium vorgestellt.
6	So schließt sich der Kreis – Wie UnternehmenRessourcen schonen	Luxemburger Wort, veröffentlicht am 14.04.2017 um 6.00 Uhr	Ein Bericht über das Ressourcenmanagement bei dem Luxemburger Hartmetallspezialisten Ceratizit.

#	Titel des Beitrags	Erscheinungsort/-datum	Abriss des Inhalts
7	Les éco-matériaux dans LENOZ	Neomag, veröffentlicht online bei Infogreen am 28.04.2017 um 4.00 Uhr	In einem Interview berichtet Dr.-Ing. M. Lichtmess von Goblet Lavandier & Associés von der Materialberücksichtigung im luxemburgischen Gebäudezertifizierungssystem LENOZ.
8	L'économie circulaire dans la construction, de la théorie à la pratique	Neomag, veröffentlicht online bei Infogreen am 29.05.2017 um 4.00 Uhr	Der Experte für Circular Economy im Bau, Romain Poulles von ProGroup, gibt ein Interview.
9	Rifkin et le développement durable: Et si on était ambitieux?	Woxx, 26.10.2017	Bericht über die Stellungnahme des Nationale Beirats für Nachhaltige Entwicklung (CSDD) zum Strategiebericht einer Dritten Industriellen Revolution Luxemburg
10	Vers une déconstruction sélective	Neomag, Ausgabe 12, Januar 2018	Interview mit C. Ehlert (LIST) und C.-A. Florentin (Luxinnovation) zu Rückbau-Projekten in Luxemburg.
11	„Ich bin generell gegen Abriss"	Luxemburger Wort, 05.05.2018	Prof. Dr. Hertweck spricht über Raumentwicklung in Luxemburg und plädiert für Verdichtung.
12	Herausforderungen im nachhaltigen Bauen – wie sieht die Umsetzbarkeit in Luxemburg aus?	Revue Technique Luxembourg, Ausgaben 1 und 2 2018	Die luxemburgischen Architekten Pit Kuffer und Anouk Godelet sprechen über ihre Visionen und Erfahrungen mit dem nachhaltigen Bauen.
13	Kreislaufwirtschaft made in Esch/Alzette	Luxemburger Wort, 12.07.2018	Bericht über das „Benu Village" auf der Place de la Frontière in Esch/Alzette.
14	Dossier Economie Circulaire	Merkur, Ausgabe Mai/Juni 2018	Auf elf Seiten widmet sich das Magazin der Handwerkskammer Luxemburg dem Thema Circular Economy, mit Beiträgen von Mitarbeitern u.a. des LIST, Luxinnovation, INDR, Gemeinde Wiltz.

#	**Titel des Beitrags**	**Erscheinungsort/-datum**	**Abriss des Inhalts**
15	Tri des déchets : une solution à portée des petits chantiers	veröffentlicht online bei Infogreen am 29.03.2019 um 4.00 Uhr	Ein Bericht über das Beratungsprogramm der SuperDrecksKëscht zum Baustellenmanagement.
16	Die zirkuläre Bauwirtschaft – Utopie oder Realität?	Forum, Ausgabe 397 *Metropolisierung*, 2019	P. Koppes und P. Schosseler von + Impakt schreiben als Circular Economy-Experten über die Bauwirtschaft.
17	Weg mit der Wegwerfmentalität	Luxemburger Wort, 24.10.2019	Benu Village expandiert: Die Werkstatt der „Benu Academy" in Esch ist fertiggestellt. Das Upcyceln von alten Möbeln steht im Mittelpunkt.
18	Die Gretchenfrage Ungebremstes Wachstum ohne Ende? Ökonomen und Verfechter einer alternativen Wirtschaftsordnung streiten sich über eine der zentralen Fragen der Zukunft.	Revue Nr. 46, 13.11.2019	Ein Bericht über Wachstum von S. Kunzmann. Im Anschluss folgt ein Gespräch mit T. Becker von der Universität Luxemburg über Raumplanung, Stadtentwicklung und die Wohnungsnot und Mobilitätskrise in Luxemburg.
19	Circular Innovation Hub – Wiltz setzt auf Aufklärung und Information	Zeitung fir Wooltz an d'Regioun, Ausgabe 3, September 2020	Im Oktober 2020 wird ein Informationszentrum zu Circular Economy-Projekten in Wiltz eröffnet.

Anhang 3: Interviewleitfaden der semistrukturierten (Unternehmens)Interviews

Anmerkung: Der Leitfaden ist in englischer Sprache ausgearbeitet worden und wurde nicht übersetzt. Die Fragen wurden frei übersetzt, wenn das Interview in einer anderen Sprache durchgeführt wurde (vgl. hierzu auch die Ausführungen in Kapitel 3.2.3 und Kapitel 3.3.3).

1. How do you understand Circular Economy and its meaning for your firm?
   - For the industry
   - region

Internal Factors

2. How has (or will) implementation of Circular Economy influenced activities in your firm?
   - Products
   - Management
   - Material and energy flows
   - Changes in regulations and external environment

External Factors

3. Does the company cooperate or share information relating to Circular Economy with partners outside the company?
   - Supply chain partners – use of resources, energy, procurement
   - Customer attitudes – demand pressure
4. Has your company participated in knowledge sharing relating to Circular Economy?
   - Consultancies
   - Civil societies
   - Government projects
   - Cooperation with universities
   - Trade unions or cluster activities

5. How do you expect Circular Economy to develop over the next few (5–10) years?
    - In your industry
    - Which industries/products will develop fastest/slowest
    - Main barriers for implementation
    - Incentives
6. Which activities towards Circular Economy have you implemented in your company?

Anhang 4: Übersicht der 75 Interviews

__Legende__:

1 = Interview-Kürzel;
2 = Datum des Interviews;
3 = Ort bzw. Modus des Interviews (AP = Arbeitsplatz; T = Telefonat; UL = Universität Luxemburg);
4 = anwesende Forscher (Prof = Professor; Postdoc = Postdoktorandin; PhD = Doktorandin);
5 = Interview-Sprache (D = Deutsch, E = Englisch, F = Französisch);
6 = Audioaufnahme (J = Ja, N = Nein);
7 = Arbeitsbereich des Interviewpartners;
8 = Position des Interviewpartners (Oberes Management (O), Mittleres Management (M));
9 = Anzahl der Interviewpartner;
10 = Geschlecht der Interviewpartner (g = gemischt, m = männlich, w = weiblich)

#	1	2	3	4*	5	6	Interviewpartner			
							7	8	9	10
1	EI-LU-1	03-2017	AP	Prof, Postdoc, PhD	E	N	Regionalentwicklung (öffentlich)	Manager*in	1	w
2	EI-LU-2	07-2017	AP	Prof, Postdoc, PhD	E	N	Innovationsagentur (öffentlich)	Manager*in	1	m
3	EI-LU-3	07-2017 & 02-2018	Café	PhD	D	N	Beratung	Berater*in	1	m
4	EI-LU-4	09-2017	AP	PhD	D	N	Forschung	Professor*in	1	m
5	EI-LU-5	09-2017	UL	PhD	E	N	Forschung	Professor*in	1	m
6	EI-LU-6	09-2017 & 02-2018	AP	PhD	D	N	Forschung	Professor*in	1	w
7	EI-LU-7	10-2017	AP	PhD	D	N	Forschung	Wissenschaftler*in	1	m
8	EI-LU-8	10-2017	T	PhD	D	N	Forschung	Manager*in	1	w
9	EI-LU-9	10-2017	UL	Prof, Postdoc, PhD	E	N	Innovationsagentur (öffentlich)	Manager*in	1	m
10	EI-LU-10	11-017	UL	Prof, Postdoc, PhD	E	N	Innovationsagentur (öffentlich)	Manager*in	1	m
11	EI-LU-11	11-2017	AP	Prof, Postdoc, PhD	E	N	Behörde/öffentliche Verwaltung	Beamter/Beamtin	1	m

#	1	2	3	4*	5	6	Interviewpartner			
							7	8	9	10
12	EI-LU-12	11-2017	AP	Prof, Postdoc, PhD	E	N	Behörde/öffentliche Verwaltung	Beamter/Beamtin	5	g
13	EI-LU-13	11-2017	AP	Prof, Postdoc, PhD	E	N	Behörde/öffentliche Verwaltung	Beamter/Beamtin	2	g
14	EI-LU-14	12-2017	UL	Postdoc, PhD	E	N	Forschung	Wissenschaftler*in	1	w
15	EI-LU-15	12-2017	Café	PhD	F	N	Regionalentwicklung (nicht-öffentlich)	Manager*in	1	m
16	EI-LU-16	01-2018	AP	PhD	F	N	Forschung	Wissenschaftler*in	3	g
17	SI-LU-FA-1	02-2018	AP	PhD	D	J	Zulieferunternehmen	Manager*in (M)	1	m
18	SI-LU-FA-2	03-2018	AP	PhD	E	J	Zulieferunternehmen	Manager*in (O)	1	m
19	SI-LU-FA-3	03-2018	AP	PhD	F	J	Zulieferunternehmen	Manager*in (O)	1	m
20	SI-LU-FA-4	03-2018	AP	PhD	D	J	Zulieferunternehmen	Manager*in (O)	1	m
21	SI-LU-FA-5	04-2018	AP	PhD	D	N	Zulieferunternehmen	Manager *in (O)	1	m
22	SI-LU-FA-6	05-2018	AP	PhD	F	J	Zulieferunternehmen	Manager *in (O)	1	m
23	SI-LU-FA-7	05-2018	AP	PhD	D	J	Zulieferunternehmen	Manager *in (O)	1	m
24	SI-LU-FA-8	06-2018	AP	PhD	D	J	Zulieferunternehmen	Manager*in (M)	1	m
25	SI-LU-FA-9	07-2018	AP	PhD	D	J	Industrieunternehmen	Manager*in (O)	1	m
26	SI-LU-FB-10	02-2018	AP	PhD	D	J	Hochbau	Qualitätsmanager*in	1	m
27	SI-LU-FB-11	02-2018	AP	PhD	D	J	Materialhersteller	Berater*in (M)	1	m
28	SI-LU-FB-12	02-2018	AP	PhD	D	J	Architekturbüro	Architekt*in (O)	1	m
29	SI-LU-FB-13	03-2018	AP	PhD	D	J	Materialhersteller	Manager*in (O)	1	m
30	SI-LU-FB-14	03-2018	AP	PhD	D	J	Behörde/öffentliche Verwaltung	Manager*in (O)	1	m

#	1	2	3	4*	5	6	Interviewpartner			
							7	8	9	10
31	SI-LU-FB-15	03-2018	AP	PhD	D	J	Architekturbüro	Architekt*in (O)	1	m
32	SI-LU-FB-16	03-2018	AP	PhD	D	J	Materialhersteller	Manager*in (O)	1	m
33	SI-LU-FB-17	03-2018	AP	PhD	D	J	Ingenieurbüro	Manager*in (O)	1	m
34	SI-LU-FB-18	03-2018	AP	PhD	D	J	Architekturbüro	Architekt*in (O)	1	m
35	SI-LU-FB-19	04-2018	Café	PhD	D	J	Hochbau	Berater*in (M)	1	m
36	SI-LU-FB-20	04-2018	AP	PhD	D	J	Materialhersteller	Manager*in (O)	1	m
37	SI-LU-FB-21	05-2018	AP	PhD	D	J	Unterauftragnehmer	Manager*in (O)	1	m
38	SI-LU-FB-22	05-2018	AP	PhD	D	J	Architekturbüro	Architekt*in (O)	1	m
39	SI-LU-FB-23	05-2018	AP	PhD	F	J	Weiterbildungsunternehmen	Manager*in (O)	1	m
40	SI-LU-FB-24	05-2018	AP	PhD	D	J	Bauberatung	Architekt*in	1	w
41	SI-LU-FB-25	05-2018	AP	PhD	F	J	Ingenieurbüro	Manager*in (O)	1	m
42	SI-LU-FB-26	05-2018	AP	PhD	D	J	Unterauftragnehmer	Manager*in (O)	1	m
43	SI-LU-FB-27	06-2018	AP	PhD	D	J	Architekturbüro	Architekt*in (O)	1	w
44	SI-LU-FB-28	06-2018	UL	PhD	D	J	Architekturbüro	Architekt*in (O)	1	m
45	SI-LU-FB-29	06-2018	AP	PhD	D	J	Hochbau	Manager*in (M)	1	m
46	SI-LU-FB-30	06-2018	AP	PhD	D	J	Hochbau	Manager*in (O)	2	g
47	SI-LU-FB-31	06-2018	AP	PhD	D	J	Projektmanagement	Manager*in (O)	1	m
48	SI-LU-FB-32	07-2018	AP	PhD	F	N	Materialhersteller	Manager*in (O)	1	w
49	SI-LU-FB-33	07-2018	AP	PhD	D	J	Hochbau	Manager*in (M)	1	m
50	SI-LU-FB-34	07-2018	Café	PhD	D	N	Projektmanagement	Architekt*in	1	w
51	SI-LU-FB-35	07-2018	AP	PhD	D	J	Hochbau	Manager*in (M)	1	m
52	SI-LU-FB-36	07-2018	AP	PhD	F	J	Hochbau	Manager*in (O)	2	w
53	SI-LU-FB-37	07-2018	AP	PhD	F	J	Unterauftragnehmer	Manager*in (O)	1	m
54	SI-LU-FB-38	07-2018	AP	PhD	D	J	Projektmanagement	Manager*in (O)	1	m
55	SI-LU-FB-39	09-2018	AP	PhD	D	J	Projektmanagement	Manager*in (M)	1	m
56	SI-LU-AE-40	04-2018	Café	PhD	F	J	Unternehmensberatung	Manager*in (O)	1	m

57	SI-LU-AE-41	05-2018	AP	PhD	D	J	Transportunternehmen	Manager*in (O)	2	w
58	SI-LU-AE-42	05-2018	AP	PhD	E	J	Unternehmensberatung	Manager*in (M)	3	g
59	SI-LU-AE-43	05-2018	AP	PhD	F	J	Unternehmensberatung	Manager*in (O)	1	m
60	SI-LU-AE-44	06-2018	Café	PhD	D	J	Unternehmensberatung	Manager*in (O)	1	m
61	SI-LU-AE-45	06-2018	Café	PhD	D	J	Unternehmensberatung	Berater*in	1	w
62	SI-LU-AE-46	06-2018	AP	PhD	D	J	Kammer	Berater*in	1	w
63	SI-LU-AE-47	06-2018	AP	PhD	D	J	Kammer	Berater*in	1	m
64	SI-LU-AE-48	06-2018	AP	PhD	F	J	Verband	Manager*in (M)	1	m
65	SI-LU-AE-49	07-2018	Café	PhD	D	J	Abfallmanagement	Manager*in (M)	2	m
66	SI-LU-AE-50	07-2018	AP	PhD	D	J	Industrieunternehmen	Manager*in (M)	2	m
67	SI-LU-WE-51	09-2019	AP	PhD	D	N	Behörde/öffentliche Verwaltung	Beamter*in	1	m
68	SI-LU-WE-52	10-2019	AP	PhD	D	N	Behörde/öffentliche Verwaltung	Vertreter*in	2	m
69	SI-LU-WE-53	10-2019	Café	PhD	D	N	Innovationsagentur (öffentlich)	Manager*in	1	m
70	SI-LU-WE-54	11-2019	Café	PhD	F	N	Industrieunternehmen	Industrieunternehmens-vertreter*in (M)	1	w
71	SI-LU-WE-55	11-2019	T	PhD	D	N	Behörde/öffentliche Verwaltung	Beamter*in	1	m
72	SI-LU-WE-56	11-2019	Café	PhD	D	N	Transitionsbewegung	Mitglied	1	w
73	SI-LU-WE-57	12-2019	UL	PhD	D	N	Transitionsbewegung	Mitglied	1	w
74	SI-LU-WE-58	12-2019	AP	PhD	D	N	Behörde/öffentliche Verwaltung	Beamter*in (O)	1	w
75	SI-LU-WE-59	12-2019	AP	PhD	F	N	Behörde/öffentliche Verwaltung	Manager*in (O)	2	m

Anhang 5: Exemplarisches Anschreiben zur Rekrutierung von Interviewpartnern

Sehr geehrter Herr Experte/Sehr geehrte Frau Expertin,

Mein Name ist Paula Hild und ich arbeite am Geographischen Institut der Universität Luxemburg. Im Rahmen des Forschungsvorhabens CIRCULAR würde ich gerne ein Interview mit Ihnen führen.

CIRCULAR ist ein dreijähriges Projekt, das vom Nationalen Forschungsfonds Luxemburg (FNR) gefördert wird und im April 2017 begonnen hat. Im Mittelpunkt des Projekts stehen Unternehmen des Bausektors und der Automobilzulieferindustrie und wie sie auf die aktuelle politische Diskussion in Luxemburg zum Thema der „Circular Economy" (économie circulaire, Kreislaufwirtschaft) reagieren.

Gerne würde ich mich mit Ihnen über diese Thematik unterhalten. Das Interview wird ungefähr eine Stunde dauern und eher an eine offene Unterhaltung erinnern als an eine Befragung. Folgende Themen sind von Interesse:

- Nachhaltige und zirkuläre Praktiken in Ihrem Unternehmen,
- Einfluss der „Circular Economy" für die Branche,
- Hindernisse und Herausforderungen der „Circular Economy".

Zu einem späteren Zeitpunkt werden im Rahmen des Projekts auch Workshops veranstaltet werden, um die Ergebnisse vorzustellen und zu diskutieren.

Für zusätzliche Informationen zu dem Forschungsvorhaben, verweise ich auf den Projektflyer im Anhang dieser E-Mail und auf die Webseite des Projekts: https://circular.uni.lu.

Stünden Sie für ein Interview diese Woche zur Verfügung? Gerne komme ich für ein Gespräch zu Ihnen in die Firma.

Mit freundlichen Grüßen
Paula Hild

Department für Geographie und Raumplanung
Universität Luxemburg
E-Mail
Telefon

Anhang 6: Informationsflyer zum CIRCULAR-Projekt

CIRCULAR

Challenges for the implementation of Circular Economy policies: practices, institutions and hybrid intersections

circular.uni.lu

Circular Economy – Luxembourg and Sweden

The main objective of the project is to assess the challenges and opportunities of implementing Circular Economy (CE) policies at the regional level. Following EU's pledge for zero waste policies, many countries are currently conceiving innovative approaches to change production and consumption processes by closing loops of energy and material flows. We want to identify the current dynamics, challenges, and barriers in these implementation processes by studying the role of firms, business associations, public authorities, and civil society organisations in this endeavour. Case study regions are the Grand Duchy of Luxembourg and Västra Götaland in Sweden. In both regions, we will inquire into the building sector, the automotive supply industry as well as into local initiatives (food cycles, repair workshops). We aim at working closely with partners in the regions both in the further conception of our research as well as in the reflection of its findings, which might help to evaluate and possibly readjust related policy instruments.

For further information, visit the project website circular.uni.lu

Also, feel free to contact us:

Project leader:	Project Coordinator:	Researcher:
Name	Name	Name
Tel:	Tel:	Tel:
e-mail:	e-mail:	e-mail:

CIRCULAR is funded by

uni.lu UNIVERSITÉ DU LUXEMBOURG

Fonds National de la Recherche Luxembourg

Anhang 7: Einverständniserklärung zur Aufzeichnung und Weiternutzung der Interviewdaten

RESEARCH PARTICIPANT CONSENT FORM

For interviews in the research project:

Challenges for the implementation of Circular Economy policies: practices, institutions, and hybrid intersections

CIRCULAR

Thank you for agreeing to participate in the CIRCULAR project. Ethical research procedures of the University of Luxembourg require that all persons interviewed sign an explicit consent form agreeing to be interviewed and to the conditions of how the information will be used.

I have been informed by .... orally and in writing on the nature as well as the potential consequences and risks of the study within the scope of the above-mentioned project, and I had sufficient opportunity to clarify any questions.

I have been informed that I am entitled to withdraw my consent at any time without giving reasons and without negative consequences to myself. Furthermore, I can object to a further processing of my data and samples, as well as request these to be deleted.

I agree that data concerning my person collected within the scope of the study are used for scientific purposes only, including any future research, and are treated as strictly confidential according to the regulations of the Data Protection Act.

PARTICIPANT

Family name: ______________________________ First name: __________________

Place & date: ____

Signature of the participant: ____

RESEARCHER

I have informed the above-mentioned participant orally and in writing regarding the nature as well as the potential consequences and risks of the study, and that I have given the participant the opportunity to ask any questions. In addition, the participant received a copy of the information sheet(s) and of this consent form.

Name: ____

Place & date: ____

Signature of the researcher: ____

Anhang 8: Erste Kodier-Ebene (12 Themen/Motive)

1	**Kurzname**	**Definition**
	Langname	Konzeptualisierung der Circular Economy
	Beschreibung	Beschreibung des Konzepts der Circular Economy (Theorie) und der Erfahrungen des Interviewten mit zirkulären Konzepten (Praktiken).
	Beispiele	Theoretische Konzeptbeschreibungen; Beispiele was eine Circular Economy ist oder sein könnte
2	**Kurzname**	**Material und Abfall**
	Langname	Materialmanagement im Unternehmen, Abfallvermeidung und Recycling
	Beschreibung	Beschreibung von Praktiken, Plänen oder Überlegungen in Bezug auf Materialien und deren Management während ihres Gebrauchs und am Lebensende. Dies beinhaltet auch regulative Aspekte, die mit der Thematik in Verbindung stehen.
	Beispiele	Nutzung von Sekundärrohstoffen; Umgang mit Verschnitt und Abfällen im Produktionsprozess; Sortierung oder Behandlung von Abfällen (inkl. Upcycling); Vermeidung von Abfällen; ressourcenschonende Verpackungskonzepte
3	**Kurzname**	**Energie**
	Langname	Praktiken des Energieverbrauchs im Unternehmen
	Beschreibung	Beschreibung der Produktion, Nutzung und Speicherung von Energie im Unternehmen. Beschreibung der Praktiken zur Senkung des Energieverbrauchs, zur Weiternutzung überschüssiger Energie oder zur Nutzung erneuerbarer Energien unter Berücksichtigung der gesamten Produktions- und Lieferketten.
	Beispiele	Nutzung der Abwärme aus einem Produktionsprozess; Maßnahmen zur Verringerung des CO_2-Fußabdrucks und anderer Emissionen; Umstellung auf umweltfreundliche Firmenwagen oder andere Transportmethoden; Elektromobilität; Steigerung der Energieeffizienz in der Produktion
4	**Kurzname**	**Motivationen/Barrieren**
	Langname	Motivationen und Barrieren zirkuläre Praktiken umzusetzen
	Beschreibung	Beschreibung von Schwierigkeiten bei der Umsetzung von Circular Economy(-Praktiken) in Unternehmen, der Branche oder der Region. Anreize für Unternehmen, zirkuläre Praktiken einzuführen.

	Beispiele	Gründe des Unternehmens, zirkuläre Praktiken einzuführen bzw. nicht-einzuführen; Gründe oder Hörensagen warum andere Unternehmen/Branchen/Regionen sich engagieren oder eben nicht
5	**Kurzname**	**Design**
	Langname	Produkt- und Prozessdesign für eine Circular Economy
	Beschreibung	Beschreibung von Produkt-, Prozess- oder Service-Designpraktiken für eine Circular Economy. Pläne oder informelle Gespräche über die Änderung von Designprozessen oder Lebenszyklen von Produkten.
	Beispiele	Design für Rezyklierfähigkeit/Rückbaufähigkeit; Verlängerung der Lebensdauer von Produkten; Reparaturfähigkeit; kollaborative oder partizipative Designprozesse; Building Information Modeling (BIM); modulare Gebäudekonzepte
6	**Kurzname**	**Einkauf**
	Langname	Einkaufspraktiken im Unternehmen für eine Circular Economy
	Beschreibung	Einkaufspraktiken, die zirkuläre Produkte oder Produkte bevorzugen, die ressourcenschonend hergestellt wurden, repariert oder umweltschonend rezykliert werden können. Pläne oder Überlegungen die Einkaufspraktiken entsprechend zu verändern.
	Beispiele	Bewertungsmatrix unter Berücksichtigung von Circular Economy-Kriterien
7	**Kurzname**	**Transport und Logistik**
	Langname	Transport- und Logistikpraktiken im Unternehmen für eine Circular Economy
	Beschreibung	Transport- und Logistikpraktiken, die ressourcenschonend sind. Pläne oder Überlegungen die Praktiken im Unternehmen entsprechend zu verändern.
	Beispiele	Nachhaltiger Modalsplit; Regionallager; Transport auf Nachfrage; sanfte Mobilitätskonzepte
8	**Kurzname**	**Wissen und Kooperation**
	Langname	Praktiken des Lernens und des Wissenstransfers sowie der-Zusammenarbeit für eine Circular Economy
	Beschreibung	Beschreibung wie die Mitarbeiter und das Unternehmen Wissen über die Circular Economy erworben haben. Beschreibung der Kanäle und Plattformen, die das Unternehmen nutzt, um sich über zirkuläre Wertschöpfung auszutauschen (inkl. der gesetzlichen Rahmenbedingungen).
	Beispiele	Mitarbeiterschulungen zu Themen der Circular Economy; Cluster-Initiativen; Teilnahme an Forschungs- und/oder Entwicklungsprojekten zu Themen der Circular Economy

9	**Kurzname**	**Geschäftsmodelle**
	Langname	Zirkuläre Geschäftsmodelle
	Beschreibung	Die zirkulären Geschäftsmodelle können sich in verschiedenen Phasen der Umsetzung befinden, von Überlegungen zu zukünftigen Aktivitäten oder Plänen bis hin zu etablierten Praktiken im Unternehmen. Die Geschäftsmodelle können vorsehen, den Verkauf von Produkten aufzugeben und diese nur noch zu vermieten.
	Beispiele	Rücknahmesysteme von Produkten am Lebensende; Leasingprogramme
10	**Kurzname**	**Soziale Unternehmensverantwortung**
	Langname	Praktiken im Rahmen der sozialen Verantwortung von Unternehmen (Social Corporate Responsibility, CSR)
	Beschreibung	Praktiken, die zur Wahrung des Wohlbefindens der Mitarbeiter, der Kunden und Unterauftragnehmer beitragen. Pläne und Überlegungen des Unternehmens, soziale Verantwortung für direkte oder indirekte Unternehmensaktivitäten zu übernehmen.
	Beispiele	CSR-Label; CSR-Charta; faire Preise; faire Löhne; lokal oder regional produzieren; Lohnzusatzleistungen; Kontakte mit zivilgesellschaftlichen Initiativen
11	**Kurzname**	**Staat und Regierung**
	Langname	Die Rolle des Staates im Wandelprozess zu einer Circular Economy
	Beschreibung	Maßnahmen der Regierung, um die Circular Economy voranzutreiben, z. B. regulatorischen Maßnahmen.
	Beispiele	Staatliche Zertifizierungssysteme (z. B. Lenoz); Förderprogramme (z. B. Fit 4 Circularity); Pilotprojekte
12	**Kurzname**	**Zukunft der Circular Economy**
	Langname	Zukünftige Entwicklungen der Circular Economy im Unternehmen, im Sektor und/oder in der Region
	Beschreibung	Subjektive Projektionen zukünftiger Entwicklungen bzw. Weiterentwicklungen der Circular Economy. Welche Szenarien könnten entstehen? Welche Implementierungen könnten erfolgen?
	Beispiele	Gebäudepass wird obligatorisch; Energieautonomie für die Großregion

Anhang 9: Zweite Kodier-Ebene

1	**Definition**	**Was bedeutet Circular Economy für das Unternehmen?**
2. Kodier-Ebene	unbekannt	Der Begriff ist kaum bekannt.
	eng	Eingeschränktes Verständnis des Konzepts – Schwerpunkt Ökobilanz oder Recycling, z. B. Materialfokus; beschränkt auf (ein) Gebäude/das Unternehmen
	breit	Gutes Verständnis des Konzepts; z. B. nicht nur bezogen auf (ein) Gebäude, sondern eine systemische Sicht auf das Zusammenspiel verschiedener Akteure auf städtischer oder sogar nationaler Ebene
2	**Material und Abfall**	**Wie arbeitet das Unternehmen auf ein zirkuläres Materialmanagement hin?**
2. Kodier-Ebene	Trennung	Getrennte Abfallerfassung
	Wiederverwendung	Materialien werden weiter- und wiederverwendet
	Vermeidung	Vermeidung des Einsatzes unnötiger Materialien, Abfallvermeidung durch optimierte Planung und Beschaffung
	Strategie	Allumfassendes Materialmanagement (Trennung, Wiederverwendung, Vermeidung)
	Sonstiges	Praktiken, die nicht zu den anderen Kategorien passen
3	**Energie**	**Energiebezogene Praktiken im Unternehmen für den Übergang zu einer Circular Economy**
2. Kodier-Ebene	Bilanz	Bilanzierung der Energieflüsse, um deren Management zu optimieren, ev. auch die Erfassung von Emissionen bzw. Erstellung einer CO_2-Bilanz
	Prozess	Energieverbrauch in der Produktion verringern bzw. Energieeffizienz erhöhen
	Erneuerbare	Nutzung erneuerbarer Energiequellen, z. B. grünen Strom
	Produktion	Energiegewinnung aus Abwärme, Produktion von Energie vor Ort/im Unternehmen, alternative Energiequellen
	Sonstiges	Praktiken, die nicht zu den anderen Kategorien passen
4a	**Motivationen**	**Welche Motive hat das Unternehmen, Circular Economy-Praktiken umzusetzen?**
2. Kodier-Ebene	Nachfrage	Direkte Nachfrage von Kunden, die nach zirkulären Lösungen fragen und bereit sind, dafür einen höheren Preis zu bezahlen (inkl. öffentliches Beschaffungswesen)
	Gesellschaft	Allgemeine Wertvorstellungen der Gesellschaft, einschließlich der Sicht der Mitarbeiter
	Steuern	Steuerliche oder andere regulatorische Anreize – Steuervorteile für Elektroautos, Erlaubnis auf der Busspur zu fahren, Subventionen für Sonnenkollektoren

	Bonus	Anreize für Verbesserungen, z. B. Steigerung der Energieeffizienz, Einsatz nachhaltiger und zirkulärer Materialien
	Staat	Teilnahme an einem Leuchtturmprojekt mit finanziellen Anreizen oder Forschungsprojekt, das teilweise subventioniert wird
	Materialien	Preis oder Verfügbarkeit von Materialien – Einsatz von Sekundärrohstoffen, um Preisschwankungen oder Verfügbarkeit von Rohstoffen auszugleichen; Einsatz alternativer Materialien
	Sonstiges	Motive, die nicht zu den anderen Kategorien passen
4b	**Barrieren**	**Welche Barrieren sieht das Unternehmen, Circular Economy-Praktiken umzusetzen?**
2. Kodier-Ebene	Gesetze	Gesetze und Vorschriften, die das ausarbeiten und umsetzen von Circular Economy-Praktiken behindern
	Sektor	Institutionen des Sektors, die eine Circular Economy behindern (inkl. blockierender Machtverhältnisse)
	Unternehmen	Institutionen oder Aktivitäten des Unternehmens, die eine Circular Economy behindern (inkl. risikoscheues Verhalten)
	Wissen	Mangelndes Wissen über die Möglichkeiten der Circular Economy, z. B. von neuen Technologien oder Materialien
	Kosten	Zusatzkosten, die durch Circular-Economy-Praktiken entstehen, z. B. Entwicklungskosten, höhere Materialkosten, Kauf neuer Maschinen
	Infrastruktur	Fehlen einer notwendigen Infrastruktur, z. B. einer funktionierenden Lieferkette
	Sonstiges	Barrieren, die nicht zu den anderen Kategorien passen
5	**Design**	**Arbeitet das Unternehmen an zirkulären Designpraktiken, z. B. in Zusammenarbeit mit Architekten oder anderen Experten?**
2. Kodier-Ebene	Einsteiger	Überhaupt nicht, es wurden keine zirkulären Designpraktiken umgesetzt, ev. wurden erste Überlegungen diesbezüglich angestellt
	Amateur	Es wurden Szenarien für zirkuläre Designpraktiken erstellt, einige erste Änderungen oder Anpassungen wurden bereits umgesetzt.
	Profi	Zirkuläre Designpraktiken werden strategisch und/ oder systematisch umgesetzt, z. B. verlängerte Produktlebensdauer
	Einsteiger	Überhaupt nicht, es wurden keine zirkulären Designpraktiken umgesetzt, ev. wurden erste Überlegungen diesbezüglich angestellt

6	**Beschaffung**	**Arbeitet das Unternehmen an einem zirkulären Beschaffungswesen?**
2. Kodier-Ebene	Einsteiger	Überhaupt nicht, es wurden keine zirkulären Einkaufspraktiken umgesetzt, ev. wurde nach lokalen Lieferanten gesucht
	Amateur	Es wurden Szenarien für zirkuläre Einkaufspraktiken erstellt, einige erste Änderungen oder Anpassungen wurden bereits umgesetzt.
	Profi	Zirkuläre Einkaufspraktiken werden strategisch und/oder systematisch umgesetzt, z. B. Auswahlkriterien für zirkuläre Materialien
7	**Transport und Logistik**	**Arbeitet das Unternehmen an zirkulären Transport- und Logistikpraktiken?**
2. Kodier-Ebene	Einsteiger	Überhaupt nicht oder in Diskussion
	Amateur	Es wurden Szenarien für zirkuläre Transport- und Logistikpraktiken erstellt, einige erste Änderungen oder Anpassungen wurden bereits umgesetzt, z. B. innerbetriebliche Anreizprogramme für die Nutzung des öffentlichen Transports.
	Profi	Zirkuläre Transport- und Logistikpraktiken werden strategisch und/oder systematisch umgesetzt, z. B. keine innereuropäischen Flugreisen
8	**Wissen und Kooperation**	**Praktiken der Kooperation und des Wissenstransfers für eine Circular Economy**
2. Kodier-Ebene	Sektor	Kooperations- und Austauschaktivitäten innerhalb des Sektors und/oder über Branchenverbände
	Experten	Experten außerhalb des Unternehmens werden zu Themen der Circular Economy hinzugezogen
	Forschung	Zusammenarbeit mit Universitäten oder anderen Forschungs-einrichtungen für die Entwicklung von Methoden, Prozessen oder Produkten für eine Circular Economy
	Regierung	Beteiligung an der Ausarbeitung von Gesetzen und/oder Arbeitsgruppen, die von Ministerien und Verwaltungen initiiert wurden
	Sonstiges	Praktiken, die nicht zu den anderen Kategorien passen
9	**Geschäfts-modelle**	**Hat das Unternehmen zirkuläre Geschäftsmodelle?**
2. Kodier-Ebene	Einsteiger	Überhaupt nicht oder frühe Diskussion
	Amateur	Es wurden Szenarien für zirkuläre Geschäftsmodelle erstellt, einige erste Änderungen oder Anpassungen wurden bereits umgesetzt.
	Profi	Zirkuläre Geschäftsmodelle werden strategisch und/oder systematisch umgesetzt
	Einsteiger	Überhaupt nicht oder frühe Diskussion

10	**Soziale Unternehmens-verantwortung**	**Praktiken der sozialen Verantwortung innerhalb des Unternehmens bzw. für Geschäftsaktivitäten**
2. Kodier-Ebene	Kunden	Praktiken, die sich auf Kunden konzentrieren, z. B. Sicherheit, externe Kommunikation
	Mitarbeiter	Praktiken, die sich auf die Mitarbeiter konzentrieren, z. B. Sicherheit, interne Kommunikation, Anreizprogramme
	Gesellschaft	Praktiken, die sich auf die Gesellschaft oder den Naturschutz konzentrieren
	Sonstiges	Praktiken, die nicht zu den anderen Kategorien passen
11	**Staat und Regierung**	**Welche Rolle übernimmt der Staat/die Regierung in einer Circular Economy – oder sollte er/sie übernehmen?**
2. Kodier-Ebene	Gesetze	Gesetze und Vorschriften für eine Circular Economy entwickeln
	Beschaffung	Einführung eines zirkulären öffentlichen Beschaffungswesens
	Vernetzung	Vernetzung verschiedener Akteure zu Themen der Circular Economy
	Wissen	Bereitstellung von Wissen und Informationen zur Circular Economy, Pilotprojekte
	Finanzierung	Bereitstellung finanzieller Mittel zur Umsetzung der Circular Economy in Unternehmen
	Sonstiges	Praktiken, die nicht zu den anderen Kategorien passen.
12	**Zukunft der Circular Economy**	**Wie wird die Zukunft der Circular Economy gesehen?**
2. Kodier-Ebene	Problematisch	Es wird Probleme und Hindernisse bei der Umsetzung der Circular Economy geben.
	Potenziale	Das Konzept der Circular Economy hat Potenziale. Unternehmen können Vorteile aus Circular Economy-Praktiken ziehen.
	Überzeugt	Die Circular Economy ist das Konzept der Zukunft. Kein anderes Konzept bringt vergleichbare Vorteile.
	Sonstiges	Meinungen, die nicht zu den anderen Kategorien passen.

Anhang 10: Wortlaut der Frage nach dem Verständnis des Circular Economy-Konzepts

#	Kürzel	Transkribierte Frage nach dem Verständnis des Circular Economy-Konzepts
1	EI-LU-1	Keine Audioaufnahme vorhanden
2	EI-LU-2	Keine Audioaufnahme vorhanden
3	EI-LU-3	Keine Audioaufnahme vorhanden
4	EI-LU-4	Keine Audioaufnahme vorhanden
5	EI-LU-5	Keine Audioaufnahme vorhanden
6	EI-LU-6	Keine Audioaufnahme vorhanden
7	EI-LU-7	Keine Audioaufnahme vorhanden
8	EI-LU-8	Keine Audioaufnahme vorhanden
9	EI-LU-9	Keine Audioaufnahme vorhanden
10	EI-LU-10	Keine Audioaufnahme vorhanden
11	EI-LU-11	Keine Audioaufnahme vorhanden
12	EI-LU-12	Keine Audioaufnahme vorhanden
13	EI-LU-13	Keine Audioaufnahme vorhanden
14	EI-LU-14	Keine Audioaufnahme vorhanden
15	EI-LU-15	Keine Audioaufnahme vorhanden
16	EI-LU-16	Keine Audioaufnahme vorhanden
17	EI-LU-FA-1	Für uns geht es darum, wie Unternehmen damit umgehen, dass die Regierung so stark an dem Kreislaufwirtschaftskonzept interessiert ist, also der Circular Economy. Und wie sie, also, wie sie damit umgehen? Und, ob sich dadurch irgendwas im Unternehmen verändert oder nicht. Oder ob das unter anderen Schlagwörtern passiert oder wie auch immer. Das ist, das ist unser großes Anliegen dahinter.
18	EI-LU-FA-2	[...] we are interested in knowing how it's [the Circular Economy] somehow received by companies, by businesses; what means circular economy for you, for your business?
19	EI-LU-FA-3	Audioaufnahme/Transkript startet erst nach der Fragestellung
20	EI-LU-FA-4	Audioaufnahme/Transkript startet erst nach der Fragestellung
21	EI-LU-FA-5	Keine Audioaufnahme vorhanden

#	Kürzel	Transkribierte Frage nach dem Verständnis des Circular Economy-Konzepts
22	EI-LU-FA-6	Sur l'économie circulaire et votre entreprise, donc, comment vous comprenez l'économie circulaire et qu'est-ce que ça veut dire pour vous… pour vous, l'entreprise, plutôt […]?
23	EI-LU-FA-7	Ja, was uns am Anfang immer besonders interessiert, ist, ob das Thema Kreislaufwirtschaft, Circular Economy, für Sie eine Rolle spielt, und wenn ja oder wenn nicht, wie das hier intern verstanden wird, also was [Firmenname] unter Circular Economy versteht.
24	EI-LU-FA-8	Keine entsprechende Fragestellung vorhanden
25	EI-LU-FA-9	Keine entsprechende Fragestellung vorhanden
26	EI-LU-FB-10	Gut Herr [Familienname], ich möchte auch gar nicht zu viel am Anfang sagen, denn eigentlich interessieren wir uns dafür, was Sie uns erzählen, unabhängig davon, ob es das ist was wir hören möchten oder nicht. Uns interessiert in einem ersten Schritt, wie die Kreislaufwirtschaft oder das Konzept der Circular Economy von Ihrem Unternehmen, [Firmenname], verstanden wird oder nicht. Sie dürften auch sagen, das spielt für uns keine Rolle.
27	EI-LU-FB-11	Es geht uns eigentlich eher darum, was du uns erzählst. Und da wäre es für uns interessant zu wissen wie Kreislaufwirtschaft, Circular Economy, zum Beispiel hier von [Firmenname] verstanden wird. Also, was das für das Unternehmen bedeutet, unabhängig davon was es alles theoretisch bedeuten kann.
28	SI-LU-FB-12	Eigentlich interessiert uns in einem ersten Schritt was Kreislaufwirtschaft und „Circular Economy" hier für dieses Büro z. B. bedeutet. Oder vielleicht auch gar nichts, weil es anders heißt oder so. Und mir ist es eigentlich auch lieber, wenn ich einfach zuhöre. Und ich einfach nur nachfrage, wenn irgendein Aspekt nicht abgedeckt wird.
29	SI-LU-FB-13	Also, unser Projekt beschäftigt sich mit der Kreislaufwirtschaft und mit diesem Konzept. Dann ist immer die Einstiegsfrage: Was Kreislaufwirtschaft für diese Firma bedeutet? Unabhängig davon, was das theoretische Konzept alles abdecken kann. Sondern was es konkret also hier für [Firmenname] bedeutet.
30	SI-LU-FB-14	Für uns ist die erste Frage, was eigentlich Circular Economy für jeden einzelnen Akteur bedeutet. Natürlich im Hinblick auf das eigene Unternehmen, weil das Konzept als solches so breit gefasst ist, dass es oft gar nicht komplett umsetzbar ist.

#	**Kürzel**	**Transkribierte Frage nach dem Verständnis des Circular Economy-Konzepts**
31	SI-LU-FB-15	[Es] würde uns halt als erstes interessieren, wie du Circular Economy im Rahmen deines Unternehmens definierst? Was Circular Economy für dich und deine tägliche Arbeit bedeutet?
32	SI-LU-FB-16	Als erstes interessiert uns, wie Sie in Ihrem Unternehmen die Kreislaufwirtschaft verstehen.
33	SI-LU-FB-17	Ich habe einige Fragen, wobei es mehr darum geht, dass Sie mir erzählen, was Sie mir erzählen möchten. Und unser Einstieg ist immer: Uns würde interessieren, was die Kreislaufwirtschaft, Circular Economy, für Ihr Unternehmen bedeutet und wie Sie das definieren?
34	SI-LU-FB-18	Uns würde interessieren, ob die Kreislaufwirtschaft, Circular Economy, für Sie im Unternehmen etwas bedeutet. Und wenn ja, was verstehen Sie darunter?
35	SI-LU-FB-19	[…] Ihr Unternehmen, also es geht immer um die Sicht Ihres Unternehmens, für das Sie arbeiten. Sie dürfen natürlich auch Ihre eigene persönliche Meinung sagen, aber prinzipiell geht es darum, wie das Ihre Firma sieht und was Sie unter Kreislaufwirtschaft und Circular Economy verstehen, also was das für Sie bedeutet und wie Sie damit umgehen?
36	SI-LU-FB-20	Eigentlich geht es mir mehr darum, dass Sie einfach erzählen darüber und… Ich hatte Ihnen ja gesagt […] uns interessiert wie dieser politische Diskurs der Kreislaufwirtschaft hier in Luxemburg im Prinzip aufgenommen wird und gegebenenfalls auch umgesetzt wird von Unternehmen in Luxemburg. […] Und da wäre für uns interessant, wie Sie als Unternehmen Kreislaufwirtschaft verstehen und ob das bei Ihnen eine Rolle spielt, wie auch immer.
37	SI-LU-FB-21	Audioaufnahme/Transkript startet erst nach der Fragestellung
38	SI-LU-FB-22	Audioaufnahme/Transkript startet erst nach der Fragestellung
39	SI-LU-FB-23	Ce qui m'intéresse, en fait, votre compréhension de l'économie circulaire dans le cadre de vos activités professionnelles.
40	SI-LU-FB-24	Was unser eher interessiert oder was mich interessiert ist, ob das Konzept der Kreislaufwirtschaft für dich eine Rolle spielt, natürlich im Kontext deiner Arbeit.
41	SI-LU-FB-25	C'est aussi ma première question. Comment vous comprenez l'économie circulaire en tant que [Firmenname]?

#	Kürzel	Transkribierte Frage nach dem Verständnis des Circular Economy-Konzepts
42	SI-LU-FB-26	Können Sie sagen, wie Sie das für sich oder für Ihr Unternehmen definieren, die Kreislaufwirtschaft?
43	SI-LU-FB-27	So ganz allgemein, wie verstehen Sie als Büro oder als Architekt und Architektin die Kreislaufwirtschaft? Also was bedeutet das für Sie und Ihre Arbeit?
44	SI-LU-FB-28	Audioaufnahme/Transkript startet erst nach der Fragestellung
45	SI-LU-FB-29	Und diesbezüglich interessiert uns, wie die Circular Economy von Ihrem Unternehmen, also von [Firmenname], verstanden wird und eigentlich umgesetzt wird?
46	SI-LU-FB-30	Audioaufnahme/Transkript startet erst nach der Fragestellung
47	SI-LU-FB-31	Audioaufnahme/Transkript startet erst nach der Fragestellung
48	SI-LU-FB-32	Keine Audioaufnahme vorhanden
49	SI-LU-FB-33	Audioaufnahme/Transkript startet erst nach der Fragestellung
50	SI-LU-FB-34	Keine Audioaufnahme vorhanden
51	SI-LU-FB-35	Keine entsprechende Fragestellung vorhanden
52	SI-LU-FB-36	Audioaufnahme/Transkript startet erst nach der Fragestellung
53	SI-LU-FB-37	Donc, nous, on s'intéresse, en fait, à comment vous comprenez l'économie circulaire, et qu'est-ce que vous en faites avec ce beau concept chez vous, à l'intérieur de l'entreprise?
54	SI-LU-FB-38	Also und zum Anfang interessiert mich dann immer, das kannst du sehen, wie du möchtest, ob du für dich als Privatperson oder als [Firmenname], was Circular Economy für euch bedeutet konkret.
55	SI-LU-FB-39	Also als erstes würde mich interessieren, wie ihr im Unternehmen die Circular Economy definiert. Also was das bedeutet für das Unternehmen?
56	SI-LU-AE-40	Ce concept [l'économie circulaire], qu'est-ce que ça veut dire pour vous?
57	SI-LU-AE-41	Und trotzdem würde es mich interessieren, ob Kreislaufwirtschaft, also die Thematik, für Sie als [Firmenname], ob das ein Thema ist oder nicht und wenn ja, wie das zum Ausdruck kommt?
58	SI-LU-AE-42	So, yes, normally, generally I am starting with a question of what means circular economy to the company?
59	SI-LU-AE-43	Audioaufnahme/Transkript startet erst nach der Fragestellung

#	**Kürzel**	**Transkribierte Frage nach dem Verständnis des Circular Economy-Konzepts**
60	SI-LU-AE-44	Audioaufnahme/Transkript startet erst nach der Fragestellung
61	SI-LU-AE-45	Audioaufnahme/Transkript startet erst nach der Fragestellung
62	SI-LU-AE-46	Audioaufnahme/Transkript startet erst nach der Fragestellung
63	SI-LU-AE-47	Audioaufnahme/Transkript startet erst nach der Fragestellung
64	SI-LU-AE-48	Audioaufnahme/Transkript startet erst nach der Fragestellung
65	SI-LU-AE-49	Also was uns halt interessiert, im Rahmen des Projektes interessiert uns, wie Firmen den politischen Diskurs beziehungsweise die politische Vision der Circular Economy umsetzen?
66	SI-LU-AE-50	Audioaufnahme/Transkript startet erst nach der Fragestellung
67	EI-LU-WE-51	Keine Audioaufnahme vorhanden
68	EI-LU-WE-52	Keine Audioaufnahme vorhanden
69	EI-LU-WE-53	Keine Audioaufnahme vorhanden
70	EI-LU-WE-54	Keine Audioaufnahme vorhanden
71	EI-LU-WE-55	Keine Audioaufnahme vorhanden
72	EI-LU-WE-56	Keine Audioaufnahme vorhanden
73	EI-LU-WE-57	Keine Audioaufnahme vorhanden
74	EI-LU-WE-58	Keine Audioaufnahme vorhanden
75	EI-LU-WE-59	Keine Audioaufnahme vorhanden

Anhang 11: Wortlaut der Frage nach dem Austausch mit zivilgesellschaftlichen Initiativen

#	Kürzel	Transkribierte Frage nach dem Verständnis des Circular Economy-Konzepts
1	EI-LU-1	Keine Audioaufnahme vorhanden
2	EI-LU-2	Keine Audioaufnahme vorhanden
3	EI-LU-3	Keine Audioaufnahme vorhanden
4	EI-LU-4	Keine Audioaufnahme vorhanden
5	EI-LU-5	Keine Audioaufnahme vorhanden
6	EI-LU-6	Keine Audioaufnahme vorhanden
7	EI-LU-7	Keine Audioaufnahme vorhanden
8	EI-LU-8	Keine Audioaufnahme vorhanden
9	EI-LU-9	Keine Audioaufnahme vorhanden
10	EI-LU-10	Keine Audioaufnahme vorhanden
11	EI-LU-11	Keine Audioaufnahme vorhanden
12	EI-LU-12	Keine Audioaufnahme vorhanden
13	EI-LU-13	Keine Audioaufnahme vorhanden
14	EI-LU-14	Keine Audioaufnahme vorhanden
15	EI-LU-15	Keine Audioaufnahme vorhanden
16	EI-LU-16	Keine Audioaufnahme vorhanden
17	EI-LU-FA-1	Keine entsprechende Fragestellung vorhanden
18	EI-LU-FA-2	Do you have any contacts or exchanges with civil society?
19	EI-LU-FA-3	Donc, j'ai mentionné tout au début, donc, la société civile, vous n'avez pas directement un échange avec des lycées, par exemple, participer dans des programmes, sinon, avec des ONG ou d'autres… ?
20	EI-LU-FA-4	Haben Sie Austausch mit zivilgesellschaftlichen Initiativen, spielt das [eine Rolle]?
21	EI-LU-FA-5	Keine Audioaufnahme vorhanden
22	EI-LU-FA-6	Est-ce que… J'ai mentionné, donc… on a cet aspect de société civile, est-ce que vous êtes en contact avec des initiatives, on dit bottom-up, des [NGOs] ?
23	EI-LU-FA-7	Keine entsprechende Fragestellung vorhanden
24	EI-LU-FA-8	Keine entsprechende Fragestellung vorhanden
25	EI-LU-FA-9	Keine entsprechende Fragestellung vorhanden
26	EI-LU-FB-10	Und haben Sie Austausch mit der Zivilbevölkerung, mit der Gesellschaft? Gibt es da…? Oder spielt das für…?

#	Kürzel	Transkribierte Frage nach dem Verständnis des Circular Economy-Konzepts
27	EI-LU-FB-11	Und, gibt es von [Firmenname] Seite einen Austausch mit der Zivilgesellschaft zu diesen Themen?
28	SI-LU-FB-12	Keine entsprechende Fragestellung vorhanden
29	SI-LU-FB-13	Habt ihr Kontakte mit der Zivilgesellschaft auf irgendeine Art und Weise?
30	SI-LU-FB-14	Haben Sie Kontakt mit der Zivilgesellschaft, mit irgendwelchen Initiativen oder gar nicht?
31	SI-LU-FB-15	Keine entsprechende Fragestellung vorhanden
32	SI-LU-FB-16	Ich habe ja vorhin gesagt, der dritte Sektor für den wir uns interessieren ist die zivile Gesellschaft. Haben Sie da irgendwelchen Austausch?
33	SI-LU-FB-17	Ich habe Ihnen ja gesagt, dass wir als dritten Sektor auch Initiativen aus der Zivilgesellschaft betrachten, haben Sie als Büro oder auch als Privatperson Austausch mit solchen Strukturen?
34	SI-LU-FB-18	Ich hatte gesagt, dass wir uns auch mit zivilgesellschaftlichen Initiativen beschäftigen. Haben Sie Austausch mit solchen Strukturen? NGOs oder Strukturen wie Transition Minett?
35	SI-LU-FB-19	Wir hatten ja schon vorher ein bisschen darüber gesprochen, Austausch mit der Zivilgesellschaft in Luxemburg haben Sie höchstens über das Oekozenter?
36	SI-LU-FB-20	Und da wäre jetzt so unsere Frage, ob Sie Austausch mit solchen Initiativen haben auf irgendeine Art und Weise? Ob das jetzt NGOs sind oder Bürgerinitiativen oder…
37	SI-LU-FB-21	Keine entsprechende Fragestellung vorhanden
38	SI-LU-FB-22	Keine entsprechende Fragestellung vorhanden
39	SI-LU-FB-23	Tout à l'heure, vous avez déjà parlé de votre petite initiative avec Caritas pour collecter des vêtements… […] Non, mais parce que ça serait peut-être un échange avec ce troisième secteur, quand on regarde…
40	SI-LU-FB-24	Und habt ihr denn Austausch mit der Industrie oder anderen Akteuren? Weil ich vorhin gesagt habe, dass es vielleicht von der Industrieseite her nicht so viel Austausch mit gesellschaftlichen Initiativen gibt. Habt ihr…?
41	SI-LU-FB-25	Keine entsprechende Fragestellung vorhanden
42	SI-LU-FB-26	Keine entsprechende Fragestellung vorhanden
43	SI-LU-FB-27	Okay. Gibt es sonst noch andere Strukturen, also, andere Strukturen, mit denen Sie viel Kontakt haben?
44	SI-LU-FB-28	Keine entsprechende Fragestellung vorhanden

#	Kürzel	Transkribierte Frage nach dem Verständnis des Circular Economy-Konzepts
45	SI-LU-FB-29	Keine entsprechende Fragestellung vorhanden
46	SI-LU-FB-30	Ganz zum Schluss noch, gibt es Austausch mit zivilgesellschaftlichen Initiativen, habt ihr sowas?
47	SI-LU-FB-31	Keine entsprechende Fragestellung vorhanden
48	SI-LU-FB-32	Keine Audioaufnahme vorhanden
49	SI-LU-FB-33	Haben Sie Austausch mit NGOs, also mit anderen Strukturen als…?
50	SI-LU-FB-34	Keine Audioaufnahme vorhanden
51	SI-LU-FB-35	Aber mit Strukturen, die jetzt… also Transition Minett oder so haben Sie keine Kontakte, oder?
52	SI-LU-FB-36	Keine entsprechende Fragestellung vorhanden
53	SI-LU-FB-37	Keine entsprechende Fragestellung vorhanden
54	SI-LU-FB-38	Keine entsprechende Fragestellung vorhanden
55	SI-LU-FB-39	Keine entsprechende Fragestellung vorhanden
56	SI-LU-AE-40	Keine entsprechende Fragestellung vorhanden
57	SI-LU-AE-41	Keine entsprechende Fragestellung vorhanden
58	SI-LU-AE-42	And your collaboration with initiatives, e.g. volunteering. Are they specific, very specific, or is it a bit broader?
59	SI-LU-AE-43	Est-ce que pour votre réseau Luxembourg, vous êtes en contact avec des structures ?
60	SI-LU-AE-44	Keine entsprechende Fragestellung vorhanden
61	SI-LU-AE-45	Keine entsprechende Fragestellung vorhanden
62	SI-LU-AE-46	Keine entsprechende Fragestellung vorhanden
63	SI-LU-AE-47	Keine entsprechende Fragestellung vorhanden
64	SI-LU-AE-48	Keine entsprechende Fragestellung vorhanden
65	SI-LU-AE-49	Keine entsprechende Fragestellung vorhanden
66	SI-LU-AE-50	Und Sie sprachen von NGOs, sind da einige auch hier in Luxemburg, mit denen Sie zusammen…?
67	SI-LU-WE-51	Keine Audioaufnahme vorhanden
68	SI-LU-WE-52	Keine Audioaufnahme vorhanden
69	SI-LU-WE-53	Keine Audioaufnahme vorhanden
70	SI-LU-WE-54	Keine Audioaufnahme vorhanden
71	SI-LU-WE-55	Keine Audioaufnahme vorhanden
72	SI-LU-WE-56	Keine Audioaufnahme vorhanden
73	SI-LU-WE-57	Keine Audioaufnahme vorhanden
74	SI-LU-WE-58	Keine Audioaufnahme vorhanden
75	SI-LU-WE-59	Keine Audioaufnahme vorhanden

Anhang 12: Wortlaut der Frage zu den zukünftigen Trends der Circular Economy

#	Kürzel	Transkribierte Frage nach dem Verständnis des Circular Economy-Konzepts
1	EI-LU-1	Keine Audioaufnahme vorhanden
2	EI-LU-2	Keine Audioaufnahme vorhanden
3	EI-LU-3	Keine Audioaufnahme vorhanden
4	EI-LU-4	Keine Audioaufnahme vorhanden
5	EI-LU-5	Keine Audioaufnahme vorhanden
6	EI-LU-6	Keine Audioaufnahme vorhanden
7	EI-LU-7	Keine Audioaufnahme vorhanden
8	EI-LU-8	Keine Audioaufnahme vorhanden
9	EI-LU-9	Keine Audioaufnahme vorhanden
10	EI-LU-10	Keine Audioaufnahme vorhanden
11	EI-LU-11	Keine Audioaufnahme vorhanden
12	EI-LU-12	Keine Audioaufnahme vorhanden
13	EI-LU-13	Keine Audioaufnahme vorhanden
14	EI-LU-14	Keine Audioaufnahme vorhanden
15	EI-LU-15	Keine Audioaufnahme vorhanden
16	EI-LU-16	Keine Audioaufnahme vorhanden
17	SI-LU-FA-1	Wir würden uns interessieren, was ihrer Meinung nach Kreislaufwirtschaft, Circular Economy, für ihr Unternehmen in fünf bis zehn Jahren bedeuten könnte. Können Sie sich vorstellen, dass es starke Veränderungen gibt und… beziehen die sich auf alles oder nur spezifische Bereiche?
18	SI-LU-FA-2	Do you see any trend in your business? I mean towards a circular economy, but it could be as well towards environmental issues or sustainability, or whatever.
19	SI-LU-FA-3	Quand vous pensez à l'économie circulaire pour votre domaine et peut-être pour le secteur, est-ce que vous pouvez vous imaginer des grands changements ou des trends dans les 5 à 10 prochaines années ?
20	SI-LU-FA-4	Wenn Sie an Trends… mit der Kreislaufwirtschaft zu tun haben und an Ihr Unternehmen, aber auch an den Sektor… Können Sie sich da Veränderungen und Trends in den nächsten fünf bis zehn Jahren vorstellen?
21	SI-LU-FA-5	Keine Audioaufnahme vorhanden

#	Kürzel	Transkribierte Frage nach dem Verständnis des Circular Economy-Konzepts
22	SI-LU-FA-6	Quand vous pensez à l'économie circulaire, est-ce que vous voyez des tendances dans votre secteur ?
23	SI-LU-FA-7	Sehen Sie, wenn Sie an Kreislaufwirtschaft denken, in Bezug auf Ihr Unternehmen, aber auch die Branche, es kann auch übergeordneter sein, können Sie sich da Trends vorstellen oder große Veränderungen in den nächsten fünf bis zehn Jahren?
24	SI-LU-FA-8	Sehen Sie in Bezug auf Ihre Arbeit noch andere Trends, also Schwerpunkte, die sich vielleicht zukünftig aufzeigen könnten oder werden?
25	SI-LU-FA-9	Sehen Sie bei den Unternehmen in Luxemburg einen Trend in bestimmten Sektoren, die zum Beispiel jetzt dafür offener zu sein scheinen oder mehr machen als andere Sektoren oder hängt das nur vom Unternehmen ab?
26	SI-LU-FB-10	Glauben Sie, dass es in 5 bis 10 Jahren für Unternehmen große Veränderungen geben wird aufgrund [der Circular Economy]?
27	SI-LU-FB-11	Und, könntest du dir Veränderungen vorstellen, wenn man jetzt... Glaubst du, dass es aufgrund der Kreislaufwirtschaft oder des Konzepts der Kreislaufwirtschaft in fünf bis zehn Jahren große Veränderungen geben könnte?
28	SI-LU-FB-12	Und, siehst du Trends entweder im Büro oder auch für die ganze Branche? Wenn man so über Kreislaufwirtschaft im Bausektor nachdenkt, könnte sich da in den nächsten fünf, zehn Jahren, wird sich da etwas verändern nach deiner Meinung?
29	SI-LU-FB-13	Wie könnte denn dein Unternehmen, aber auch die Branche, so in fünf bis zehn Jahren aussehen? Könntest du dir da große Veränderung vorstellen?
30	SI-LU-FB-14	Wenn Sie an Circular Economy in Ihrem Bereich denken, könnten Sie sich [in diesem Zusammenhang] vorstellen, dass in den nächsten fünf bis zehn Jahren sich etwas stark verändert? Sehen Sie da einen Trend oder könnten Sie sich etwas vorstellen? Also, ob das jetzt eintritt oder nicht, das ist egal.
31	SI-LU-FB-15	Unabhängig davon, wie du zu dem Konzept der Circular Economy stehst, siehst du irgendwelche Trends im Baubereich unter dieser Thematik, langfristig? Könntest du dir vorstellen, dass da langfristig irgendwas Tolles auf uns zukommt, so in 5 bis 10 Jahren?

#	Kürzel	Transkribierte Frage nach dem Verständnis des Circular Economy-Konzepts
32	SI-LU-FB-16	Sehen Sie, wenn Sie an die Kreislaufwirtschaft denken und vielleicht an Ihre Branche im speziellen, können Sie sich da Trends in den nächsten 5–10 Jahren vorstellen.
33	SI-LU-FB-17	Wenn Sie an die Zukunft denken der Kreislaufwirtschaft hier in Luxemburg und Ihr Unternehmen, beziehungsweise die Baubranche, können Sie sich da bestimmte Trends in den nächsten fünf bis zehn Jahren vorstellen?
34	SI-LU-FB-18	Wenn sie an Kreislaufwirtschaft in ihrem Bereich denken, sehen Sie da Trends oder können Sie sich vorstellen, wo es in 5 bis 10 Jahren Veränderungen geben wird?
35	SI-LU-FB-19	Und sehen Sie einen Trend, wenn es um Kreislaufwirtschaft in Ihrem Bereich geht in Luxemburg, gibt es da irgendwelche Trends, die vielleicht in den nächsten fünf bis zehn Jahren zu Veränderungen führen könnten?
36	SI-LU-FB-20	Sie hatten schon über das, was Sie erzählt hatten, über Trends gesprochen, die Sie in der Branche sehen. Sehen Sie noch andere, also ganz spezifisch auf Kreislaufwirtschaft im Allgemeinen bezogen?
37	SI-LU-FB-21	Sehen Sie für die nächsten Jahre deutliche Trends so im Markt, dass sich in den nächsten fünf bis zehn Jahren noch stark etwas verändern wird?
38	SI-LU-FB-22	Sehen Sie noch andere Trends so in Ihrem Bereich, was sich in den nächsten fünf bis zehn Jahren irgendwie verändern könnte?
39	SI-LU-FB-23	Est-ce que vous voyez des tendances plus réelles que d'autres qui vont se mettre en place dans les prochaines années, probablement, et en quelque sorte, faire évoluer ou même révolutionner le secteur ?
40	SI-LU-FB-24	Siehst du, wenn du an die Kreislaufwirtschaft und deine Arbeit denkst und auch die Baubranche, siehst du da Trends, die vielleicht in den nächsten fünf bis 10 Jahren auf uns zukommen können oder werden?
41	SI-LU-FB-25	Par rapport à l'économie circulaire, est-ce que vous voyez des tendances, ou vous pouvez vous vous imaginer des tendances ou des changements dans 5 à 10 ans ?
42	SI-LU-FB-26	Wenn Sie an die Kreislaufwirtschaft denken, sehen Sie für die Zukunft... Könnten Sie sich irgendwelche Trends vorstellen oder Entwicklungen in den nächsten fünf bis 10 Jahren?

#	Kürzel	Transkribierte Frage nach dem Verständnis des Circular Economy-Konzepts
43	SI-LU-FB-27	Also sehen Sie Trends so für die nächsten fünf bis 10 Jahre? Also irgendetwas, was sich stark verändern kann oder was… wo Sie meinen, was sich auf jeden Fall durchsetzen wird?
44	SI-LU-FB-28	Sehen Sie denn Trends hier in Luxemburg, wenn es um zirkuläres, nachhaltiges Bauen geht?
45	SI-LU-FB-29	Keine entsprechende Fragestellung vorhanden
46	SI-LU-FB-30	Und gibt es denn Trends, die euch im Hinblick auf die Circular Economy… die ihr euch vorstellen könnt in fünf bis zehn Jahren? Kann auch was Utopisches sein, was nicht eintritt, aber gibt es da was, was ihr euch vorstellen könnt oder wo ihr denkt, da wird sich noch viel tun.
47	SI-LU-FB-31	Keine entsprechende Fragestellung vorhanden
48	SI-LU-FB-32	Keine Audioaufnahme vorhanden
49	SI-LU-FB-33	Könnten Sie sich das denn vorstellen in was für einem… Realistisch, in was für einem Zeithorizont könnten Sie sich denn da Veränderungen hier vorstellen?
50	SI-LU-FB-34	Keine Audioaufnahme vorhanden
51	SI-LU-FB-35	Sehen Sie… Also Sie hatten schon verschiedene Trends angesprochen, also die… könnten Sie das nochmal zusammenfassen, für die nächsten fünf bis zehn Jahre, was sich da…
52	SI-LU-FB-36	Est-ce que vous voyez des tendances… dans la construction, vers des concepts plutôt circulaires, de manière générale ?
53	SI-LU-FB-37	Est-ce que vous voyez des tendances au Luxembourg ou dans votre secteur ?
54	SI-LU-FB-38	Kannst du dir Trends vorstellen für die nächsten 5 bis 10 Jahre, was sich da konkret…?
55	SI-LU-FB-39	Siehst du große Trends in deinen Schaffensbereichen? Also, dass sich die Circular Economy in irgendeine Richtung, also ob sich das jetzt in eine Richtung bewegt oder dass einige Aspekte sich zukünftig auch durchsetzen werden.
56	SI-LU-AE-40	Est-ce que vous voyez des tendances pour les prochaines 5 à 10 années ?
57	SI-LU-AE-41	Sind bei Ihnen Trends im Gespräch, so mittel-/langfristig, die Sie so sehen für Ihre Aktivitäten? Große Veränderungen oder…
58	SI-LU-AE-42	Do you see a trend within the circular economy?

#	**Kürzel**	**Transkribierte Frage nach dem Verständnis des Circular Economy-Konzepts**
59	SI-LU-AE-43	Est-ce que vous voyez d'autres tendances un peu sur le marché ou dans le secteur, ou est-ce que tout est un peu lié au BIM ?
60	SI-LU-AE-44	Gibt es trotzdem irgendwelche Trends, die du dir vorstellen könntest, die sich durchsetzen werden oder die kommen werden in den nächsten fünf bis zehn Jahren in diesem Bereich? Oder irgendwelche Dinge, die jetzt noch innovativ oder selten sind, die sich standardmäßig durchsetzen werden?
61	SI-LU-AE-45	Und können Sie sich vorstellen, dass es das… welche Richtung man hier mit der Thematik geht in den nächsten Jahren? Sehen Sie da irgendwelche Trends oder was man so in fünf bis 10 Jahren, was man da so erreichen könnte?
62	SI-LU-AE-46	Siehst du zukünftig Trends, in welche Richtung die ganze Thematik sich entwickeln könnte bei den Unternehmen? Also, dass vielleicht bestimmte Aspekte stärker hervorgehoben werden als andere, oder unwichtiger werden, könnte ja auch sein.
63	SI-LU-AE-47	Wir haben es ja schon teilweise ein bisschen angesprochen, aber können Sie sich Trends trotzdem in dem Bereich vorstellen, dass vielleicht zukünftig Aspekte, die so zur Circular Economy zählen, aktueller werden und sich weiterentwickeln?
64	SI-LU-AE-48	Keine entsprechende Fragestellung vorhanden
65	SI-LU-AE-49	Keine entsprechende Fragestellung vorhanden
66	SI-LU-AE-50	Und es kam ja schon so ein bisschen durch, sehen Sie dann große Trends so im Markt, die so Richtung Circular Economy gehen könnten?
67	SI-LU-WE-51	Keine Audioaufnahme vorhanden
68	SI-LU-WE-52	Keine Audioaufnahme vorhanden
69	SI-LU-WE-53	Keine Audioaufnahme vorhanden
70	SI-LU-WE-54	Keine Audioaufnahme vorhanden
71	SI-LU-WE-55	Keine Audioaufnahme vorhanden
72	SI-LU-WE-56	Keine Audioaufnahme vorhanden
73	SI-LU-WE-57	Keine Audioaufnahme vorhanden
74	SI-LU-WE-58	Keine Audioaufnahme vorhanden
75	SI-LU-WE-59	Keine Audioaufnahme vorhanden

Anhang 13: Wortlaut der Frage zu Circular Economy-Aktivitäten im Unternehmen

#	Kürzel	Transkribierte Frage nach den Circular Economy-Aktivitäten im Unternehmen
1	EI-LU-1	Keine Audioaufnahme vorhanden
2	EI-LU-2	Keine Audioaufnahme vorhanden
3	EI-LU-3	Keine Audioaufnahme vorhanden
4	EI-LU-4	Keine Audioaufnahme vorhanden
5	EI-LU-5	Keine Audioaufnahme vorhanden
6	EI-LU-6	Keine Audioaufnahme vorhanden
7	EI-LU-7	Keine Audioaufnahme vorhanden
8	EI-LU-8	Keine Audioaufnahme vorhanden
9	EI-LU-9	Keine Audioaufnahme vorhanden
10	EI-LU-10	Keine Audioaufnahme vorhanden
11	EI-LU-11	Keine Audioaufnahme vorhanden
12	EI-LU-12	Keine Audioaufnahme vorhanden
13	EI-LU-13	Keine Audioaufnahme vorhanden
14	EI-LU-14	Keine Audioaufnahme vorhanden
15	EI-LU-15	Keine Audioaufnahme vorhanden
16	EI-LU-16	Keine Audioaufnahme vorhanden
17	SI-LU-FA-1	Keine entsprechende Fragestellung vorhanden
18	SI-LU-FA-2	Keine entsprechende Fragestellung vorhanden
19	SI-LU-FA-3	Keine entsprechende Fragestellung vorhanden
20	SI-LU-FA-4	Wenn ich Sie fragen würde, ob Sie Circular Economy-Praktiken umgesetzt haben, würden Sie oder könnten Sie mir da etwas antworten?
21	SI-LU-FA-5	Keine Audioaufnahme vorhanden
22	SI-LU-FA-6	Keine entsprechende Fragestellung vorhanden
23	SI-LU-FA-7	Gibt es noch andere Bereiche, wo Sie etwas machen, was irgendwie mit Kreislaufwirtschaft, Nachhaltigkeit, Umwelt zu tun hat, über die wir noch nicht gesprochen haben?
24	SI-LU-FA-8	Keine entsprechende Fragestellung vorhanden
25	SI-LU-FA-9	Keine entsprechende Fragestellung vorhanden
26	SI-LU-FB-10	Keine entsprechende Fragestellung vorhanden

#	Kürzel	Transkribierte Frage nach den Circular Economy-Aktivitäten im Unternehmen
27	SI-LU-FB-11	Das heißt, wenn ich jetzt fragen würde, gibt es irgendwelche konkreten Praktiken, Maßnahmen im Unternehmen, die eingeführt wurden, um dieser politischen Visionen der Kreislaufwirtschaft hier in Luxemburg gerecht zu werden?
28	SI-LU-FB-12	Würdest du sagen, dass [sich] vielleicht seitdem du hier bist im Büro, dass sich, rückkommend zu meinen Praktiken, dass sich irgendwas verändert hat?
29	SI-LU-FB-13	Keine entsprechende Fragestellung vorhanden
30	SI-LU-FB-14	Haben Sie denn den Eindruck, dass es hier in der Verwaltung schon zu Veränderungen gekommen ist? Vielleicht durch die „Circular Economy" oder andere politische Ideen? Dass sich da vielleicht – wir reden von Praktiken – im Ablauf irgendwas verändert hat oder vielleicht auch im Endprodukt? Dass es da Veränderungen gab?
31	SI-LU-FB-15	Hat sich denn trotz alledem bei dir in deinen Praktiken, also wie du an deine Arbeit herangehst, hat sich da seit deinem Beginn bis jetzt was verändert?
32	SI-LU-FB-16	Keine entsprechende Fragestellung vorhanden
33	SI-LU-FB-17	Ich habe alle Bereiche angesprochen, Sie haben alles abgedeckt, was mich interessiert, vielleicht nochmal explizit, wenn ich Sie fragen würde, welche Circular Economy-Praktiken Sie schon umgesetzt haben in Ihrem Unternehmen, könnten Sie dann… was würden Sie dann zitieren?
34	SI-LU-FB-18	Haben Sie kurzfristig neue Pläne? Also, neue Sachen, die sie gerne umsetzen würden? Oder werden?
35	SI-LU-FB-19	Keine entsprechende Fragestellung vorhanden
36	SI-LU-FB-20	Wenn ich das richtig verstanden habe: Wenn Sie über Circular Economy, Kreislaufwirtschaft und Praktiken hier im Unternehmen sprechen, betrifft es schon hauptsächlich den Prozess, also die Herstellung der Produkte.
37	SI-LU-FB-21	Haben Sie schon andere Sachen konkret umsetzen können?
38	SI-LU-FB-22	Haben Sie hier in Ihrem Büro auch irgendwelche Maßnahmen umgesetzt, um jetzt, weiß ich nicht, kreislaufwirtschaftliches Denken auch im Alltag zu leben? Also ich weiß nicht, Abfalltrennung oder auch ein Carsharing, oder?
39	SI-LU-FB-23	Est-ce que vous faites autre chose par rapport à ce que vous avez déjà mentionné ?

#	Kürzel	Transkribierte Frage nach den Circular Economy-Aktivitäten im Unternehmen
40	SI-LU-FB-24	Ich nehme an, dass ihr hier intern im Oekozenter schon viele Dinge umgesetzt habt, die Richtung Kreislaufwirtschaft gehen. Also so in den alltäglichen... Gibt es da etwas, die alltäglichen Abläufe hier? Also ich nehme an ihr habt Abfalltrennung...
41	SI-LU-FB-25	Est-ce que vous arrivez aussi à implémenter des pratiques au sein de votre structure, des bonnes pratiques ?
42	SI-LU-FB-26	Wenn ich Sie danach fragen würde welche konkreten Praktiken setzen Sie um, die im Sinne der Kreislaufwirtschaft sind, was würden Sie dann antworten?
43	SI-LU-FB-27	Keine entsprechende Fragestellung vorhanden
44	SI-LU-FB-28	Keine entsprechende Fragestellung vorhanden
45	SI-LU-FB-29	Keine entsprechende Fragestellung vorhanden
46	SI-LU-FB-30	Keine entsprechende Fragestellung vorhanden
47	SI-LU-FB-31	Keine entsprechende Fragestellung vorhanden
48	SI-LU-FB-32	Keine Audioaufnahme vorhanden
49	SI-LU-FB-33	Keine entsprechende Fragestellung vorhanden
50	SI-LU-FB-34	Keine Audioaufnahme vorhanden
51	SI-LU-FB-35	Keine entsprechende Fragestellung vorhanden
52	SI-LU-FB-36	Keine entsprechende Fragestellung vorhanden
53	SI-LU-FB-37	Keine entsprechende Fragestellung vorhanden
54	SI-LU-FB-38	Habt ihr das alles schon intern umgesetzt?
55	SI-LU-FB-39	Keine entsprechende Fragestellung vorhanden
56	SI-LU-AE-40	Keine entsprechende Fragestellung vorhanden
57	SI-LU-AE-41	Keine entsprechende Fragestellung vorhanden
58	SI-LU-AE-42	Keine entsprechende Fragestellung vorhanden
59	SI-LU-AE-43	Keine entsprechende Fragestellung vorhanden
60	SI-LU-AE-44	Wenn ich dich fragen würde, was für kreislaufwirtschaftliche Praktiken hier in Luxemburg schon von Unternehmen umgesetzt werden, könntest du da eine Antwort geben?
61	SI-LU-AE-45	Keine entsprechende Fragestellung vorhanden
62	SI-LU-AE-46	Keine entsprechende Fragestellung vorhanden
63	SI-LU-AE-47	Keine entsprechende Fragestellung vorhanden
64	SI-LU-AE-48	Keine entsprechende Fragestellung vorhanden
65	SI-LU-AE-49	Keine entsprechende Fragestellung vorhanden
66	SI-LU-AE-50	Wenn ich Sie jetzt fragen würde, welche zirkulären Maßnahmen Sie umgesetzt, also umgesetzt haben, würden Sie da was antworten können?
67	SI-LU-WE-51	Keine Audioaufnahme vorhanden

#	**Kürzel**	**Transkribierte Frage nach den Circular Economy-Aktivitäten im Unternehmen**
68	SI-LU-WE-52	Keine Audioaufnahme vorhanden
69	SI-LU-WE-53	Keine Audioaufnahme vorhanden
70	SI-LU-WE-54	Keine Audioaufnahme vorhanden
71	SI-LU-WE-55	Keine Audioaufnahme vorhanden
72	SI-LU-WE-56	Keine Audioaufnahme vorhanden
73	SI-LU-WE-57	Keine Audioaufnahme vorhanden
74	SI-LU-WE-58	Keine Audioaufnahme vorhanden
75	SI-LU-WE-59	Keine Audioaufnahme vorhanden

Anhang 14: Die Hindernisse für eine Circular Economy

Die bisher umfangreichste empirische Untersuchung zu Hindernissen für die Circular Economy unterscheidet: kulturelle Barrieren, Marktbarrieren, regulatorische Barrieren und technologische Barrieren (Kirchherr et al., 2018). Die empirischen Befunde aus Luxemburg (vgl. Kapitel 4.6) können diesen Kategorien zugeordnet werden. Es entsteht eine Übersicht, die sich mit anderen wissenschaftlichen Erkenntnissen deckt (Shahbazi et al., 2016; Ritzén und Sandström, 2017; de Jesus und Mendonça, 2018; Kanters, 2020; Grafström und Aasma, 2021).

Barrieren, die kultureller Natur sind (inkl. Unternehmenskultur):

- mangelndes Interesse und Bewusstsein der Verbraucher,
- zurückhaltende Unternehmenskultur (z. B. warten Unternehmen lieber auf lenkende Verordnungen und Gesetze als proaktiv zu sein),
- Unternehmen sind in ein lineares System eingebunden, wodurch z. B. der Spielraum für zirkuläre Produkt- und Verfahrensanpassungen eingeschränkt wird,
- eingeschränkte Bereitschaft zur Zusammenarbeit in der Wertschöpfungskette.

Barrieren, die mit dem Markt zusammenhängen:

- niedrige Rohstoffpreise (und damit geringe Nachfrage nach Sekundärrohstoffen),
- hohe Investitionskosten (bei gleichzeitig langer Amortisationszeit und unklarer Kapitalrendite),
- eingeschränkte Finanzierungsmöglichkeiten für zirkuläre Geschäftsmodelle (z. B., wenn es um das Verleihen von Materialbeständen in Gebäuden geht),
- geringe Standardisierung (von Gebäuden und Planungsprozessen, wodurch der Aufwand in der Planung und Errichtung erhöht wird),

- hohe Standardisierung (durch die Nutzung von Materialdatenbanken in der Automobilindustrie, die neue und innovative Produkte i.d.R. nicht enthalten).

Barrieren, die auf (fehlenden) rechtlichen und regulatorischen Vorschriften beruhen:

- einschränkende bzw. behindernde Gesetze und Vorschriften (z. B. vorgegebener Parkplatzschlüssel pro Mitarbeiter/Wohneinheit im öffentlichen Raum),
- Mangel an politischem Konsens (die Circular Economy muss als transversale Politik von allen Ministerien unterstützt werden),
- geringe Erfahrung mit zirkulärer Beschaffung und Ausschreibung,
- fehlende Rahmenbedingungen (z. B. sektorspezifische Roadmaps).

Barrieren, die technischer oder technologischer Natur sind:

- Mangel an Konsens (z. B. was wird unter Modulbauweise verstanden),
- zu wenige (große) Umsetzungsprojekte (wie z. B. die Pilot- oder Demonstrationsprojekte Wunne mat der Wooltz in Wiltz und Néi Schmelz in Düdelingen),
- Mangel an Daten (z. B. von Umweltauswirkungen),
- fehlende Infrastruktur (z. B. für Materialdatenbanken, Gebäudepässe).

Luxemburg-Studien
Études luxembourgeoises

Herausgegeben von Peter Gilles, Markus Hesse, Michel Pauly und Christian Schulz

Band	1	Christian Wille: Grenzgänger und Räume der Grenze. Raumkonstruktionen in der Großregion SaarLorLux. 2012.
Band	2	Norbert Franz / Jean-Paul Lehners (Hrsg.): Nationenbildung und Demokratie. Europäische Entwicklungen gesellschaftlicher Partizipation. 2013.
Band	3	Monika Sonntag: Grenzen überwinden durch Kultur? Identitätskonstruktionen von Kulturakteuren in europäischen Grenzräumen. 2013.
Band	4	Vincent Artuso: La collaboration au Luxembourg durant la Seconde Guerre mondiale (1940-1945). Accomodation, Adaption, Assimilation. 2013.
Band	5	Tobias Chilla: Punkt, Linie, Fläche – territorialisierte Europäisierung. 2013.
Band	6	Peter Gilles / Cristian Kollmann / Claire Muller (Hrsg.): Familiennamen zwischen Maas und Rhein. 2014.
Band	7	Marc Birchen: Die Firmenbeteiligung der ARBED im Osteuropa der Nachkriegszeit. Luxemburger Wirtschaftsdiplomatie im Kalten Krieg. 2015.
Band	8	Magali Lehners: Bildungseinrichtungen im sozialen und räumlichen Kontext. Zur Integrationsfunktion von schulischen und außerschulischen Institutionen in ausgewählten Vierteln der Stadt Luxemburg. 2015.
Band	9	Gérald Arboit: Les réseaux du fer. Information, renseignement économique et sidérurgie luxembourgeoise entre France, Belgique et Allemagne 1911-1940. 2016.
Band	10	Fabian Faller: Energetisches Regionalisieren. Transformationspraktiken der Energiewende am Beispiel der Biogaserzeugung. 2016.
Band	11	Eva Wiegmann (Hrsg.): Interkulturelles Labor. Luxemburg im Spannungsfeld von Integration und Diversifikation. 2016.
Band	12	Norbert Franz / Thorsten Fuchshuber / Sonja Kmec / Jean-Paul Lehners / Renée Wagener (Hrsg.): Identitätsbildung und Partizipation im 19. und 20. Jahrhundert. Luxemburg im europäischen Kontext. 2016.
Band	13	Michel Dormal: Politische Repräsentation und vorgestellte Gemeinschaft. Demokratisierung und Nationsbildung in Luxemburg (1789-1940). 2017.
Band	14	François Conrad: Variation durch Sprachkontakt. Lautliche Dubletten im Luxemburgischen. 2017.
Band	15	Andreas Fickers / Norbert Franz / Stephan Laux (Hrsg.): Repression, Reform und Neuordnung im Zeitalter der Revolutionen. Die Folgen des Wiener Kongresses für Westeuropa. 2019.
Band	16	Marc Schoentgen: Arbeiten unter Hitler. NS-Sozialpolitik, Deutsche Arbeitsfront und Herrschaftspraxis im besetzten Luxemburg am Beispiel der Schwerindustrie 1940-1944. 2021.
Band	17	Nathalia Entringer: Morpho(phono)logische Variation im Luxemburgischen. Eine variations- und perzeptionslinguistische Studie. 2024.
Band	18	Paula Hild: Kontext und Praktiken der Circular Economy in Luxemburg. 2024.

www.peterlang.com

www.ingramcontent.com/pod-product-compliance
Ingram Content Group UK Ltd.
Pitfield, Milton Keynes, MK11 3LW, UK
UKHW021821290926
8980IPUK00004B/202

9 783631 922811